工业和信息化
人才培养规划教材
Industry And Information
Technology Training
Planning Materials

高职高专计算机系列

软件测试
任务驱动式教程

Software Testing

陈承欢 ◎ 编著

人民邮电出版社
北京

图书在版编目（CIP）数据

软件测试任务驱动式教程 / 陈承欢编著. -- 北京 : 人民邮电出版社, 2014.4（2020.9重印）
工业和信息化人才培养规划教材. 高职高专计算机系列
ISBN 978-7-115-34670-4

Ⅰ. ①软… Ⅱ. ①陈… Ⅲ. ①软件—测试—高等职业教育—教材 Ⅳ. ①TP311.5

中国版本图书馆CIP数据核字(2014)第025723号

内 容 提 要

本书在对软件企业中软件测试岗位的岗位职责和岗位需求进行认真的调研分析，对软件测试岗位必备的理论知识、必需的技能和素质、必用的测试工具进行深入的学习和分析，并对教学内容进行系统化重构的基础上编写而成。本书科学设计了8个教学单元，并精心设计了34项测试任务，可以帮助读者在真实的测试环境中完成真实应用程序和软件系统的测试工作，并在这个过程中掌握知识、训练技能、积累经验和固化能力。

本书以测试实践为主线，将测试方法指导与测试实践活动有机结合，强调“做中学”，注重理论指导实践；关注软件测试行业的发展现状和未来方向，使用QTP、LoadRunner、JUnit等先进的自动化软件测试工具执行软件测试操作。

书中每一个教学单元面向教学全过程设置了6个必要的教学环节：教学导航→方法指导→引导测试→探索测试→测试拓展→单元小结，适合于灵活多样的教学组织方式。

本书可以作为高等院校计算机类各专业以及其他各相关专业的软件测试教材，也可以作为软件测试技术人员的参考书。

◆ 编　　著　陈承欢
　责任编辑　王　威
　责任印制　杨林杰
◆ 人民邮电出版社出版发行　　北京市丰台区成寿寺路11号
　邮编　100164　　电子邮件　315@ptpress.com.cn
　网址　http://www.ptpress.com.cn
　北京七彩京通数码快印有限公司印刷
◆ 开本：787×1092　1/16
　印张：19.5　　　　2014年4月第1版
　字数：512千字　　　2020年9月北京第5次印刷

定价：45.00元

读者服务热线：(010)81055256　印装质量热线：(010)81055316
反盗版热线：(010)81055315

前 言

随着计算机软件在各行各业的普及应用，软件的质量问题也越来越受到人们的关注，即使是被广泛使用的成熟软件产品，也难免有不尽人意之处。软件测试是一种以找出隐藏在软件中的缺陷和错误为主要目的的活动，软件测试是软件开发过程中不可缺少的一个重要环节，是保证软件质量的重要手段。由于软件的复杂程度不断增强，软件测试也变得越来越重要，受到了业界广泛的重视。

本书主要有以下特色。

（1）认真调研分析软件测试岗位的知识、技能和素质需求，系统化重构教学内容，科学设计教学单元。

书中对不同城市 100 多家软件企业的软件测试岗位的岗位职责和岗位需求进行了认真的调研分析，对软件测试岗位必备的理论知识、必需的技能和素质、必用的测试工具进行了深入地了解和分析，在此基础上系统化重构教学内容，科学设计了 8 个教学单元：软件测试的认知与体验、结构化应用程序的黑盒测试与白盒测试、.NET 应用程序的单元测试与界面测试、Java 应用程序的单元测试与功能测试、Windows Mobile 应用程序的单元测试与功能测试、基于类的数据库应用程序的单元测试和性能测试、Web 应用程序的性能测试与负载测试、软件系统的集成测试与系统测试。

（2）在真实的测试环境中完成真实应用程序和软件系统的测试工作，在完成各项测试任务过程中掌握知识、训练技能、积累经验并固化能力。

本书精心设计了 34 项测试任务，这些测试任务主要涉及结构化应用程序、.NET 应用程序、Java 应用程序、Windows Mobile 应用程序、面向对象应用程序、数据库应用程序、Web 应用程序和软件系统，重点关注黑盒测试、白盒测试、单元测试、集成测试、系统测试、界面测试、功能测试、性能测试和负载测试，尽量做到涉及面广、突出重点、抓住关键。让学习者在完成各项测试任务的过程中，理解和掌握理论知识，逐渐具备软件测试的基本能力和积累软件测试的经验，从而适应软件测试岗位的需求。

（3）以测试实践为主线，测试方法指导与测试实践活动有机结合，强调“做中学”，注重理论指导实践。

软件测试岗位对测试技能和测试经验有较高的要求，对于《软件测试》课程，如果只重视软件测试的理论知识和方法原则，而没有足够的测试实践活动，则很难胜任软件企业测试岗位的工作。本书以测试实践为主线，同时也重视方法指导、注重理论指导测试实践。

（4）关注软件测试行业的发展现状和未来方向，使用先进的自动化软件测试工具执行软件测试操作。

软件测试自动化是软件测试未来发展的重要方向，目前也备受众多软件企业的关注，软件企业纷纷引入自动化测试工具，通过自动化测试提高测试效率和测试覆盖率。软件测试人员必须熟悉和掌握先进的自动化软件测试工具，并学会在软件测试实践中熟练使用。本书重点介绍和使用了 Quick Test Professional（QTP）、LoadRunner、JUnit、Microsoft Visual Studio 2008 这 4 种测试工具，一般介绍和使用了 StyleCop、FxCop、Nunit、NunitForms、DevPartner Studio Professional Edition 这 5 种测试工具，简要介绍了 QACenter、TestComplete、TestDirector、

Framework for Integrated Test、Jtest、JCheck、Hopper、ERWin Examiner、TSQLUnit 和 Robot 这 10 种测试工具。JUnit 和 Microsoft Visual Studio 2008 是常用的单元测试工具，QTP 是一种优秀的功能测试工具，LoadRunner 是一种优秀的性能测试工具，这些都是软件企业中普遍使用的软件测试工具，学习者都应熟练掌握。

（5）面向教学全过程设置完善的教学环节。

本书的每一个教学单元面向教学全过程设置了 6 个必要的教学环节：教学导航→方法指导→引导测试→探索测试→测试拓展→单元小结，突出了方法指导测试实践，符合学习者的认知规律和技能形成规律，有助于提高教学效果和操作技能。

（6）适合于灵活多样的教学组织方式。

本书适合于灵活多样的教学组织方式，可以为串行方式（连续安排 2~3 周）组织教学，也可以为并行方式（每周安排 6~8 课时，安排 8 周左右，每周完成一个教学单元）组织教学。

本书使用的编程语言为 C#和 Java，软件开发环境为 Microsoft Visual Studio 2008、Eclipse-SDK-3.7.1 和 JDK1.7，数据库开发环境为 Microsoft SQL Server 2008。

本书由陈承欢教授编著，参加本书测试程序的设计、优化和部分章节的编写、校对和整理工作的还有吴献文、谢树新、颜谦和、刘钊、颜珍平、宁云智、肖素华、林保康、王欢燕、张丹、冯向科、林东升、刘荣胜、郭外萍、侯伟、唐丽玲、陈雅、张丽芳等老师。

由于编者水平有限，书中难免存在疏漏之处，敬请各位专家和读者批评指正。为方便教学，本书还配备了 PPT 等教学辅助资源，请登录人民邮电出版社教学服务与资源网（www.ptpedu.com.cn）下载使用。感谢您使用本书，期待本书能成为您的良师益友。

陈承欢

2014 年 3 月

目　录　CONTENTS

单元 4 Java 应用程序的单元测试与功能测试 124

单元 5 Windows Mobile 应用程序的单元测试与功能测试 188

单元 6 基于类的数据库应用程序的单元测试和性能测试 196

PART 1

单元1 软件测试的认知与体验

软件测试是软件开发过程中不可缺少的一个重要环节，是确保软件质量的重要手段。由于软件的复杂程度不断增强，软件测试也变得越来越重要，受到了业界广泛的重视。

【教学导航】

教学目标	（1）熟悉软件测试的基本概念以及软件测试在整个软件开发生命周期中的地位和作用 （2）了解软件测试的分类和对软件测试人员的要求 （3）掌握软件测试的目的、原则和流程 （4）掌握场景设计法与软件测试的基线 （5）学会对 Windows 操作系统自带的计算器进行功能测试和界面测试 （6）学会应用场景法对 ATM 机进行黑盒测试 （7）学会应用场景法对 QQ 登录的界面和功能进行测试
教学方法	讲授分析法、任务驱动法、探究学习法
课时建议	6 课时
测试阶段	验证测试、确认测试
测试对象	计算器、ATM 机、QQ 登录
测试方法	黑盒测试法、功能测试、界面测试、场景法

【方法指导】

1.1 软件测试概述

1．软件的概念

软件是计算机系统中与硬件相互依存的一个部分，它是源程序、数据及其相关文档的集合。源程序是按事先设计的功能和性能要求执行的指令序列；数据是使程序能正常操纵信息的数据结构；文档是与程序开发、维护和使用相关的图文资料，包括《用户需求规格说明书》、《系统概要设计》、《系统详细设计》、《数据库设计》、《用户操作手册》等。

2．软件缺陷的概念

软件缺陷（Defect）是指计算机软件中存在的某种破坏其正常运行的问题、错误，或者其中隐藏的功能缺陷，称为“Bug”，“Bug”在英语中是臭虫的意思，通常用“Bug”表示计算机系统硬件或软件中隐藏的错误、缺陷或问题。

软件缺陷的存在会导致软件产品在某种程度上不能满足用户的需要，在软件开发过程中，产生软件缺陷是不可避免的，产生软件缺陷的原因比较复杂，主要包括以下几个方面。

（1）软件项目复杂。

计算机技术的进步，使软件规模、功能、结构日益复杂，算法的难度不断增加，而软件却要求高精确性，任何一个环节出现了差错都会导致软件出现错误。

（2）沟通交流不够。

系统需求分析时对客户的需求理解不透彻或者与用户沟通不畅，不同阶段的开发人员相互理解不一致，也会造成软件缺陷。例如：软件设计人员对需求分析的理解有偏差；编程人员对系统设计说明书中的某些内容重视不够，或存在误解；对于设计与编程上的一些假定或依赖性，相关人员没有充分沟通；项目组成员技术水平参差不齐、交流不够或交流上有误解，导致软件开发和维护过程中出现问题，从而产生软件缺陷。

（3）程序设计错误。

程序设计时出现算法错误、语法错误、计算和精度问题、系统结构不合理、接口参数不匹配等问题，导致软件存在隐藏的缺陷。

（4）软件需求变化。

软件需求变化的影响是多方面的，需求变化的后果可能会造成软件的重新设计，设计人员日程重新安排，已经完成的工作可能要重做或者完全抛弃等。如果有多次小的改变或者一次大的变化，项目各部分之间已知或未知的依赖性可能会相互影响而导致更多问题的出现，需求改变带来的复杂性也可能导致出现错误。

（5）代码文档缺陷。

不规范或不完整的文档使得代码维护和修改变得非常麻烦，其结果是带来许多错误。

（6）开发工具错误。

可视化软件开发工具、类库、编译器、脚本开发工具等自身的错误被带到开发的软件中，从而产生软件缺陷。

对于软件来讲，不论采用什么技术和方法，软件中仍然会有错。采用先进的编程语言、先进的开发方法、完善的开发过程，可以有效减少错误的产生，但是不可能完全杜绝软件中的错误，这些错误需要通过测试来找出，软件中的错误密度也需要通过测试来估计。

3．软件测试的概念

简单地说，软件测试就是为了发现错误而执行程序的过程。软件测试是一个找错的过程，测试只能找出程序中的错误，而不能证明程序无错。测试要求以较少的用例、时间和人力找出软件中潜在的各种错误和缺陷，以确保软件系统的质量。

在 IEEE 所提出的软件工程标准术语中，软件测试的定义为“使用人工或自动手段来运行或测试某个系统的过程，其目的在于检验它是否满足规定的需求或弄清楚预期结果与实际结果之间的差别”。软件测试与软件质量密切相连，软件测试归根到底是为了保证软件质量，软件质量通过与否是以“满足需求”为基本衡量标准的，该定义明确提出了软件测试以检验是否满足需求为目标。

软件测试的主要工作是验证（Verification）和确认（Validation）。验证是保证软件正确实现特定功能的一系列活动，即保证软件做了所期望的事情；确认是一系列的活动和过程，其目的是证实在一个给定的外部环境中软件的逻辑正确性。

软件测试的对象不仅仅是程序，还包括整个软件开发期间各个阶段所产生的文档。

4．测试用例的概念

测试用例是为某个特定目标而编制的一组测试输入、执行条件以及预期结果，以便测试某个程序路径或核实是否满足某个特定需求。测试用例的目的是确定应用程序的某个特性是否能够正常工作，并且达到程序所设计的结果。

一个好的测试用例会使测试工作达到事半功倍的效果，并且能尽早发现一些隐藏的软件缺陷。测试用例（Test Case）可以用一个简单的公式来表示：

测试用例＝输入＋输出＋测试环境

其中，输入是指测试数据和操作步骤；输出是指系统的预期执行结果；测试环境是指系统环境配置，包括硬件环境、软件环境和数据，有时还包括网络环境。

5．测试环境的概念

简单地说，测试环境就是软件运行的平台，即进行软件测试所必需的工作平台和前提条件，可用如下公式来表示：

测试环境＝硬件＋软件＋网络＋历史数据

1.2　软件测试的地位和作用

软件测试在整个软件开发生命周期中占据着重要的地位，软件工程采用的生命周期方法把软件开发划分成多个阶段，把整个开发工作明确地划成若干个开发步骤，可以把复杂的问题按阶段分别加以解决，为中间产品提供了检验的依据，各阶段完成的软件文档成为了检验软件质量的主要依据。很显然，表现在程序中的错误，并不一定是编码所引起的，也可能是详细设计、概要设计阶段，甚至是需求分析阶段的问题引起的。因此，软件中所出现问题的根源可能在开发前期的各个阶段。解决问题、纠正错误也必须追溯到前期的工作。正因如此，软件测试工作才应该着眼于整个软件生命周期，特别是着眼于编码以前各个开发阶段的工作来保证软件的质量。如果不在早期阶段进行测试，错误的延时扩散常常会导致最后成品测试产生巨大困难。所以说，软件测试并非传统意义上产品交付前单一的“找错”过程，而是贯穿于软件生产全过程的一个科学的质量控制过程。一个软件项目的需求分析、概要设计、详细设计以及编码等各阶段所得到的文档，包括需求规格说明、概要设计规格说明、详细设计规格说明以及源程序，都应该是软件测试的主要对象，软件开发的整个过程都需要软件测试人员的介入。

软件测试应该从生命周期的第一个阶段开始，并贯穿于整个软件开发生命周期的每个阶段，尽可能早地发现错误并加以修正，早期检测和纠错是系统开发中最有效的方法。

（1）需求分析阶段。

在软件开发初期，与问题定义和需求分析同时进行的验证行为极其重要，该验证必须对需求进行彻底的分析，并在初始测试时得到预期的回答。进行这些测试有助于明确系统需求，这些测试将成为最终测试单元的核心。

（2）系统设计阶段。

系统设计阶段要阐明一般测试策略，如测试方法和测试评价标准，并创建测试计划。另外，重大测试事件的日程安排也应在这一阶段构建，同时还要建立质量保证和测试文档的框架。

在详细设计阶段，要确定相应的测试工具并产生测试规程，同时还要构建功能测试所需的测试用例。除此之外，设计过程本身也要经过分析和检查以排除错误。设计中所遗漏的情况、不完善的逻辑结构、模块接口不匹配、数据结构不一致、错误的输入输出设计和不恰当的接口等都是需要考虑的内容。

（3）系统编码阶段。

在编码阶段要进行足够的单元测试，很多测试工具和技术会应用于这一阶段。代码走查和代码审查都是有效的人工测试技术；静态分析技术通过分析程序特征来排除错误；对于大型程序，需要用自动化工具来完成这些分析。

（4）系统测试阶段。

测试应用系统应着眼于功能上的测试，严格控制和管理测试信息是最重要的。

（5）系统安装阶段。

系统安装阶段的测试必须确保投入运行的程序是正确的，例如，程序是正确的版本，确保数据被正确地更改和增加。

（6）系统维护阶段。

系统启用以后，无论是纠正系统错误还是扩充原系统，都需要对系统进行更改。系统在每一次更改之后都需要重新测试，这种重新进行的测试称为回归测试。虽然一般情况下，只对由于更改而影响系统的部分进行重新测试，但是任何程序的变化都有必要进行重新测试、重新确认并更新文档。

1.3 软件测试的目的

软件测试的目的是为了在软件开发过程中，对软件产品进行质量控制并保证软件产品的最终质量。测试可以完成许多事情，但最重要的是可以衡量正在开发软件的质量。

对于软件测试目的，Grenford J. Myers 提出以下观点。

（1）软件测试是一个为了发现错误而执行程序的过程。

（2）软件测试是为了证明程序有错，而不是证明程序无错。

（3）一个好的测试用例在于它能发现至今尚未发现的错误。

（4）一个成功的测试是发现了至今尚未发现错误的测试。

这些观点提醒人们，测试要以查找错误为中心，而不是为了演示软件的正确功能。软件测试并不仅仅是为了要找出错误，也是对软件质量进行度量和评估，以提高软件的质量。软件测试是以评价一个程序或者系统属性为目标的活动，从而验证软件的质量满足用户的需求的程度，为用户选择与接受软件提供有力的依据。通过分析错误产生的原因和错误的分布特征，可以帮助软件项目管理者发现当前所采用的软件过程的缺陷，以便改进软件过程。同时，通过分析也能帮助我们设计出有针对性的检测方法，改善测试的有效性。即使是没有发现错误的测试也是有价值的，完整的测试是评定测试质量的一种方法。

1.4 软件测试的原则

为了进行有效的测试，测试人员应理解和遵循以下基本原则。

（1）应当把“尽早地和不断地进行软件测试”作为软件开发者的座右铭。

由于软件系统的复杂性和抽象性，软件开发各个阶段工作的多样性，以及开发过程中各种层次的人员之间工作的配合关系等因素，使得软件开发的每个环节都可能产生错误。所以不应把软件测试仅仅看作软件开发的一个独立阶段，而应当把它贯穿到软件开发的各个阶段中，坚持在软件开发的各个阶段进行技术评审，这样才能在开发过程中尽早发现和预防错误，杜绝隐患，提高软件质量。

（2）程序员应避免检查自己的程序。

人们常常由于各种原因而产生一些不愿意否定自己的心理，认为揭露自己程序中的问题不是一件令人愉快的事情。这一心理状态就成为测试自己编写的程序的障碍。另外，由于程序员对软件规格说明理解错误而引入的程序中的错误则更难发现。如果由别人来测试程序员编写的程序，可能会更客观、更有效并更容易取得成功。但程序测试和程序调试（Debuging）要区别对待，调试程序由程序员自己来做可能更有效。

（3）测试用例应由测试输入数据和与之对应的预期输出结果两部分组成。

在进行测试之前应当根据测试的要求选择测试用例（Test Case），测试用例不但需要测试的输入数据，而且需要针对这些输入数据的预期输出结果。如果对测试输入数据没有给出预期的输出结果，那么就缺少检验实测结果的基准，就有可能把一个似是而非的错误结果当成正确结果。

（4）在设计测试用例时，应当包括合理的输入条件和不合理的输入条件。

合理的输入条件是指能验证程序正确性的输入条件，而不合理的输入条件是指异常的、临界的、可能引起问题变异的输入条件。在测试程序时，人们常常倾向于过多地考虑合法的和期望的输入条件，以检查程序是否做了它应该做的事情，而忽视了不合法的和预想不到的输入条件。事实上，软件系统在投入运行以后，用户的使用往往不遵循事先的约定，使用了一些意外的输入，如用户在键盘上按错了键或输入了非法的命令。如果软件对这种异常情况不能做出适当的反应，给出相应的信息，那么就容易产生故障，轻则输出错误的结果，重则导致软件失效。因此，软件系统处理非法命令的能力也必须在测试时受到检验。用不合理的输入条件测试程序时，往往比用合理的输出条件进行测试更能发现错误。

（5）充分注意软件测试时的群集现象。

测试时不要以为找到了几个错误问题就不需要继续测试了。在所测试的程序中，若发现的错误数目较多，则残存的错误数目也比较多，这种错误群集现象已被许多程序的测试实践所证实。针对这一现象，应当对错误群集的程序进行重点测试，以提高测试效率。

（6）严格执行测试计划，排除测试的随意性。

测试计划的内容要完整、描述要明确，并且不要随意更改。

（7）应当对每一个测试结果做全面检查。

有些错误的征兆在输出实测结果时已经明显地出现了，但是如果不仔细、全面地检查测试结果，就会使这些错误被遗漏掉。所以必须对预期的输出结果明确定义、对实测的结果仔细分析检查、暴露错误。

（8）妥善保存测试过程中产生的各种数据和文档。

对于测试过程中产生的测试计划、测试用例、出错统计和分析报告等数据和文档应妥善保存，为日后维护提供方便。

（9）注意回归测试的关联性。

回归测试的关联性一定要引起充分的注意，修改一个错误而引起更多错误出现的现象并不少见。

1.5 软件测试的分类

软件测试有多种分类方式，例如，按测试阶段分类、按是否需要运行被测试软件分类、按是否需要查看代码分类、按测试执行时是否需要人工干预分类、按测试目的分类等，表 1-1 描述了软件测试的各种分类。

表 1-1　　软件测试的各种分类

分类方式	测试类型
按测试阶段分类	单元测试、集成测试、确认测试、系统测试、验收测试
按是否需要执行被测试软件分类	静态测试、动态测试
按是否需要查看代码分类	白盒测试、黑盒测试、灰盒测试
按测试执行时是否需要人工干预分类	手工测试、自动测试
按测试目的分类	功能测试、界面测试、易用性测试、兼容性测试、安全性测试、接口测试、文档测试、安装与卸载测试、配置测试、恢复测试、性能测试、负载测试、压力测试、强度测试、并发测试、可靠性测试、健壮性测试等
其他测试类型	冒烟测试、随机测试、回归测试

1.5.1 按测试阶段分类

软件测试按测试阶段可划分为单元测试、集成测试、确认测试和系统测试，最后进行验收测试。其中，单元测试主要是分别完成每个单元的测试任务，以确保每一个模块能正常工作。集成测试是把已测试过的模块组装起来，进行集成测试，其目的在于检验与软件设计相关的程序结构问题，这时较多地采用黑盒测试方法来设计测试用例。确认测试主要是在完成集成测试之后，对开发工作初期制定的确认准则进行的检验，是检验所开发软件是否满足所有功能和性能需求的最后手段，通常采用黑盒测试方法。系统测试是针对在完成确认测试以后，交付的应该是合格的软件产品，但为检验它能否与系统的其他部分（如数据库、硬件）协调工作而需要进行的测试；严格地说，系统测试已经超出了软件工程范围；验收测试是检测软件产品质量的最后一道工序，它更加突出了客户的作用，同时软件开发人员也应有一定程度的参与。

1．单元测试

单元测试（Unit Testing）又称模块测试（Module Testing），是指对软件中的最小可测试单元进行测试，目的是检查每个单元是否能够正确实现详细设计说明中的功能、性能、接口和设计约束等要求，发现各个模块内部可能存在的各种缺陷。

软件开发过程中，程序编码完成且通过编译后就可以进行单元测试了。单元测试的主要依据是程序代码和详细设计文档，根据设计文档、编码规范和注释，从程序内部结构出发，查看代码是否符合设计、规范以及注释的相关说明。

单元测试具有以下优点。

（1）是一种管理和组合测试元素的手段。通过单元测试，可以实现测试从“小规模”向“大规模”的逐步转变，从而降低测试难度，提高测试效率。

（2）可以减轻调试的难度。调度是准确定位并纠正某个已知缺陷的过程，在测试用例指导下的单元测试针对性更强，更加有利于缺陷的定位和对失效原因的分析。

（3）提供同时测试多个单元的可能。多个相互独立或关联性不大的单元可以并行地、独立地进行单元测试，从而加快整体的测试速度和推进软件项目开发的进度。

2．集成测试

集成测试（Integration Testing）又称为组装测试，是在单元测试的基础上，按照设计要求，将通过单元测试的单元组装成系统或子系统而进行的测试，其目的是检验不同程序单元或部件之间的接口关系是否符合概要设计的要求，能否正常运行。

集成测试并不是等到所有单元测试完成之后才开始的，而是同步进行的，即在单元测试中先对几个单元进行独立的单元测试，然后将其组装起来进行集成测试，查看其接口是否存在缺陷。

集成测试的主要依据是概要设计文档，与单元测试相比，集成测试主要考查单元的外部接口，而单元测试主要从单元内部进行测试。

由于软件的集成是一个持续的过程，会形成多个临时版本，在不断集成的过程中，功能集成的稳定性是需要解决的主要问题，在提交每个版本时，应先进行冒烟测试（Smoke Testing，即版本验证测试）来验证主要功能是否能够正常执行。

3．系统测试

系统测试（System Testing）是为了验证和确认系统是否达到其原始目标，而对集成的硬件和软件系统进行的测试，是在真实或模拟系统运行的环境下，检查完整的程序是否能和系统（包括系统软件、支持平台、硬件、外设和网络）正确配置、连接，并满足用户需求。

系统测试的主要依据是软件的需求规格说明文档，是在整个系统集成好之后进行的、前期主要看系统功能是否满足需求，称为功能测试；后期主要测试系统运行是否满足要求，以及系统在不同硬件和软件环境中的兼容性等，分别称为性能测试、兼容性测试、用户界面测试等。一般将功能测试从系统测试中独立出来，作为集成测试和系统测试之间的一个测试环节。

4．确认测试

确认测试是通过检验和提供客观证据，证实软件是否满足特定预期用途的需求，检测与证实软件是否满足软件需求说明书中规定的要求。

5．验收测试

验收测试（Acceptance Testing）又称接受测试，是在系统测试后期，以用户测试为主，或有质量保证人员共同参与的测试。验收测试是软件正式交付给用户使用前的最后一个测试环节，并决定用户是否最终验收签字和结清所有应付款。

验收测试的主要依据是软件需求规格说明文档和验收标准。验收测试的测试用例可以直接采用内部测试组所设计和系统测试用例的子集，也可以由验收人员自行设计。

验收测试又分为α测试和β测试。

α测试也称为开发方测试，开发方通过检测和提供客观证据，证明软件运行是否满足用户规定的需求。它是在软件开发环境下，由用户、测试人员和开发人员共同参与的内部测试，属于软件产品早期性测试。该测试一般在可控制环境下进行，可以是用户在开发环境下进行的测试，也可以是软件公司内部用户在模拟实际操作环境下进行的受控测试。

β测试是内部测试之后的外部公开测试，是将软件完全交给用户，让用户在实际使用环境下进行的对产品预发版本的测试。该测试是在开发者无法控制的环境下进行的软件现场测试，其实施过程是先将软件产品有计划地分发到目标市场，让最终用户大量使用、评价和检查软件，从而发现软件缺陷，然后从市场收集反馈信息，把关于反馈信息的评价制成容易处理的数据表，再将这些数据分发给所涉及的各个部门进行修改。

β测试通常被看成是一种“用户测试”，它使得“实际”客户有机会将自己的意见渗透到公司产品的设计功能和使用过程中，这些意见不但可对测试软件起到非常重要的作用，还有利于将收集的数据有效利用并促进公司未来新产品的研发。β测试可以发现一些在测试实验室无法发现、甚至重复出现的缺陷，使软件公司更了解用户的需求，并为产品设计提供指南，有助于对产品的未来做出重要决策。

1.5.2 按是否需要执行被测试软件分类

1．静态测试

静态测试（Static Testing）又称为静态分析（Static Analysis），是不实际运行被测软件，而是直接分析软件的形式和结构，从而查找缺陷的测试，主要包括对源代码、用户界面和各类文档及中间产品（如产品规格说明书、技术设计文档等）所做的测试。

（1）测试程序代码。

测试程度代码主要是为了查看代码是否符合相应的标准和规范，如可读性、可维护性等，其工作过程类似一个编译器，随着语法分析的进行，分析模块调用图、程序的控制流图等图表，度量软件的代码质量等。源代码中含有大量设计信息，以及程序异常的信息。利用静态测试，不仅可以发现程序中明显的缺陷，还可以帮助程序员重点关注那些可能存在缺陷的高风险模块，如多出口的情况、程序复杂度过高的情况、接口过多的情况等。

（2）测试界面。

测试界面主要是查看软件的实际操作和运行界面是否符合需求中的相关说明，是否符合用户的要求。

（3）文档测试。

文档测试主要是检查需求规格说明书、用户手册与需求说明是否真正符合用户的实际需求。

静态测试采用走查、同行评审、会审等方式来查找错误或收集所需要的数据。不需要运行程序，所以相对于动态测试，可以更早地进行。

静态测试的查错和分析功能是其他方法所不能替代的，静态分析能发现文档中的问题，通过文档中的问题或其他软件评审来找出需求分析、软件设计等存在的问题，而且能有效检查代码是否具有可读性、可维护性，是否遵守编程规范，包括代码风格、变量/对象/类的命名、注释内容等。

2．动态测试

动态测试（Dynamic Testing）又称为动态分析（Dynamic Analysis），是指需要实际运行被测软件，通过观察程序运行时所表现出来的状态、行为等发现软件缺陷的测试，包括在程序运行时，通过有效的测试用例来分析被测程序的运行情况或进行跟踪对比，发现程序所表现的行为与设计规格与客户需求不一致的地方。

无论是单元测试、集成测试，还是系统测试、验收测试，动态测试都是一种经常使用的测试方法。但动态测试也存在很多局限性，与静态测试相比，动态测试增加了测试用例的设计、执行和分析，以及由测试用例所带来的用例组织与管理等一系列活动。动态测试需要搭建软件特定的运行环境，增加了有关测试环境的配置、维护和管理的工作量。

1.5.3 按是否需要查看代码分类

1．黑盒测试

黑盒测试（Black-box Testing）是软件测试的主要方法之一，也称功能性测试（Functional Testing）或数据驱动测试（Data-driven Testing），但并不仅限于功能测试。进行黑盒测试的测试者不了解程序的内部情况，只知道程序的输入、输出和系统的功能，这是从用户角度对程序进行的测试。这种方法是将被测试软件看作一个黑盒子，只考虑系统的输入和输出，完全不考虑程序内部逻辑结构和处理过程，只依据程序的需求规格说明书，检查程序的功能是否符合其功能说明。黑盒测试的依据是各阶段的需求规格说明，是从功能的角度检查软件是否满足需求规格说明书的要求。

黑盒测试用例与程序如何实现无关，因此，若程序内部逻辑结构和处理过程发生变化，将不会影响该黑盒测试用例。黑盒测试的用例设计和程序开发可以并行进行，但是由于输入条件太多、输入数据量太大、输入条件的组合太复杂等因素，导致黑盒测试不可能做到穷举测试。由于不可能做到输入的穷举，只能从中选择部分输入构成测试用例，因此黑盒测试是很有可能存在漏洞的。

2．白盒测试

白盒测试主要分析程序内部的逻辑结构及算法，通常不关心功能与性能指标。白盒测试又称为结构性测试（Structural Testing）或逻辑驱动测试（Logic-driven Testing），这种方法把测试对象看作一个打开的盒子，它允许测试人员利用程序内部的逻辑结构及有关信息，设计或选择测试用例，对程序所有逻辑路径进行测试。

白盒测试的依据是程序代码，与黑盒测试相比，白盒测试具有如下特殊的应用领域。

（1）程序代码具有多个分支，白盒测试可以利用不同的覆盖准则来测试这些分支，黑盒测试则无法做到这一点。

（2）白盒测试的覆盖指标可以充当黑盒测试的检查手段。例如，若采用黑盒方法设计的测试用例（如边界值测试）没有满足某些白盒测试覆盖指标（如判定覆盖）的要求，则证明该测试用例集合必然存在漏洞。

（3）代码中常存在内存泄露的问题，尤其C/C++程序，白盒可以方便地发现内存泄露问题，且可以直接定位缺陷，但黑盒测试只能通过长时间运行程序，并仔细地检查用例执行结果，才能发现这类问题。

（4）有时只有在某种极端的条件下才会出现的情况，是难以直接进行功能测试的，这时，缺陷预防是测试的主要目的，白盒测试通过对源代码的静态分析可以发现该类问题。

当然白盒测试也存在局限性，特别是不可能做到穷举测试。

3．灰盒测试

灰盒测试是介于白盒测试和黑盒测试之间的测试，灰盒测试关注输出对于输入的正确性，同时也关注内部表现，但这种关注不像白盒测试那样详细、完整，只是通过一些表征性的现象、事件和标志来判断内部的运行状态。

灰盒测试结合了白盒测试和黑盒测试的要素，它考虑了用户端、特定的系统知识和操作环境，它在系统组件的协同性环境中评价应用软件的设计。

软件测试方法和技术的分类与软件开发过程相关联，它贯穿了整个软件生命周期。走查、单元测试、集成测试、系统测试应用于整个软件开发过程的不同阶段。单元测试可应用白盒测试方法，集成测试可应用近似灰盒测试方法，系统测试可以应用黑盒测试方法。

1.5.4 按测试执行时是否需要人工干预分类

1. 手工测试

手工测试完全由人工完成测试工作，包括制订测试计划、设计和执行测试用例、检查和分析测试结果等。

2. 自动测试

自动测试是各种测试活动的管理与实施使用自动化测试工具或自动化测试脚本来进行的测试，以某种自动测试工具来验证测试需求。这类测试在执行中一般不需要人工干预，通常在功能测试、回归测试和性能测试中使用较广。

1.5.5 按测试目的分类

1. 功能测试

功能测试是针对软件产品需求说明书的测试，主要验证功能是否符合需求，包括对原定功能的检验、是否有冗余功能和遗漏功能。

2. 界面测试

用户界面测试是对软件系统的界面进行测试，包括测试用户界面是否友好、是否方便易用、设计是否合理、位置是否正确等一系列界面问题。

3. 性能测试

性能测试用于测试系统的性能是否满足用户需求，即在特定的运行条件下验证系统的能力状况。性能测试主要是通过自动化的测试工具，模拟多种正常值、峰值以及异常负载条件，来对系统的各项性能指标进行测试的。测试中得到的负荷和响应时间等数据可以被用于验证软件系统是否能够达到用户提出的性能指标。

4. 负载测试

负载测试（Load Testing）通过测试系统在资源超负荷情况下的表现，以发现设计上的错误或验证系统的负载能力。在这种测试中，将使测试对象承担不同的工作量，以评测和评估测试对象在不同工作量下的性能行为，以及持续正常运行的能力。负载测试的目标是确定并确保系统在超出最大预期工作量的情况下仍能正常运行。此外，负载测试还要评估性能特征。例如，响应时间、事务处理速率和其他与时间相关的方面。

5. 易用性测试

检查系统界面和功能是否容易学习，使用方式是否规范一致，是否会误导用户或者使用模糊的信息。

6. 兼容性测试

测试软件产品在不同的平台，不同的工具以及相同工具的不同版本下功能的兼容性，测试该系统与其他软硬件兼容的能力。

7. 安全性测试

安全性测试主要测试系统防止非法侵入的能力，例如，测试软件系统如何处理没有授权的内部或者外部用户对系统进行的攻击或者恶意破坏，是否仍能保证数据的安全。

8. 接口测试

接口测试是指对各个模块进行系统联调的测试，包含程序内接口和程序外接口测试。这类测试，在单元测试阶段进行了一部分工作，而大部分都是在集成测试阶段完成的。

9. 文档测试

文档测试主要测试检查内部文档和外部文档的清晰性和准确性，对外部文档而言，主要针对用户的文档，以用户手册、安装手册等为主，检验文档是否和实际应用存在差别，此外还必须考虑文档是否简单明了，相关的技术术语是否解释清晰等。

10．安装与卸载测试

安装测试主要检验软件是否可以正确安装，安装文件的各项设置是否有效，安装后是否会影响原系统；卸载是安装的逆过程，测试是否能够删除干净，是否会影响原系统等。

11．压力测试

压力测试是一种性能测试，是指在超负荷环境中运行，测试程序是否能够承担压力。压力测试的目的是调查系统在其资源超负荷情况下的表现，是通过极限测试方法，发现系统在极限或恶劣环境中的自我保护能力。压力测试的目标是，确定并确保系统在超出最大预期工作量情况下仍能正常运行。此外，压力测试还要评估性能特征，例如，响应时间、事务处理速率和其他与时间相关的方面。例如，在 B/S 结构中，用户并发量测试就属于压力测试，可以使用 Webload 工具，模拟上百名客户同时访问网站，观察系统的响应时间和处理速度。

12．强度测试

强度测试是一种性能测试，该测试总是迫使系统在异常的资源配置下运行。实施和执行此类测试的目的是找出因资源不足或资源争用而导致的错误，如果内存或磁盘空间不足，测试对象就可能会表现出一些在正常条件下并不明显的缺陷，而争用共享资源（如数据库锁或网络带宽）也会造成其他缺陷。

13．可靠性测试

软件可靠性测试是指为了保证和验证软件的可靠性水平是否满足用户的要求而进行的测试，即确定软件是否满足规格说明书中规定的可靠性指标。

软件可靠性测试的目的是给出可靠性的定量估计值，通过对软件可靠性测试中观测到的失效数据进行分析，可以评估当前软件可靠性的水平，验证软件可靠性是否达到要求。

14．健壮性测试

健壮性测试侧重于程序容错能力的测试，主要是验证程序对各种异常情况是否能够进行正确处理，如数据边界测试、非法数据测试和异常中断测试等。

15．恢复测试

恢复测试主要测试软件系统从故障中恢复的能力，当软件系统崩溃，出现硬件错误或其他灾难性问题时，观察系统的表现情况。

1.5.6 其他测试类型

1．冒烟测试

冒烟测试的名称可以理解为该种测试耗时短，仅用一袋烟功夫足够了。也有人认为该名称是形象地类比新电路板基本功能检查，任何新电路板焊好后，先通电检查，如果存在设计缺陷，电路板可能会短路冒烟。

在软件测试过程中发现了问题，找到了缺陷，然后开发人员修复该缺陷，这时想知道这次修复是否真的解决了程序的缺陷，或者是否会对其他模块造成影响，就需要针对此问题进行专门测试，这个过程被称为冒烟测试（Smoke Testing）。有时，做冒烟测试时开发人员在试图解决一个问题的时候，会造成其他功能模块一系列的连锁反应，其原因可能是只集中考虑了一个急待解决的问题，而忽略了其他问题，这就可能引起新的缺陷。

冒烟测试的对象是每一个新编译的需要正式测试的软件版本，目的是确认软件基本功能正常，可以进行后续的正式测试工作。

冒烟测试的优点是可以节省大量的测试时间，防止创建失败，其缺点是覆盖率较低。

2．随机测试

随机测试是这样一种测试，在测试中，测试数据是随机产生的。例如，我们测试一个系统姓名字段的输入内容，姓名长度可达 12 个字符，那么可能随机输入以下 12 个字符："hie6%,123*au"，显然，没有人叫这样的名字，并且可能该字段不允许出现"%"、"*"等字符，这样随机产生的用例可能还只覆盖了一部分等价类，大量的情况无法覆盖到。这样的测试有时被称为猴子测试（Monkey Testing）。

随机测试是根据测试说明书执行样例测试的重要补充手段，是保证测试覆盖完整性的有效方式和过程，对考察一个软件系统的健壮性、防止生成大量垃圾数据的情况非常有用。随机测试主要是对被测软件的一些重要功能进行复测，也包括测试那些当前的测试样例（Test Case）没有覆盖到的部分。另外，对于软件更新和新增加的功能要重点测试，对一些特殊情况点、特殊的使用环境、并发性进行重点检查。

理论上，每一个被测软件版本都需要执行随机测试，尤其对于即将要发布的版本更要重视随机测试。随机测试最好由具有丰富测试经验的熟悉被测软件的测试人员进行。对于被测试的软件越熟悉，执行随机测试越容易。只有不断地积累测试经验，包括具体的测试执行和对缺陷跟踪记录的分析，不断总结经验，才能提高测试水平。

3．回归测试

回归测试是验证缺陷是否修改正确和修改过程中是否会引入新问题的活动，回归测试并不是一个测试级别，却是各个测试阶段必须包括的一个测试活动。单元测试、集成测试和系统测试阶段都可能进行回归测试。

在软件生命周期中的任何一个阶段，只要软件发生了改变，就可能给该软件带来问题。软件的改变可能是源于发现了错误并做了修改，也有可能是因为在集成或维护阶段加入了新的模块。当软件中所含错误被发现时，如果错误跟踪与管理系统不够完善，就可能会遗漏对这些错误的修改；而开发者对错误理解的不够透彻，也可能导致所做的修改只修正了错误的外在表现，而没有修复错误本身，从而造成修改失败；修改还有可能产生副作用从而导致软件未被修改的部分产生新问题，使本来工作正常的功能产生错误。同样，在有新代码加入软件的时候，除了新加入的代码本身有可能含有错误外，新代码还有可能对原有的代码带来影响。因此，每当软件发生变化时，我们就必须重新测试现有的功能，以便确定修改是否达到了预期目的，检查修改是否损害了原有的正常功能。同时，还需要补充新的测试用例来测试新的或被修改了的功能。为了验证修改的正确性及其影响就需要进行回归测试。

1.6 软件测试的流程

软件测试流程是指从软件测试开始到软件测试结束所经过的一系列准备、执行、分析的过程，一般可划分为制订测试计划、设计测试用例和测试过程、实施软件测试、评估软件测试等几个主要阶段。

1．制订测试计划

制订测试计划的主要目的是识别任务、分析风险、规划资源和确定进度。测试计划一般由测试负责人或测试经验丰富的专业人员制订，其主要依据是项目开发计划和测试需求分析结果。

测试计划一般包括以下几个方面。

（1）软件测试背景。

软件测试背景主要包括软件项目介绍、项目涉及人员等。

（2）软件测试依据。

软件测试依据主要有软件需求文档、软件规格书、软件设计文档以及其他内容等。

（3）测试范围的界定。

测试范围的界定就是确定测试活动需要覆盖的范围。确定测试范围之前，需要分解测试任务，分解任务有两个方面的目的，一是识别子任务，二是方便估算对测试资源的需求。

（4）测试风险的确定。

软件项目中总是有不确定的因素，这些因素一旦发生，对项目的顺利执行会产生很大的影响。所以在软件项目中，首先需要识别出存在的风险。识别风险之后，需要对照风险制订规避风险的方法。

（5）测试资源的确定。

确定完成任务需要消耗的人力资源和物资资源，主要包括测试设备需求、测试人员需求、测试环境需求以及其他资源需求等。

（6）测试策略的确定。

确定测试策略主要包括采取的测试方法、搭建的测试环境、采用的测试工具和管理工具以及对测试人员进行培训等。

（7）制订测试进度表。

在识别出子任务和资源之后，可以将任务、资源和时间关联起来形成测试进度表。

2．设计测试用例和测试过程

测试用例是为特定目标开发的测试输入、执行条件和预期结果的集合，这些特定目标可以用于验证一个特定的程序路径，或核实是否符合特定需求。

设计测试用例就是设计针对特定功能或组合功能的测试方案，并编写成文档。测试的目的是暴露软件中隐藏的缺陷，所以在设计测试用例时要考虑那些易于发现缺陷的测试用例和数据，结合复杂的运行环境，在所有可能的输入条件和输出条件中确定测试数据，来检查软件是否都能产生正确的输出。

测试过程一般分成几个阶段：代码审查、单元测试、集成测试、系统测试和验收测试等，尽管这些阶段在实现细节方面都不相同，但其工作流程却是一致的。设计测试过程就是确定测试的基本执行过程，为测试的每个阶段的工作建立一个基本框架。

3．实施软件测试

实施测试包括测试准备、建立测试环境、获取测试数据、执行测试等方面。

（1）测试准备和建立测试环境。

测试准备主要包括全面、准确地掌握各种测试资料，进一步了解、熟悉测试软件，配置测试的软、硬件环境，搭建测试平台，充分熟悉和掌握测试工具等。

测试环境很重要，不同软件产品对测试环境有着不同的要求，符合要求的测试环境能够帮助我们准确地测试出软件存在的问题，并且做出正确的判断。测试环境的一个重要组成部分是软、硬件配置，只有在充分认识测试对象的基础上，才有可能知道每一种测试对象需要什么样的软、硬件配置，才有可能配置出相对合理的测试环境。

（2）获取测试数据。

测试数据即使用测试事务创建有代表性的处理情形，创建测试数据的难点在于要确定使用哪些事务作为测试事务。需要测试的常见情形有正常事务的测试和使用无效数据的测试。

（3）执行测试。

执行测试一般由输入、执行过程、检查过程和输出 4 个部分组成。测试执行过程可以分为单元测试、集成测试、系统测试、验收测试等阶段，其中每个阶段还包括回归测试等。

从测试的角度而言，测试执行包括一个量和度和问题，即测试范围和测试程序的问题。例如，一个软件版本需要测试哪些方面？每个方面要测试到什么程度？从管理的角度而言，在有限的时间内，在人员有限甚至短缺的情况下，要考虑如何分工，如何合理地利用资源来开展测试。

4．评估与总结软件测试

软件测试的主要评估方法包括缺陷评估、测试覆盖和质量评测。质量评测是对测试对象的可靠性、稳定性以及性能的评测，它建立在对测试结果的评估和对测试过程中确定的变更请求分析的基础上。

测试工作的每一个阶段和测试软件的每个版本都应该有相应的测试总结。当软件项目完成测试后，一般要对整个项目的测试工作做个回顾总结。

1.7　软件测试人员的类型和要求

软件测试是一项非常严谨、复杂和具有挑战性的工作，软件系统的规模和复杂性正在日益增加，软件公司已经把软件测试作为技术工程的专业岗位。随着软件技术的发展，进行专业化、高效率软件测试的要求越来越迫切，对软件测试人员的基本素质要求也越来越高。

1．软件测试人员的类型

软件测试过程中，必须要合理地组织人员，一般将软件测试人员分成 3 部分：一部分为上机测试人员（测试执行者），一部分为测试结果检查核对人员，还有一部分是测试数据制作人员，这 3 部分人员应该紧密配合、相互协调，保证软件测试工作的顺利进行。

（1）上机测试人员。

上机测试人员负责理解产品的功能要求，然后根据测试规范和测试用例进行测试，检查软件有没有错误，确定软件是否具有稳定性，承担最低级的执行角色。

（2）测试结果检查核对人员。

测试结果检查核对人员负责编写测试代码，并利用测试工具对软件进行测试。

（3）测试数据制作人员。

测试数据制作人员要具备编写程序的能力，因为不同产品的特性不一样，对测试工具的要求也不一样。

（4）测试经理。

测试经理主要负责测试内部管理以及与其他外部人员、客户的交流等，测试经理需要具备项目经理所具备的知识和技能。同时，测试经理在测试工作开始前需要书写《测试计划书》，在测试结束时需要书写《测试总结报告》。

（5）测试文档审核师。

测试文档审核师主要负责前置测试，包括对需求分析期间与软件设计期间产生的文档进行审核，审核时需要书写审核报告。当文档确定后，需要整理文档报告，并且反映给测试工程师。

（6）测试工程师。

测试工程师主要根据需求分析期间与软件设计期间产生的文档设计制作测试数据和各个测

试阶段的测试用例。

2．软件测试人员的要求

软件测试已经成为了一个独立的技术学科，软件测试技术不断更新和完善，新工具、新流程、新测试方法都在不断涌现，如果没有合格的测试人员，测试工作不可能高质高效地完成。

软件测试人员需要以下知识结构。

（1）懂得计算机的基本理论，又有一定的软件开发经验。

（2）了解软件开发的基本过程和特征，对软件有良好的理解能力，掌握软件测试相关理论及技术。

（3）具有软件业务经验。

（4）能根据测试计划和方案进行软件测试，针对软件需求制订测试方案，安排测试计划，设计测试用例，搭建测试环境，进行软件测试。

（5）能够规划测试环境，编制测试大纲并设计测试用例，对软件进行全面测试。

（6）能够编制测试计划，评审测试方案，规范测试流程及测试文档，分析测试结果，管理测试项目。

（7）会操作测试工具。

软件测试人员应具备以下基本素质。

① 沟通能力。

一名优秀的测试人员必须能够与测试涉及的所有人进行沟通，具有与技术人员（开发者）和非技术人员（客户、管理人员等）交流的能力，既能和用户交流，也能与开发人员交流。

② 技术能力。

测试人员应该在研究分析程序的基础上，更好地读懂程序和理解新技术。一个合格的测试人员必须既明白被测软件系统，又要会使用测试工具。

③ 自信心。

开发者经常会指出测试者的错误，测试者必须对自己的观点有足够的自信心。

④ 洞察力。

一个好的测试工程师会持有“测试是为了破坏”的观点，具有捕获用户观点的能力，强烈追求高质量的意识，对细节的关注能力，对高风险区的判断能力，以便将有限的测试聚焦于重点环节。好的测试人员的工作重点应该放在理解需求，理解客户需要，思考在什么条件下程序会出错。

⑤ 探索精神。

软件测试人员不会害怕进入陌生环境，他们喜欢将新软件安装在自己的机器上进行测试，然后观察运行结果。

⑥ 不懈努力。

软件测试员总是不停地尝试，他们可能会碰到“转瞬即逝”或难以重建的软件缺陷，他们会尽一切可能去寻找软件缺陷。

⑦ 创造性。

测试显而易见的结果，那不是软件测试员的主要工作。他们的主要工作是采取富有创意甚至超常的手段来寻找缺陷。

⑧ 追求完美。

软件测试员力求完美，但是知道某些目标无法达到时，他们不会去苛求，而是尽力接近目标。

⑨ 判断准确。

软件测试员要决定测试内容、测试时间以及所看的问题是否是真正的缺陷。

⑩ 老练稳重和说服力。

软件测试员不害怕坏消息，他们找出的软件缺陷有时会被认为不重要、不用修复，这时要善于表达观点，表明软件缺陷必须修复，并通过实际演示来证明自己的观点。

1.8 场景设计法

场景设计法是一种典型的黑盒测试方法，它不考虑软件的内部结构。场景法测试运用场景对系统的功能点或业务流程进行描述，从而提高测试效果。场景法的核心是事件流和场景，其中事件流一般包含基本流和备选流，场景用于描述流经用例的路径。从用例开始到用例结束应遍历该路径上所有的基本流和备选流。

场景设计法的一般步骤如下。

① 构造基本流和备选流。

② 根据基本流和备选流构造场景。

③ 根据场景设计测试用例。

④ 对每个测试用例补充必要的测试数据。

图 1-1 所示为场景法的基本流与备选流的示意图，图中包括 1 个基本流和 3 个备选流，备选流 3 涉及的是循环的情况。

（1）基本流。

基本流是整个业务流程中最基本的一个事件流程，是从系统某个初始状态开始，经一系列状态后到达终止状态的过程中最主要的一个业务流程。

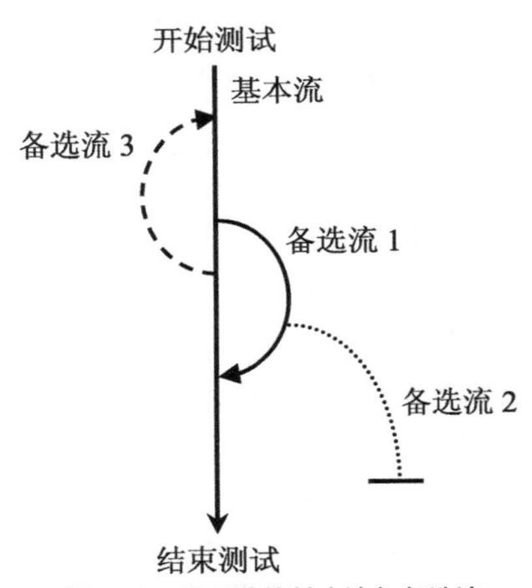

图 1-1 场景法的基本流与备选流

（2）备选流。

备选流以基本流为基础，在经过的每个判定节点处满足不同的触发条件而导致的其他事件流。与基本流不同的是，基本流是一条从初始状态到终止状态的完整业务流程，而备选流仅是业务流程中一个执行片段。

（3）场景。

所谓场景，可以看作是基本流与备选流的有序集合。场景中应至少包含一条基本流。图 1-1 从基本流开始，再结合备选流可以得到以下场景。

① 场景 1：基本流。

② 场景 2：基本流 + 备选流 1。

③ 场景 3：基本流 + 备选流 3。

④ 场景 4：基本流 + 备选流 1 + 备选流 2。

⑤ 场景 5：基本流 + 备选流 3 + 备选流 1。

⑥ 场景 6：基本流 + 备选流 3 + 备选流 1 + 备选流 2。

从以上场景中可以发现，每个场景中可以包含的备选流数目并不确定，而且可以多次包含相同的备选流。当然，场景中包含的事件流数目越大，则场景越复杂，测试越困难。

1.9 软件开发与软件测试的基线

基线（Baseline）是一个已经被正式评审和批准的规格或产品，它作为进一步开发的一个基础，并且必须通过正式的变更流程来变更。

基线是软件文档或源码（或其他产出物）的一个稳定版本，它是进一步开发的基础，所以，当基线形成后，项目负责人需要通知相关人员基线已经形成，并且表明哪儿可以找到这基线的版本，这个过程可被认为是在内部的发布，至于对外的正式发布，更是应当从基线的版本中发布。

基线是项目储存库中每个工件版本在特定时期的一个“快照”。它提供一个正式标准，随后的工作基于此标准，并且只有经过授权后才能变更这个标准。建立一个初始基线后，以后每次对其进行的变更都将记录为一个差值，直到建成下一个基线。

在阶段性开发中第一次提出的软件配置项就构成基线配置项。基线分类如下。

（1）系统功能说明，包括系统模型、项目计划、进度安排。

（2）软件需求规格说明，包括图形分析模型、过程、原型、数学规格说明。

（3）设计规格说明，包括数据设计、体系结构设计、界面设计、对象的描述等。

（4）测试规格说明，包括测试计划、测试用例、测试预期结果、测试记录等。

（5）数据库描述，包括数据模式、记录结构、数据项描述。

（6）模块规格说明，包括模块功能、模块算法、模块接口等描述。

（7）运行系统，包括模块代码、链接模块、数据库、支持及工具程序等。

（8）用户文档，包括安装说明、操作说明、用户手册等。

（9）维护文档，包括故障报告、维护要求、更改记录等。

【引导测试】

【任务 1-1】对 Windows 操作系统自带的计算器的功能和界面进行测试

【任务描述】

对 Windows 操作系统自带的计算器的功能实现情况和用户界面进行测试，检验计算器的功能和界面是否符合规格说明书。主要测试计算器的加、减、乘、除、平方根、倒数等数学运算功能和用户界面，但不测试计算器的科学计算、统计计算、数字分组功能。

【任务实施】

1．设计软件测试用例

（1）功能测试用例设计。

计算器的功能测试用例如表 1–2 所示。

表 1–2 计算器的功能测试用例

测试用例编号	测试算式	预期输出	测试用例编号	测试算式	预期输出
calcTest01	3+2−9	−4	calcTest06	5*20%	1
calcTest02	2*3+1	7	calcTest07	$\sqrt{16}+\frac{1}{-4}$	3.75

续表

测试用例编号	测试算式	预期输出	测试用例编号	测试算式	预期输出
calcTest03	12*0.25−0.6	2.4	calcTest08	0/12	0
calcTest04	2.5/0.25*10+6.2−2.3	103.9	calcTest09	12/0	除数不能为零
calcTest05	6*(−4)+8.3−7.9	−23.6	calcTest10	$\sqrt{-25}$	函数输入无效

（2）用户界面测试用例设计。

目前的软件广泛使用的是图形用户界面，图形用户界面主要由窗口、下拉菜单、工具栏、各种按钮、滚动条、文本框、列表框等组成，这些都是一般图形界面中最具有代表性的控件。在对各控件进行测试时，主要是对照规格说明书和设计说明书对各控件的描述，来检验控件能否完成规定的各项操作，以及各项功能是否能够实现。

计算器的用户界面测试用例如表 1–3 所示。

表 1–3　计算器的用户界面测试用例

测试用例编号	测试范围	测试用例	预期输出
calcTest11	窗口界面	窗体大小、控件布局、前景与背景颜色	合理
calcTest12		快速或慢速移动窗体	背景及窗体本身刷新正确
calcTest13		改变屏幕显示分辨率	显示正常
calcTest14	菜单界面	菜单功能	齐全且能正确执行
calcTest15		菜单的快捷命令方式	合适
calcTest16		菜单文本的字体、大小和格式	合适
calcTest17		菜单名称	具有自解释性
calcTest18		菜单标题	简明、有意义
calcTest19	命令按钮	命令按钮的标识与操作响应	一致
calcTest20		单击命令按钮响应操作	正确
calcTest21		非法的运算式	给出对应的提示信息
calcTest22	文本框	显示运算结果与提示信息	正确

2．执行软件测试与分析测试结果

（1）执行功能测试。

Windows 操作系统自带的计算器运行外观如图 1–2 所示。

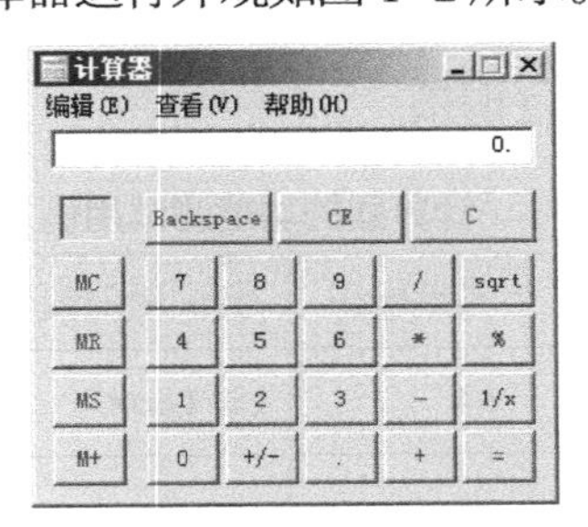

图 1–2　Windows 操作系统自带计算器的运行外观

计算器功能测试的执行过程如表 1-4 所示。

表 1-4　　计算器功能测试的执行过程

测试顺序	算式	按键与测试过程	实际输出结果	测试结论
1	3+2−9	依次按3、+、2、−、9、=	−4	正确
2	2*3+1	依次按2、*、3、+、1、=	7	正确
3	12*0.25−0.6	依次按1、2、*、0、.、2、5、−、0、.、6、=	2.4	正确
4	2.5/0.25*10+6.2−2.3	依次按2、.、5、/、0、.、2、5、*、1、0、+、6、.、2、−、2、.、3、=	103.9	正确
5	6*(−4)+8.3−7.9	依次按6、*、4、+/−、+、8、.、3、−、7、.、9、=	−23.6	正确
6	5*20%	依次按5、*、2、0、%	1	正确
7	$\sqrt{16}+\frac{1}{-4}$	依次按1、6、sqrt、+、4、+/−、1/x、=	3.75	正确
8	0/12	依次按0、/、1、2、=	0	正确
9	12/0	依次按1、2、/、0、=	除数不能为零	正确
10	$\sqrt{-25}$	依次按2、5、+/−、sqrt	函数输入无效	正确

（2）执行用户界面测试。

计算器用户界面的测试过程如表 1-5 所示。

表 1-5　　计算器用户界面的测试过程

测试顺序	测试范围	测试内容	测试方法	测试结论
11	窗口界面	窗体大小、控件布局、前景与背景颜色	目测	合格
12		快速或慢速移动窗体	移动操作、目测	合格
13		改变屏幕显示分辨率	操作、目测	合格
14	菜单界面	菜单功能	操作、目测	合格
15		菜单的快捷命令方式	目测	合格
16		菜单文本的字体、大小和格式	目测	合格
17		菜单名称	目测	合格
18		菜单标题	目测	合格
19	命令按钮	命令按钮的标识与操作响应	操作、目测	合格
20		单击命令按钮响应操作	操作、目测	合格
21		非法的运算式	操作、目测	合格
22	文本框	显示运算结果与提示信息	操作、目测	合格

经测试 Windows 操作系统自带计算器的功能和用户界面，符合需求规格说明书和设计规格说明书的要求。

【任务 1-2】应用场景法对 ATM 机进行黑盒测试

【任务描述】

ATM 机操作用例如图 1-3 所示，假设某银行的 ATM 机内目前的现金为 5000 元，卡号尾数为 468596 的银行卡的账面金额为 600 元，该银行卡的密码为 123456，应用场景法设计测试用例，对 ATM 机的密码验证功能和取款功能进行测试。这里只要求测试 ATM 机的密码验证功能和取款功能，但不测试 ATM 机的存款功能、转账功能和启动系统的功能。

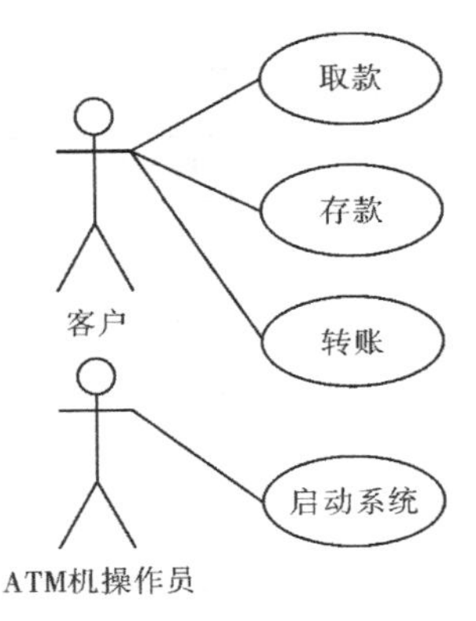

图 1-3　ATM 机操作用例图

【任务实施】

1．设计软件测试用例

（1）分析 ATM 机取款的基本流和备选流。

ATM 机取款的基本流和备选流如表 1-6 所示。

表 1-6　ATM 机取款的基本流和备选流

流的类型		流的描述
基本流		正常的取款
备选流	备选流 1	ATM 机内没有现金
	备选流 2	ATM 机内现金不足
	备选流 3	密码有误（限制 3 次输入机会）
	备选流 4	账户不存在或账户类型有误
	备选流 5	账户余额不足

（2）分析设计场景。

ATM 机取款的场景设计如表 1-7 所示。

表 1-7　ATM 机取款的场景设计

场景编号	场景名称	流	
场景 1	成功取款	基本流	
场景 2	ATM 机内没有现金	基本流	备选流 1
场景 3	ATM 机内现金不足	基本流	备选流 2
场景 4	密码有误（第 1 次密码错误）	基本流	备选流 3
场景 5	密码有误（第 2 次密码错误）	基本流	备选流 3
场景 6	密码有误（第 3 次密码错误）	基本流	备选流 3
场景 7	账户不存在或账户类型有误	基本流	备选流 4
场景 8	账户余额不足	基本流	备选流 5

（3）构造测试用例设计矩阵。

表 1-7 中的 8 个场景中的每个都需要确定测试用例，可以采用矩阵或决策表来确定和管理测试用例。测试用例设计矩阵如表 1-8 所示，表中“v”表示有效（valid），“i”表示无效（inefficacy），“n”表示不适合（not applicable）。

表 1-8　　测试用例设计矩阵

用例编号	场景	密码	账号	输入或选择的金额	账面金额	ATM 机内的现金	预期结果
bankCardTest01	场景 1	v	v	v	v	v	成功取款
bankCardTest02	场景 2	v	v	v	v	i	取款功能不可用
bankCardTest03	场景 3	v	v	v	v	i	警告重新输入取款金额
bankCardTest04	场景 4	i	v	n	v	v	警告重新输入密码
bankCardTest05	场景 5	i	v	n	v	v	警告重新输入密码
bankCardTest06	场景 6	i	v	n	v	v	警告没有机会重新输入密码
bankCardTest07	场景 7	n	i	n	i	v	警告账户不能用
bankCardTest08	场景 8	v	v	v	i	v	警告账户余额不足

2．执行软件测试与分析测试结果

确定了测试用例，就应对这些用例进行复审和验证以确保其准确且适用，并取消多余或等效的测试用例。测试用例一经认可，就可以确定实际数据，填入测试用例实施矩阵中，并实施测试，测试用例实施矩阵如表 1-9 所示。

表 1-9　　测试用例实施矩阵

测试顺序	场景	密码	账号	输入或选择的金额	账面金额	ATM 机内的现金	操作结果	测试结论
1	场景 1	123456	468596	200	600	5000	成功取款 200 元，账户余额为 400 元	合格
2	场景 2	123456	468596	200	600	0	取款选项不可见，取款功能不可用	合格
3	场景 3	123456	468596	200	600	100	重新输入取款金额 100 元或 50 元	合格
4	场景 4	222222	468596	n	600	5000	警告重新输入密码	合格
5	场景 5	333333	468596	n	600	5000	警告重新输入密码	合格
6	场景 6	444444	468596	n	600	5000	警告没有机会重新输入密码	合格
7	场景 7	123456	46m596	n	600	5000	警告账户不能用	合格
8	场景 8	123456	468596	1000	600	5000	警告账户余额不足	合格

按预先设计的测试用例进行测试，测试结论为合格。

【探索测试】

【任务 1-3】应用场景法对 QQ 登录的功能和界面进行测试

【任务描述】

应用场景法设计测试用例，对 QQ 登录模块的用户界面和功能进行测试。

【测试提示】

QQ 登录时，如果输入的账号不存在，会出现如图 1-4 所示的提示信息。QQ 登录时输入正确的账号，但输入的密码有误，如图 1-5 所示。

图 1-4　QQ 登录时输入的账号不存在

图 1-5　QQ 登录时输入正确的账号和错误密码

单击【登录】按钮会出现如图 1-6 所示的提示信息。QQ 登录时，如果登录地与常登录地不符，则要求输入验证码，如图 1-7 所示。

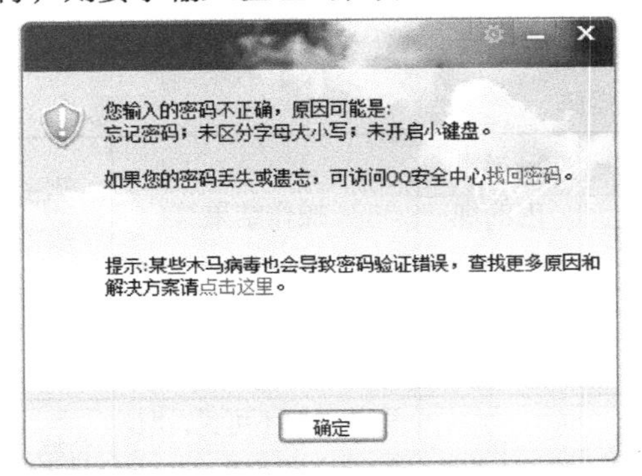

图 1-6　QQ 登录时输入的密码不存在出现的提示信息

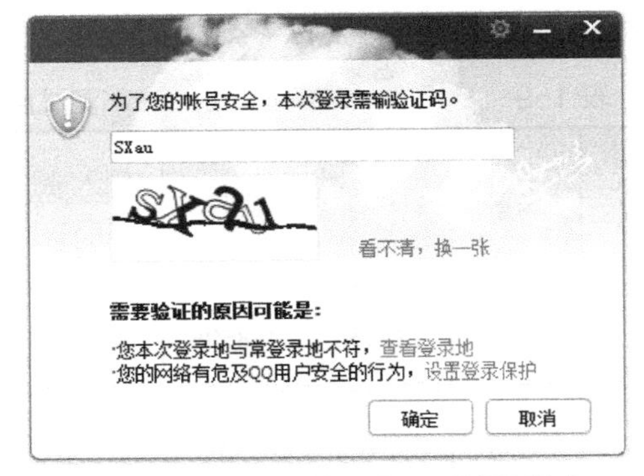

图 1-7　输入验证码的提示信息

QQ 登录超时会出现如图 1-8 所示的提示信息。QQ 登录时，如果输入的账号和密码都正确，如图 1-9 所示，则可以成功登录 QQ。

图 1-8　QQ 登录超时的提示信息

图 1-9　QQ 登录时账号和密码都正确

【测试拓展】

尝试使用以下自动化测试工具进行软件测试。

（1）使用 Quick Test Professional（简称为 QTP）对 Windows 自带的“计算器”进行测试。

（2）使用 LoadRunner 测试邮箱登录。

【单元小结】

本单元主要介绍了软件测试的基本概念，软件测试在整个软件开发生命周期中的地位和作用，软件测试的分类，对软件测试人员的要求，软件测试的目的、原则和流程等内容，同时对场景设计法与软件测试的基线进行了具体阐述，并通过多个测试实例的执行体验了软件测试。

PART 2 单元 2 结构化应用程序的黑盒测试与白盒测试

通常将软件测试技术归结为两大类：黑盒测试和白盒测试，黑盒测试技术一般可分为功能测试和非功能测试两类，功能测试方法主要有等价类划分、边值分析、因果图、错误推测、功能图法等，主要用于软件确认测试；非功能测试方法主要有性能测试、强度测试、兼容性测试、配置测试、安全测试等。白盒测试技术可分为静态测试和动态测试，静态测试技术主要有代码检查法、静态结构分析法等。动态测试技术主要包括程序插桩、逻辑覆盖、基本路径测试等。

【教学导航】

教学目标	（1）熟悉测试用例的基本概念、主要作用、基本原则和编写标准 （2）掌握等价类划分法、边界值分析法和决策表法等黑盒测试方法 （3）掌握代码检查法、逻辑覆盖法、基本路径测试法等白盒测试方法 （4）掌握循环语句测试的方法 （5）学会编写测试计划 （6）学会使用黑盒测试方法测试三角形问题 （7）学会使用白盒测试方法测试三角形问题 （8）学会测试计算下一天日期的函数 nextDate()
教学方法	讲授分析法、任务驱动法、探究学习法
课时建议	8 课时
测试阶段	单元测试
测试对象	结构化应用程序
测试方法	黑盒测试方法：等价类划分方法、边界值分析方法、决策表法；白盒测试方法：代码检查法、逻辑覆盖法、基本路径测试法

【方法指导】

2.1 测试用例设计

测试用例（Test Case， TC）贯穿于整个测试的执行过程，一个好的测试用例会使测试工作的效果翻倍，并且能尽早发现一些隐藏的缺陷。

2.1.1 测试用例的基本概念

测试用例是为某个特定目的而设计的一组测试输入、执行条件以及预期结果的描述。简单地说，测试用例就是一个文档，描述输入、动作或者时间和一个期望的结果，其目的是确认应用程序的某些特性是否正常工作，并且达到程序所设计的结果。如果执行测试用例，软件不能正常运行，而且问题重复发生，那就表示已经测试出软件有缺陷，这时就必须将软件缺陷标识出来，并且输入缺陷跟踪系统中，通知软件开发人员。软件开发人员接到通知后，修正问题，再次返回给测试人员进行确认，以确保该问题已顺利解决。

2.1.2 测试用例的主要作用

测试用例始终贯穿于整个软件测试全过程，其作用主要体现在以下几个方面。

（1）指导测试的实施。

在开始实施测试之前设计好测试用例，可以避免盲目测试，使测试的实施做到重点突出。实施测试时，测试人员必须严格按照测试用例规定的测试思想和测试步骤逐一进行测试，记录并检查每个测试结果。

（2）指导测试数据的规划。

测试实施时，按照测试用例配套准备一组或若干组测试原始数据及预期测试结果是十分必要的。

（3）指导测试脚本的编写。

自动化测试可以提高测试效率，其中心任务是编写测试脚本，自动化测试所使用的测试脚本编写的依据就是测试用例。

（4）作为评判的基准。

测试工作完成后需要评估并进行定论，判断软件是否合格，然后出具测试报告。测试工作的评判基准是以测试用例为依据的。

（5）作为分析缺陷的基准。

测试的目的就是发现 Bug，测试结束后对得到的 Bug 进行复查，然后和测试用例进行对比，看看这个 Bug 是一直没有检测到还是在其他地方重复出现过。如果是一直没有检测到的，说明测试用例不够完善，应该及时补充相应的用例；如果重复出现过，则说明实施测试还存在一些问题需要处理。最终目的是交付一个高质量的软件产品。

2.1.3 测试用例设计的基本原则

设计测试用例是根据实际需要进行的，设计测试用例所需要的文档资源主要包括软件需求说明书、软件设计说明书、软件测试需求说明书和成熟的测试用例。

设计测试用例时应遵循以下一些基本原则。

（1）测试用例的正确性。

测试用例的正确性包括数据的正确性和操作的正确性，首先保证测试用例的数据正确，其次预期的输出结果应该与测试数据发生的业务相吻合，操作的预期结果应该与程序输出结果相吻合。

（2）测试用例的代表性。

测试用例应能够代表并覆盖各种合理的和不合理的、合法的和非法的、边界的和越界的以及极限的输入数据、操作和环境设计等。一般针对每个核心的输入条件，其数据大致可以分为 3 类：正常数据、边界数据和错误数据，测试数据就是从以上 3 类中产生，以提高测试用例的代表性。

（3）测试结果的可判定性。

测试结果的可判定性即测试执行结果的正确性是可判定的，每一个测试用例都应有相应明确的预期结果，而不应存在二义性，否则将难以判断系统是否运行正常。

（4）测试结果的可再现性。

测试结果的可再现性即对同样的测试用例，系统的执行结果应当相同。测试结果可再现有利于在出现缺陷时能够确保缺陷的重现，为缺陷的快速修复打下基础。

2.1.4 测试用例的编写标准

一个优秀的测试用例应该包含以下要素。

（1）测试用例的编号。

测试用例编号是测试引用的唯一标识符，可以便于查找测试用例，也便于测试用例的管理和跟踪。测试用例的编号应遵守一定的规则，例如，可以是“软件名称简写－功能模块简写－NO.”。

（2）测试标题。

测试标题是对测试用例的描述，应该清楚表达测试用例的用途，例如“测试用户登录输入错误密码时，软件的响应情况”。

（3）测试项。

测试用例应该准确、具体地描述所测试项及其详细特征，应该比测试设计说明中所列的特性更加具体。

（4）测试环境要求。

对测试用例执行所需的外部条件，包括软、硬件具体指标以及测试工具等。如果对测试环境有特殊需求，也应加以说明。

（5）测试的步骤。

对测试执行过程的步骤应详细说明，对于复杂的测试用例，其输入需要分为几个步骤完成，这部分内容在操作步骤中应详细列出。

（6）测试的预期结果。

应提供测试执行的预期结果，预期结果应该根据软件需求中的输出得出。

（7）测试用例之间的关联。

在实际测试过程中，很多测试用例并不是单独存在的，它们之间可能有某种依速关系。如果某个测试用例与其他测试用例有时间上、次序上的关联，应标识该测试用例与其他测试用例之间的依赖关系。

（8）测试日期。

（9）测试用例设计人员和测试人员。

（10）测试用例的优先级。

表2-1是ANSI/IEEE 829标准中给出的测试用例编写的表格形式，编写测试用例时可以参考。

表2-1　　测试用例标准表　　编号：

编制人		审定人		时间	
软件名称			编号/版本		
测试用例					
用例编号					

续表

参考信息（参考的文档及章节号或功能项）	
输入说明（列出选用的输入项，列出预期输出）	
输出说明（与输入项逐条对应，列出预期输出）	
环境要求（测试要求的软、硬件、网络要求）	
特殊规程要求	
操作步骤	
用例间的依赖关系	
用例产生的测试程序限制	

2.2 黑盒测试方法

2.2.1 黑盒测试的基本概念

黑盒测试又称为数据驱动测试或基于规范的测试。这种方法进行测试时，可以将程序看作一个不能打开的黑盒子，在完全不考虑程序内部结构和内部特性的情况下，注重于测试软件的功能性要求，测试者在程序接口处进行测试，只检查程序功能是否按照规格说明书的规定正常使用，程序是否能接收输入数据而产生正确的输出信息，并且保持数据库或文件的完整性。依据程序功能的需求规范考虑确定测试用例和推断测试结果的正确性。黑盒测试是已知软件系统所具有的功能，通过测试来检测每项功能是否都能正常运行，因此黑盒测试是从用户角度的测试，确认测试、系统测试、验收测试一般都采用黑盒测试。

黑盒测试有两种结果，即通过测试和测试失败。黑盒测试能发现以下几类错误。

（1）功能不能实现或遗漏。

（2）界面错误。

（3）数据结构或外部数据库访问错误。

（4）性能错误。

（5）初始化和终止错误。

黑盒测试对程序的功能性测试有以下要求。

（1）每个软件特性必须被一个测试用例或一个被认可的异常所覆盖。

（2）利用数据类型和数据值的最小集测试。

（3）利用一系列真实的数据类型和数据值运行，测试超负荷及其他“最坏情况”的结果。

（4）利用假想的数据类型和数据值运行，测试排斥不规则输入的能力。

（5）测试影响性能的关键模块，如基本算法、精度、时间和容量等是否正常。

黑盒测试具有如下优点。

（1）可以有针对性地寻找问题，并且定位问题更准确。

（2）黑盒测试可以证明软件系统是否达到用户要求的功能，符合用户的工作要求。

（3）能重复执行相同的功用，测试工作中最枯燥的部分可交由机器完成。

黑盒测试具有如下缺点。

（1）需要充分了解软件系统用到的技术，测试人员需要具有较多经验。

（2）在测试过程中很多是手工测试操作。

（3）测试人员要负责大量文档、报表的编制和整理工作。

黑盒测试主要针对软件界面和软件功能进行测试，而不考虑内部逻辑结构。采用黑盒技术设计测试用例的方法主要有以下几种。

（1）等价类划分法。

（2）边界值分析法。

（3）决策表法。

（4）因果图法。

（5）功能图分析法。

（6）场景设计法。

（7）错误推断法。

（8）正交试验法。

其中，场景设计法已在单元 1 已介绍，这里重点介绍等价类划分法、边界值分析法和决策表法，由于本书篇幅的限制，本单元没有介绍因果图法、功能图分析法、场景设计法、错误推断法和正交试验法，请学习者参考相关书籍，了解这些黑盒测试方法。

2.2.2 等价类划分法

等价类划分是一种典型的、常用的黑盒测试方法。等价类是指某个输入域的子集，使用这一方法时，是把所有可能的输入数据，即程序的输入域划分为若干子集，然后从每一个子集中选取少数具有代表性的数据作为测试用例。由于测试时，不可能用所有可以输入的数据来测试程序，只能从全部可供输入的数据中选取少数代表性子集进行测试，每一类的代表性数据在测试中的作用等价于这一类的其他值。因此，可以把全部输入数据合理划分为若干等价类，在每一个等价类中选取一个数据作为测试的输入条件，就可以用少量代表性的测试数据取得较好的测试结果。

1．等价类的划分

等价类可划分为有效等价类和无效等价类两种不同的情况。

（1）有效等价类。

有效等价类是指对于程序规格说明来说，是合理的、有意义的输入数据构成的集合。利用它可以检验程序中功能和性能的实现是否有不符合规格说明要求的地方。

（2）无效等价类。

无效等价类是指对于程序规格说明来说，是不合理的、无意义的输入数据构成的集合。利用它可以检查程序中功能和性能的实现是否有不符合规格说明要求的地方。

设计测试用例时，要同时考虑有效等价类和无效等价类的设计。软件不能只接收合理的数据，还要经受意外的考验，接受无效的或不合理的数据，这样经过测试的软件系统才具有较高的可靠性。

2．划分等价类的方法

（1）按区间划分。

如果输入数据属于一个取值范围或值的个数限制范围，则可以确定 1 个有效等价类和 2 个无效等价类。例如，输入值是课程成绩，范围是 0～100，其有效等价类为 0≤成绩≤100，无效等价类为成绩<0 和成绩>100。可以确定 1 个有效等价类（如 90）和 2 个无效等价类（如−5 和 120）。

（2）按数值划分。

如果规格说明规定了输入数据的一组值，而且程序要对每个输入值分别进行处理。则可为每一个输入值确立一个有效等价类，并针对这组值确立一个无效等价类，这是所有不允许输入的集合。例如，程序输入条件说明性别可为男和女两种，且程序中对这两种数值分别进行了处理，有效等价类为男、女，无效等价类为非这两种值的集合。

（3）按数值集合划分。

如果规格说明规定了输入值的集合，则可确定 1 个有效等价类和 1 个无效等价类（该集合有效值之外的数据）。例如，某程序要求“标识符以字母开头”，则“以字母开头者”作为一个有效等价类，“以非字母开头”作为一个无效等价类。

（4）按限制条件划分。

在输入条件是一个布尔量的情况下，可确定一个有效等价类（符合限制条件）和一个无效等价类（不符合限制条件）。例如，若某个程序规定了输入数据必须是数字，则可划分为 1 个有效等价类（输入数据是数字）和一个无效等价类（输入数据为非数字）。

（5）按限制规则划分。

在规定了输入数据必须遵守的规则的情况下，可确立一个有效等价类（符合规则）和若干个无效等价类（从不同角度违反规则）。例如，如果程序规定输入数据的规则为以数字 1 开头，长度为 11 的数字，则有效等价类为满足上述所有条件的字符串，无效等价类为不以 1 开头的字符串，长度不为 11 的字符串和包含了非数字的字符串。

（6）按处理方式划分。

在确知已划分的等价类中各元素在程序处理中的方式不同的情况下，则应再将该等价类进一步划分为更小的等价类。

在确立了等价类之后，建立等价类表，列出所有划分出的等价类，如表 2-2 所示。

表 2-2　等价类表

编号	输入条件	有效等价类	编号	无效等价类

3．等价类划分测试用例设计

在设计测试用例时，应同时考虑有效等价类和无效等价类测试用例的设计。根据等价类表设计测试用例的方法如下。

（1）划分等价类，形成等价类表，为每个等价类规定一个唯一的编号。

（2）设计一个新的测试用例，使它尽可能多地覆盖尚未被覆盖的有效等价类，重复这一步，直到测试用例覆盖了所有的有效等价类。

（3）设计一个新的测试用例，使它仅覆盖一个还没有被覆盖的无效等价类，重复这一步，直到测试用例覆盖了所有的无效等价类。

每次只覆盖一个无效等价类，是因为一个测试用例若覆盖了多个无效等价类，那么某些无效等价类可能永远不会被检测到，因为第一个无效等价类的测试用例可能会屏蔽或终止其他无效等价类的测试执行。例如，程序规格说明中规定“编号以字母 A 开头，长度为 6”，则无效等价类应分别为“非字母 A 开头”、“长度小于 6”和“长度大于 6”

2.2.3 边界值分析法

边界值分析法是对输入或输出的边界值进行测试的一种黑盒测试方法。在测试过程中，边界值分析法通过选择等价类边界的测试用例进行测试。边界值分析法与等价类划分法的区别是，边界值分析不是从某个等价类中随便挑一个作为代表，而是使这个等价类的每个边界都作为测试条件。另外，边界值分析不仅考虑以输入条件为界，还要考虑输出域边界产生的测试情况。

测试实践表明，大量的错误都发生在输入或输出范围的边界上，因此针对各种边界情况设计测试用例，可以查出更多的错误。例如，当循环条件本应判断“≤”，却错写了“<”，计数器常常少记一次。这里所说的边界是指相对于输入等价类和输出等价类而言，稍高于其边界及稍低于边界值的一些特定情况。实践表明，在设计测试用例时，对边界附近的处理必须足够重视。

使用边界值分析方法设计测试用例，首先应确定边界情况，通常输入等价类和输出等价类的边界就是应着重测试的边界情况。应当选取正好等于、刚刚大于或刚刚小于边界的值作为测试数据，而不是选取等价类中的典型值或任意值作为测试数据。

常见的边界值如下所示。

（1）对于循环结构，第 0 次、第 1 次、最后 1 次和倒数第 2 次是边界。

（2）对于 16 位整型数据，32767 和−32768 是边界。

（3）数组的第 1 个和最后 1 个元素是边界。

（4）报表的第 1 行和最后 1 行是边界。

（5）屏幕上光标在最左上和最右下的位置是边界。

边界值分析方法是有效的黑盒测试方法，是对等价类划分方法的补充。但当边界情况很复杂的时候，要找出适当的测试用例还需针对问题的输入域、输出域边界，耐心细致地逐个考虑。

通常情况下，软件测试所包含的边界检验有几种类型：数值、字符、位置、重量、速度、尺寸、空间等。相应地，以上类型的边界值应该在最大/最小、首位/末位、上/下、最高/最低、最快/最慢、最短/最长、空/满等情况下。软件测试时应利用这些边界值作为测试数据。

边界值分析方法选择测试用例的原则如下所示。

（1）如果输入条件规定了值的范围，则应该取刚达到这个范围的边界值，以及刚刚超过这个范围边界的值作为测试输入数据。

（2）如果输入条件规定了值的个数，则用最大个数、最小个数、比最大个数多 1 个，比最小个数少 1 个的数作为测试数据。

（3）根据规格说明的每 1 个输出条件，使用前面两条规则。

（4）如果程序的规格说明给出的输入域或输出域是有序集合（如有序表、顺序文件等），则应选取集合的第 1 个和最后 1 个元素作为测试用例。

（5）如果程序使用了 1 个内部结构，应该选取这个内部数据结构的边界值作为测试用例。

（6）分析规格说明，找出其他可能的边界条件。

为便于理解，这里讨论一个有 2 个变量 x 和 y 的程序 P，假设输入变量 x 和 y 在下列范围内取值：$a \le x \le b$，$c \le y \le d$。

边界值分析利用输入变量的最小值（min）、稍大于最小值（min+）、域内任意值（nom）、稍小于最大值（max−）和最大值（max）来设计测试用例。即使 1 个变量分别取 min、min+、 nom、max−和 max 来进行测试，其他变量则取正常值。对于有 2 个变量的程序 P 的边界值共有 9 个，即 1 个变量取正常值，另 1 个变量分别取 min、min+、max−、max，还有两个变量都取正常值的情况。

对于 1 个含有 n 个变量的程序，其中一个变量依次取 min、min+、max−、max，其他变量取正常值，对每个变量都重复进行，会产生 $4n$ 个测试用例，还有 1 个所有变量都取正常值的测试用例，共 $4n+1$ 个测试用例。

不管采用什么编程语言，变量的 min、min+、nom、max−和 max 值根据语境可以很清楚地确定。如果没有显式地给出边界，如三角形问题，可以人为设定一个边界。例如，边长的下界是 1，那么如何设定一个上界呢？在默认情况下，可以取最大可表示的整型值，或者规定一个数作为上界，如 100 或 500 等。

健壮性是指在异常情况下，程序还能正常运行的能力。健壮性测试是边界值分析的一种简单扩展。变量除了取 min、min+、nom、max−和 max5 个边界值外，还要考虑采用一个略超过最大值（max+）的取值和一个略小于最小值（min−）的取值，观察超过极限值时系统会出现什么情况。边界值分析的大部分测试用例可直接用于健壮性测试，健壮性测试最有意义的情况不是输入，而是输出，注意观察如何处理例外情况。

2.2.4 决策表法

在一个程序中，如果输入输出比较多，则输入之间和输出之间相互制约的条件较多，在这种情况下，应用决策表很适用，它可以很清楚地表达它们之间的各种复杂关系。

决策表是把作为条件的所有输入的各种组合值以及对应输出值都罗列出来而形成的表格，它能够将复杂的问题按照各种可能的情况全部列举出来，简明并易于理解，同时可避免遗漏。因此，利用决策表能够设计出完整的测试用例集合。使用决策表设计测试用例时，可以把条件解释为输入，把动作解释为输出。

决策表通常由条件桩、条件项、动作桩和动作项 4 个部分组成。

（1）条件桩。

列出了问题的所有条件，除了某些问题对条件的先后次序有特定的要求外，通常在这里列出的条件其先后次序无关紧要。

（2）条件项。

针对条件桩给出的条件列出所有可能的取值。

（3）动作桩。

列出了问题规定的可能采取的操作，这些操作的排列顺序一般没有什么约束，但为了便于阅读也可令其按适当的顺序排列。

（4）动作项。

列出在条件项的各种取值情况下应该采取的动作。

动作项和条件项紧密相关，指出在条件项的各组取值情况下应采取的动作。我们把任何一个条件组合的特定取值及其相应要执行的操作称为一条规则。在决策表中贯穿条件项和动作项的一列就是一条规则。显然，决策表中列出多少组条件取值，就有多少条规则。

如表 2-3 所示的决策表，第 2 列表示桩，第 3～第 8 列表示项，在表中项部分，一列就是一条规则，条件用 C1、C2、C3 表示，动作用 A1、A2、A3、A4 来表示。在决策表 2-3 中，如果 C1、C2 和 C3 都为真，则动作 A1、A2 发生；如果 C1 和 C2 为真，而 C3 为假，则动作 A1 和 A3 发生。在下一条规则中，如果 C1 为真而 C2 为假，则 C 项成为“无关”项，动作 A4 发生。对无关项可以有两种解释：条件无关或条件不适用。

表 2-3 决策表

	桩	规则 1	规则 2	规则 3	规则 4	规则 5	规则 6
条件	C1	T	T	T	F	F	F
	C2	T	T	F	T	T	F
	C3	T	F	–	T	F	–
动作	A1	√	√		√		
	A2	√				√	
	A3		√		√		
	A4			√			√

构造决策表的主要步骤如下所示。

（1）列出所有的条件桩和动作桩。

（2）分析输入域，对输入域进行等价类划分。

（3）分析输出域，对输出进行细化，以指导具体的输出动作。

（4）确定规则的个数，假如有 n 个条件，每一个条件有两个取值（分别取值、假值），则有 2^n 种规则。

（5）填写条件项和动作项，得到初始决策表。

（6）合并相似规则，简化决策表，得到最终决策表。

为了使用决策表构造测试用例，可以把条件看作程序输入，把动作看作程序输出。有时条件也可解释为输入的等价类，而动作对应被测试软件的主要功能处理部分，这样规则就可解释为测试用例。

2.3 白盒测试方法

白盒测试是一种测试用例设计方法，盒子指的是被测试的软件，白盒指的是盒子是可视的，测试人员清楚盒子内部的东西以及里面是如何运作的。“白盒”法可以全面了解程序内部逻辑结构，对所有逻辑路径进行测试。

2.3.1 白盒测试的基本概念

白盒测试也称结构测试或逻辑驱动测试，它按照程序内部的结构测试程序，通过测试来检测产品内部动作是否按照设计规格说明书的规定正常进行，检验程序中的每条通路是否都能按预定要求正确工作。这一方法是把测试对象看作一个打开的盒子，测试人员依据程序内部逻辑结构相关信息，设计或选择测试用例，对程序所有逻辑路径进行测试，通过在不同点检查程序的状态，以确定实际运行状态是否与预期的状态一致。

“白盒”法是穷举路径测试，在使用这一方法时，测试者必须检查程序的内部结构，从检查程序的逻辑着手，得出测试数据。

白盒测试通常可分为静态测试和动态测试两类方法。其中，静态测试不要求实际执行所测程序，主要以一些人工的模拟技术对软件进行分析和测试；而动态测试是通过输入一组预先按照一定的测试准则构造的实例数据来动态运行程序，而达到发现程序错误的过程。

白盒测试的测试方法有代码检查法、静态结构分析法、逻辑覆盖法、基本路径测试法、域测试法、符号测试法、数据流测试法、Z 路径覆盖法和程序变异法等，本单元主要介绍代码检查法、逻辑覆盖法和基本路径测试法，由于本书篇幅的限制，本单元没有介绍静态结构分析法、域测试法、符号测试法、数据流测试法、Z 路径覆盖法和程序变异法，请学习者参考相关书籍，了解这些白盒测试方法。

采用白盒测试方法必须遵循以下几条原则。

（1）保证一个模块中的所有独立路径至少被使用一次。

（2）对所有逻辑值均需测试逻辑真（True）和逻辑假（False）。

（3）在上下边界及可操作范围内运行所有循环。

（4）检查程序的内部数据结构，以确保其结构的有效性。

在白盒测试中，可以使用各种测试方法进行测试。但是，测试时要考虑以下 5 个问题。

（1）测试中尽量先用自动化工具来进行静态结构分析。

（2）测试中建议先从静态测试开始，如静态结构分析、代码走查和静态质量度量，然后进行动态测试，如覆盖率测试。

（3）将静态分析的结果作为依据，再使用代码检查和动态测试的方式对静态分析结果进行进一步确认，提高测试效率及准确性。

（4）覆盖测试是白盒测试中的重要手段，在测试报告中可以作为量化指标的依据，对于软件的重点模块，应使用多种覆盖率标准衡量代码的覆盖率。

（5）在不同的测试阶段，测试的侧重点是不同的。

① 单元测试阶段：以程序语法检查、程序逻辑检查、代码检查、逻辑覆盖为主。

② 集成测试阶段：需要增加静态结构分析、静态质量度量，以接口测试为主。

③ 系统测试阶段：在真实系统工作环境下通过与系统的需求定义做比较，检验完整的软件配置项能否和系统正确连接，发现软件与系统/子系统设计文档和软件开发合同规定不符合或与之矛盾的地方；验证系统是否满足了需求规格的定义，找出与需求规格不相符或与之矛盾的地方，从而提出更加完善的方案，确保最终软件系统满足产品需求并且遵循系统设计的标准和规定。

④ 验收测试阶段：按照需求开发，体验该产品是否能够满足使用要求，有没有达到原设计水平，完成的功能怎样，是否符合用户的需求，以达到预期目的为主。

2.3.2 代码检查法

代码检查是静态测试的主要方法，包括代码走查、桌面检查、流程图审查等。

1．代码检查的概念

代码检查主要检查代码和设计意图的一致性、代码结构的合理性、代码编写的标准性和可读性、代码逻辑表达的正确性等方面，包括变量检查、命名和类型审查、程序逻辑审查、程序语法检查和程序结构检查等内容。

在进行代码检查前应准备好需求文档、程序设计文档、程序的源代码清单、代码编码标准、代码缺陷检查表和流程图等。

2．代码检查的目的

代码检查是为了达到以下目的。

（1）检查程序是不是按照某种编码标准或规范编写的。

（2）检查代码是不是符合流程图要求。

（3）发现程序缺陷和程序产生的错误。

（4）检查有没有遗漏的项目。

（5）检查代码是否易于移植。

（6）使代码易于阅读、理解和维护。

3．代码检查的方式

代码检查的方式主要有以下 3 种。

（1）桌面检查。

桌面检查是程序员对源程序代码进行分析、检验，并补充相关的文档，发现程序中的错误的过程。由于程序员熟悉自己的程序，可以由程序员自己检查，这样可以节省很多时间，但要注意避免自己的主观判断。

（2）走查。

走查指程序员和测试员组成的审查小组通过运行程序，发现问题。小组成员要提前阅读设计规格说明书、程序文本等相关文档，利用测试用例，使程序逻辑运行。

走查可分为以下两个步骤。

① 小组负责人把材料发给每个组员，然后由小组成员提出发现的问题。

② 通过记录，小组成员对程序逻辑及功能提出自己的疑问，开会探讨发现的问题和解决方法。

（3）代码审查。

代码审查是程序员和测试员组成的审查小组通过阅读、讨论、分析对程序进行静态分析的过程。

代码审查可分为以下两个步骤。

① 小组负责人把程序文本、规范、相关要求、流程图及设计说明书发给每个成员。

② 每个成员将所发材料作为审查依据，但由程序员讲解程序的结构、逻辑和源程序。在此过程中，小组成员可以提出自己的疑问；程序员在讲解自己的程序时，也能发现自己原来没有注意到的问题。

为了提高效率，小组在审查会议前，可以准备一份常见错误清单，提供给参加成员对照检查。在实际应用中，代码检查能快速找到 20%~30%的编码缺陷和逻辑设计缺陷，代码检查看到的是问题本身而非问题的征兆。代码走查是要消耗时间的，而且需要知识和经验的积累。

4．代码检查项目

（1）检查目录文件组织。

目录文件组织要遵循以下原则。

① 所有的文件名简单明了，见名知意。

② 文件和模块分组清晰。

③ 每行代码在 80 个字符以内。

④ 每个文件只包含一个完整模块的代码。

（2）检查函数。

检查函数要遵循以下原则。

① 函数头清晰地描述了函数的功能。

② 函数的名字清晰地定义了它所要做的事情。

③ 各个参数的定义和排序遵循特定的顺序。

④ 所有的参数都要是有用的。

⑤ 函数参数接口关系清晰明了。

⑥ 函数所使用的算法要有说明。

（3）检查数据类型及变量。

数据类型及变量要遵循以下原则。

① 每个数据类型都有其解释。

② 每个数据类型都有正确的取值。

③ 数据结构尽量简单，降低复杂性。

④ 每一个变量的命名都明确地表示了其代表什么。

⑤ 全部变量的描述要清晰。

⑥ 所有的变量都初始化。

⑦ 在混合表达式中，所有的运算符应该应用于相同的数据类型之间。

（4）检查条件判断语句。

检查条件判断语句要遵循以下原则。

① 条件检查和代码在程序中清晰表露。

② 使用正确了 if/else 语句。

③ 数字、字符和指针判断明确。

④ 最常见的情况优先判断。

（5）检查循环语句。

检查循环语句要遵循以下原则。

① 任何循环不得为空，循环体清晰易懂。

② 当有明确的多次循环操作时使用 for 循环。

③ 循环命名要有意义。

④ 循环终止条件清晰。

（6）检查代码注释。

检查代码注释时要遵循以下原则。

① 有一个简单的关于代码结构的说明。

② 每个文件和模块都要有相应的解释。

③ 源代码能够自我解释，并且易懂。

④ 每个代码的解释说明要明确地表达出代码的意义。

⑤ 所有注释要具体、清晰。

⑥ 删除了所有无用的代码及注释。

（7）桌面检查。

进行桌面检查时要注意以下问题。

① 检查代码和设计的一致性。

② 代码对标准的遵循与可读性。

③ 代码逻辑表达的正确性。

④ 代码结构的合理性。

⑤ 编写的程序与编码标准的符合性。

⑥ 程序中不安全、不明确和模糊的部分。

⑦ 编程风格问题等。

（8）其他检查。

其他检查包括如下内容。

① 软件的扩展字符、编码、兼容性、警告/提示信息。

② 检查变量的交叉引用表：检查未说明的变量和违反了类型规定的变量，以及变量的引用和使用情况。

③ 检查标号的交叉引用表：验证所有标号的正确性。

④ 检查子程序、宏、函数：验证每次调用与所调用位置是否正确，调用的子程序、宏、函数是否存在，参数是否一致。

⑤ 等价性检查：检查全部等价变量的类型的一致性。

⑥ 常量检查：确认常量的取值和数制、数据类型。

⑦ 设计标准检查：检查程序中是否有违反设计标准的问题。

⑧ 风格检查：检查程序的设计风格。

⑨ 比较控制流：比较设计控制流图和实际程序生成的控制流图的差异。

⑩ 选择与激活路径：在设计控制流图中选择某条路径，然后在实际的程序中激活这条路径，如果不能激活，则程序可能有错。

5．使用缺陷检查表列出典型错误

在进行人工代码检查时，可以制作代码走查缺陷表。在缺陷检查表中，我们列出工作中遇到的典型错误，如表 2-4 所示。

表 2-4 缺陷检查表

（1）格式部分	① 嵌套的 if 是否正确地缩进 ② 注释是否准确并有意义 ③ 使用的符号是否有意义 ④ 代码是否与开始时的模块模式统一、一致 ⑤ 是否遵循了全套的编程标准	（2）入口和出口的连接	① 初始入口和最终出口是否正确 ② 被传送的参数值是否正确地设置了 ③ 对被调用的关键模块的意外情况是否有所处理（如丢失、混乱） ④ 对另一个模块的每一次调用时，全部所需的参数是否传送给每一个被调用的模块
（3）存储器问题	① 每一个域在第一次使用前是否正确地初始化 ② 规定的域是否正确 ③ 每个域是否有正确的变量类型声明	（4）判断及转移	① 用于判断的是否是正确的变量 ② 是否判断了正确的条件 ③ 每个转移目标是否正确地并且至少执行了 1 次
（5）性能	性能是否最佳	（6）可靠性	对从外部接口采集的数据是否确认过
（7）可维护性	① 清单格式是否适用于提高可读性 ② 各个程序块之间是否符合代码的逻辑意义	（8）逻辑	① 全部设计是否已经实现 ② 代码所做的是否是设计规定的内容 ③ 每一个循环是否执行了正确的次数
（9）内存设计	① 数组或指针的下标是否越界 ② 是否修改了指向常量的指针的内容 ③ 是否有效地处理了内存耗尽的问题 ④ 是否出现了不规范指针（指针变量没有被初始化、用 free 或者 delete 释放了内存之后，忘记将指针设置为 Null） ⑤ 是否忘记为数组和动态内存赋初值 ⑥ 用 malloc 或者 new 申请内存之后，是否立即检查指针值是否为 Null		

6．静态结构分析

静态结构分析主要是以图形的方式表现程序的内部结构，如函数调用关系图、函数内部控制流图。

静态结构分析是指测试者通过使用测试工具分析程序源代码的系统结构、数据结构、数据接口、内部控制逻辑等内部结构，生成函数调用关系图、模块控制流图、内部文件调用关系图等各种图形和图表，清晰地标识整个软件的组成结构，通过分析这些图表（包括控制流分析、数据流分析、接口分析、表达式分析），检查软件是否存在缺陷或错误。

通过应用程序各函数之间的调用关系展示了系统的结构，这可以通过列出所有函数，用连线表示调用关系和作用来实现。静态结构主要分析以下内容。

① 检查函数的调用关系是否正确。

② 是否存在孤立的函数没有被调用。

③ 明确函数被调用的频繁度，对调用频繁的函数可以重点检查。

2.3.3 逻辑覆盖法

逻辑覆盖是白盒测试的主要动态测试方法之一，是以程序内部的逻辑结构为基础的测试技术，通过对程序逻辑结构的遍历实现程序的覆盖。从覆盖源代码的不同程度可以分为以下 6 个标准：语句覆盖（Statement Coverage，SC）、判定覆盖（Decision Coverage，DC，又称为分支覆盖）、条件覆盖（Condition Coverage，CC）、判定/条件覆盖（Decision/Condition Coverage，D/CC，又称为分支/条件覆盖）、条件组合覆盖（Condition Combination Coverage，CCC）和路径覆盖（Path Coverage，PC）。

正确使用白盒测试，就要先从代码分析入手，根据不同的代码逻辑规则、语句执行情况，选用适合的覆盖方法。任何一个高效的测试用例，都是针对具体测试场景的。逻辑测试不是片面地测试出正确的结果或是测试错误的结果，而是尽可能全面地覆盖每一个逻辑路径。

首先对表 2-5 所示的方法 logicExample()的程序代码进行分析。

表 2-5　　方法 logicExample()的程序代码

序号	程序代码
01	/*---*/
02	/* 功 能：逻辑覆盖测试示例 */
03	/* 日 期：2013-10-8 */
04	/* 作　者：陈承欢 */
05	/*---*/
06	private int logicExample(int x , int y)
07	{
08	int magic=0;
09	if(x>0 && y>0)
10	{
11	magic = x+y+10 ; // 语句块 1
12	}
13	else
14	{

续表

序号	程序代码
15	magic = x+y-10 ; // 语句块 2
16	}
17	if(magic < 0)
18	{
19	magic = 0 ; // 语句块 3
20	}
21	return magic ; // 语句块 4
22	}

一般做白盒测试不会直接根据源代码，而是根据流程图来设计测试用例和编写测试代码，在没有设计文档时，要根据源代码画出流程图。方法 logicExample()的流程图如图 2-1 所示。

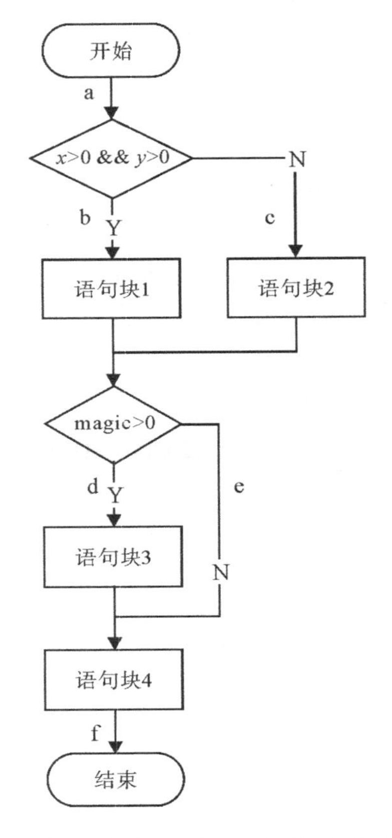

图 2-1　方法 logicExample()的流程图

做好了上面的准备工作，接下来就开始探讨分析 6 个逻辑覆盖标准。

1．语句覆盖

（1）基本概念。

设计足够多的测试用例，使得被测试程序中的每条可执行语句至少被执行一次。在本例中，可执行语句是指语句块 1、语句块 2、语句块 3 和语句块 4 中的语句。

（2）设计测试用例。

语句覆盖的测试用例如表 2-6 所示。

表 2-6 语句覆盖的测试用例

路径	测试数据	语句块 1	语句块 2	语句块 3	语句块 4
a-b-e-f	{x=3, y=3}	覆盖	未覆盖	未覆盖	覆盖
a-c-d-f	{x=-3, y=0}	未覆盖	覆盖	覆盖	覆盖

{x=3 , y=3}可以执行到语句块 1 和语句块 4，所走的路径：a-b-e-f。

{x=-3 , y=0}可以执行到语句块 2、语句块 3 和语句块 4，所走的路径：a-c-d-f。

这样，通过两个测试用例即达到了语句覆盖的标准，当然，测试用例（测试用例组）并不是唯一的。

（3）主要特点。

语句覆盖可以很直观地从源代码得到测试用例，无须细分每条判定表达式。这种测试方法仅仅针对程序逻辑中显式存在的语句，但对于隐藏的条件和可能到达的隐式逻辑分支，是无法测试的。在 if 结构中若源代码没有给出 else 后面的执行分支，那么语句覆盖测试就不会考虑这种情况。但是我们不能排除这种以外的分支不会被执行，而往往这种被错误执行的情况会经常出现。再如，在 Do-While 结构中，语句覆盖执行其中某一个条件分支。那么显然，语句覆盖对于多分支的逻辑运算是无法全面反映的，它只运行一次，而不考虑其他情况。

（4）测试充分性说明。

假设第一个判断语句 if(x>0 && y>0)中的“&&”被程序员错误地写成了“||”，即 if(x>0 || y>0)，使用上面设计出来的一组测试用例来进行测试，仍然可以达到 100%的语句覆盖，所以语句覆盖无法发现上述的逻辑错误。

在 6 种逻辑覆盖标准中，语句覆盖标准是最弱的。

2．判定覆盖（分支覆盖）

（1）基本概念。

设计足够多的测试用例，使得被测试程序中的每个判断的“真”、“假”分支至少被执行一次。在本例中共有两个判断 if(x>0 && y>0)（记为 P1）和 if(magic < 0)（记为 P2）。

（2）设计测试用例。

判定覆盖的测试用例如表 2-7 所示。

表 2-7 判定覆盖的测试用例

路径	测试数据	P1	P2
a-b-e-f	{x=3, y=3}	T	F
a-c-d-f	{x=-3, y=0}	F	T

判断条件的取真和取假分支都已经被执行过，所以满足了判定覆盖的标准。

（3）主要特点。

判定覆盖比语句覆盖要多几乎一倍的测试路径，当然也就具有比语句覆盖更强的测试能力。同样，判定覆盖也具有和语句覆盖一样的简单性，无须细分每个判定就可以得到测试用例。往往大部分的判定语句是由多个逻辑条件组合而成（例如，判定语句中包含 AND、OR、CASE），若仅仅判断其整个最终结果，而忽略每个条件的取值情况，必然会遗漏部分测试路径。

（4）测试充分性说明。

假设第一个判断语句 if(x>0 && y>0)中的“&&”被程序员错误地写成了“||”，即 if(x>0 || y>0)，使用上面设计出来的一组测试用例来进行测试，仍然可以达到 100%的判定覆盖，所以判定覆盖也无法发现上述的逻辑错误。

跟语句覆盖相比，由于可执行语句不是在判定的真分支，就是在假分支上，所以，只要满足了判定覆盖标准就一定满足语句覆盖标准，反之则不然。因此，判定覆盖比语句覆盖更强。

3．条件覆盖

（1）基本概念。

设计足够多的测试用例，使得被测试程序中的每个判断语句中的每个逻辑条件的可能值至少被满足一次。

也可以描述成：设计足够多的测试用例，使得被测试程序中的每个逻辑条件的可能值至少被满足一次。

在本例中有两个判断 if(x>0 && y>0)（记为 P1）和 if(magic < 0)（记为 P2），共计 3 个条件 x>0（记为 C1）、y>0（记为 C2）和 magic<0（记为 C3）。

（2）设计测试用例。

条件覆盖的测试用例如表 2-8 所示。

表 2-8　条件覆盖的测试用例

路径	测试数据	C1	C2	C3	P1	P2
a-b-e-f	{x=3, y=3}	T	T	T	T	F
a-c-d-f	{x=-3, y=0}	F	F	F	F	T

3 个条件的各种可能取值都满足了一次，因此，达到了 100%条件覆盖的标准。

（3）主要特点。

显然条件覆盖比判定覆盖增加了对符合判定情况的测试，增加了测试路径。要达到条件覆盖，需要足够多的测试用例，但条件覆盖并不能保证判定覆盖。条件覆盖只能保证每个条件至少有一次为真，而不考虑所有的判定结果。

（4）测试充分性说明。

上面的测试用例同时也达到了 100%判定覆盖的标准，但并不能保证达到 100%条件覆盖标准的测试用例（组）都能达到 100%的判定覆盖标准，看下面的例子。

条件覆盖的第 2 组测试用例如表 2-9 所示。

表 2-9　条件覆盖的第 2 组测试用例

路径	测试数据	C1	C2	C3	P1	P2
a-c-e-f	{x=3, y=0}	T	F	T	F	F
a-c-e-f	{x=-3, y=5}	F	T	F	F	F

既然条件覆盖标准不能 100%达到判定覆盖的标准，也就不一定能够达到 100%的语句覆盖标准了。

4．判定/条件覆盖（分支/条件覆盖）

（1）基本概念。

设计足够多的测试用例，使得被测试程序中的每个判断本身的判定结果（真假）至少满足一次，同时，每个逻辑条件的可能值也至少被满足一次。即同时满足 100%判定覆盖和 100%条件覆盖的标准。

（2）设计测试用例。

判定/条件覆盖的测试用例如表 2-10 所示。

表 2-10　判定/条件覆盖的测试用例

路径	测试数据	C1	C2	C3	P1	P2
a-b-e-f	{x=3, y=3}	T	T	T	T	F
a-c-d-f	{x=-3, y=0}	F	F	F	F	T

所有条件的可能取值都满足了一次，而且所有的判断本身的判定结果也都满足了一次。

（3）主要特点。

判定/条件覆盖满足判定覆盖准则和条件覆盖准则，弥补了二者的不足。判定/条件覆盖准则的缺点是未考虑条件的组合情况。

（4）测试充分性说明。

达到 100%判定/条件覆盖标准一定能够达到 100%条件覆盖、100%判定覆盖和 100%语句覆盖。

5．条件组合覆盖

（1）基本概念。

设计足够多的测试用例，使得被测试程序中的每个判断的所有可能条件取值的组合至少被满足一次。

【注意】

① 条件组合只针对同一个判断语句内存在多个条件的情况，让这些条件的取值进行笛卡尔乘积组合。

② 不同的判断语句内的条件取值之间无需组合。

③ 对于单条件的判断语句，只需要满足自己的所有取值即可。

（2）设计测试用例。

条件组合覆盖的测试用例如表 2-11 所示。

表 2-11　条件组合覆盖的测试用例

路径	测试数据	C1	C2	C3	P1	P2
a-c-e-f	{x=-3, y=0}	F	F	F	F	F
a-c-e-f	{x=-3, y=2}	F	T	F	F	F
a-c-e-f	{x=-3, y=0}	T	F	F	F	F
a-b-d-f	{x=3, y=3}	T	T	T	T	T

C1 和 C2 处于同一判断语句中，它们的所有取值的组合都被满足了一次。

（3）主要特点。

条件覆盖准则满足判定覆盖、条件覆盖和判定/条件覆盖准则。更改的判定/条件覆盖要求设计足够多的测试用例，使得判定中每个条件的所有可能结果至少出现一次，每个判定本身的所有可能结果也至少出现一次，并且每个条件都显示能单独影响判定结果，但增加了测试用例的数量。

（4）测试充分性说明。

100%满足条件组合标准一定满足 100%条件覆盖标准和 100%判定覆盖标准。

但上面的例子中，只走了两条路径 a–c–e–f 和 a–b–d–f，而本例的程序存在 3 条路径。

6．路径覆盖

（1）基本概念。

设计足够多的测试用例，使得被测试程序中的每条路径至少被覆盖一次。

（2）设计测试用例。

路径覆盖的测试用例如表 2–12 所示。

表 2–12　路径覆盖的测试用例

路径	数据	C1	C2	C3	P1	P2
a–b–d–f	{x=3, y=5}	T	T	T	T	T
a–c–d–f	{x=0, y=2}	F	T	T	F	T
a–b–e–f	这条路径不可能实现	–	–	–	–	–
a–c–e–f	{x=–8, y=3}	F	T	F	F	F

所有可能的路径都满足过一次。

（3）主要特点。

这种测试方法可以对程序进行彻底的测试，比前面 5 种的覆盖面都广。由于路径覆盖需要对所有可能的路径进行测试（包括循环、条件组合、分支选择等），那么就需要设计大量、复杂的测试用例，使得工作量呈指数级增长。而在有些情况下，一些执行路径是不可能被执行的，例如：

```
if(!a)  b++ ;
if(!a)  d-- ;
```

这两个语句实际只包括了 2 条执行路径，即 A 为真或假时对 B 和 D 的处理，真或假不可能都存在，而路径覆盖测试则认为是包含了真与假的 4 条执行路径。这样不仅降低了测试效率，而且大量的测试结果的累积，也为排错带来麻烦。

（4）测试充分性说明。

由表 2–12 可见，100%满足路径覆盖，但并不一定能 100%满足条件覆盖（C2 只取到了真），但一定能 100%满足判定覆盖标准（因为路径就是从判断的某条分支走的）。

7．6 种逻辑覆盖的强弱关系

一般都认为这 6 种逻辑覆盖从弱到强的排列顺序是：

语句覆盖→判定覆盖→条件覆盖→判定/条件覆盖→条件组合覆盖→路径覆盖

但经过上面的分析，它们之间的关系实际上可以用图 2–2 表示。

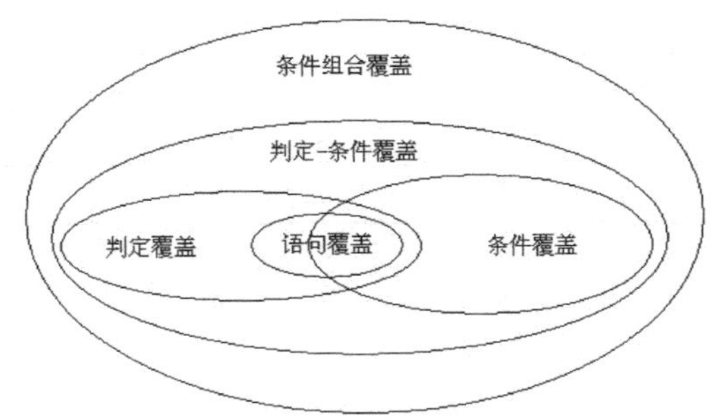

图 2–2　逻辑覆盖标准之间的关系示意图

而路径覆盖很难在该图表示出来。

2.3.4 基本路径测试法

1．基本概念

基本路径测试法是指在程序控制流图的基础上，通过分析控制构造的环路复杂性，导出基本可执行路径集合，从而设计测试用例的方法。设计出的测试用例要保证在测试中程序的每个可执行语句至少被执行一次。基本路径测试法包括以下 4 个步骤和 1 个工具方法。

（1）绘制程序控制流图，程序控制流图是描述程序控制流的一种图示方法。

（2）计算程序的环路复杂度，即 McCabe 复杂性度量。从程序的环路复杂性可以导出程序基本路径集合中的独立路径条数，这是确定程序中每个可执行语句至少执行一次所必需的测试用例数目的上界。

（3）确定独立路径：根据环路复杂度和程序结构确定独立路径。

（4）设计测试用例：根据独立路径设计输入数据，确保基本路径集中的每一条路径的执行。

工具方法：采用图形矩阵，图形矩阵是在基本路径测试中起辅助作用的方法工具，利用它可以实现自动地确定一个基本路径集。

程序控制流图只有两种图形符号：圆圈和带箭头的直线或曲线，每一个圆圈称为控制流图的一个结点，表示一个或多个无分支的语句或源程序语句。流图中的带箭头的直线或曲线称为边或连接，代表控制流。基本结构的程序控制流图如图 2-3 所示。

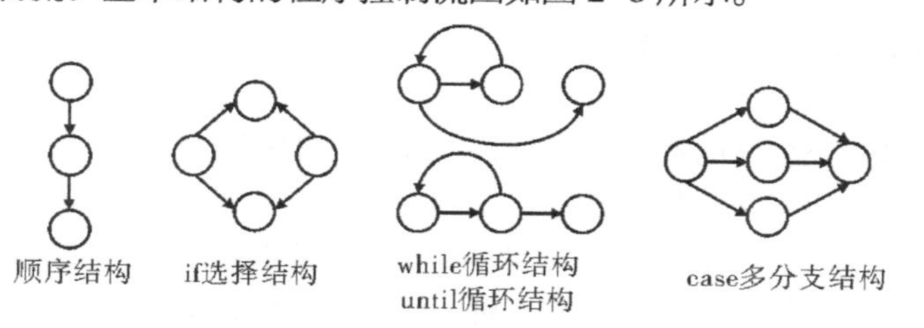

图 2-3　基本结构的程序控制流图

任何过程设计都要被翻译成控制流图，在将程序流程图简化成控制流图时，应注意以下几点。

（1）在选择或多分支结构中，分支的汇聚处应有一个汇聚结点。

（2）边和结点圈定的范围叫作区域，当对区域计数时，图形外的范围也应记为一个区域。程序流程图和对应的控制流图如图 2-4 所示。

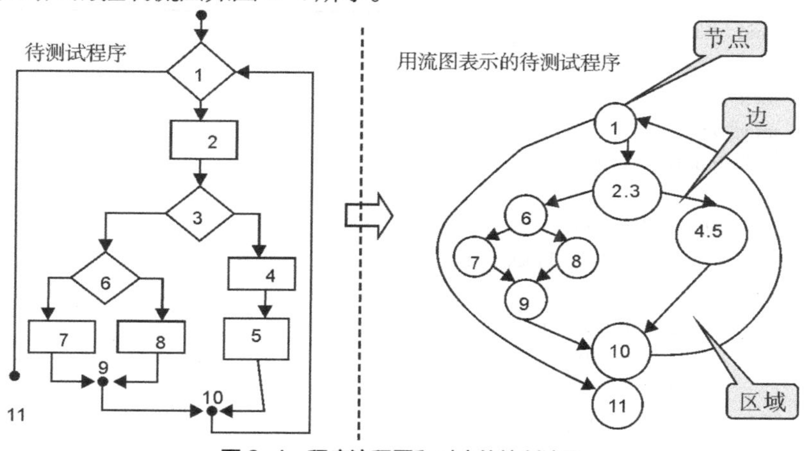

图 2-4　程序流程图和对应的控制流图

（3）如果判断中的条件表达式是由一个或多个逻辑运算符（or、and、Nand、Nor）连接的逻辑表达式，则需要将复合条件的判断改为一系列只有单条件的嵌套判断。

例如，对于以下程序：

```
if a or b then
  x
else
  y
```

该程序对应的控制流图如图 2-5 所示。

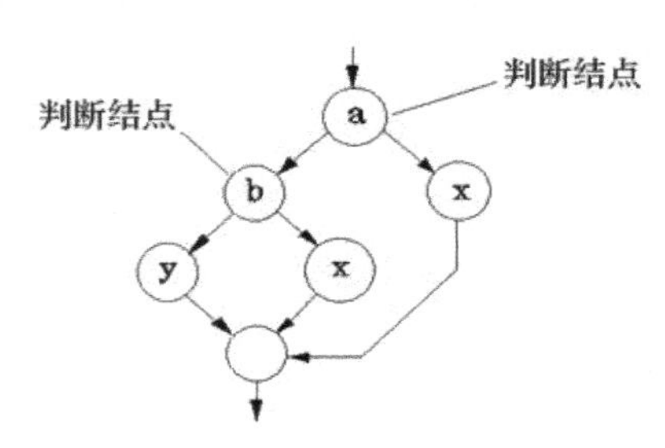

图 2-5　复合条件对应的控制流图

2．基本路径测试法的实现步骤

第一步：绘制控制流图。

程序流程图用来描述程序的控制结构，可将程序流程图映射到一个相应的程序控制流图（假设流程图的菱形决定框中不包含复合条件）。在控制流图中，每一个圆圈称为流图的结点，代表一个或多个语句。程序流程图中的一个处理方框和一个菱形判定框可被映射为程序控制流图中的一个结点。控制流图中的箭头称为边或连接，代表控制流，类似于程序流程图中的箭头。一条边必须终止于一个结点，即使该结点并不代表任何语句（例如，if-else-then 结构）。由边和结点限定的范围称为区域。计算区域时应包括图外部的范围。

例如，对于表 2-13 所示的方法 NumCalc()，用基本路径测试法进行测试。

表 2-13　　方法 NumCalc()的程序代码

序号	程序代码
00	private void　NumCalc(int num1 , int num2)
01	{
02	int x=0　;
03	int y=0 ;
04	while (num1-- > 0)
05	{
06	if(num2 == 0)
07	{　x=y+2　;　break ;　}
08	else
09	if (num2 == 1)
10	x=y+10 ;
11	else
12	x=y+20 ;
13	}
14	}

方法 NumCalc()的程序流程图和对应的控制流图如图 2-6 所示。

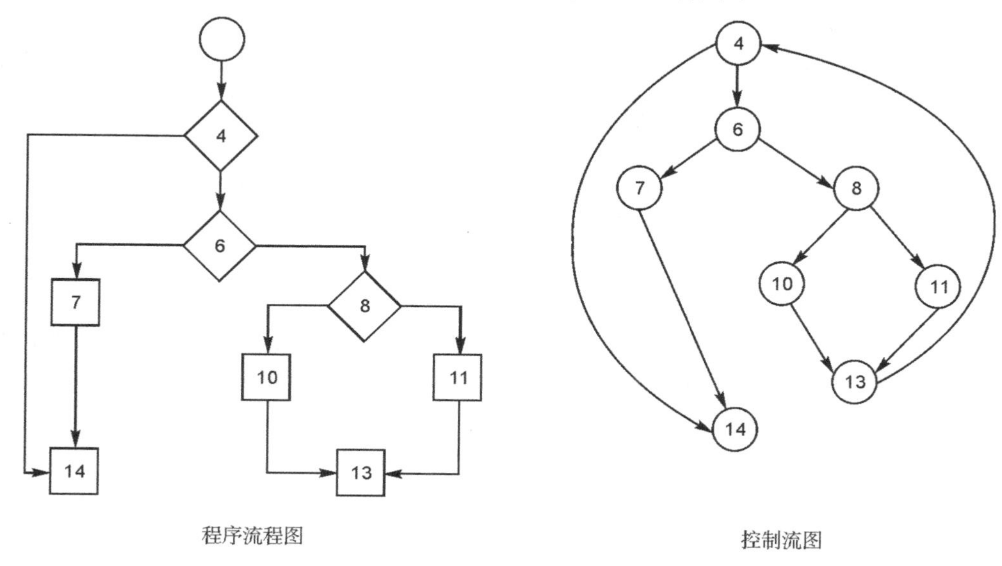

图 2-6　方法 NumCalc()的程序流程图和对应的控制流图

第二步：计算环路复杂度。

环路复杂度（也称为圈复杂度）是一种为程序逻辑复杂性提供定量测度的软件度量，将该度量用于计算程序基本的独立路径数目，这是确保所有语句至少被执行一次的测试数量的上界。

下面，以图 2-7 为例讨论环路复杂度的计算方法。

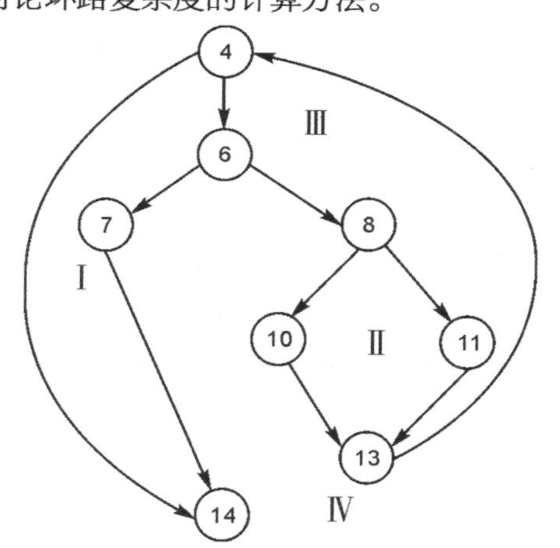

图 2-7　环路复杂度计算示例

有以下 3 种方法计算环路复杂度。

（1）观察法。

控制流图中区域的数量对应于环型的复杂性，环路复杂度=总的区域数=控制流图中封闭区域数量+1 个开放区域。图 2-7 中有 3 个封闭区域，分别为Ⅰ、Ⅱ、Ⅲ，Ⅳ为开放区域，因此，环路复杂度为 4。

（2）公式法。

控制流图 G 的环路复杂度 V(G)的计算公式为：$V(G)=e-n+2$

其中，e 表示控制流图中边的数量，n 表示控制流图中结点的数量。

图 2-7 中有 10 条边、8 个结点，所以环路复杂度 V(G)=10−8+2=4。

（3）判定结点法。

利用程序代码中独立判定结点的数量来计算环路复杂度。

控制流图 G 的环路复杂度 V(G)的计算公式为 V(G)=P+1

其中，P 表示控制流图 G 中判定结点的数量。

图 2-7 中有 3 个判定结点，分别为④、⑥、⑧，所以环路复杂度 V(G)=3+1＝4。

环路复杂度“4”是构成基本路径集的独立路径数的上界，可以据此得到应该设计的测试用例的数目。

第三步：确定独立路径。

根据上面的计算方法，可得出 4 个独立路径，所谓独立路径，是指和其他路径相比，至少引入一个新处理语句或一个新判断的程序通路。V（G）的值正好等于该程序的独立路径的条数。

图 2-7 中的 4 条独立路径如下所示。

路径 1：4→14

路径 2：4→6→7→14

路径 3：4→6→8→10→13→4→14

路径 4：4→6→8→11→13→4→14

根据上面的独立路径，去设计输入数据，使程序分别执行到上面 4 条路径。

第四步：设计测试用例

为了确保基本路径集中的每一条路径的执行，根据判断结点给出的条件，选择适当的数据以保证某一条路径可以被测试到，满足上面例子基本路径集的测试用例如表 2-14 所示。

表 2-14　基本路径集的测试用例

测试用例 ID	输入数据		预期输出		路径
	num1	num2	*x*	*y*	
TC01	0	0	0	0	路径 1
TC02	1	0	2	0	路径 2
TC03	1	1	10	0	路径 3
TC04	1	2	20	0	路径 4

每个测试用例执行之后，与预期结果进行比较，如果所有测试用例都执行完毕，则可以确信程序中所有的可执行语句至少被执行了一次。

【注意事项】

一些独立的路径，往往不是完全孤立的，有时它是程序正常的控制流的一部分，这时，这些路径的测试可以是另一条路径测试的一部分。

3．基本路径测试法的图形矩阵工具

为了使导出控制流图和决定基本测试路径的过程均自动化实现，可以开发一个辅助基本路径测试的方法工具，称为图形矩阵（Graph Matrix）。

利用图形矩阵可以实现自动地确定一个基本路径集。一个图形矩阵是一个方阵，其行/列数对应程序控制流图中的结点数，每行和每列依次对应一个被标识的结点，矩阵元素对应结点间的连接（即边）。在图中，程序控制流图的每一个结点都用数字加以标识，每一条边都用字母加以标识。如果在控制流图中第 i 个结点到第 j 个结点有一个名为 x 的边相连接，则在对应的图形

矩阵中第 i 行/第 j 列有一个非空的元素 x。

对每个矩阵项加入连接权值（Link Weight），图矩阵就可以用于在测试中评估程序的控制结构，连接权值为控制流提供了另外的信息。最简单情况下，连接权值是 1（存在连接）或 0（不存在连接），但是，连接权值也可以赋予如下所示更多的属性。

① 执行连接（边）的概率。

② 穿越连接的处理时间。

③ 穿越连接时所需的内存。

④ 穿越连接时所需的资源。

根据上面介绍的方法，对图 2-7 所示的控制流图画出图形矩阵如图 2-8 所示。

	4	6	7	8	10	11	13	14
4		1						1
6			1	1				
7								1
8					1	1		
10							1	
11							1	
13	1							
14								

图 2-8　图形矩阵

连接权为“1”表示存在一个连接，在图中如果一行有两个或更多的元素“1”，则这行所代表的结点一定是一个判定结点。通过连接矩阵中有两个以上（包括两个）元素为“1”的个数，就可以得到确定该图环路复杂度的另一种算法。

2.3.5　循环语句测试

从本质上说，循环语句测试的目的就是检查程序中循环结构的有效性。循环语句是实现算法的重要组成部分，循环语句测试是一种白盒测试技术，它总是与边界值测试密切相关。可以把循环语句分为 4 种：简单循环、串接循环、嵌套循环和不规则循环，如图 2-9 所示。

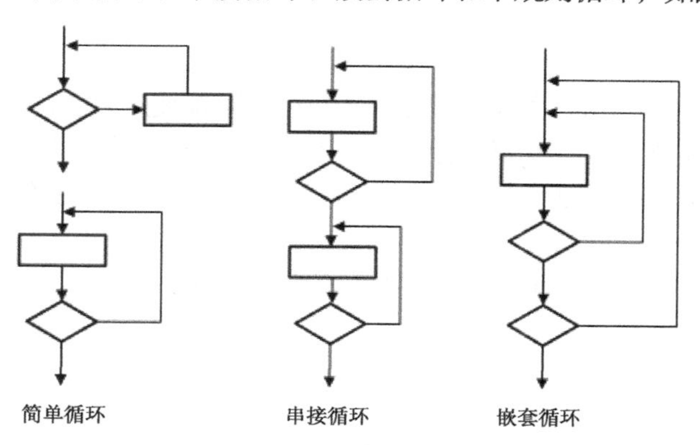

图 2-9　常见循环类型

1．简单循环

使用下列测试集来测试简单循环，其中 n 表示允许通过循环的最大次数。

① 零次循环：从循环入口直接跳到循环出口。

② 1 次循环：只有一次通过循环，用于查找循环初始值方面的错误。

③ 2 次循环：两次通过循环，用于查找循环初始值方面的错误。

④ m 次循环：m 次通过循环，其中 $m<n$，用于检查在多次循环时才能暴露的错误。

⑤ $n-1$ 次循环：即 $n-1$ 次通过循环，比最大循环次数少一次。

⑥ n 次循环：n 次通过循环，最大循环次数。

⑦ $n+1$ 次循环：$n+1$ 次通过循环，比最大循环次数多 1 次。

简单循环应重点测试以下方面。

（1）循环变量的初始值是否正确。

（2）循环变量的最大值是否正确。

（3）循环变量的增量是否正确。

（4）何时退出循环。

2．嵌套循环

如果将简单循环的测试方法用于嵌套循环，可能的测试数就会随嵌套层数成几何级增加，这会导致不实际的测试数目，以下是一种减少测试数目的方法，步骤如下所示。

① 从最内层循环开始，将其他循环设置为最小值。

② 对最内层循环使用简单循环，而使外层循环的迭代参数（即循环计数器）取最小值，并为范围外或排除的值增加一些额外的测试。

③ 从内向外构造下一个循环的测试，但其他的外层循环为最小值，并使其他的嵌套循环为“典型”值。

④ 继续执行，直到测试完所有的循环为止。

嵌套循环应重点测试以下方面。

（1）当外循环变量为最小值，内层循环也为最小值时，运算结果是否正确。

（2）当外循环变量为最小值，内层循环为最大值时，运算结果是否正确。

（3）当外循环变量为最大值，内层循环为最小值时，运算结果是否正确。

（4）当外循环变量为最大值，内层循环也为最大值时，运算结果是否正确。

（5）循环变量的增量是否正确。

（6）何时退出循环。

3．串接循环

串接循环也称为并列循环。如果串接循环的每个循环都彼此独立，则可以简化为两个单个循环来分别处理。但是如果两个循环串接起来，而且第 1 个循环的循环计数值是第 2 个循环的初始值，则这两个循环并不是独立的。如果循环不独立，则推荐使用嵌套循环的方法进行测试。

4．不规则循环

应尽可能先将不规则循环重新设计为结构化的程序结构，再进行测试。

【引导测试】

三角形问题是软件测试文献中使用最广泛的一个示例，它包含了清晰而复杂的逻辑关系，这正是它在软件测试界经久不衰的主要原因之一。输入 3 个整数 a、b 和 c 分别作为三角形的 3 条边，根据三角形判定性质（两边之和必须大于第三边才能构成三角形）判断 3 个整数能否构成三角形，如果能构成三角形，则通过程序判断由这 3 条边构成的三角形的类型：一般三角形

（Scalene）、等腰三角形（Isosceles）、等边三角形（Equilateral）。

【任务 2-1】使用黑盒测试方法测试三角形问题

【任务描述】

假定三角形的 3 条边的取值限制在 1～100，这里选择 100 作为边长的上限只是为了问题研究方便而设定，另外，这里的边长只取整数，三角形问题可以更具体描述为以下形式

输入 3 个数 *a*、*b*、*c* 分别作为三角形的 3 条边，要求 *a*、*b*、*c* 必须满足以下条件。

Con1：1≤a≤100

Con2：1≤b≤100

Con3：1≤c≤100

Con4：a<b+c

Con5：b<a+c

Con6：c<a+b

Con7：输入 3 个数

程序输出是由这 3 条边构成的三角形类型：一般三角形、等腰三角形、等边三角形或非三角形（不能构成三角形）。如果输入的数值不满足前 3 个条件（Con1、Con2、Con3）中任何一个，则程序给出相应的提示信息“请输入 1～100 的数”；如果输入的数不足 3 条，即不满足条件 Con7，则程序给出相应的提示信息“请输入 3 条边长”；如果输入了 3 个数，且 *a*、*b*、*c* 满足 Con1、Con2、Con3 三个条件，则输出下列 4 种情况之一。

（1）如果 3 条边都不相等，则程序输出结果为“一般三角形”。

（2）如果 3 条边都相等，则程序输出结果为“等边三角形”。

（3）如果恰好有 2 条边相等，则程序输出结果为“等腰三角形”。

（4）如果不能满足条件 Con4、Con5、Con6 中的任何一个，则程序输出结果为“非三角形”。

显然，这 4 种情况相互排斥。

另外，三角形的边长还限制为正整数。

【任务实施】

使用黑盒测试方法测试三角形问题的测试计划如表 2-15 所示。

表 2-15　　使用黑盒测试方法测试三角形问题的测试计划

计划标识符	TestPlan-02-01	
测试概述	测试目标	测试三角形问题，判断三角形的类型
	测试范围	三角形边长为正整数
	限制条件	三角形的 3 条边的取值限制在 1～100
	参考资料	无
测试项目	（1）输入 3 个数；（2）取值范围在 1～100；（3）三角形类型	
测试特征	边长的取值在 1～100 的正整数	
测试方法	黑盒测试方法：等价类划分方法、边界值分析方法、决策表法	
测试标准	程序运行结果与预期结果完全一致	
测试环境	Windows XP 及以上版本的操作系统、Microsoft Visual Studio 2008	
人员和时间	测试实施人员 1 人，测试时间 1h	

【任务 2-1-1】使用等价类划分法对三角形问题进行测试

1．等价类划分测试用例设计

使用等价类划分方法必须仔细分析程序规格说明，在三角形问题中，输入的数值必须满足 3 个条件：整数、3 个数、取值在 1～100。仔细分析三角形问题，其无效输入就是分别不满足以上 3 个条件。因此可以将这 3 个条件作为 3 个有效等价类，从而得出其等价类表，如表 2-16 所示。

表 2-16　　三角形问题的等价类

编号	有效等价类	编号	无效等价类
1	整数	4	1 条边为非整数
		5	2 条边为非整数
		6	3 条边为非整数
2	输入 3 个数	7	只有 1 条边
		8	只有 2 条边
		9	多于 3 条边
3	1≤a≤100 1≤b≤100 1≤c≤100	10	1 条边为 0
		11	2 条边为 0
		12	3 条边为 0
		13	1 条边<0
		14	2 条边<0
		15	3 条边<0
		16	1 条边>100
		17	2 条边>100
		18	3 条边>100

根据等价类表，可以设计覆盖上述等价类的测试用例。测试用例 Test1=（3,4,5）便可覆盖有效等价类 1、2、3。覆盖无效等价类的测试用例如表 2-17 所示。

表 2-17　　三角形问题的无效等价类测试用例

测试用例编号	*a*，*b*，*c*	预期输出	覆盖等价类
Test01	2.5，4，5	限制无法输入小数点	4
Test02	2.5，3.5，5	限制无法输入小数点	5
Test03	2.5，3.5，4.5	限制无法输入小数点	6
Test04	3	提示“请输入 3 条边长”	7
Test05	4，5	提示“请输入 3 条边长”	8
Test06	4，5，6，7	提示“请输入 3 条边长”	9
Test07	0，4，5	提示“请输入 1～100 的数”	10
Test08	0，0，5	提示“请输入 1～100 的数”	11
Test09	0，0，0	提示“请输入 1～100 的数”	12
Test10	−3，4，5	提示“请输入 1～100 的数”	13

续表

测试用例编号	*a*，*b*，*c*	预期输出	覆盖等价类
Test11	−3，−4，5	提示“请输入 1～100 的数”	14
Test12	−3，−4，−5	提示“请输入 1～100 的数”	15
Test13	101，55，65	提示“请输入 1～100 的数”	16
Test14	101，101，65	提示“请输入 1～100 的数”	17
Test15	101，101，101	提示“请输入 1～100 的数”	18

2．输出域等价类划分测试用例设计

大多数情况下从被测试程序的输入域划分等价类，但有时也可以从被测试程序的输出域定义等价类，这对于三角形问题是最简单的等价类划分方法。三角形问题有 4 种可能输出：等边三角形、等腰三角形、一般三角形和非三角形。利用这些信息可确定以下输出等价类。

① R1={ 边长为 *a*，*b*，*c* 的等边三角形 }

② R2={ 边长为 *a*，*b*，*c* 的等腰三角形 }

③ R3={ 边长为 *a*，*b*，*c* 的一般三角形 }

④ R4={ 边长为 *a*，*b*，*c* 的不能构成三角形 }

4 个输出域等价类测试用例如表 2−18 所示。

表 2−18　　三角形问题的 4 个输出域等价类测试用例

测试用例	*a*	*b*	*c*	预期输出	测试用例	*a*	*b*	*c*	预期输出
Test17	5	5	5	等边三角形	Test19	3	4	5	一般三角形
Test18	3	3	5	等腰三角形	Test20	2	1	5	非三角形

3．构建测试环境

用于测试经典三角形问题的界面如图 2−10 所示，分别在 3 个文本框中输入测试数据，然后单击【判断类型】按钮，然后在该界面右下角会显示三角形的类型或提示信息。

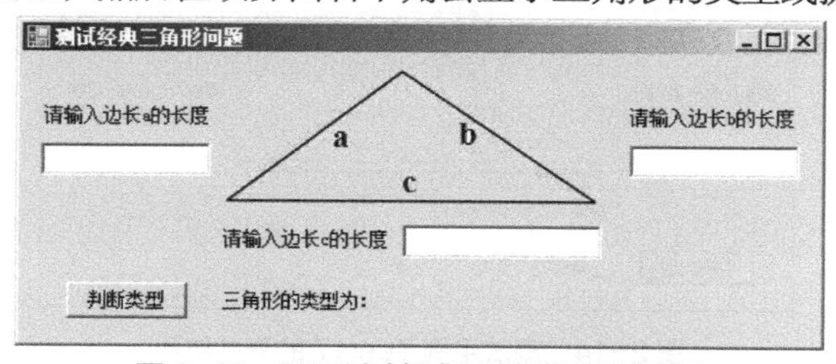

图 2−10　用于测试经典三角形问题的界面

图 2−10 中各个文本框通过程序控制只能输入数字，无法输入小数点、负号，从而限制输入的数据为正整数。

4．执行软件测试与分析测试结果

对各个测试用例执行测试操作。

（1）测试用例 Test01 的测试结果如图 2−11 所示。

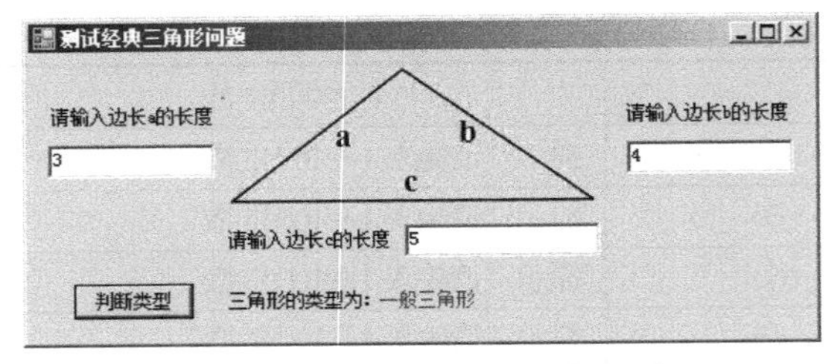

图 2-11　测试用例 Test01 的测试结果

（2）测试用例 Test06 的测试结果如图 2-12 所示。

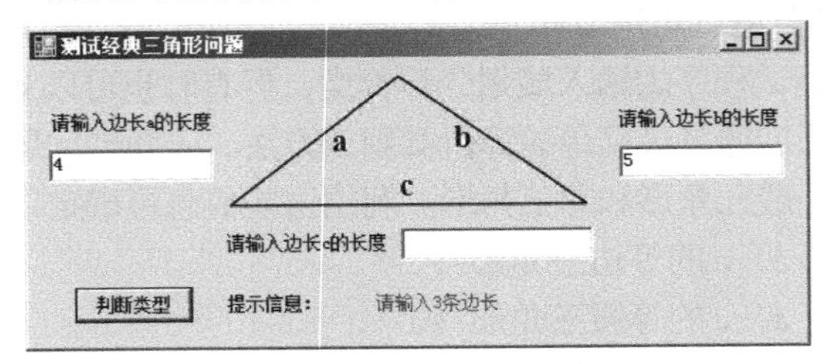

图 2-12　测试用例 Test06 的测试结果

（3）测试用例 Test08 的测试结果如图 2-13 所示。

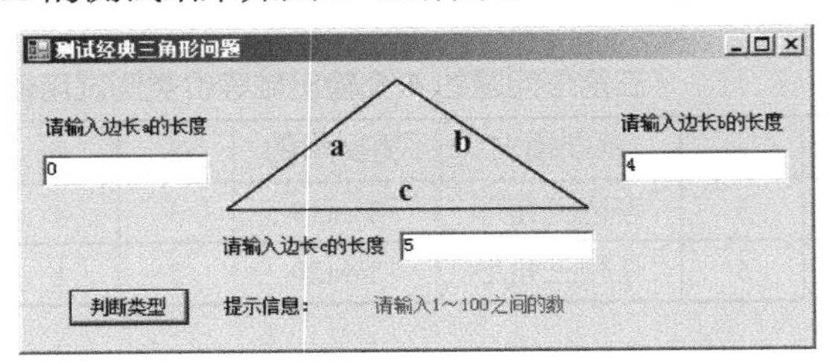

图 2-13　测试用例 Test08 的测试结果

（4）测试用例 Test17 的测试结果如图 2-14 所示。

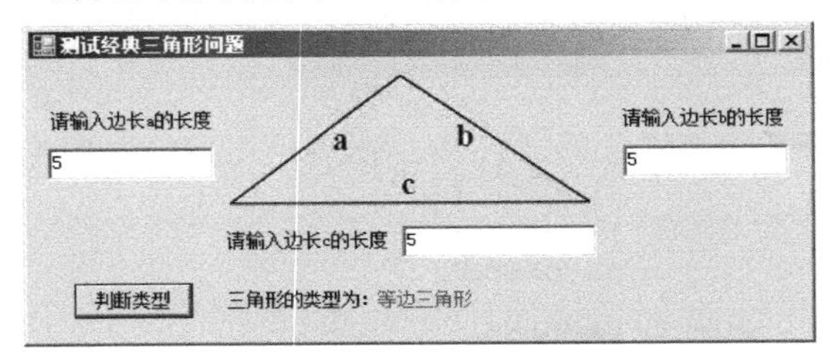

图 2-14　测试用例 Test17 的测试结果

（5）测试用例 Test18 的测试结果如图 2-15 所示。

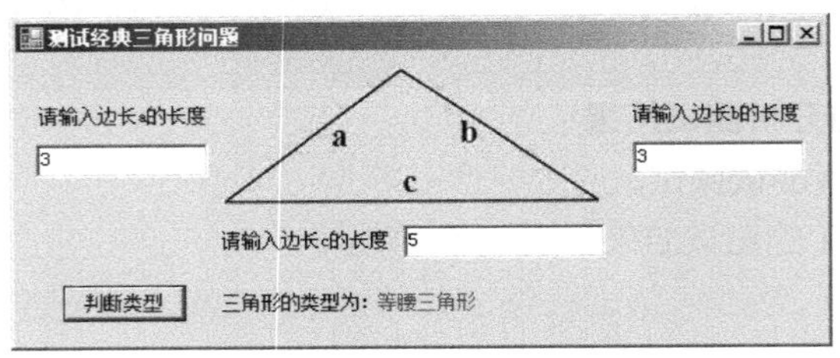

图 2-15　测试用例 Test18 的测试结果

（6）测试用例 Test20 的测试结果如图 2-16 所示。

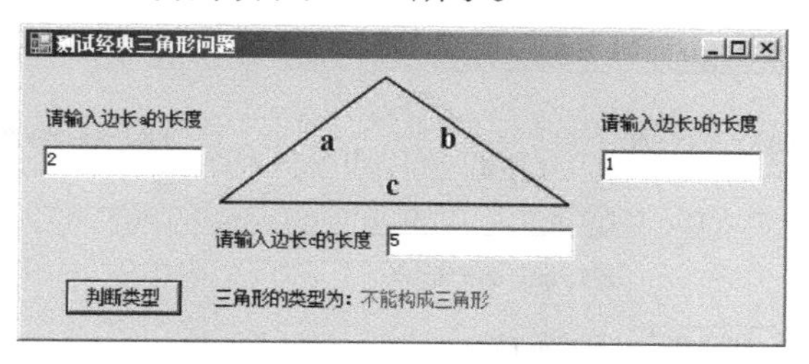

图 2-16　测试用例 Test20 的测试结果

以上的测试结果与对应的测试用例的预期输出完全一致，经测试证明程序合格。

【任务 2-1-2】使用边界值分析法对三角形问题进行测试

1．设计软件测试用例

在三角形问题中，除了要求边长为整数外，没有给出其他的限制条件，显然边长取值的最小值为 1。这里为了便于使用边界值分析法对三角形问题进行测试，设定边长取值的上界为 100，即设定三角形边长的取值范围限制在 1～100。

三角形问题的输入变量有 3 个，其对应 3 个等价类划分均为：有效等价类［1，100］。

按照边界值取值方法，对每个输入分别取 5 个值 min、min+、nom、max−和 max，这里不考虑健壮性测试的情况，即不考虑 min−和 max+。

3 条边的正常值 nom 分别取不同的值，这里取值为 40、50、60，3 条边的取值分别为{1，2，40，99，100}、{1，2，50，99，100}、{1，2，60，99，100}，根据边界值组合测试用例规则，保留其中一个变量，该被保留的变量依次取为 1、2、99、100，让其余变量取正常值（这里分别为 40、50、60），对每个变量都重复进行，共产生 12 个测试用例，还考虑 3 条边都取正常值的情况，测试用例的总数为 13 个，如表 2-19 所示。

表 2-19　　三角形问题的边界值测试用例

用例编号	*a*	*b*	*c*	预期输出	用例编号	*a*	*b*	*c*	预期输出
Test01	1	50	60	非三角形	Test08	40	100	60	非三角形
Test02	2	50	60	非三角形	Test09	40	50	1	非三角形
Test03	99	50	60	一般三角形	Test10	40	50	2	非三角形
Test04	100	50	60	一般三角形	Test11	40	50	99	非三角形
Test05	40	1	60	非三角形	Test12	40	50	100	非三角形
Test06	40	2	60	非三角形	Test13	40	50	60	一般三角形
Test07	40	99	60	非三角形					

2．执行软件测试与分析测试结果

对各个测试用例执行测试操作。

（1）测试用例 Test04 的测试结果如图 2-17 所示。

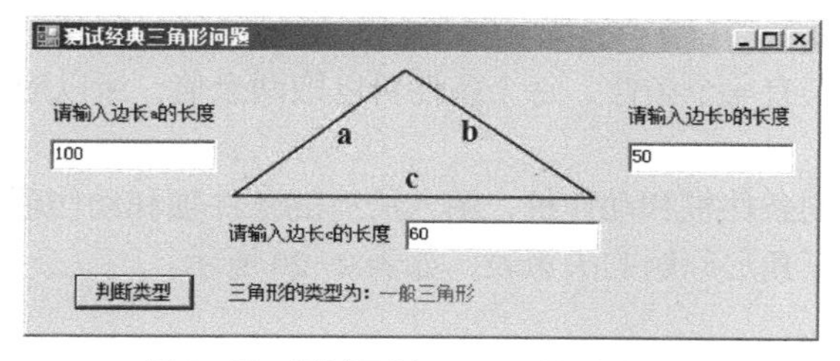

图 2-17　测试用例 Test04 的测试结果

（2）测试用例 Test08 的测试结果如图 2-18 所示。

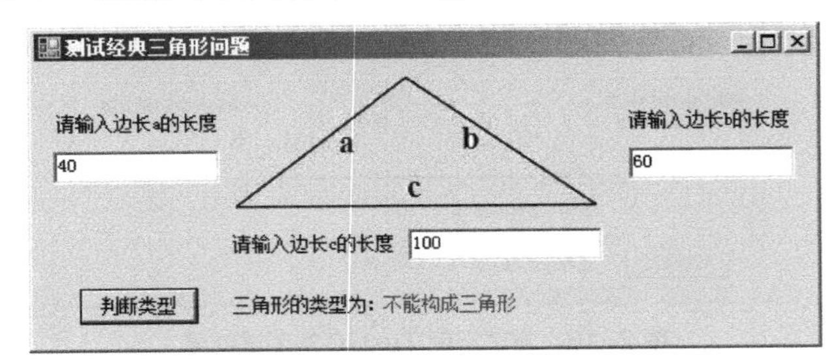

图 2-18　测试用例 Test8 的测试结果

（3）测试用例 Test13 的测试结果如图 2-19 所示。

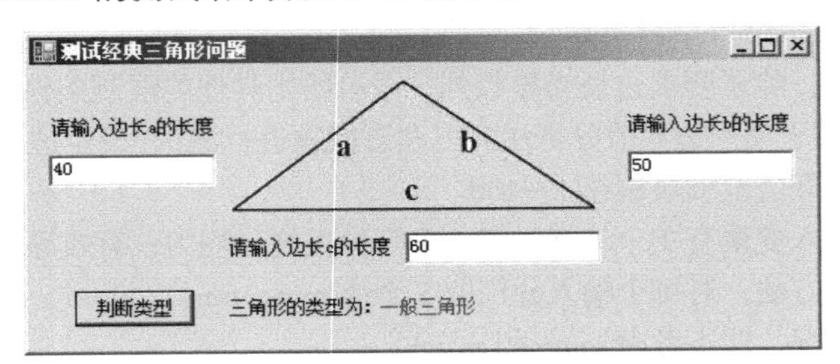

图 2-19　测试用例 Test13 的测试结果

从表 2-19 中的测试用例可以看出，由于三角形三条边的正常值取不同的值，分别为 40、50、60，所有导致等边三角形和等腰三角形都没有测试到，测试存在遗漏问题。

【任务 2-1-3】使用决策表法对三角形问题进行测试

1．列出所有的条件桩和动作桩

三角形问题的条件桩如下所示。

（1）C1：*a*，*b*，*c* 构成三角形?

（2）C2：$a=b$?

（3）C3：$a=c$?

（4）C4：$b=c$?

三角形问题的动作桩如下所示。

（1）A1：非三角形。

（2）A2：一般三角形。

（3）A3：等腰三角形。

（4）A4：等边三角形。

（5）A5：不可能情况。

2．确定规则的个数

三角形问题的决策表有 4 个条件，每个条件可以取两个值，所以应用取 $2^4=16$ 种规则。

3．构造决策表

在决策表列出所有的条件桩和动作桩，填入所有的条件项和动作项，得到初始决策表，然后合并相似规则，得到三角形问题的决策表，如表 2-20 所示。

表 2-20　　　　　　　　　　　三角形问题的决策表

桩 \ 规则		1	2	3	4	5	6	7	8	9
条件	C1：*a*，*b*，*c* 构成三角形?	F	T	T	T	T	T	T	T	T
	C2：*a*=*b*?	–	T	T	T	F	T	F	F	F
	C3：*a*=*c*?	–	T	T	F	T	F	T	F	F
	C4：*b*=*c*?	–	T	F	T	T	F	F	T	F
动作	A1：非三角形	√								
	A2：一般三角形									√
	A3：等腰三角形						√	√	√	
	A4：等边三角形		√							
	A5：不可能情况			√	√	√				

决策表 2-20 中的 *a*、*b*、*c* 三条边能否构成三角形，是根据三角形判定性质（两边之和必须大于第三边才能构成三角形）确定的，可以将条件（C1：*a*，*b*，*c* 构成三角形？）扩展为具体的 3 个不等式（C11：*a*+*b*>*c*？、C12：*a*+*c*>*b*？、C13：*b*+*c*>*a*？），如果有一个不等不成立，就不能构成三角形，这样扩展后的决策表如表 2-21 所示。当然还可以进一步扩展，因为不等式不成立有两种情况，即一条边的长度恰好等于另外两条边的长度之和，或者一条边的长度大于另外两条边的长度之和。

表 2-21　　　　　　　　　　　三角形问题的扩展决策表

桩 \ 规则		1	2	3	4	5	6	7	8	9	10	11
条件	C11：*a*+*b*>*c*?	F	T	T	T	T	T	T	T	T	T	T
	C12：*a*+*c*>*b*?	–	F	T	T	T	T	T	T	T	T	T
	C13：*b*+*c*>*a*?	–	–	F	T	T	T	T	T	T	T	T
	C2：*a*=*b*?	–		–	T	T	T	F	T	F	F	F
	C3：*a*=*c*?	–	–	–	T	T	F	T	F	T	F	F
	C4：*b*=*c*?	–	–	–	T	F	T	T	F	F	T	F
动作	A1：非三角形	√	√	√								
	A2：一般三角形											√
	A3：等腰三角形								√	√	√	
	A4：等边三角形				√							
	A5：不可能情况					√	√	√				

4．设计软件测试用例

表 2-21 的扩展决策表中包括 11 条规则，其中有 3 条规则为不可能情况，排除这 3 条不可能规则得到以下 8 个测试用例：3 个违反三角形判定性质的、3 个等腰三角形、1 个等边三角形和 1 个一般三角形，如表 2-22 所示。

表 2-22　使用决策表法测试三角形问题的测试用例

用例编号	a	b	c	预期输出	用例编号	a	b	c	预期输出
Test01	4	50	60	非三角形	Test05	100	60	60	等腰三角形
Test02	40	12	60	非三角形	Test06	80	120	80	等腰三角形
Test03	40	50	8	非三角形	Test07	70	70	110	等腰三角形
Test04	40	50	60	一般三角形	Test08	50	50	50	等边三角形

5．执行软件测试与分析测试结果

对各个测试用例执行测试操作。

（1）测试用例 Test01 的测试结果如图 2-20 所示。

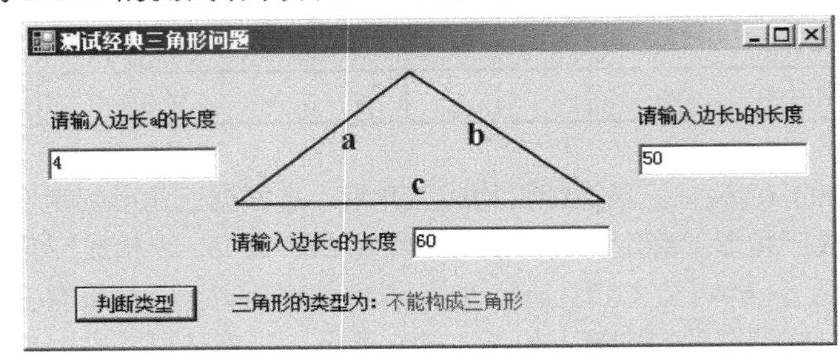

图 2-20　测试用例 Test01 的测试结果

（2）测试用例 Test04 的测试结果如图 2-21 所示。

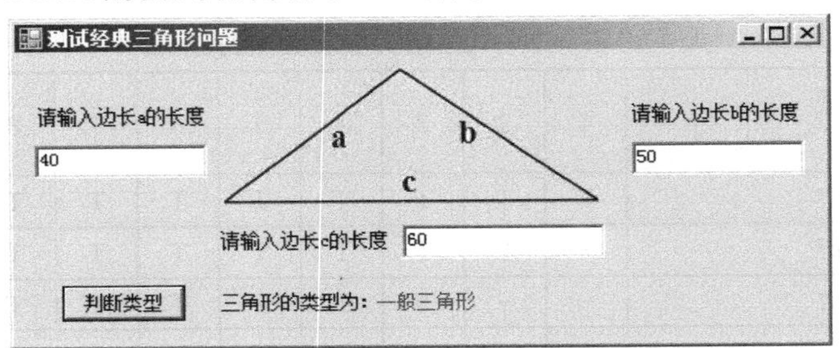

图 2-21　测试用例 Test04 的测试结果

（3）测试用例 Test05 的测试结果如图 2-22 所示。

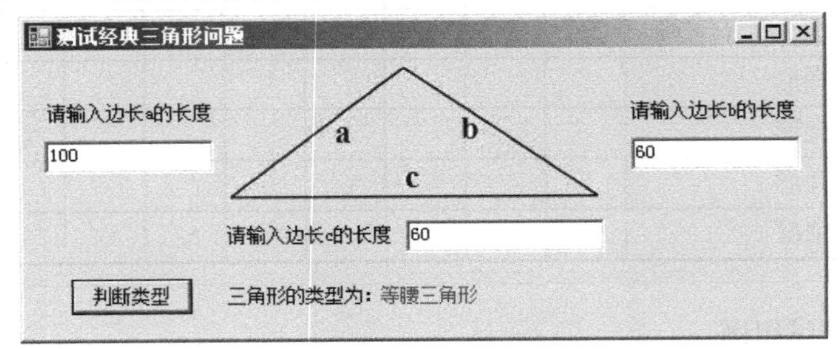

图 2-22　测试用例 Test05 的测试结果

（4）测试用例 Test08 的测试结果如图 2-23 所示。

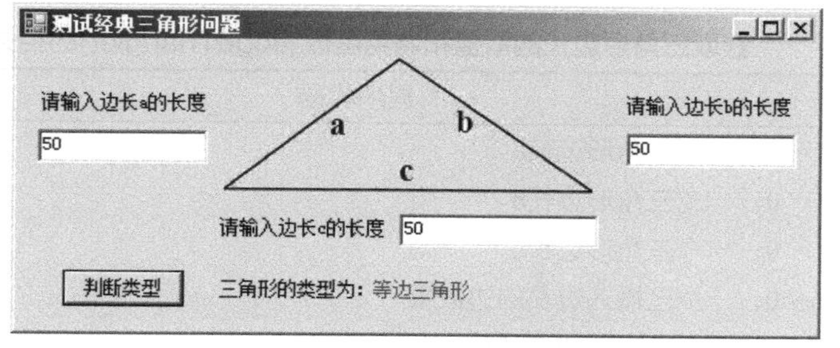

图 2-23　测试用例 Test08 的测试结果

【任务 2-2】使用白盒测试方法测试三角形问题

【任务描述】

表 2-23 所示代码的功能是输入 3 个整数 *a*、*b*、*c*，分别作为三角形的 3 条边，是否能构成三角形，如果能构成三角形，则判断三角形的类型（等边三角形、等腰三角形、一般三角形）。另外，三角形边长的取值限制为 1～100。

表 2-23　　待测试的有关三角形问题的代码

序号	程序代码
01	`private string judgeTriangle(int a , int b , int c )`
02	`{`
03	`    string strType;    //三角形类型`
04	`    if (a + b > c && b + c > a && a + c > b)`
05	`    {`
06	`        if (a == b || b == c || a == c)`
07	`        {`
08	`            if (a == b && b == c)`
09	`                strType = "等边三角形";`
10	`            else`
11	`                strType = "等腰三角形";`
12	`        }`
13	`        else`
14	`            strType = "一般三角形";`
15	`    }`
16	`    else`
17	`        strType = "不能构成三角形";`
18	`    return strType;`
19	`}`

获取三角形边长的取值和调用函数 judgeTriangle()的相关代码如表 2-24 所示。

表 2-24　　获取三角形边长的取值和调用函数 judgeTriangle()的相关代码

序号	程序代码
01	int sideA = 0 ;　//三角形边长a
02	int sideB = 0;　//三角形边长b
03	int sideC = 0;　//三角形边长c
04	int sideNum=0;　//已输入边长的边数量
05	if (txtA.Text.Trim().Length > 0)
06	{
07	sideA = int.Parse(txtA.Text.Trim());
08	sideNum++;
09	}
10	if (txtB.Text.Trim().Length > 0)
11	{
12	sideB = int.Parse(txtB.Text.Trim());
13	sideNum++;
14	}
15	if (txtC.Text.Trim().Length > 0)
16	{
17	sideC = int.Parse(txtC.Text.Trim());
18	sideNum++;
19	}
20	if (sideNum == 3)
21	if ((sideA <= 100 && sideA >= 1) && (sideB <= 100 && sideB >= 1)
22	&& (sideC <= 100 && sideC >= 1))
23	{
24	lblInfo.Text = "三角形的类型为：";
25	lblType.Text = judgeTriangle(sideA, sideB, sideC);
26	}
27	else
28	{
29	lblInfo.Text = "提示信息：";
30	lblType.Text = "请输入1～100之间的数";
31	}
32	else
33	{
34	lblInfo.Text = "提示信息：";
35	lblType.Text = "请输入3条边长";
36	}

【任务实施】

使用白盒测试方法测试三角形问题的测试计划如表 2-25 所示。

表 2-25 使用白盒测试方法测试三角形问题的测试计划

计划标识符	TestPlan-02-02	
测试概述	测试目标	测试三角形问题，判断三角形的类型
	测试范围	三角形边长为正整数
	限制条件	三角形的 3 条边的取值限制在 1～100
	参考资料	无
测试项目	（1）输入 3 个数；（2）取值范围在 1～100；（3）三角形类型	
测试特征	边长的取值在 1～100 的正整数	
测试方法	白盒测试方法：代码检查法、逻辑覆盖法、基本路径测试法	
测试标准	程序运行结果与预期结果完全一致	
测试环境	Windows XP 及以上版本的操作系统、Microsoft Visual Studio 2008	
人员和时间	测试实施人员 1 人，测试时间 2h	

【任务 2-2-1】使用代码检查法对三角形问题进行测试

针对于表 2-23 和表 2-24 中程序代码对代码结构的合理性、代码编写的标准性和可读性、代码逻辑表达的正确性等方面进行检查，测试结果如表 2-26 所示。

表 2-26 有关三角形问题代码的测试用例与测试结果

测试用例				测试结果
用例编号	检查内容	规则描述	预期结果	
Test01	检查函数	函数头清晰地描述了函数的功能	合格	合格
Test 02		函数的名字清晰地定义了它所要做的事情	合格	合格
Test 03		各个参数的定义和排序遵循特定的顺序	合格	合格
Test 04		所有的参数都要是有用的	合格	合格
Test 05		函数参数接口关系清晰明了	合格	合格
Test 06	检查数据类型及变量	每个数据类型都有正确的取值	合格	合格
Test 07		数据结构尽量简单，降低复杂性	合格	合格
Test 08		每一个变量的命名都明确地表示了其代表什么	合格	合格
Test 09		全部变量的描述要清晰	合格	合格
Test 10		所有的变量都初始化	合格	合格
Test 11		在混合表达式中，所有的运算符应该应用于相同的数据类型之间	合格	合格
Test 12	检查条件判断语句	条件检查和代码在程序中清晰表露	合格	合格
Test 13		使用正确了 if/else 语句	合格	合格
Test 14		数字、字符和指针判断明确	合格	合格
Test 15		最常见的情况优先判断	合格	合格
Test 16	桌面检查	检查代码和设计的一致性	合格	合格
Test 17		代码对标准的遵循与可读性	合格	合格
Test 18		代码逻辑表达的正确性	合格	合格
Test 19		代码结构的合理性	合格	合格
Test 20		编写的程序与编码标准的符合性	合格	合格

【任务 2-2-2】使用逻辑覆盖法对三角形问题进行测试

逻辑覆盖测试的关注点在于条件判定表达式本身的复杂度，通过对程序逻辑结构的遍历来实现程序的覆盖，对程序代码中所有的逻辑值均需要测试真值和假值的情况。

1．分析程序的逻辑结构

程序的逻辑结构直接影响了测试用例的设计，需要根据程序代码画出程序的流程图，再根据不同的覆盖指标，设计测试用例。

表 2-23 中程序代码的流程图如图 2-24 所示。

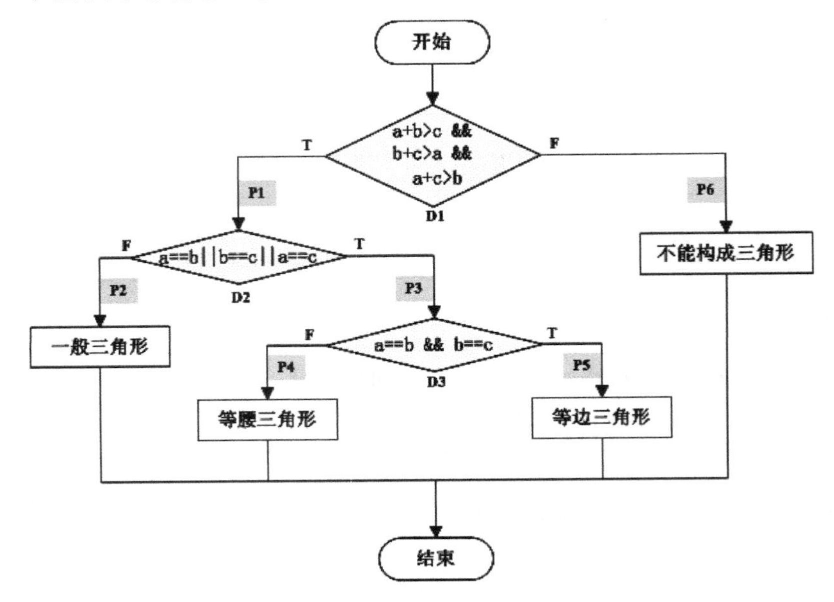

图 2-24　表 2-23 中程序代码的流程图

表 2-23 中的代码包含以下 6 个基本的逻辑判定条件。

C1：$a+b>c$

C2：$b+c>a$

C3：$a+c>b$

C4：$a==b$

C5：$b==c$

C6：$a==c$

表 2-23 中的代码包含以下 4 条执行路径。

路径 1：P1→P2→P3

路径 2：P1→P2→P4

路径 3：P1→P5

路径 4：P1→P6

2．执行语句覆盖的测试

由于语句覆盖要求程序中每一可执行语句至少执行一次，由图 2-24 可以看出，要满足语句覆盖，每条路径均需执行，测试用例如表 2-27 所示。

表 2-27 实现语句覆盖的测试用例

编号	输入			预期输出	通过路径
	a	*b*	*c*		
SC-001	50	50	50	等边三角形	路径 1
SC-002	40	50	50	等腰三角形	路径 2
SC-003	40	50	60	一般三角形	路径 3
SC-004	20	30	60	不能构成三角形	路径 4

对各个测试用例进行测试操作。测试用例 SC-004 的测试结果如图 2-25 所示。

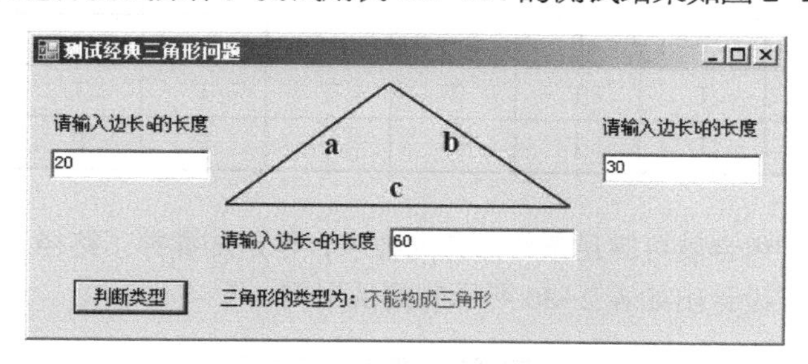

图 2-25 测试用例 SC-004 的测试结果

语句覆盖可以直观地从源代码得到测试用例，无需仔细分析每个判定结点。

语句覆盖率=被评价到的语句数量/可执行的语句总数×100%=4/4×100%=100%

3．执行判定覆盖的测试

每条路径中每个判定结点的取值如表 2-28 所示。

表 2-28 每条路径中判定结点的取值

	判定结点 1	判定结点 2	判定结点 3
路径 1	T	T	T
路径 2	T	T	F
路径 3	T	F	–
路径 4	F	–	–

由于每个判定结点取真值和取假值分支都有独立的语句，由表 2-28 可知 4 条路径就可以保证程序中每个判定结点的取真值和取假值分支至少执行一次，判定覆盖的测试用例可以和语句覆盖一致，如表 2-27 所示。

对各个测试用例进行测试操作，并对测试结果进行分析。

判定路径覆盖率=被评价到的判定路径数量/判定路径的总数量×100%=100%。

4．执行条件覆盖的测试

判定结点 D1 包含 3 个简单判定条件，判定结点 D2 也包含 3 个简单判定条件，判定结点 D3 包含 2 个简单判定条件。要满足条件覆盖，必须使得所有的基本逻辑判定条件的取真值和取假值分支至少执行 1 次，符合条件覆盖的各个逻辑判定条件的取值以及通过的路径如表 2-29 所示。

表 2-29　　符合条件覆盖的各个逻辑判定条件的取值以及通过的路径

<table>
<tr><th rowspan="2">编号</th><th>C1</th><th>C2</th><th>C3</th><th>D1</th><th>C4</th><th>C5</th><th>C6</th><th>D2</th><th>D3</th><th rowspan="2">通过路径</th></tr>
<tr><th>a+b>c</th><th>b+c>a</th><th>a+c>b</th><th>a+b>c
&&
b+c>a
&&
a+c>b</th><th>a==b</th><th>b==c</th><th>a==c</th><th>a==b
||
b==c
||
a==c</th><th>a==b
&&
b==c</th></tr>
<tr><td>1</td><td>F</td><td>T</td><td>T</td><td>F</td><td>–</td><td>–</td><td>–</td><td>–</td><td>–</td><td>路径 4</td></tr>
<tr><td>2</td><td>T</td><td>F</td><td>T</td><td>F</td><td>–</td><td>–</td><td>–</td><td>–</td><td>–</td><td>路径 4</td></tr>
<tr><td>3</td><td>T</td><td>T</td><td>F</td><td>F</td><td>–</td><td>–</td><td>–</td><td>–</td><td>–</td><td>路径 4</td></tr>
<tr><td>4</td><td>T</td><td>T</td><td>T</td><td>T</td><td>T</td><td>T</td><td>T</td><td>T</td><td>T</td><td>路径 1</td></tr>
<tr><td>5</td><td>T</td><td>T</td><td>T</td><td>T</td><td>F</td><td>F</td><td>F</td><td>F</td><td>–</td><td>路径 3</td></tr>
</table>

表 2-29 中的 5 种组合就可满足条件覆盖的要求，但是却漏掉了路径 2。

根据表 2-29 可以设计出如表 2-30 所示的测试用例。

表 2-30　　实现条件覆盖的测试用例

编号	输入			预期输出	通过路径
	a	*b*	*c*		
CC-001	20	30	60	不能构成三角形	路径 4
CC-002	60	30	20	不能构成三角形	路径 4
CC-003	30	60	20	不能构成三角形	路径 4
CC-004	50	50	50	等边三角形	路径 1
CC-005	40	50	60	一般三角形	路径 3

对各个测试用例进行测试操作，并对测试结果进行分析。

条件覆盖率=被评价到的条件取值的数量/条件取值的总数×100%=6/6×100%=100%

语句覆盖率=被评价到的语句数量/可执行的语句总数×100%=3/4×100%=75%

5．执行条件/判定覆盖的测试

由于条件/判定件覆盖要求程序的每 1 个判定结点取真值和取假值分支至少执行一次，且每个简单判定条件的取真值和取假值也至少要执行 1 次，分析表 2-30 可知，程序中每个简单判定条件取真值和取假值都至少执行了 1 次，判定结点 D1 和 D2 取真值和取假值也至少执行了 1 次，但判定结点 D3 取假值没有执行过，在表 2-30 的基础上增加 1 个测试用例，以保证判定结点 D3 取假值至少执行 1 次，此时判定结点 D1 和 D2 都必须取假值，通过的路径为路径 2。测试用例如表 2-31 所示。

表 2-31　　实现条件/判定覆盖的测试用例

编号	输入			预期输出	通过路径
	a	*b*	*c*		
DCC-001	20	30	60	不能构成三角形	路径 4
DCC-002	60	30	20	不能构成三角形	路径 4

续表

编号	输入			预期输出	通过路径
	a	*b*	*c*		
DCC–003	30	60	20	不能构成三角形	路径 4
DCC–004	50	50	50	等边三角形	路径 1
DCC–005	60	50	50	等腰三角形	路径 2
DCC–006	40	50	60	一般三角形	路径 3

对各个测试用例进行测试操作，并对测试结果进行分析。

6．执行条件组合覆盖的测试

由于条件组合覆盖要求保证程序的每个判定结点中所有简单判定条件的各种可能取值的组合应至少执行 1 次。从图 2–24 所示的程序流程图可以看出该程序有 3 个判定结点，其中第 2 个判定结点包含了第 3 个判定结点的简单判定条件，因此，我们只需要考虑前两个判定结点的简单判定条件的组合。C1、C2 和 C3 的不同组合有 8 种，C4、C5 和 C6 的不同组合有 8 种，C4、C5 和 C6 取决于 C1、C2 和 C3 三个条件均为真时才能执行到。这些条件之间有很强的互斥性，C1、C2 和 C3 不可能只有 2 个为真，C4、C5 和 C6 也不可能出现 2 个为真 1 个为假的情况，剔除其中不可能出现的情况，最终得出表 2–32 所示 8 种组合。

表 2–32　符合条件组合覆盖的各个逻辑判定条件的取值以及通过的路径

编号	C1	C2	C3	D1	C4	C5	C6	D2	D3	通过路径
1	F	T	T	F	–	–	–	–	–	路径 4
2	T	F	T	F	–	–	–	–	–	路径 4
3	T	T	F	F	–	–	–	–	–	路径 4
4	T	T	T	T	T	T	T	T	T	路径 1
5	T	T	T	T	F	F	F	F	–	路径 3
6	T	T	T	T	T	F	F	T	F	路径 2
7	T	T	T	T	F	T	F	T	F	路径 2
8	T	T	T	T	F	F	T	T	F	路径 2

根据表 2–32 所示的组合，设计得到如表 2–33 所示的测试用例。

表 2–33　实现条件组合覆盖的测试用例

编号	输入			预期输出	通过路径
	a	*b*	*c*		
CCC–001	20	30	60	不能构成三角形	路径 4
CCC–002	60	30	20	不能构成三角形	路径 4
CCC–003	30	60	20	不能构成三角形	路径 4
CCC–004	50	50	50	等边三角形	路径 1
CCC–005	40	50	60	一般三角形	路径 3
CCC–006	50	50	60	等腰三角形	路径 2
CCC–007	60	50	50	等腰三角形	路径 2
CCC–008	50	60	50	等腰三角形	路径 2

对各个测试用例进行测试操作，并对测试结果进行分析。

【任务 2-2-3】使用基本路径测试法对三角形问题进行测试

1．绘制程序流程图

程序流程图用来描述程序的控制结构，判断三角形类型的函数代码的程序流程图如图 2-26 所示。图中 04、06 和 08 为菱形判定框，表示逻辑判定语句，09、11、14、17、18 为处理方框，表示可执行语句。

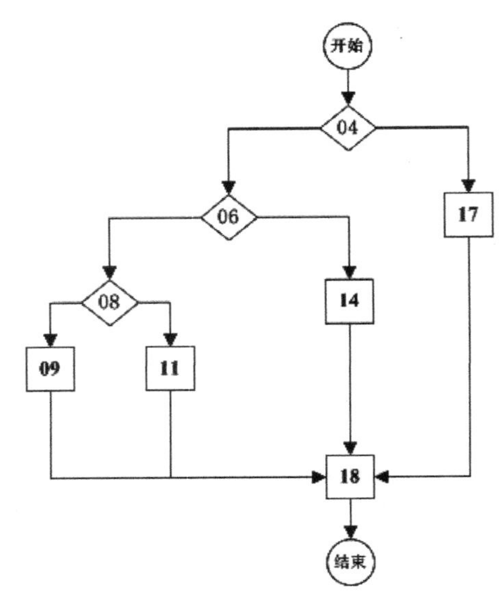

图 2-26　判断三角形类型的函数代码的程序流程图

2．绘制程序控制流图

将程序流程图映射到相应的程序控制流图，程序流程图中的一个处理方框和一个菱形判定框可被映射为程序控制流图中的一个结点，控制流图中的带箭头的边类似于流程图中带箭头的线段或折线，一条边必须终止于一个结点。

判断三角形类型的函数代码的控制流图如图 2-27 所示，图 2-27 包含 8 个结点、3 个判定结点、10 条边，形成了 3 个封闭区域。

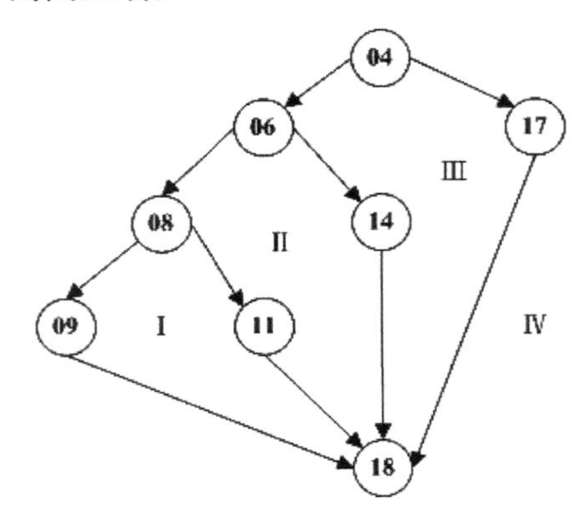

图 2-27　判断三角形类型的函数代码的控制流图

3．计算环路复杂度

可以使用以下 3 种方法计算环路复杂度。

方法 1：观察法，由于形成了 3 个封闭区域，因此环路复杂度=3+1=4。

方法 2：公式法，V(G)=E−N+2=10−8+2=4。

方法 3：判定结点法，V(G)=P+1=3+1=4。

所以环路复杂度为 4。

4．确定独立路径

观察图 2-27 所示的控制流图，可以确定 4 条独立路径，正好与环路复杂度相同。

路径 1：04→06→08→09→18

路径 2：04→06→08→11→18

路径 3：04→06→14→18

路径 4：04→17→18

5．设计软件测试用例

控制流图 4 条独立路径正好对应函数 judgeTriangle4 种不同的输出结果，为每一条独立路径各设计一组测试用例，强迫程序沿着该路径至少执行一次，其测试用例如表 2-34 所示。

表 2-34　判断三角形类型的函数代码的测试用例

编号	输入			预期输出	通过路径
	a	*b*	*c*		
BP-001	50	50	50	等边三角形	路径 1
BP-002	60	50	50	等腰三角形	路径 2
BP-003	30	40	50	一般三角形	路径 3
BP-004	30	60	20	不能构成三角形	路径 4

6．执行软件测试与分析测试结果

对各个测试用例进行测试操作，并对测试结果进行分析。测试用例 BP-001 的测试结果如图 2-28 所示。

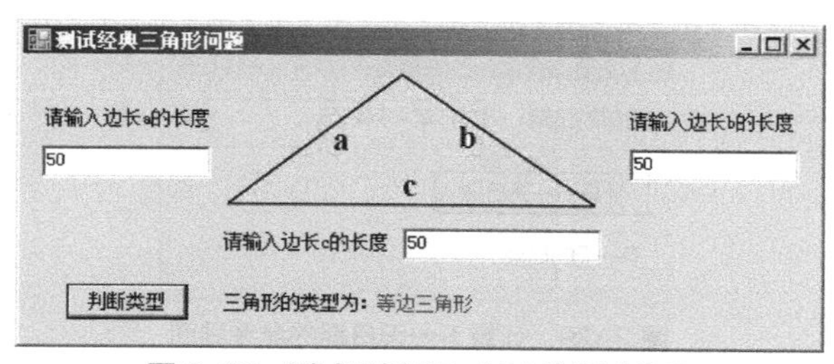

图 2-28　测试用例 BP-001 的测试结果

【探索测试】

【任务 2-3】测试计算下一天日期的函数 nextDate ()

【任务描述】

nextDate()函数也是一个经典的软件测试问题，该函数是一个有 3 个输入变量（year、month、

day），其输出为输入日期后面一天的日期，例如，如果输入为 2013 年 8 月 18 日，则 nextDate() 函数的输出为 2013 年 8 月 19 日。显然输入变量 year、month、day 的值要求为整数值，并且应满足以下条件：

Con1：1≤month≤12

Con2：1≤day≤31

为了便于测试函数 nextDate()，将输入变量 year 的值限制在 1800～2020，即应满足以下条件：

Con3：1800≤year≤2020

试完成以下任务。

1．编制使用黑盒测试方法测试 nextDate () 函数的测试计划

2．绘制使用白盒测试方法测试 nextDate () 函数的测试计划

3．使用等价类划分法对函数 nextDate () 进行测试

（1）划分等价类。

（2）设计 nextDate()函数的等价类测试用例。

4．使用边界值分析法对函数 nextDate () 进行测试

（1）按照边界值取值方法，对每个输入变量分别取 5 个值 min、min+、nom、max−和 max。

（2）根据边界值组合测试用例规则，设计测试用例。

5．使用决策表法对函数 nextDate () 进行测试

（1）构建函数 nextDate()完整的决策表。

（2）简化函数 nextDate()的决策表。

（3）根据简化的决策表设计测试用例。

6．使用代码检查法对函数 nextDate () 进行测试

（1）参考表 2-23 的代码编写函数 nextDate()的代码，实现计算下一天日期的功能。

（2）参考表 2-26 对所编写的代码进行检查，并将检查结果填入表中。

7．使用逻辑覆盖法对函数 nextDate () 进行测试

计算下一天日期的参考界面如图 2-29 所示，该界面包括 1 个日期控件、1 个按钮和 3 个标签控件。

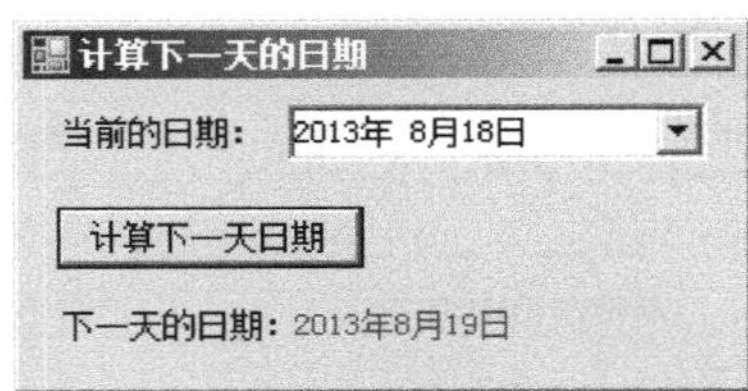

图 2-29　计算下一天日期的参考界面

【计算下一天日期】按钮的 Click 事件过程的代码如表 2-35 所示。

表 2-35　【计算下一天日期】按钮的 Click 事件过程的代码

序号	程序代码
01	private void btnCal_Click(object sender, EventArgs e)
02	{
03	string strDate;

续表

序号	程序代码
04	int monthStart,dayStart;
05	int year, month, day;
06	int monthLength, dayLength;
07	strDate = dateTimePicker1.Text;
08	monthStart = strDate.LastIndexOf('年') + 1;
09	dayStart = strDate.LastIndexOf('月') + 1;
10	monthLength = strDate.LastIndexOf('月') − monthStart;
11	dayLength = strDate.LastIndexOf('日') − dayStart;
12	year = int.Parse(strDate.Substring(0, 4));
13	month = int.Parse(strDate.Substring(monthStart, monthLength));
14	day = int.Parse(strDate.Substring(dayStart, dayLength));
15	lblNextDate.Text = nextDate(year, month, day);
16	}

（1）分析所编写的函数 nextDate()程序代码的逻辑结构。

（2）设计语句覆盖的测试用例，且执行测试操作。

（3）设计判定覆盖的测试用例，且执行测试操作。

（4）设计条件覆盖的测试用例，且执行测试操作。

（5）设计条件/判定覆盖的测试用例，且执行测试操作。

（6）设计条件组合覆盖的测试用例，且执行测试操作。

8．使用基本路径测试法对函数 nextDate () 进行测试

（1）绘制函数 nextDate()的程序控制流图。

（2）计算函数 nextDate()的环路复杂度。

（3）确定函数 nextDate()的独立路径。

（4）设计测试函数 nextDate()的测试用例，且进行测试操作。

【测试提示】

（1）函数 nextDate()的等价类划分。

变量 month 的有效等价类为 1≤month≤12，可以进一步细分为 30 天的月份、31 天的月份和 2 月这 3 个有效等价类。变量 day 的有效等价类为 1≤day≤31，可以进一步细分为 1≤day≤27 天、28 天、29 天、30 天和 31 天 5 个有效等价类。变量 year 的有效等价类为 1800≤year≤2020，可以进一步细分为 1800～2020 的闰年、1800～2020 的非闰年 2 个有效等价类。

（2）函数 nextDate()的输入变量按照边界值取值方法取值。

按照边界值取值方法，对函数 nextDate()的每个输入变量分别取 5 个值 min、min+、nom、max−和 max，month 的取值可以为｛1，2，6，11，12｝，day 的取值可以为{1，2，15，30，31}，year 的取值可以为｛1800，1801，1998，2019，2020｝。

根据边界值组合测试用例规则，保留其中一个变量，让其余变量取正常值，共可以得到 13 个测试用例。

（3）建立函数 nextDate()的决策表。

函数 nextDate()可以说明输入域中的依赖性问题，这使得它成为基于决策表测试的一个完美示例，因为决策表可以突出这种依赖关系。

函数 nextDate()的条件有 3 个：

Con1：month 的取值

Con2：day 的取值

Con3：year 为闰年还是非闰年

为了产生给定日期的下一个日期，nextDate()函数能够使用的动作只有以下 5 种。

A1：变量 day 的值加 1

A2：变量 day 的值复位为 1

A3：变量 month 的值加 1

A4：变量 month 的值复位为 1

A5：变量 year 的值加 1

另外还应考虑“不可能”的情况。

如果将注意力集中到 nextDate()函数的日和月问题上，并仔细研究动作桩。可以在以下的等价类集合上建立决策表。

M1：{month：month 有 30 天}

M2：{month：month 有 31 天，12 月除外}

M3：{month：month=12}

M4：{month：month=2}

D1：{day：1≤day≤27}

D2：{day：day=28}

D3：{day：day=29}

D4：{day：day=30}

D5：{day：day=31}

Y1：{year：year 是闰年}

Y2：{year：year 不是闰年}

函数 nextDate()的决策表共有 22 条规则，其中前 5 条规则用于处理有 30 天的月份，这里没有考虑闰年问题；规则 6~10 处理 12 月之外的 31 天月分；规则 11~15 处理 12 月；最后 7 条规则处理闰年和非闰年的 2 月份。不可能规则也在决策表中列出。

可以进一步简化这 22 条规则，如果决策表中有 2 条规则的动作项相同，则至少存在一个条件能够通过无关项把这两条规则合并在一起。这正是构建等价类时的“相同处理”思想在决策表简化过程的具体体现。在某种意义上来说，我们就是在构建规则的等价类。例如，涉及 30 天月份情况下的日期类 D1、D2、D3 可以合并，涉及 31 天月份情况下的日期类 D1、D2、D3、D4 也可以合并，对应 2 月的 D4 和 D5 也可以合并。经规则合并后，22 条规则可以简化为 13 条规则。

（4）方法 nextDate()的参考源代码。

方法 nextDate()的参考源代码如表 2-36 所示。

表 2-36　　方法 nextDate()的参考源代码

序号	程序代码
01	private string nextDate(int year, int month, int day)
02	{
03	int nextYear, nextMonth, nextDay;
04	string strDate;
05	nextYear = year;
06	nextMonth = month;
07	nextDay = day;
08	switch (month)
09	{
10	case 1:　//31天
11	case 3:　//31天
12	case 5:　//31天
13	case 7:　//31天
14	case 8:　//31天
15	case 10:　//31天
16	if (day < 31)
17	nextDay = day + 1;
18	else
19	{
20	nextDay = 1;
21	nextMonth = month + 1;
22	}
23	break;
24	case 4:　//30天
25	case 6:　//30天
26	case 9:　//30天
27	case 11:　//30天
28	if (day < 30)
29	nextDay = day + 1;
30	else
31	{
32	nextDay = 1;
33	nextMonth = month + 1;
34	}
35	break;
36	case 12:　//31天
37	if (day < 31)
38	nextDay = day + 1;

续表

序号	程序代码
39	else
40	{
41	nextDay = 1;
42	nextMonth = 1;
43	nextYear = year + 1;
44	}
45	break;
46	case 2: //闰年29天，非闰年28天
47	if (day < 28)
48	nextDay = day + 1;
49	else
50	{
51	if (day == 28)
52	//每隔4年有一个闰年（能被4整除的）；每100年要去除一个闰年；每400年要再增加一个闰年
53	if (year % 4 == 0 && year % 100 != 0 || year % 400 == 0)
54	nextDay = 29;
55	else
56	{
57	nextDay = 1;
58	nextMonth = 3;
59	}
60	else if (day == 29)
61	{
62	nextDay = 1;
63	nextMonth = 3;
64	}
65	}
66	break;
67	}
68	strDate=nextYear.ToString() + "年" + nextMonth.ToString() + "月"
69	+ nextDay.ToString() + "日";
70	return strDate;
71	}

（5）绘制程序流程图。

表 2-36 所示的方法 nextDate()的程序流程图如图 2-30 所示。

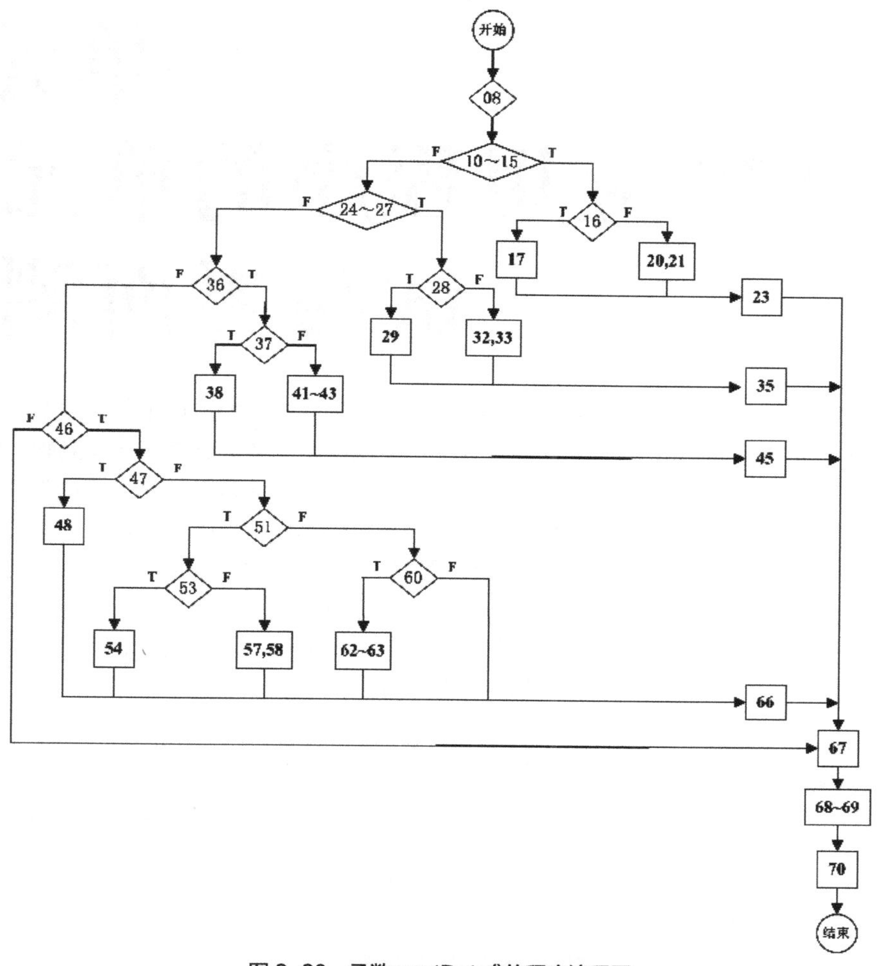

图 2-30　函数 nextDate()的程序流程图

【测试拓展】

尝试使用 DevPartner 工具对结构化应用程序进行白盒测试。

DevPartner 是 Compuware 公司开发的一组白盒测试工具套件，主要用于代码开发阶段，检查代码的可靠性和稳定性。它提供了先进的错误检查和调试解决方案，可以充分改善软件质量。

【单元小结】

本单元主要介绍了以下内容。

（1）测试用例的基本概念、主要作用、基本原则和编写标准。

（2）等价类划分法、边界值分析法和决策表法等黑盒测试方法。

（3）代码检查法、逻辑覆盖法、基本路径测试法等白盒测试方法。

（4）循环语句的测试方法。

（5）编写测试计划。

通过多个测试实例的执行使读者学会对结构化应用程序进行黑盒测试与白盒测试。

PART 3

单元 3 .NET 应用程序的单元测试与界面测试

单元测试是对软件设计的最小单元——模块进行正确性检验的测试工作，主要测试模块在语法、格式和逻辑上的错误。单元测试是软件测试的基础，其效果会直接影响到软件的后期测试，最终在很大程度上影响到软件产品的质量。单元测试的目的是保证每个模块都能够正确地单独运行，检查模块控制结构的某些特殊路径，期望覆盖尽可能多的出错误点。单元测试的主要工作是对模块的功能、性能、接口、局部数据结构、参数传递、变量引用、独立路径、错误处理、边界条件和内存使用情况等方面进行测试。单元测试属于早期测试，关注的是单元的具体实现、内部逻辑结构和数据流向等，是从开发者角度出发进行的测试，常采用白盒测试方法，允许多个单元同时进行，发现的问题容易定位和修改。

【教学导航】

教学目标	（1）熟悉单元测试的主要功能和标准 （2）掌握.NET 程序的单元测试过程和方法 （3）掌握断言及相关类的使用 （4）掌握用户界面测试的基本原则和常见规范 （5）学会对个人所得税计算器进行单元测试 （6）学会使用多种自动化测试工具对个人所得税计算器进行自动化测试 （7）学会对自制计算器进行界面测试
教学方法	讲授分析法、任务驱动法、探究学习法
课时建议	8 课时
测试阶段	单元测试
测试对象	.NET 应用程序
测试方法	白盒测试法、自动化测试、界面测试
测试工具	Microsoft Visual Studio 2008、StyleCop、FxCop、Nunit、NunitForms、DevPartner Studio Professional Edition

【方法指导】

3.1 单元测试简介

单元测试是验证代码正确性的重要工具，是系统测试当中的重要环节，也是需要编写代码才能进行测试的一种测试方法。在标准的开发过程中，单元测试的代码与实际程序的代码具有同等的重要性。每一个单元测试，都是用来定向测试其所对应单元的数据是否正确的。

单元测试由程序员自己来完成，最终受益的也是程序员自己。可以这么说，程序员有责任编写功能代码，同时也就有责任为自己的代码编写单元测试。执行单元测试，就是为了证明这段代码的行为和我们期望的一致。

3.1.1 单元测试的主要功用

单元测试的主要功用如下。

（1）能够协助程序员尽快找到 Bug 的具体位置。

在没有单元测试的时代，大多数的错误都是通过运行程序的时候发现的。当我们发现一个错误的时候，会根据异常抛出的地点来确定是哪段代码出现了问题。但是大多数时候，我们不会都使用 Try 块去处理异常。因此，一旦发现一个异常，通常都是由最顶层代码抛出的，但是错误往往又是在底层很深层次的某个对象中出现的。当我们找到了这个最初抛出异常的方法时，我们可能无法得知这段代码到底是哪里出了问题。只能逐行代码地去查找，一旦这个方法中使用的某个对象在外部有注册事件或者有其他的操作正在与当前方法同步进行，那么就更难发现错误出现的真正原因了。

在这种状态之下，我们在找错误的时候会直接编译整个程序，然后通过界面逐步的操作到错误的地方然后再去查找代码中是否有错误。这样找错误的方法效率非常低。但是当拥有单元测试的时候，我们就不需要通过界面去一步一步地操作，而是直接运行这个方法的单元测试，将输入的条件模拟成出现错误时输入的信息和调用的方法的形式，这样就可能很快地还原出错误。这样解决起来速度就提高了很多，每次找到错误都去修改单元测试，下次也就不会再出现相同的错误了。

如果通过模拟，单元测试也没有出现任何异常，这时也可以断定，并非该代码出现的错误，而是其他相关的代码出现的错误。我们只需再调试其他几个相关代码的单元测试即可找到真正的错误。

（2）能够让程序员对自己编写的程序更有自信。

很多时候，当主管问我们程序会不会再出问题的时候，我们会很难回答。因为我们没法估计到系统还可能出现什么问题。但是如果这时为所有代码都编写了单元测试，而且测试代码都是按照标准去编写的，这些测试又都能够成功地通过，那么我们就完全有自信说出我们的把握有多大。因为在测试代码中，我们已经把所有可能的情况都预料到了，程序代码中也将这些可能预料到的问题都解决了。因此，我们会对自己的程序变得越来越自信。

（3）能够让程序员在提交软件项目之前就将代码变得更加健壮。

大多数程序员在编写代码的时候，都会先考虑最理想化情况下的程序该如何写，写完之后在理想状态下编译成功，然后输入理想的数据发现没有问题。他们就会自我安慰地说“完成了”。然后可能为了赶进度，就又开始写其他的程序了。时间久了，这种理想化的程序就越来越多。

一旦提交测试，就发现有很多错误，然后程序员们再拿出时间来补各个漏洞。而且在补漏洞的过程中，也可能继续沿用这种理想化的思路，就导致了“补了这里又导致那里出问题”的情况。

但是如果在初期，我们就为每段代码编写单元测试，而且根据一些既定的标准去写，那么单元测试就会提前告诉程序员哪些地方会出现错误，使他们可能在编写代码过程中就提前处理了那些非理想状态下的问题。这样我们的代码就会“健壮”很多。

（4）能够协助程序员更好的进行开发。

“代码未动，测试先行”这是极限编程中倡导的一种编程模式，为什么要这样呢？因为我们在编写单元测试的过程中，其实就是在设计代码将要处理哪些问题。单元测试写得好，就代表代码写得好。一旦你会根据单元测试的一些预先设想的情况去编写代码，就不会盲目地添加属性和方法了。

（5）能够向其他程序员展现你的程序该如何调用。

通常情况下，单元测试代码中写的都是在各种情况下如何调用哪段待测试的代码。因此，这个单元测试同时也向其他人员展示了我们的代码该如何调用？在什么情况下会抛出什么异常？这样，一个单元测试就变成了一个代码性的帮助文档了。

（6）能够让项目主管更了解系统当前的状况。

传统的管理中，项目的进度、代码的质量都只是通过口头的形式传递到主管那里的。如果通过一个完善的单元测试系统，那么主管就可以通过查看单元测试的运行结果和单元测试的代码覆盖率来确定开发人员的工作是否真正完成。

3.1.2 .NET 程序的单元测试

Microsoft Visual Studio 2008 中集成了一个专门用来进行单元测试的组件，我们无需借用第三方的工具来进行这些测试。

1．创建.NET 程序的单元测试

Visual Studio 2008 集成的单元测试工具可以对任何类、接口、结构等实体中的字段、属性、构造函数和方法等进行单元测试。

创建单元测试大致可以分为两类。

（1）整体测试。

整体测试是在类名称上单击鼠标右键，在弹出的快捷菜单中选择【创建单元测试】命令，这样就可以为整个类创建单元测试项目了，这时会为整个类中可以被测试的内容全部添加测试方法，测试人员直接在这些自动生成的测试方法中添加单元测试代码就可以了。

（2）单独测试。

如果只想单独对某个方法、属性、字段进行测试，则可以在这个待测试的项目名称之上单击鼠标右键，在弹出的快捷菜单中选择【创建单元测试】命令，就可以单独为某个方法创建单元测试项目了。

2．编写单元测试代码

创建完单元测试项目之后，就可以为单元测试编写测试代码了，具体的测试代码的编写方法将在【任务 3-1-1】中予以介绍。

3．运行单元测试

单元测试代码编写完毕，就可以通过运行单元测试来执行测试了。运行单元测试的时候，一般需要打开测试管理器窗口，该窗口可以通过选择【测试】菜单中的【窗口】→【测试列表编辑器】命令来打开。打开之后，就可以在该窗口中看到我们所建立的单元测试的列表，在列表中勾选某个单元测试前面的复选框，然后单击鼠标右键，在弹出的快捷菜单中选择【调试选中的测试】或者【运行选中的测试】命令。

调试选中的测试对象时，我们可以在测试代码或者自己的代码中添加断点并逐步运行以看其状态。运行选中的测试对象只会运行该测试对象，这时代码的运行是模拟真实软件运行时的情况执行。我们可以根据实际情况来选中执行哪种测试。

4．查看测试结果

运行了测试之后，我们需要查看这次测试的结果。可以通过选择【测试】菜单中的【窗口】→【测试结果】命令来打开一个测试结果窗口。每次测试都会在测试结果中显示一些记录。我们也可以通过双击该测试结果，以查看详细的结果信息。

3.1.3 单元测试的标准

虽然要进行单元测试的代码各种各样，但是编写单元测试代码还是有规律可循的。测试的对象一般情况下分为方法（包含构造函数）、属性，因此我们按照这两个方向来确定单元测试的标准。

1．哪些代码需要添加单元测试

如果软件项目正处在一个最后冲刺阶段，主要的编码工作已经基本完成，则要全面的添加单元测试，其实是比较大的投入。所以单元测试不能一次性地全部加上，而只能一步一步地进行测试。

第一步，应该对所有程序集中的公开类以及公开类里面的公开方法添加单元测试。

第二步，对于构造函数和公共属性进行单元测试。

第三步，添加全面单元测试。

在产品全面提交之前可以先完成第一步的工作，第二、第三步可以待其他所有功能完成之后再进行添加。由于第二、第三步的添加工作其实与第一步类似，只是在量上的累加，因此我们先着重讨论第一步的情况。

在做第一步单元测试添加的时候，也需要有选择性地进行，我们要抓住重点进行测试。首先，应该针对属于框架技术中的代码添加单元测试。这里就包含操作数据库的组件、操作外部WebService的组件、邮件接收发送组件、后台服务与前提程序之间的消息传递的组件等。通过为这些主要的可复用代码进行测试，可以大大加强底层操作的正确性和健壮性。

其次，为业务逻辑层对界面公开的方法添加单元测试。这样可以让业务逻辑保持正确，并且能够将大部分的业务操作都归纳到单元测试中，保证在以后的产品发布之后，一旦出现问题可以直接通过业务逻辑的单元测试来找到Bug。

剩下的代码大部分属于代码生成器生成的，而且大多数的操作都是类似的，因此我们可以先针对某一个业务逻辑对象做详细的单元测试。通过这样的规定，单元测试添加的范围就减少了很多。

如果项目是刚刚开始的，那么应当对所有公开的方法和属性都添加单元测试。

2．单元测试代码的写法

在编写单元测试代码的时候需要认真的考虑以下几个方面。

（1）所测试方法的代码覆盖率必须达到100%。

检验单元测试编写的代码是否合理或者是否达到了要求的主要标准就是整个测试的代码覆盖率，代码覆盖率其实就是测试代码所运行到的实际程序路径的覆盖率。在实际程序中可能会有很多的循环、判断等分支路径。一个好的单元测试应该能够将所有可能的路径都走到，这样就可以保证大多数情况都已测试过了。

一般情况下，代码覆盖率低，说明测试代码中没有过多地考虑某些特殊情况。特殊情况包括以下几方面。

① 边界条件数据，例如，值类型数据的最大值、最小值、DbNull，或者是方法中所使用的条件边界，如 a>100，那么 100 就变成了这个数据的边界；在测试的时候还必须把超出边界的数据作为测试条件进行测试。

② 空数据，一般空数据对应于引用类型的数据，也就是 Null 值。

③ 格式不正确数据，对于引用类型的数据或者结构对象，其类型虽然正确但是其内部的数据结构不正确。例如，一个数据库实体对象，数据库中要求其某个属性必须为非空，但是这时如果是可以为空，那么这个对象就属于一个不正确数据库。

这 3 种数据都是针对被测试方法中所使用的外部数据来说的。方法中使用的外部数据无非就是方法参数传入的数据和方法所在的对象的属性或者字段的数据，因此，在编写测试代码的时候就必须将这些使用到的数据设置为上面这几种情况来检测方法的可行性，这才能保证方法编写是正确的。

在编写单元测试代码的时候，应先了解被测试方法可能会使用的外部数据，然后将这些外部数据一次设置为上面规定的几种情况，接着再执行方法，这样就基本可以保证外部数据所有情况都能够正确测试到。

通过这种方法编写的单元测试代码覆盖率一般可以超过 80%。

（2）预期值是否达到。

测试时执行了某个方法之后，该方法所在的类中某个属性或者返回值应该与预期相同。

在编写单元测试的时候，不能单纯追求代码覆盖率。有时候代码覆盖率已经达到了 100%，程序也能正常运行，但是可能会出现方法执行完毕之后某些数据并非预期的数值的情况。这时就必须对执行的结果进行断言。在.NET 提供的单元测试模块中，可以在单元测试中直接使用一个类（如 Assert）的一些静态方法来判断某个值是否达到了预期的情况，在这个类中公开了多个判断等效性、开关性、非空性的方法，这些方法可以提前做出预测，一旦程序执行之后，如果这些断言不能通过，就代表代码有错误。

通过添加断言，就可以对程序执行过程中数据的正确性做一个检测，保证程序不出现写错数据或者出现错误状态的情况。

（3）外部设备状态更改时测试是否正常通过。

被测试代码所使用的外部设备的状态包括数据库是否可读、网络是否可用、打印机是否可用、WebService 是否可用等。

当代码覆盖率和预期值都达到了我们的要求之后，整个程序其实就基本达到了质量标准。但是这样还不全面，因为很多程序都会使用到外部的设备或者程序，如数据库、打印机、网络、串行口、并行口等。当这些设备发生改变或者不可用的时候，程序就可能出现一些不可预知的错误。因此，一个健壮的程序也必须考虑到这些情况，这时可以通过将这些设备设置为不正常状态来检测程序可能会出现的问题，然后再在测试程序中将这些条件加上。

每一段单元测试代码，必须考虑到以上的 3 个问题，并且对于这些问题都要有相应的测试。上面所介绍的只是简单的单元测试的入门级别的要求，当然，真正的单元测试还有很多更加复杂的要求和测试技巧。但是对于一个初学者而言，如果能达到上述的要求，那么代码的健壮性应该就能够满足大部分要求了。

3.2 断言及相关类

断言（Assertion）是指定一个程序必须已经存在的状态的一个逻辑表达式，或者一组程序变量在程序执行期间某个点上必须满足的条件。断言检查（Assertion Checking）是指在程序中嵌入断言的检查，如果测试条件满足要求的判断情况为 True，则不会发生任何动作；如果条件满足情况的判断结果为 False，则断定为程序失败。

编写程序代码时，我们总是会做出一些假设，断言就被用于在代码中捕捉这些假设。断言表示为一些逻辑表达式，程序员可以在任何时候启用和禁用断言验证，当他相信在程序中的某个特定点该表达式值为 True 时，可以在测试时启用断言而在部署时禁用断言。同样，程序投入运行后，最终用户在遇到问题时也可以重新启用断言。

使用断言可以创建更稳定、品质更好且易于除错的程序代码。当需要在一个值为 False 时中断当前操作的话，可以使用断言。

除了类型检查和单元测试外，断言还提供了一种确定各种特性是否在程序中得到维护的方法。

断言是单元测试中比较核心的应用，如果一个测试方法中有多个断言，只要其中一个断言失败就会导致测试不通过或报告错误信息。

断言分为多种，如下所示。

（1）Equality Asserts（相等断言）。

（2）Identity Asserts（一致断言）。

（3）Comparison Asserts（比较断言）。

（4）Type Asserts（类型断言）。

（5）Condition Test（条件测试）。

（6）Utility Methods（工具方法）。

1．Assert 类及其方法

在单元测试中，.NET 提供了 Assert 类，用于验证指定的功能是否满足条件。测试框架通过 Assert 类中各种测试方法的执行，检查被测试程序行为的正确性，并且把测试结果输出到报告中。

Assert 类提供多种方法用于验证条件是否满足，结果要么是 True，要么是 False。如果验证结果是 True，则表示断言通过；如果验证结果是 False，则表示断言不通过，也就意味着测试不通过。

Assert 类包括以下多种测试方法。

（1）AreEqual 和 AreNotEqual。

该方法用于判断两个参数（期望的值、计算的值）是否相等，重载方法提供了公共的值类型，所以参数间不存在装箱操作就可直接使用进行比较。

AreEqual 方法的参数形式如下：

Assert.AreEqual(para1 , para2 , [message] , [para[]])

参数 para1 是期望的值，para2 是测试用的值，如果参数是数值，不合理的数据类型之间的比较也是被允许的，例如，int 类型与 double 类型之间的比较等。但是在对 float 类型进行比较时，需要设置一个偏差数（Tolerance），也就是说，两个数的偏差在这个范围内就被认为是相等的。

此外，Assert.AreEqual 还可以用来比较 *N* 维数组或集合（Collection），只要数组的维数、元素的数据类型相等，再加上各对应的元素值也相等，则认为两个比较的参数相等。

AreNotEqual 方法用于判断期望的值与计算的值是不相等的，否则认为是错误。其参数形式与 AreEqual 方法相同。

（2）AreSame 和 AreNotSame。

Assert.AreSame 方法和 Assert.AreNotSame 方法用来判断两个参数所引用的对象是否一致，其参数形式如下所示。

Assert.AreSame(object para1 , object para2 , [message])

Assert.AreNotSame(object para1 , object para2 , [message])

（3）IsTrue 和 IsFalse。

IsTrue 方法用于验证指定的条件成立，返回 True 值，否则认为是错误的。IsFalse 方法用于验证指定的条件不成立，返回 True 值，否则认为是错误。其参数形式如下所示。

Assert.IsTrue(condition , [message])

Assert.IsFalse(condition , [message])

（4）IsNull 和 IsNotNull。

IsNull 方法用于验证指定的对象是空对象，否则认为是错误的。IsNotNull 方法用于验证指定的对象不是空对象，否则认为是错误的。其参数形式如下所示。

Assert.IsNull(object anObject,[message])

Assert.IsNotNull(object anObject,[message])

（5）IsEmpty 和 IsNotEmpty。

IsEmpty 方法用于验证指定的字符串对象或集合对象是空，否则认为错误的。IsNotEmpty 用于验证指定的字符串对象或集合对象不是空，否则认为是错误的。其参数形式如下所示。

Assert.IsEmpty(String anString , [message])

Assert.IsNotEmpty(String anString , [message])

Assert.IsNotEmpty(ICollection collectionType , [message])

【注意】Assert.IsNotEmpty 和 Assert.IsEmpty 只能用于判断 String 和 Collection 类型。

（6）IsNaN。

IsNaN 方法用于验证指定的值是否为数字，否则认为是错误的。其参数形式如下所示。

Assert.IsNaN(Double anDouble , [message])

Assert 类还包括 Greater、IsInstanceOfType、IsNotInstanceOfType、Fail、Ignore 等多种方法，由于篇幅的限制，这里不再一一介绍。

2．StringAssert 类及其方法

StringAssert 类用于比较字符串对象，该类提供了多种方法来验证 String 类型的值。

（1）StringAssert.Contains。

（2）StringAssert.StartsWith。

（3）StringAssert.EndWith。

（4）StringAssert.AreEqualIgnoringCase。

（5）StringAssert.IsMatch。

Contains 方法用于验证实际测试结果中是否包含指定的字符串，其参数形式如下。

StringAssert.Contains(string expected , string actual , [message] , [paras object[] args])

其他各个方法的参数形式与 Contains 方法相同。

3．CollectionAssert类及其方法

CollectionAssert 类用于验证对象集合是否满足条件，它提供多种方法来验证集合本身的内容或者两集合之间的比较。

（1）.AllItemsAreInstancesOfType 方法用于判断指定集合中的所有元素是否是所需类型的实例。

（2）.AllItemsAreNotNull 方法用于判断集合中所有元素是否为空，如果为空则测试失败。

（3）.AllItemsAreUnique 方法用于判断集合中的所有元素是否唯一，如果集合中任意两个元素相等则测试失败。

这些方法的参数形式如下所示。

.AllItemsAreInstancesOfType(ICollection , Type , [message] , [para[]])，其中，参数 ICollection 表示要测试的集合，参数 Type 应该为 ICollection 中包含的每个对象查找的对象的类型。

CollectionAssert 类其他的常用方法还有 AreEqual、AreEquivalent、DoesNotContain、Contains，其使用方法可以查询 MSDN 的相关内容。

3.3 用户界面测试的基本原则和常见规范

图形用户界面（Graphical User Interface，GUI）以其直观便捷的操作、美观友好的表现形式成为大多数软件系统首选的人机交互接口，用户界面的质量直接影响用户使用软件时的效率和对软件的印象。一个包含用户界面的系统可分为 3 个层次：界面层、界面与功能接口层和功能层，界面是软件与用户交互最直接的层，界面的好坏决定用户对软件的第一印象。设计良好的界面能够引导用户自己完成相应的操作，起到向导的作用。同时界面又如同人的面孔，具有吸引用户眼球的直接优势，设计合理的界面能给用户带来轻松愉悦的感受和成功的感觉；相反，界面设计的失败，会让用户有挫败感，再实用强大的功能都可能在用户的畏惧与放弃中付诸东流。

用户界面测试主要关注界面层、界面与功能的接口层，用于核实用户与软件之间的交互性能，验收用户界面中的对象是否按照预期方式运行，并符合国家或行业标准的测试活动。用户界面测试是一项主观性较强的活动，测试人员的喜好往往会在一定程度上会影响测试结果的客观性。

用户界面测试分为界面整体测试和界面元素测试。界面整体测试是指对界面的规范性、一致性、合理性等方面进行的测试和评估；界面元素测试主要关注对窗口、菜单、图标、文字、鼠标等界面中元素的测试。

界面元素的测试可以对元素的外观、布局和行为等方面进行。界面元素外观测试包含对界面元素在大小、形状、色彩、对比度、明亮度、文字属性等方面的测试；界面元素的布局测试包含对界面元素位置、界面元素的对齐方式、界面元素间的间隔、Tab 顺序、各界面元素间色彩搭配等方面的测试；界面元素的行为测试包括回显功能、输入限制和输入检查、输入提示、联机帮助、默认值设置、激活或取消激活、焦点状态、功能键或快捷键、操作路径、行为回退等方面的测试。

用户界面测试是一个需要综合用户心理、界面设计技术的测试活动，尤其需要把握一些界面设计的原则，遵循一些设计要点来进行。要根据界面设计的原则来制订界面设计规范，这些设计规范需要得到项目全体人员的认可，它作为设计界面和测试界面的依据，也是开发人员设计界面和修改界面依据。

1．易用性

用户界面的按钮名称应该通俗易懂，用词准确，避免使用模棱两可的字眼，要与同一界面上的其他按钮易于区分，理想的情况是用户不用查阅帮助就能知道该界面的功能并进行相关的正确操作，具体说明如下。

（1）按功能将界面划分区域块，使用分组框予以标识，并要有功能说明或标题。常用按钮要支持快捷方式。

（2）完成同一功能或任务的元素放在集中位置，减少鼠标移动的距离。

（3）界面要支持键盘自动浏览按钮功能，即按 Tab 键、Enter 键的自动切换功能。

（4）界面上首先要输入的和重要信息的控件在 Tab 顺序中应当靠前，位置也应放在窗口上较醒目的位置。

（5）同一界面上的控件数量最好不要超过 10 个，多于 10 个时可以考虑使用分页界面显示。

（6）Tab 键顺序与控件排列顺序要一致，一般整体上从上到下排列，行间从左到右排列。

（7）分页界面要支持在页面间的快捷切换，常用组合快捷键【Ctrl+Tab】。

（8）默认情况按钮要支持 Enter 键选择操作，即按 Enter 键后自动执行默认按钮对应操作。

（9）可写控件检测到非法输入后应给出说明并能自动获得焦点。

（10）复选框和选项框按选择几率的高低而先后排列。

（11）复选框和选项框要有默认选项，并支持 Tab 键选择。

（12）选项数相同时多用选项框而不用下拉列表框。

（13）界面空间较小时使用下拉列表框而不用选项框。

（14）专业性强的软件要使用相关的专业术语，通用性界面则提倡使用通用性词眼。

2．规范性

界面的规范性是指软件界面要尽量符合现行标准和规范，并在应用软件中保持一致。为了达到这一目的，在开发软件时就要充分考虑软件界面的规范性，最好采取一套行业标准。对于一些特殊行业，由于系统使用环境和用户使用习惯的特殊性，还需要制订一套具有行业特色的标准和规范。在界面测试中，测试人员应该严格遵循这些标准和规范设计界面测试用例。

通常界面设计都按 Windows 界面的规范来设计，可以说界面遵循规范化的程度越高，则易用性就越好，具体说明如下。

（1）常用菜单要有命令快捷方式。

（2）完成相同或相近功能的菜单用横线隔开放在同一位置。

（3）菜单前的图标能直观地代表要完成的操作。

（4）菜单深度一般要求最多控制在 3 层以内。

（5）工具栏要求可以根据用户的要求自己选择定制。

（6）将相同或相近功能的工具栏放在一起。

（7）工具栏中的每一个按钮要有及时提示信息。

（8）一条工具栏的长度不能超出屏幕宽度。

（9）工具栏的图标能直观地代表要完成的操作。

（10）系统常用的工具栏应设置默认放置位置。

（11）工具栏太多时可以考虑使用工具箱。

（12）工具箱要具有可增减性，由用户自己根据需求定制。

（13）工具箱的默认总宽度不要超过屏幕宽度的 1/5。

（14）状态条要能显示用户切实需要的信息，常用的有目前的操作、系统状态、用户位置、用户信息、提示信息、错误信息等，如果某一操作需要的时间较长，还应该显示进度条和进程提示。

（15）滚动条的长度要根据显示信息的长度或宽度能及时变换，以利于用户了解显示信息的位置和百分比。

（16）状态条的高度以放置5号字为宜，滚动条的宽度比状态条的略窄。

（17）菜单和工具条要有清晰的界限，菜单要求凸出显示，这样在移走工具条时仍有立体感。

（18）菜单和状态条中通常使用5号字体。工具条一般比菜单要宽，但不要宽得太多，否则看起来很不协调。

3．合理性

界面的合理性是指界面是否与软件功能相融洽，界面的颜色和布局是否协调等。如果界面不能体现软件的功能，那么界面的作用将大打折扣。界面合理性的测试一般通过观察进行。

屏幕对角线相交的位置是用户直视的地方，正上方1/4处为易吸引用户注意力的位置，在放置窗体时要注意利用这两个位置，具体说明如下。

（1）父窗体或主窗体的中心位置应该在对角线焦点附近。

（2）子窗体位置应该在主窗体的左上角或正中。

（3）多个子窗体弹出时应该依次向右下方偏移，以显示窗体出标题为宜。

（4）重要的命令按钮与使用较频繁的按钮要放在界面上注目的位置。

（5）错误使用容易引起界面退出或关闭的按钮不应该放在易单击的位置。横排开头或最后与竖排最后为易单击位置。

（6）与正在进行的操作无关的按钮应该加以屏蔽（Windows中用灰色显示，即目前该按钮不能使用）。

（7）对可能造成数据无法恢复的操作必须提供确认信息，给用户放弃选择的机会。

（8）非法的输入或操作应有足够的提示说明。

（9）对运行过程中出现问题而引起错误的地方要有提示，让用户明白错误出处，避免形成无限期的等待。

（10）提示和警告或错误说明应该清楚、明了、恰当。

4．一致性

界面的一致性既指使用标准的控件，也指相同的信息表现方法，例如，在字体、标签风格、颜色、术语、显示错误信息等方面确保一致。界面具有一致性，用户可以减少过多的学习和记忆，从而降低培训和支持成本。界面的一致性还包括考察软件界面的在不同平台上是否表现一致，如颜色、字体等，具体说明如下。

（1）界面布局是否一致，如所有窗口按钮的位置和对齐方式要一致。

（2）界面外观是否一致，如控件的大小、颜色、背景和显示信息等属性要一致，但一些需要艺术处理或有特殊要求的地方除外。

（3）操作方法是否一致，如双击其中的项，使得某些事件发生，那么双击任何其他的项，都应该有同样的事件发生。

（4）颜色的使用是否一致，颜色的一致性会使整个应用软件有同样的美感。

（5）快捷键在各个配置项上语义是否保持一致。

（6）界面中元素的文字、颜色等信息与功能是否一致。

（7）窗口控件的大小、对齐方向、颜色、背景等属性的设置值是否和程序设计规格说明相一致。

5．安全性

用户在软件过程的使用过程中如果出现保护性错误而退出系统，这种错误最容易使用户对软件失去信心，因为这意味着用户要中断思路，并费时费力地重新登录，而且已进行的操作也会因没有存盘而全部丢失。软件开发者应当尽量周全地考虑到各种可能发生的问题，使出错的可能性降至最小，具体说明如下。

（1）尽量排除可能会使应用非正常终止的错误。

（2）应当注意尽可能避免用户无意录入无效的数据。

（3）采用相关控件限制用户输入值的种类。

（4）当用户做出选择的可能性只有两个时，可以采用单选按钮。

（5）当选择的可能再多一些时，可以采用复选框，每一种选择都是有效的，用户不可能输入任何一种无效的选择。

（6）当选项特别多时，可以采用下拉列表框。

（7）在一个应用系统中，开发者应当避免用户做出未经授权或没有意义的操作。

（8）对可能引起致命错误或系统出错的输入字符或动作要加限制或屏蔽。

（9）对可能发生严重后果的操作要有补救措施，通过补救措施用户可以回到原来的正确状态。

（10）对一些特殊符号的输入、与系统使用的符号相冲突的字符等进行判断并阻止用户输入该字符。

（11）对错误操作最好支持可逆性处理，如取消操作。

（12）在输入有效性字符之前应该阻止用户进行只有输入之后才可进行的操作。

（13）对可能造成等待时间较长的操作应该提供取消功能。

（14）与系统采用的保留字符冲突的要加以限制。

（15）在读入用户所输入的信息时，根据需要选择是否去掉前后空格。

（16）有些读入数据库的字段不支持中间有空格，但用户切实需要输入中间空格，这时要在程序中加以处理。

6．美观与协调性

用户界面大小应该适合美学观点，感觉协调舒适，能在有效的范围内吸引用户注意力，具体说明如下。

（1）长宽接近黄金点比例，切忌长宽比例失调、或宽度超过长度。

（2）布局要合理，不宜过于密集，也不能过于空旷，合理地利用空间。

（3）按钮大小基本相近，忌用太长的名称，以免占用过多的界面位置。

（4）按钮的大小要与界面的大小和空间相协调。

（5）避免在空旷的界面上放置很大的按钮。

（6）放置完控件后界面不应有很大的空缺位置。

（7）字体的大小要与界面的大小比例协调，通常使用的字体中宋体 9~12 号较为美观，很少使用超过 12 号的字体。

（8）前景与背景色搭配合理协调，反差不宜太大，最好少用深色，如大红、大绿等。常用色考虑使用 Windows 界面色调。

（9）如果使用其他颜色，主色调要柔和，具有亲和力与磁力，坚决杜绝太刺眼的颜色。

（10）界面风格要保持一致，文字的大小、颜色、字体要相同，除非是需要艺术处理或有特殊要求的地方。

（11）如果窗体支持最小化和最大化或放大时，窗体上的控件也要随着窗体而缩放；切忌只放大窗体而忽略控件的缩放。

（12）通常父窗体支持缩放时，子窗体没有必要缩放。

（13）如果能给用户提供自定义界面风格则更好，可由用户自己选择颜色和字体等。

7．独特性

如果一味地遵循业界的界面标准，则会丧失自己的个性，在整体上符合业界规范的情况下，设计具有自己独特风格的界面尤为重要，尤其在商业软件流通中会有着很好的迁移默化的广告效用，具体说明如下。

（1）安装界面上应有单位介绍或产品介绍，并有自己的 Logo。

（2）主界面以及大多数界面上要有公司 Logo。

（3）登录界面上要有本产品的标志，同时包含公司 Logo。

（4）帮助菜单的“关于”中应有版权和产品信息。

（5）公司的系列产品要保持一致的界面风格，如背景色、字体、菜单排列方式、图标、安装过程和按钮用语等应该大体一致。

8．菜单

菜单是界面上最重要的元素，菜单位置应按照按功能来进行组织，具体说明如下。

（1）菜单通常采用“常用－主要－次要－工具－帮助”的位置排列，符合流行的 Windows 风格。

（2）常用的菜单有“文件”、“编辑”、“查看”等，几乎每个软件系统都有这些选项，当然，也需要根据不同的系统有所取舍。

（3）下拉菜单要根据菜单选项的含义进行分组，并且按照一定的规则（如使用频率、逻辑顺序、使用顺序）进行排列，用横线隔开。

（4）一组菜单的使用有先后要求或有向导作用时，应该按先后次序排列。

（5）没有顺序要求的菜单项按使用频率和重要性排列，常用的放在开头，不常用的靠后放置；重要的放在开头，次要的放在后边。

（6）如果菜单选项较多，应该采用加长菜单的长度而减少深度的原则排列。

（7）菜单深度一般要求最多控制在 3 层以内。

（8）常用的菜单要有快捷命令方式。

（9）对于与当前进行的操作无关的菜单要使用屏蔽方式加以处理，如果采用动态加载方式，即最好只显示需要的菜单。

（10）菜单前的图标不宜太大，最好与字体高保持一致。

（11）主菜单的宽度要接近，字数不应多于 4 个，每个菜单的字数最好能相同。

（12）主菜单数目不应太多，最好为单排布置。

（13）系统的菜单条应显示在合适的语境中。

（14）应用程序的菜单条应显示系统相关的特性（如时钟显示）。

（15）下拉式操作应能正确工作。

（16）菜单、调色板和工具条应工作正确。

（17）适当地列出了所有的菜单功能和下拉式子功能。

（18）可以通过鼠标访问所有的菜单功能。

（19）菜单的文本字体、大小和格式应合适，相同功能按钮的图标和文字应一致。

（20）能够用其他的文本命令激活每个菜单功能。

（21）菜单功能可以随当前的窗口操作加亮或变灰。
（22）菜单功能够全部正确执行。
（23）菜单标题要简明且有意义，菜单名称应具有解释性。
（24）菜单项应有帮助，且与语境相关。
（25）在整个交互式语境中可以识别鼠标操作。
（26）如果要求多次单击鼠标，能够在语境正确识别。
（27）如果鼠标有多个按钮，能够在语境中正确识别。
（28）光标、处理指示器和识别指针能够随操作恰当地改变。
（29）右键快捷菜单应采用与菜单相同的准则。
（30）各级菜单显示格式和操作方式应一致。

9．鼠标操作

用户操作几乎离不开鼠标，必须对鼠标的准确性和灵活性进行测试，具体说明如下。
（1）在整个交互式语境中，能够识别鼠标操作。
（2）如果要求多次单击鼠标，能够在语境中正确识别。
（3）如果鼠标有多个按钮，能够在语境中正确识别。
（4）光标和鼠标指针能够随操作恰当地改变。
（5）对于窗口中相同种类的元素采用相同的操作予以激活。
（6）鼠标无规则单击时不会产生无法预料的结果。
（7）单击鼠标右键时可以顺畅地弹出菜单，取消操作则可以顺畅地隐藏快捷菜单。
（8）建议用沙漏形状表示系统正忙，用手形表示可以单击。

10．快捷方式

在菜单及按钮中使用快捷键可以让喜欢使用键盘的用户操作得更快一些。软件系统中常见的快捷方式如表 3-1 所示。这些快捷键也可以作为开发中文应用软件的标准，但亦可使用汉语拼音的开头字母。

表 3-1　软件系统中常见的快捷方式

快捷键	功能说明	快捷键	功能说明	快捷键	功能说明	快捷键	功能说明
Ctrl+N	新建	Ctrl+Z	撤销	Alt+E	编辑	Alt+D	删除
Ctrl+S	保存	Ctrl+Y	恢复	Alt+T	工具	Alt+A	添加
Ctrl+O	打开	Ctrl+P	打印	Alt+W	窗口	Alt+E	编辑
Ctrl+I	插入	Ctrl+W	关闭	Alt+H	帮助	Alt+B	浏览
Ctrl+A	全选	Ctrl+F4	关闭	Alt+F4	结束	Alt+R	读
Ctrl+C	复制	Ctrl+F	查找	Alt+Y	确定	Alt+W	写
Ctrl+V	粘贴	Ctrl+H	替换	Alt+C	取消	Alt+Tab	下一应用
Ctrl+X	剪切	Ctrl+G	定位	Alt+N	否	Ctrl+Tab	下一分页窗口或反序浏览同一页面控件
Ctrl+D	删除	Alt+F	文件	Alt+Q	退出		
Enter	缺省按钮/确认操作	Esc	取消按钮/取消操作	Shift+F1	上下文相关帮助		

11．帮助

系统应该提供详尽而可靠的帮助文档，在用户使用产生迷惑时可以自己寻求解决方法，具体说明如下。

（1）帮助文档中的性能介绍与说明要与系统性能配套一致。

（2）新系统打包时，对作了修改的地方在帮助文档中要做相应的修改。

（3）操作时要提供及时调用系统帮助的功能，常用的快捷键为 F1。

（4）在界面上调用帮助系统时应该能够及时定位到与该操作相对的帮助位置，即帮助要有即时针对性。

（5）最好提供目前流行的联机帮助格式或 HTML 帮助格式。

（6）用户可以使用关键词在帮助索引中搜索所要的帮助，当然也应该提供帮助主题词。

（7）如果没有提供书面帮助文档的话，最好提供打印帮助的功能。

（8）在帮助中应该提供我们的技术支持方式，一旦用户难以自己解决可以方便地寻求新的帮助方式。

12．多窗口的应用与系统资源

设计良好的软件不仅要有完备的功能，而且要尽可能地占用最低限度的资源，具体说明如下。

（1）在多窗口系统中，有些界面要求必须保持在最顶层，避免用户在打开多个窗口时，不停地切换甚至最小化其他窗口来显示该窗口。

（2）在主界面载入完毕后自动释放出内存，让出所占用的 Windows 系统资源。

（3）关闭所有窗体，系统退出后要释放所占的所有系统资源，除了需要后台运行的系统。

（4）尽量防止对系统的独占使用。

（5）窗口应能够基于相关的输入或菜单命令适当地打开。

（6）窗口应允许用户改变其大小、移动和滚动。

（7）窗口中的数据内容应能够使用鼠标、功能键、方向箭头和键盘操作。

（8）当窗口被覆盖并重调用后，窗口能够正确地再生。

（9）需要时能够使用所有窗口相关的功能。

（10）所有窗口相关的功能必须是可操作的。

（11）相关的下拉式菜单、工具条、滚动条、对话框、按钮、图标和其他控件应适时正确显示并且能被正常调用。

（12）多个窗口叠加显示时，窗口的名称应正确显示。

（13）活动窗口应被适当地加亮。

（14）如果使用多任务，所有的窗口都应被实时更新。

（15）多次或不正确按鼠标不应导致无法预料的副作用。

（16）窗口的声音、颜色提示和窗口的操作顺序应符合相关需求。

（17）窗口能够正确地关闭。

（18）多窗口的切换响应时间是否过长。如果切换时间过长，就会使用户出现意外的焦躁情绪，而响应时间过短有时会造成用户操作节奏加快，从而导致用户操作错误。

【引导测试】

【任务 3-1】在 Visual Studio 2008 集成开发环境中对个人所得税计算器进行单元测试

【任务描述】

“个人所得税计算器”的运行结果如图 3-1 所示。

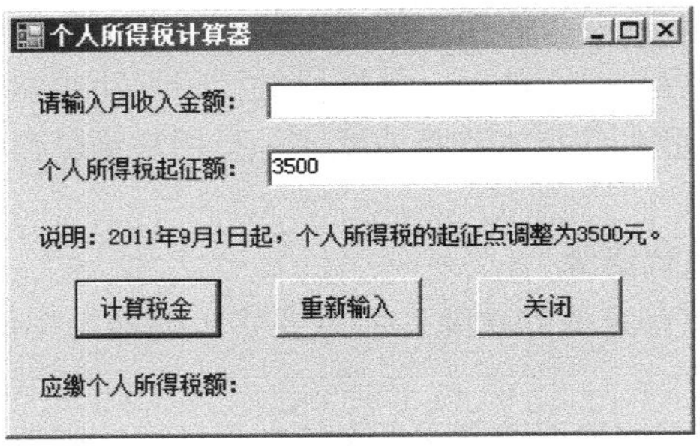

个人所得税计算器

请输入月收入金额：

个人所得税起征额： 3500

说明：2011年9月1日起，个人所得税的起征点调整为3500元。

计算税金　重新输入　关闭

应缴个人所得税额：

图 3-1 “个人所得税计算器”的运行结果

“个人所得税计算器”应用程序的相关代码如表 3-2 所示。

表 3-2 “个人所得税计算器”应用程序的相关代码

序号	程序代码
01	using System;
02	using System.Collections.Generic;
03	using System.ComponentModel;
04	using System.Data;
05	using System.Drawing;
06	using System.Linq;
07	using System.Text;
08	using System.Windows.Forms;
09	namespace calcTax
10	{
11	public partial class frmCalcTax : Form
12	{
13	public frmCalcTax()
14	{
15	InitializeComponent();
16	}
17	private bool isNumeric(string num)
18	{
19	string checkOK = "0123456789";

续表

序号	程序代码
20	string checkStr = num;
21	bool allValid = true;
22	int i, j;
23	string ch;
24	for (i = 0; i < checkStr.Length; i++)
25	{
26	ch = checkStr.Substring(i, 1);
27	for (j = 0; j < checkOK.Length; j++)
28	{
29	if (ch == checkOK.Substring(j, 1))
30	break;
31	}
32	if (j == checkOK.Length)
33	{
34	allValid = false;
35	break;
36	}
37	}
38	return allValid;
39	}
40	public double calTax(double totalMoney,double basicm)
41	{
42	double cha,tax=0;
43	cha=(totalMoney−basicm);
44	if (cha<=0) { tax=0; }
45	if (cha>0 && cha<=1500) { tax=cha*0.03; }
46	if (cha>1500 && cha<=4500) { tax=cha*0.1−105; }
47	if (cha>4500 && cha<=9000) { tax=cha*0.2−555; }
48	if (cha>9000 && cha<=35000) { tax=cha*0.25−1005; }
49	if (cha>35000 && cha<=55000) { tax=cha*0.3−2755; }
50	if (cha>55000 && cha<=80000) { tax=cha*0.35−5505; }
51	if (cha>80000) { tax=cha*0.45−13505; }
52	return tax;
53	}
54	private void btnCalTax_Click(object sender, EventArgs e)
55	{
56	string income, start;
57	income = txtIncome.Text.Trim();

续表

序号	程序代码
58	start = txtStart.Text.Trim();
59	if (isNumeric(income) && isNumeric(start))
60	{
61	lblTax.Text = calTax(Convert.ToDouble(income),
62	Convert.ToDouble(start)).ToString ()+"　元";
63	}
64	else
65	{
66	if (!isNumeric(income))
67	{
68	MessageBox.Show("月收入只能为数字，请重新输入月收入", "提示信息");
69	txtIncome.Focus();
70	}
71	if (!isNumeric(start))
72	{
73	MessageBox.Show("起征额只能为数字，请重新输入起征额", "提示信息");
74	txtStart.Focus();
75	}
76	}
77	}
78	private void btnReInput_Click(object sender, EventArgs e)
79	{
80	txtIncome.Clear();
81	txtStart.Text = "3500";
82	}
83	private void btnClose_Click(object sender, EventArgs e)
84	{
85	this.Close();
86	}
87	}
88	}

试完成以下单元测试工作。

（1）从被测试代码生成单元测试项目，对方法 isNumeric()进行测试。

拟用的测试用例如表 3-3 所示。

表 3-3　　　　对方法 isNumeric()进行测试的测试用例

测试用例编号	输入参数值	预期输出	测试用例	输入参数值	预期输出
Test01	5000	true	Test02	5a00	false

（2）独立添加单元测试项目对方法 calTax()进行测试。

拟用的测试用例如表 3-4 所示。

表 3-4　　对方法 calTax()进行测试的测试用例

测试用例编号	月收入金额	个人所得税起征额	预期输出
Test01	5000	3500	45
Test03	0	3500	0
Test04	3600	3500	3
Test05	80400	3500	21410

【任务实施】

【任务 3-1-1】从被测试代码生成单元测试项目对方法 isNumeric()进行测试

1．新建测试项目

（1）启动 Microsoft Visual Studio 2008，打开被测试的 C#项目 calcTax，然后打开窗体 frmCalcTax.cs 的代码编辑器。

（2）在 isNumeric()方法体内，单击鼠标右键，在弹出的快捷菜单选择【创建单元测试】命令，如图 3-2 所示。

（3）弹出【创建单元测试】对话框，在该对话框中，isNumeric()方法左侧的复选框被选中，如图 3-3 所示，表示需要为该方法自动创建单元测试代码的基本框架。

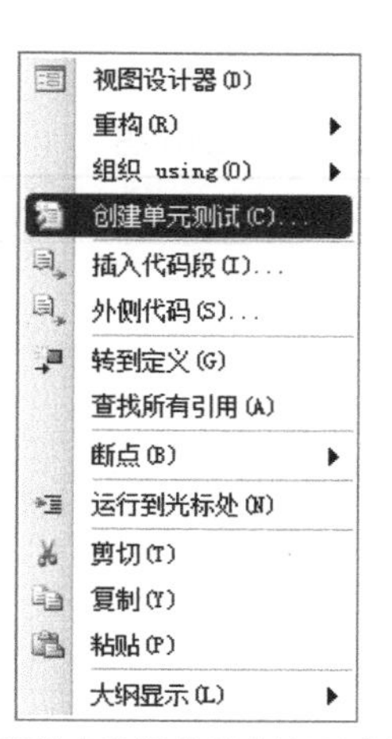

图 3-2　在快捷菜单中选择【创建单元测试】命令

图 3-3　【创建单元测试】对话框

（4）在【创建单元测试】对话框中单击【确定】按钮，弹出【新建测试项目】对话框，在该对话框的文本框中输入需要创建的单元测试项目名称，这里使用默认名称“TestProject1”，如图 3-4 所示。

然后单击【创建】按钮，则会自动创建一个新的单元测试代码项目。在【解决方案资源管理器】窗口中可以看到多了一个“TestProject1”项目，在“TestProject1”项目中引用了单元测试框架“Microsoft.VisualStudio.QualityTools.UnitTestFramework”和被测试项目的程序集“calcTax”，同时还自动创建了 C#代码文件“frmCalcTaxTest.cs”和测试引用“calcTax.accessor”，如图 3-5 所示。

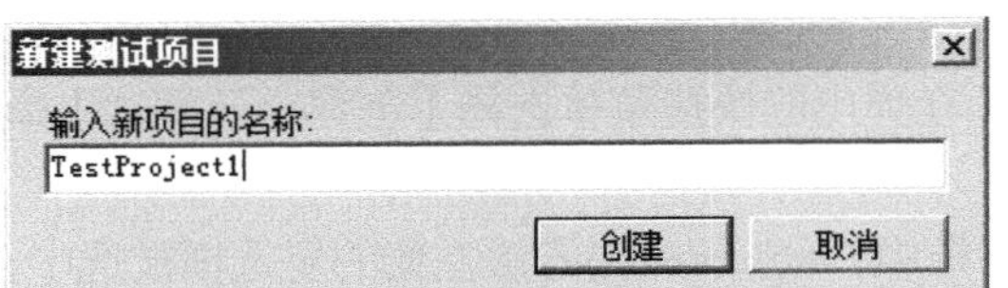

图 3-4 【新建测试项目】对话框

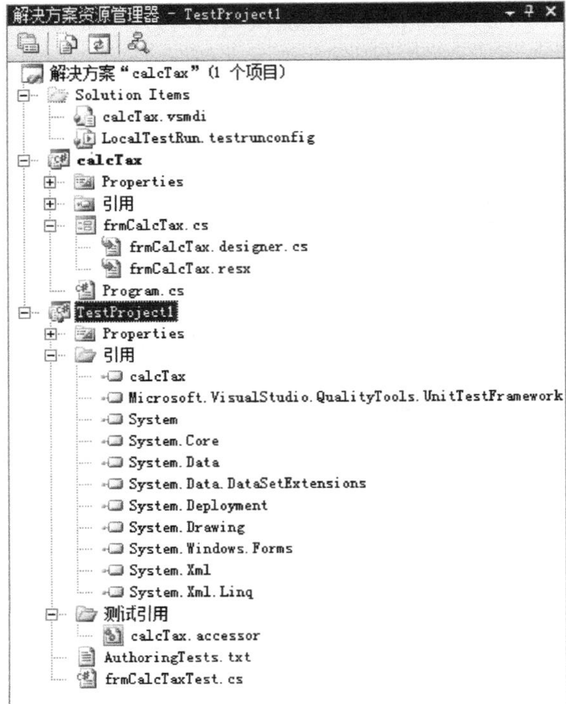

图 3-5 【解决方案资源管理器】窗口新增的测试项目和文件

自动生成的代码文件"frmCalcTaxTest.cs"的详细代码如表 3-5 所示。

表 3-5 代码文件"frmCalcTaxTest.cs"的详细代码

序号	程序代码
01	using calcTax;
02	using Microsoft.VisualStudio.TestTools.UnitTesting;
03	namespace TestProject1
04	{
05	/// <summary>
06	///这是 frmCalcTaxTest 的测试类，旨在
07	///包含所有 frmCalcTaxTest 单元测试
08	///</summary>
09	[TestClass()]
10	public class frmCalcTaxTest
11	{
12	private TestContext testContextInstance;
13	/// <summary>
14	///获取或设置测试上下文，上下文提供
15	///有关当前测试运行及其功能的信息。
16	///</summary>

续表

序号	程序代码
17	public TestContext TestContext
18	{
19	get
20	{
21	return testContextInstance;
22	}
23	set
24	{
25	testContextInstance = value;
26	}
27	}
28	#region 附加测试属性
29	//
30	//编写测试时，还可使用以下属性:
31	//
32	//使用 ClassInitialize 在运行类中的第一个测试前先运行代码
33	//[ClassInitialize()]
34	//public static void MyClassInitialize(TestContext testContext)
35	//{
36	//}
37	//
38	//使用 ClassCleanup 在运行完类中的所有测试后再运行代码
39	//[ClassCleanup()]
40	//public static void MyClassCleanup()
41	//{
42	//}
43	//
44	//使用 TestInitialize 在运行每个测试前先运行代码
45	//[TestInitialize()]
46	//public void MyTestInitialize()
47	//{
48	//}
49	//
50	//使用 TestCleanup 在运行完每个测试后运行代码
51	//[TestCleanup()]
52	//public void MyTestCleanup()
53	//{
54	//}

续表

序号	程序代码
55	//
56	#endregion
57	/// <summary>
58	///isNumeric 的测试
59	///</summary>
60	[TestMethod()]
61	[DeploymentItem("calcTax.exe")]
62	public void isNumericTest()
63	{
64	frmCalcTax_Accessor target = new frmCalcTax_Accessor();
65	string num = string.Empty; // TODO: 初始化为适当的值
66	bool expected = false; // TODO: 初始化为适当的值
67	bool actual;
68	actual = target.isNumeric(num);
69	Assert.AreEqual(expected, actual);
70	Assert.Inconclusive("验证此测试方法的正确性。");
71	}
72	}
73	}

从表 3-5 所示的代码可以看出，文件“frmCalcTaxTest.cs”中自动产生了一个类“frmCalcTaxTest”，并且用“TestClass()”属性标识为单元测试类，以及一个测试方法“isNumericTest()”，该测试方法中自动添加了对被测试方法“isNumeric()”的访问，并且为使用被测试方法而初始化了 1 个参数。

2．完善和扩展测试方法的代码

测试方法“isNumericTest()”的代码只是自动产生的初始代码，需要进一步根据单元测试用例和测试逻辑对代码进行完善和扩展。测试方法“isNumericTest()”改进的程序代码如表 3-6 所示。

表 3-6　测试方法“isNumericTest()”改进的程序代码

序号	程序代码
01	public void isNumericTest()
02	{
03	frmCalcTax_Accessor target = new frmCalcTax_Accessor();
04	string num = "5000"; // TODO: 初始化为适当的值
05	bool expected = true; // TODO: 初始化为适当的值
06	bool actual;
07	actual = target.isNumeric(num);
08	Assert.AreEqual(expected, actual,"验证的数据包含非数字");
09	}

这个测试方法用于验证 isNumeric()方法在输入参数为“5000”，返回结果为 True。

3．执行单元测试

单元测试的执行有两种方式：调试和运行。可以像调试普通代码一样对单元测试代码进行调试，也可以直接运行。

打开代码文件“frmCalcTaxTest.cs”，在 Visual Studio 2008 集成开发环境的主菜单【测试】中选择【运行】→【当前上下文中的测试】命令，如图 3-6 所示。

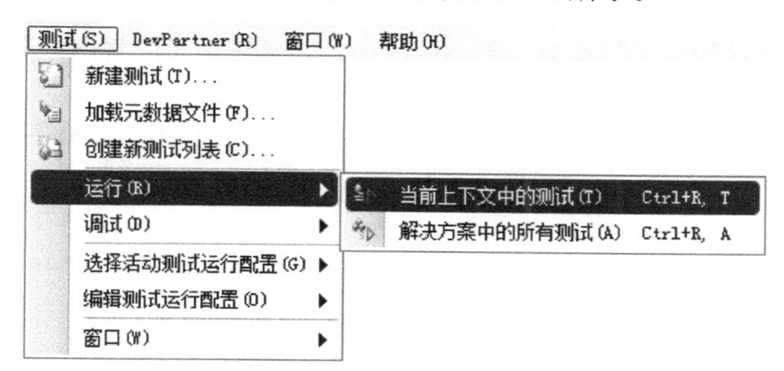

图 3-6 选择【运行】→【当前上下文中的测试】命令

单元测试的运行结果将在【测试结果】界面中显示，如图 3-7 所示，表示测试通过。

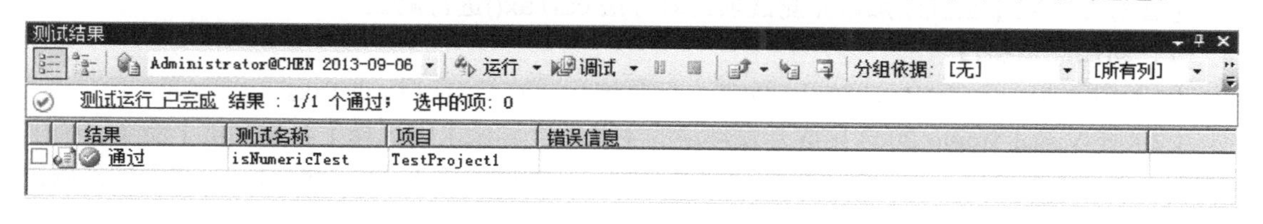

图 3-7 【测试结果】界面

也可以通过选择【测试】→【窗口】→【测试列表编辑器】命令，如图 3-8 所示，打开【测试列表编辑器】窗口，在该窗口的测试列表中选择需要参与测试的单元测试方法，如图 3-9 所示。

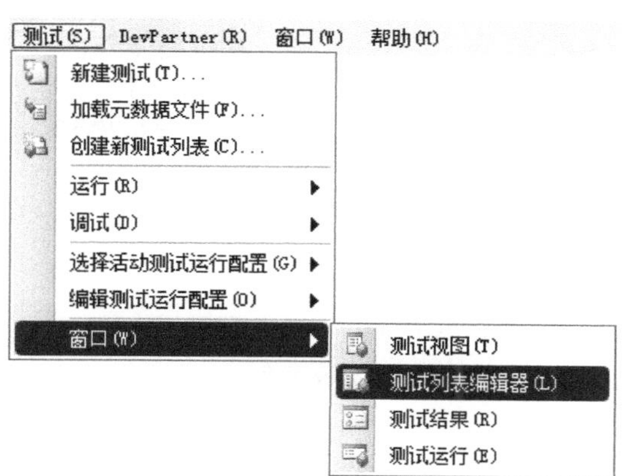

图 3-8 【窗口】的级联菜单项

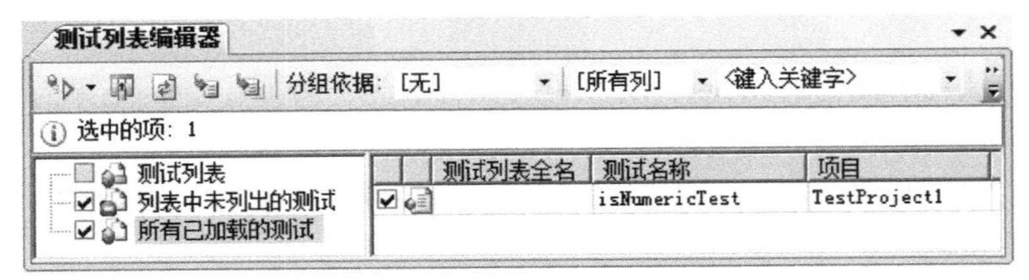

图 3-9 【测试列表编辑器】窗口

假设将表 3-6 中第 04 行的语句“string num = "5000";”修改为“string num = "500a";”，再次使用同样的方法测试程序，其结果如图 3-10 所示，从该图可以看出“测试结果”为“未通过”，且给出了错误信息。

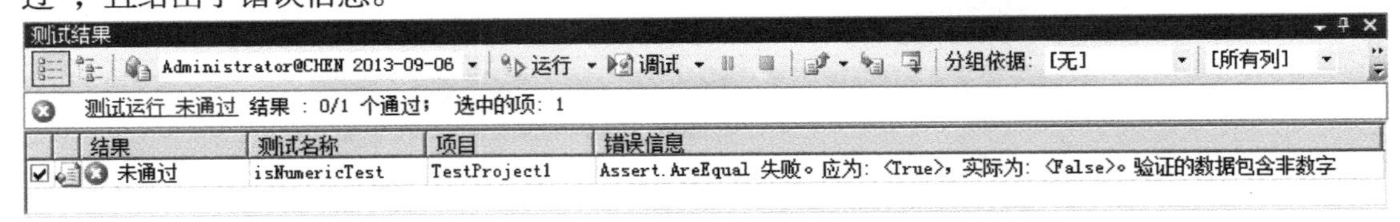

图 3-10 测试运行时“未通过”的测试结果

以类似方法对测试方法“isNumericTest()”的程序代码进行改进，验证 isNumeric()方法在输入参数为“5a00”，返回结果为 False。

【任务 3-1-2】独立添加单元测试项目对方法 calTax()进行测试

1．新建测试项目

（1）启动 Microsoft Visual Studio 2008，打开被测试的 C#项目 calcTax。

（2）在 Visual Studio 2008 集成开发环境的主菜单【测试】中选择【新建测试】命令，弹出【添加新测试】对话框，在该对话框的“测试名称”文本框中输入“UnitTest1.cs”，“添加到测试项目”列表框中选择“创建新的 Visual C#测试项目…”，如图 3-11 所示。

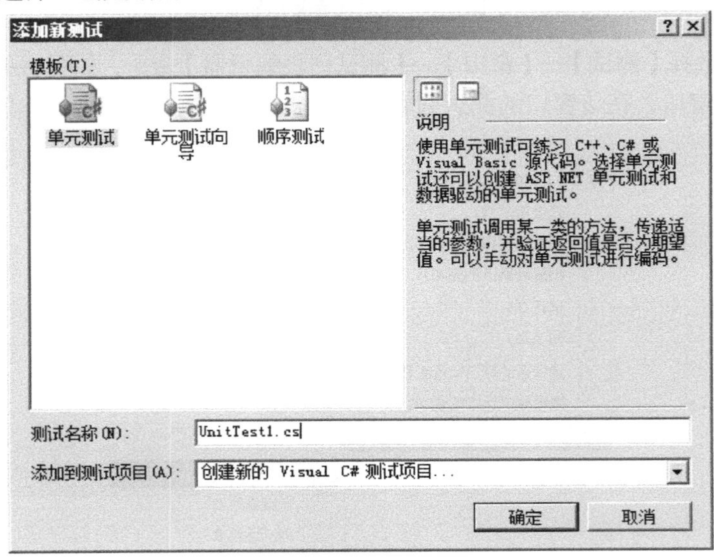

图 3-11 【添加新测试】对话框

（3）在【添加新测试】对话框中单击【确定】按钮，弹出【新建测试项目】对话框，在“新项目的名称”文本框中输入项目名称“TestProject2”，然后单击【确定】按钮自动产生一个新的单元测试项目，在【解决方案资源管理器】窗口中可以看到新添加的测试项目“TestProject2”和代码文件“UnitTest1.cs”。

对比代码文件“frmCalcTaxTest.cs”和“UnitTest1.cs”可以发现，代码文件“UnitTest1.cs”中方法TestMethod1()的方法为空，需要自行编写测试代码。

2．添加对被测试项目程序集的引用

在测试项目“TestProject2”的“引用”节点位置单击右键，在弹出的快捷菜单中选择【添加引用】命令，弹出【添加引用】对话框，在该对话框中切换到“项目”选项卡，单击选择被测试项目“calcTax”，如图3-12所示，然后单击【确定】按钮完成对被测试项目程序集的引用。

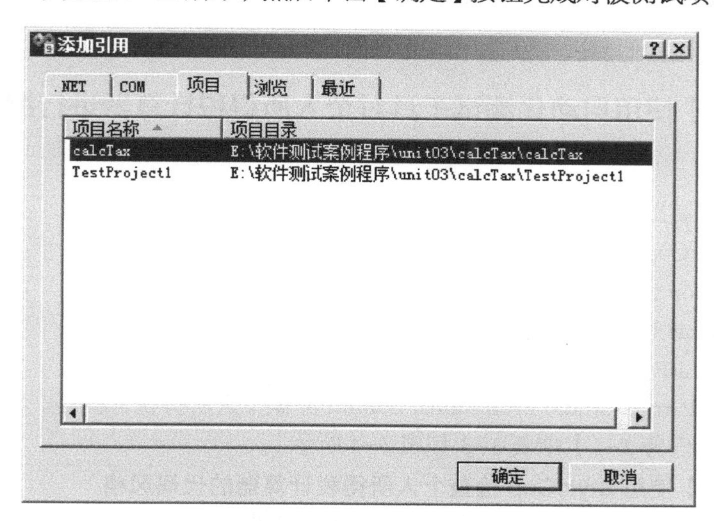

图3-12 【添加引用】对话框

这里还需要添加对“System.Windows.Forms”的引用。

3．编写测试代码

在方法TestMethod1()的程序体部分编写测试代码，其完整的程序代码如表3-7所示。

表3-7 方法TestMethod1()完整的程序代码

序号	程序代码
01	public void TestMethod1()
02	{
03	calcTax.frmCalcTax target = new calcTax.frmCalcTax();
04	double totalMoney = 5000;
05	double basicm = 3500;
06	double expected = 45;
07	double actual;
08	actual = target.calTax(totalMoney, basicm);
09	Assert.AreEqual(expected, actual, "方法计算结果有误");
10	}

4．执行单元测试

在方法 TestMethod1()的代码位置单击鼠标右键，在弹出的快捷菜单选择【运行测试】命令，开始运行测试代码，测试结果如图 3-13 所示。

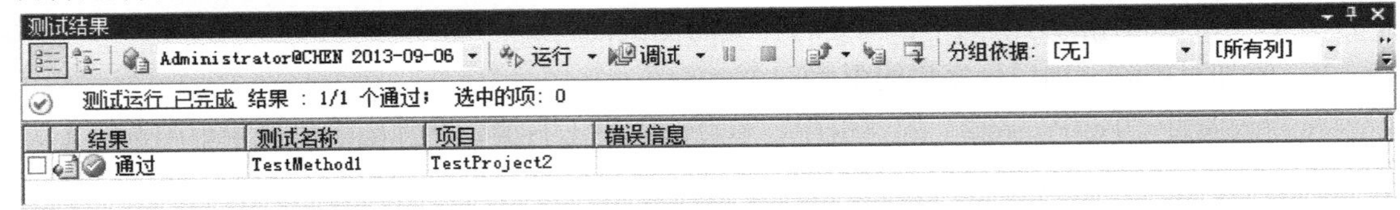

	结果	测试名称	项目	错误信息
	通过	TestMethod1	TestProject2	

图 3-13　方法 TestMethod1()的测试结果

以类似方法使用其他测试用例进行测试。

【任务 3-2】使用自动化测试工具对个人所得税计算器进行测试

【任务描述】

使用自动化测试工具完成以下单元测试工作。

（1）使用 StyleCop 检查个人所得税计算器的代码风格。

（2）使用 FxCop 分析个人所得税计算器的代码。

（3）使用 NUnit 对个人所得税计算器进行单元测试。

（4）使用 NUnitForms 测试个人所得税计算器的界面。

（5）使用 DevPartner Studio Professional Edition 测试个人所得税计算器。

测试用例如【任务 3-1】中表 3-3 和表 3-4 所示。

【任务 3-2-1】使用 StyleCop 检查个人所得税计算器的代码风格

开发人员在软件开发过程中，如果编写的代码可读性差、代码风格不一致，或者缺乏注释，则会直接导致在人员更替、开发工作的交接时，需要花费更多的时间和精力，甚至导致项目延期或失败，并且也会给后期的维护工作带来很多麻烦。可以通过在项目中引入代码审查机制来解决这一问题。但是人工的代码审查会比较费时费力，尤其是对于大型软件开发项目，上百万行的代码，逐行审查代码是否满足约定的风格和规范显然是不现实的，即使是抽查也会耗费大量的时间。因此有必要使用一些自动化的代码风格检查工具，StyleCop 就是这样的检查工具。

StyleCop 是 Microsoft 公司内部使用的一个代码规范检查工具，它提供了简单且有效的方式对项目的代码编写风格进行检查。它不仅仅检查代码格式，还检查编码规范，包括命名和注释等。StyleCop 包含了 200 个左右的最佳实践规则，这些规则与 Visual Studio 2005 和 Visual Studio 2008 中默认的代码格式化规则是一致的。它会根据预定义的 C#代码格式的最佳实践，对源代码进行检查，并给出不符合编码风格的提示信息。就这一点来说，与 Microsoft 公司的另一个代码检查工具 FxCop 很相似，FxCop 是对.exe 或.dll 文件进行检查，所以 FxCop 适用于新项目通过持续集成工具来使用的情况。也就是说，FxCop 是项目级别的，而 StyleCop 是代码级别的，更适合于程序员在编程过程中使用。

StyleCop 检查包括以下规则。

（1）布局（Layout of elements, statements, expressions and query clauses　）。

（2）括号位置（Placement of curly brackets, parenthesis, square brackets, etc　）。

（3）空格（Spacing around keywords and operator symbols　）。

（4）行距（Line spacing　）。

（5）参数位置（Placement of method parameters within method declarations or method calls　）。

（6）元素标准排列（Standard ordering of elements within a class ）。
（7）注释格式（Formatting of documentation within element headers and file headers ）。
（8）命名（Naming of elements, fields and variables ）。
（9）内置类型的使用（Use of the built-in types ）。
（10）访问修饰符的使用（Use of access modifiers ）。
（11）文件内容（Allowed contents of files ）。
（12）Debugging 文本（Debugging text）。

StyleCop 的常用规则如表 3-8 所示。

表 3-8 StyleCop 的常用规则

规则类别	规则内容
基础规则	（1）命名空间的名称必须以大写字母打头 （2）逗号“,”后面需要加空格 （3）紧邻的元素之间必须用空格行隔开，如 using 命名空间和 namespace 之间 （4）using 语句必须要按照字母顺序排列 （5）代码中不允许一行中有多行空行
文档规范	（1）所有 using 指令需要移到命名空间内 （2）定义的类必须含有文件头标志“///”，而且其中的内容介绍最好带有空格 （3）需要在文件开头加以下注释内容： //---/ / <copyright file="Person.cs" company="MyCompany"> // Copyright MyCompany. All rights reserved. // </copyright> //--- （4）注意缩进格式
类规范	（1）类必须有访问修饰符 （2）类必须要有文档说明，即以“///”开头 （3）类名必须以大写字母开头
函数规范	（1）方法需要访问修饰符（public、private、protected 等） （2）方法必须要文档说明，即以“///”开头。 （3）方法名必须以大写字母开头
字段规范	（1）字段必须要有修饰符 （2）字段的名称必须是小写字母开头 （3）字段必须要有文档说明，即以“///”开头
花括号规范	（1）左花括号“{”后面需要加空格 （2）右花括号“}”前面需要加空格 （3）左花括号“{”下面一行不允许是空行 （4）右花括号“}”上面一行不允许是空行
“///”规范	标签内的内容不允许为空，内容最好用空格隔开

1．下载与安装 StyleCop

从网上下载并安装 StyleCop，安装完成后，在 Windows 的【开始】菜单不会出现相关菜单。

2．打开被测试的项目

启动 Microsoft Visual Studio 2008，可以发现在【工具】菜单新增了【Run StyleCop】和【Run StyleCop（Rescan All）】两个菜单命令，如图 3-14 所示。

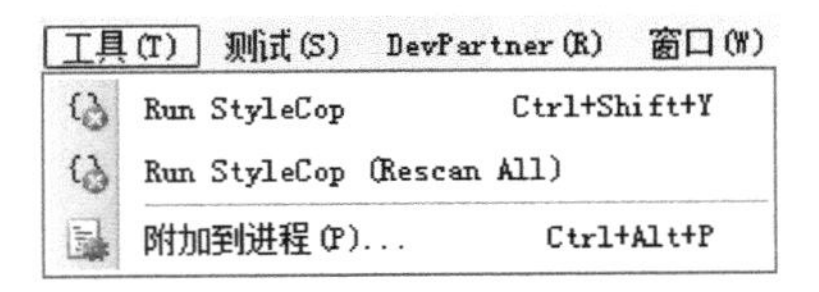

图 3-14　成功安装 StyleCop 后【工具】菜单新增两个菜单命令

在 Visual Studio 2008 集成开发环境中打开被测试的 C#项目 calcTax。

3．检测程序代码

在【解决方案资源管理器】窗口中选择待检测的项目或程序，然后单击鼠标右键，在弹出的快捷菜单中选择【Run StyleCop】命令，对当前选择的项目或程序进行检测，检测完成后，输出结果如图 3-15 所示。

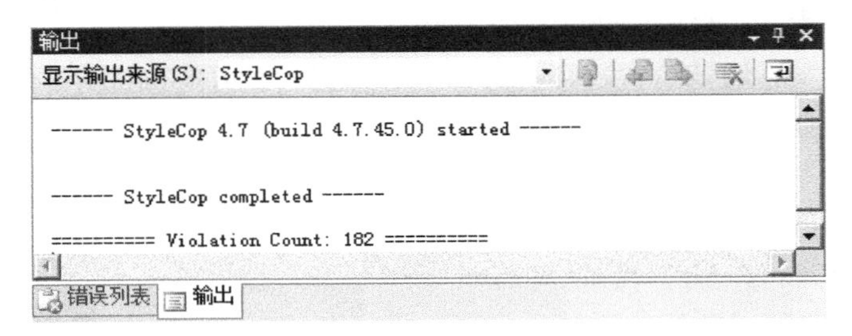

图 3-15　StyleCop 检测完成后的输出结果

StyleCop 检测完成后的错误列表如图 3-16 所示，除了描述所违反的规则外，还指出违反的代码所在的文件名、代码行和列。双击错误列表中的某一行，则会自动跳转到违反该规则所对应的代码行。

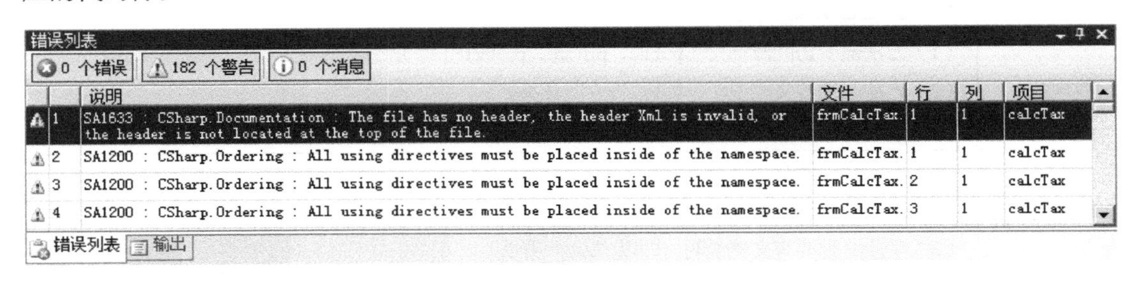

图 3-16　StyleCop 检测完成后的错误列表

4．自定义规则

在【解决方案资源管理器】窗口中选择待检查的项目，然后单击鼠标右键，在弹出的快捷菜单中选择【StyleCop Settings】命令，打开【StyleCop Project Settings】对话框，如图 3-17 所示，在该对话框可以自行定义规则。

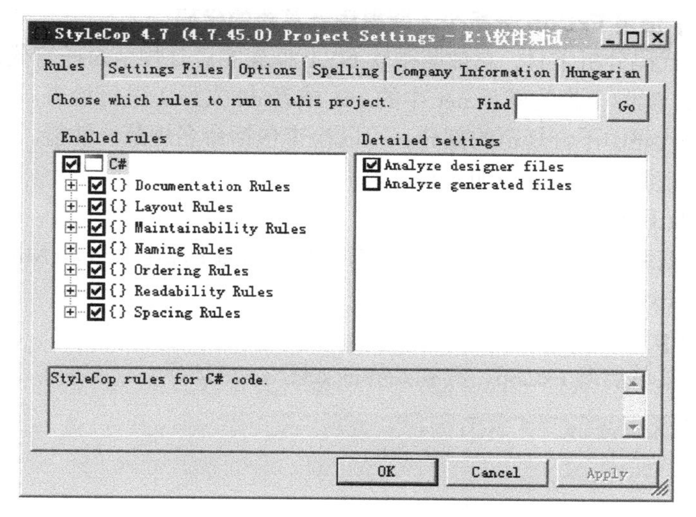

图 3-17 【StyleCop Project Settings】对话框

如果只检测分析代码中的命名是否符合预定的规则，则在图 3-18 左侧窗格中只选中"Naming Rules"对应的复选框，取消其他规则对应的复选框的选中状态。然后单击【OK】按钮返回 Visual Studio 2008 集成开发环境。

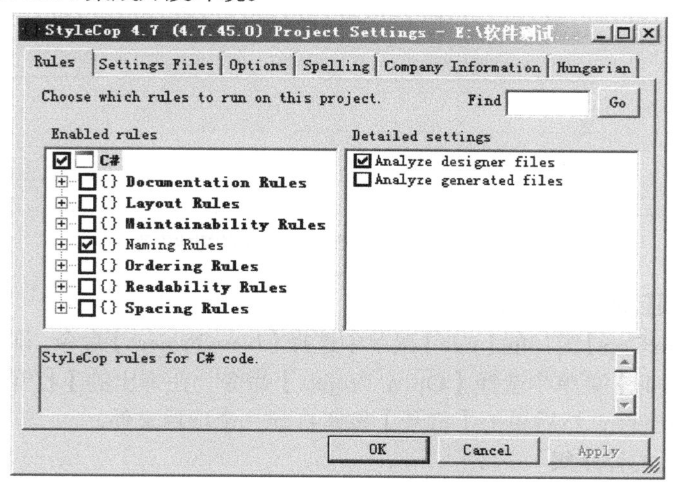

图 3-18 在"Enabled rules"窗格中只选中"Naming Rules"对应的复选框

5. 根据自定义规则检测程序代码

选择【Run StyleCop】命令对同一个项目进行检测，检测结果如图 3-19 所示。

错误列表

0 个错误 | 7 个警告 | 0 个消息

	说明	文件	行	列	项目
1	SA1300 : CSharp.Naming : class names begin with an upper-case letter: frmCalcTax.	frmCalcTax.cs	12	1	calcTax
2	SA1300 : CSharp.Naming : method names begin with an upper-case letter: isNumeric.	frmCalcTax.cs	19	1	calcTax
3	SA1300 : CSharp.Naming : method names begin with an upper-case letter: calTax.	frmCalcTax.cs	43	1	calcTax
4	SA1300 : CSharp.Naming : method names begin with an upper-case letter: btnCalTax_Click.	frmCalcTax.cs	58	1	calcTax
5	SA1300 : CSharp.Naming : method names begin with an upper-case letter: btnReInput_Click.	frmCalcTax.cs	82	1	calcTax
6	SA1300 : CSharp.Naming : method names begin with an upper-case letter: btnClose_Click.	frmCalcTax.cs	88	1	calcTax
7	SA1300 : CSharp.Naming : class names begin with an upper-case letter: frmCalcTax.	frmCalcTax.designer.cs	3	1	calcTax

错误列表 | 输出

图 3-19 代码中的命名不符合 StyleCop 预定规则的警告列表

【任务 3-2-2】使用 FxCop 分析个人所得税计算器的代码

FxCop 是一个代码分析工具，它依照微软.NET 框架的设计规范对托管代码 assembly（可称为程序集，assembly 实际上指的就是.net 中的.exe 或者.dll 文件）进行检查。它使用基于规则的引擎来检查出程序代码中不合规范的部分，可以检查包括命名规范、性能、安全、本地化等方面的内容，也可以定制自己的规则加入到这个引擎。

1．下载与安装 FxCop

从网上下载并安装 FxCop，目前常用的版本有 Microsoft FxCop1.35 和 Microsoft FxCop 10.0，本单元所使用的是 FxCop1.35。

2．启动 FxCop

通过【开始】菜单启动 FxCop，其初始界面如图 3-20 所示。

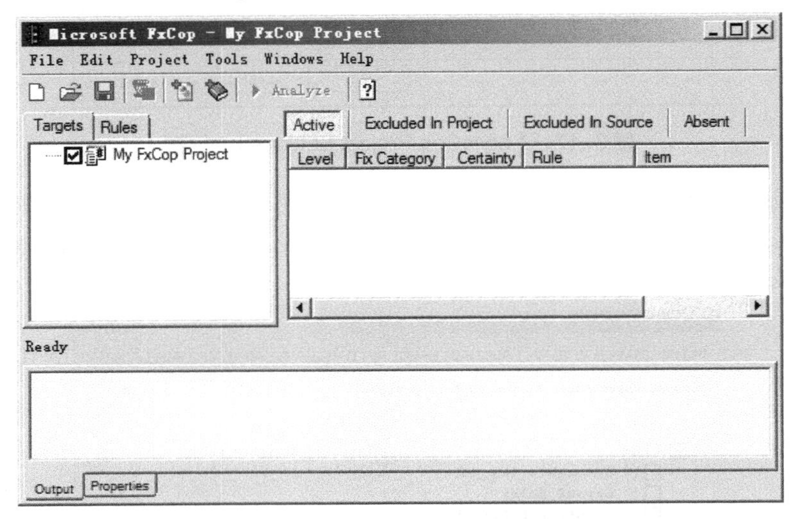

图 3-20 【Microsoft FxCop】的初始界面

3．新建一个项目或打开项目

在【Microsoft FxCop】窗口的【File】菜单中选择【New Project】命令，即可新建一个 FxCop 项目。也可以在【File】菜单中选择【Open Project】命令，在弹出的【打开】对话框选择一个已有的 FxCop 项目文件，然后单击【打开】按钮打开一个项目文件。

4．打开待分析的程序集

新建一个项目或打开项目，在【Microsoft FxCop】窗口的【Project】菜单中选择【Add Targets】命令，弹出【打开】对话框，在对话框选择“Debug”文件夹中的 exe 文件“calcTax.exe”，然后单击【打开】命令，即可打开待分析的程序集。

5．添加自定义的规则

在【Project】菜单中选择【Add Rules】命令，添加自定义的规则。

6．检测分析代码

单击工具栏上的【Analyze】按钮，FxCop 将自动执行检测，检测完毕后，结果将在右侧的列表中显示，如图 3-21 所示。

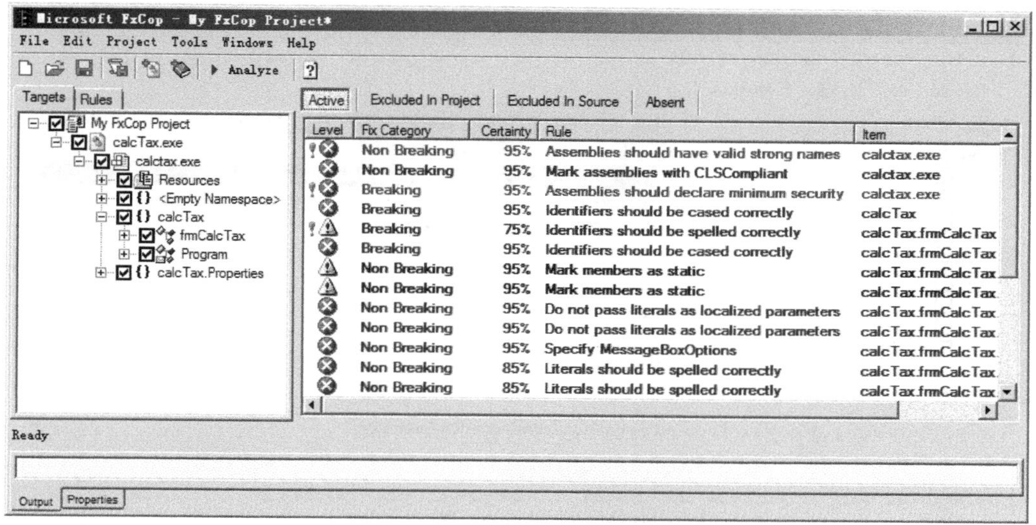

图 3-21 FxCop 对程序的分析结果

在右侧检测结果窗格中单击某个列表项，FxCop 下方将显示该结果的详细信息。

在【Microsoft FxCop】左侧窗格中切换到“Rules”选项卡，显示其规则列表，如图 3-22 所示。

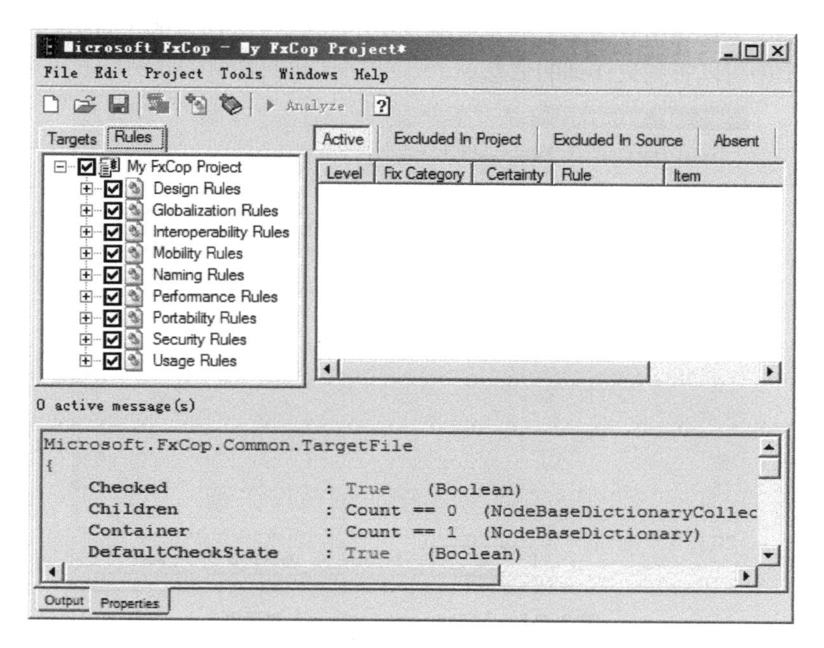

图 3-22 【Microsoft FxCop】的规则列表

如果只检测分析代码中的命名是否符合预定的规则，则在图 3-22 左侧窗格中只选中“Naming Rules”对应的复选框，取消其他规则对应的复选框的选中状态。然后单击工具栏上的【Analyze】按钮，其检测结果如图 3-23 所示。

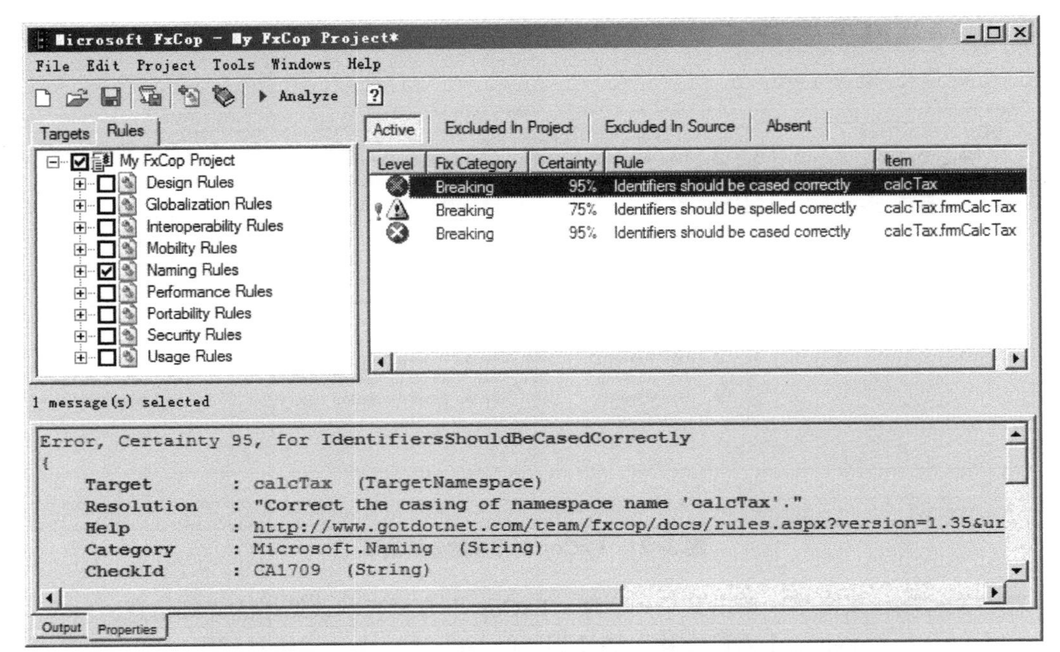

图 3-23 检测分析代码中的命名是否符合预定规则的结果

在右侧检测结果窗格中双击某个列表项则会打开如图 3-24 所示的【Message Details】对话框，在该对话框中可以看到更详细的信息。

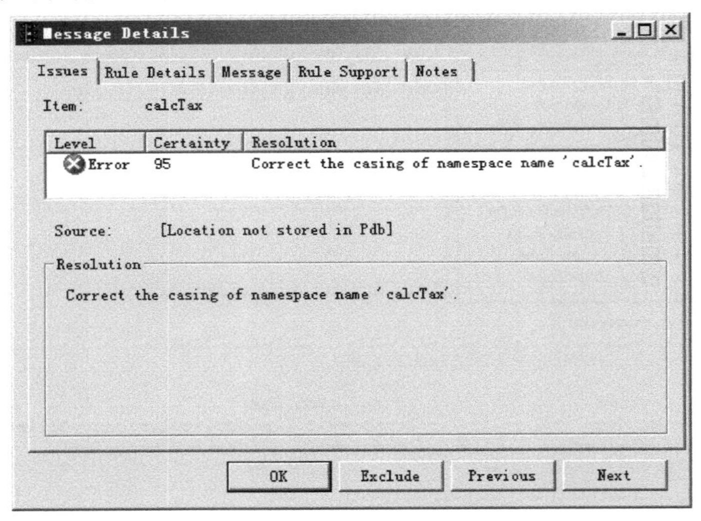

图 3-24 【Message Details】对话框

【任务 3-2-3】使用 NUnit 对个人所得税计算器进行单元测试

NUnit 作为 xUnit 家族中的成员，是.NET 的单元测试框架，是专门针对.NET 来写的，其实在其前面有 JUnit(Java)、CPPUnit(C++)，它们都是 xUnit 的成员，xUnit 是一套适合于多种语言的单元测试工具。它具有如下特征。

（1）提供了 API，使得我们可以创建一个带有“通过/失败”结果的重复单元。

（2）包括了运行测试和表示结果所需的工具。

（3）允许多个测试作为一个组在一个批处理中运行。

（4）非常灵巧，操作简单，用户花费很少的时间即可学会并且不会给测试的程序添加额外的负担。

（5）功能可以扩展。如果希望实现更多的功能，可以很容易地扩展它。

NUnit 完全由 C#语言编写，并且编写时充分利用了许多.NET 的特性，它适合于所有.NET 语言的程序进行单元测试，可以到 http://www.nunit.org 下载。

1．编写单元测试代码

（1）启动 Microsoft Visual Studio 2008，打开被测试的 C#项目 NUnitTest1。

（2）添加对 NUnit 框架的引用。

在【解决方案资源管理器】窗口中选中项目 NUnitTest1 中“引用”节点，单击鼠标右键，在弹出的快捷菜单中选择【添加引用】命令，弹出【添加引用】对话框，在该对话框中切换到“浏览”选项卡，在 NUnit 所在的 bin 文件夹中，选择“nunit.framework.dll”文件，如图 3–25 所示。然后单击【确定】按钮，将“nunit.framework”添加到引用中，如图 3–26 所示。

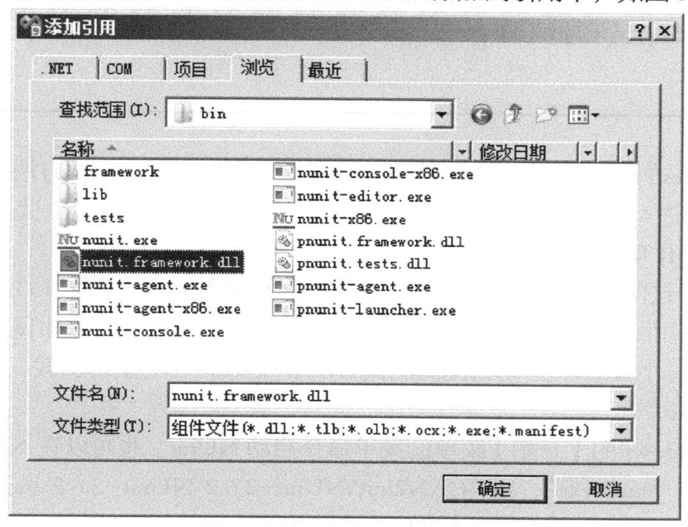

图 3–25　添加对 NUnit 的引用

图 3–26　在【解决方案资源管理器】窗口中添加对“nunit.framework”的引用

在窗体 frmCalcTax.cs 中添加“using NUnit.Framework;”，引用 NUnit 框架。在该窗体的类“frmCalcTax”中添加表 3–9 所示的单元测试代码。

表 3-9　　在窗体 frmCalcTax.cs 中添加的单元测试代码

序号	程序代码
01	[TestFixture]
02	public class frmCalTaxTest
03	{
04	[Test]
05	public void calTaxTest()
06	{
07	frmCalcTax target = new frmCalcTax();
08	double totalMoney = 5000;
09	double basicm = 3500;
10	double expected = 45;
11	double actual;
12	actual = target.calTax(totalMoney, basicm);
13	Assert.AreEqual(expected, actual, "方法的返回结果有误");
14	}
15	}

代码通过“[TestFixture]”标识出测试类，通过“[Test]”标识出测试方法，这样在测试运行时，NUnit 就可知道对应的类和方法是需要测试的，则会加载运行单元测试。

2．运行 NUnit 单元测试

NUnit 可以通过两种方法运行单元测试代码，一种是图形用户界面（GUI）方式，另一种是命令行方式。使用图形用户界面方式适合开发人员编写单元测试代码和调试使用，它可以直观地看到测试结果，NUnit 能自动检测到测试 DLL 的更改，自动重新加载。

（1）启动 Nunit。

可以通过 Windows 的【开始】菜单的菜单命令启动 NUnit。也可以在 NUnit 的 bin 文件夹中找到可执行文件“nunit.exe”，如“C:\NUnit\NUnit-2.6.2\NUnit-2.6.2\bin”中，然后运行可执行文件“nunit.exe”，打开【NUnit】窗口，其初始状态如图 3-27 所示。

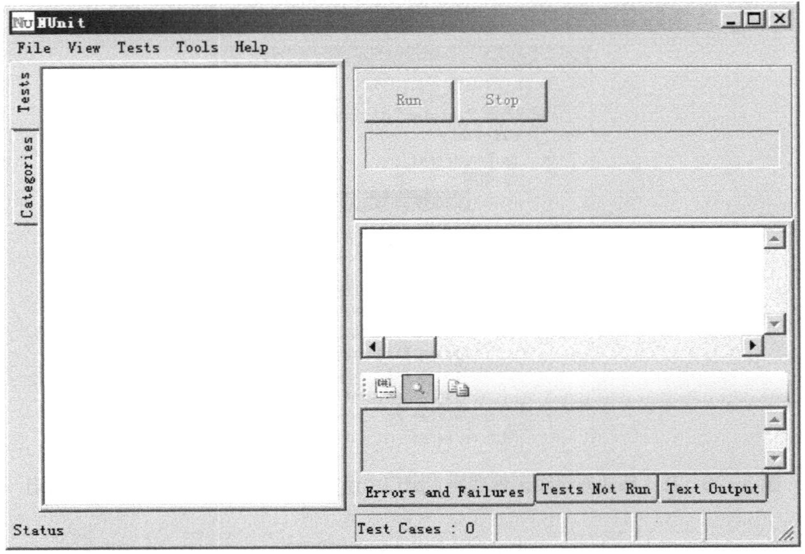

图 3-27　【NUnit】窗口的初始状态

（2）新建一个NUnit项目。

在【NUnit】窗口的【File】菜单中选择【New Project】命令，新建一个NUnit项目，且以“TestProject1.nunit”为名称进行保存。

（3）添加包含NUnit单元测试代码的程序集。

在【Project】菜单中选择【Add Assembly】命令，打开【Add Assembly】对话框，在该对话框中选择包含NUnit单元测试代码的程序集“NUnitTest1.exe”，如图3-28所示，然后单击【打开】按钮，添加程序集“NUnitTest1.exe”。

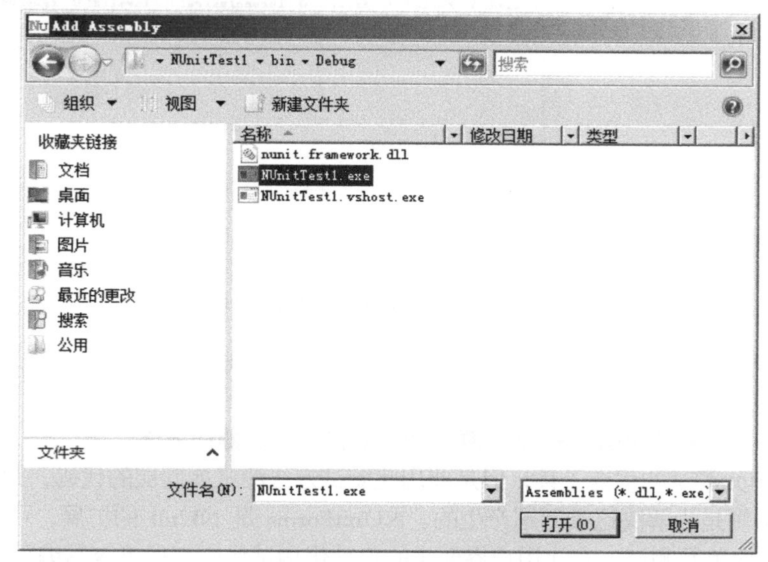

图3-28 在【Add Assembly】对话框中选择程序集“NUnitTest1.exe”

添加了包含NUnit单元测试代码的程序集“NUnitTest1.exe”后，NUnit的图形用户界面会把该程序集中的所有测试类和测试方法以树状结构形式显示在左侧的“Tests”选项卡中，如图3-29所示。

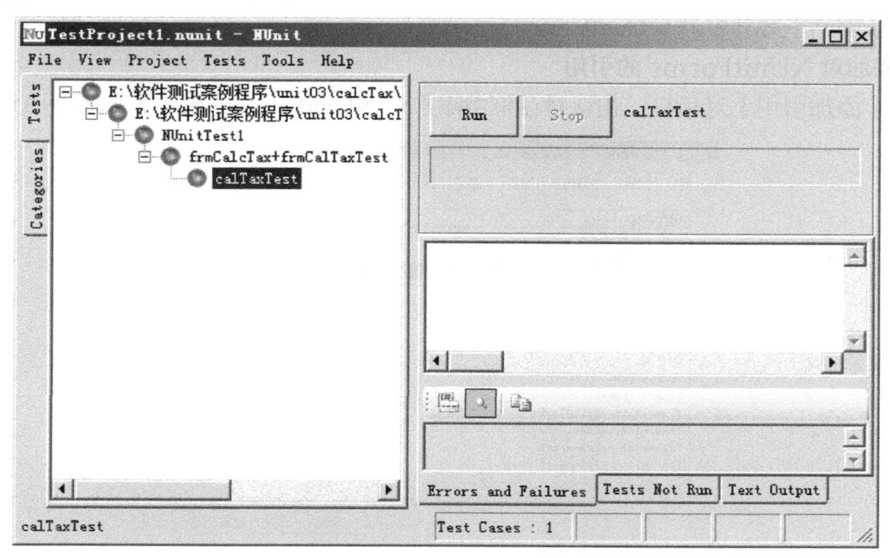

图3-29 在NUnit项目中添加包含NUnit单元测试代码的程序集

（4）执行单元测试。

在【NUnit】窗口中，单击右侧的【Run】按钮，开始执行单元测试，测试结果如图 3-30 所示。

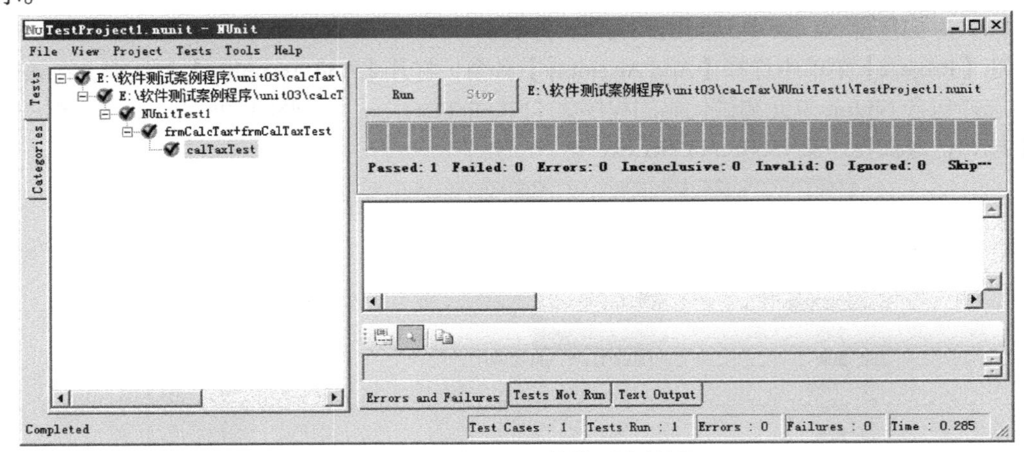

图 3-30 执行 NUnit 的单元测试结果

测试结果中以绿色标识已通过测试的类或方法，以红色标识测试未通过的类或方法，以黄色标识测试被忽略的类或方法。

【任务 3-2-4】使用 NUnitForms 测试个人所得税计算器的界面

NUnit 是单元测试的优秀工具，但是要用此测试方法测试界面层的代码，则比较难做到，而 NUnitForms 则是为解决这类问题产生的。NUnitForms 是 NUnit 的扩展，可用于 Windows Forms 应用程序的单元测试，它让用户界面类的自动化测试代码变得更容易编写。

NUnitForms 让 NUnit 测试可以打开窗口并与窗口中的控件进行交互，操作图形用户界面并验证界面控件的属性。NUnitForms 能自动处理模式对话框，验证结果。通常单元测试被认为是测试窗体背后的代码，并且用模拟对象来替代对图形用户界面的依赖。

1．下载并安装 NUnitForms

首先从网站下载并安装 NUnitForms。

2．添加对 NUnitForms 的引用

打开【添加引用】对话框，在该对话框中添加对 NUnitForms 的引用，如图 3-31 所示。

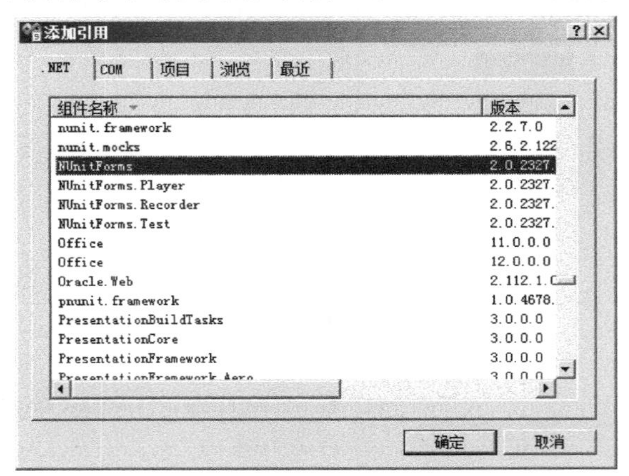

图 3-31 在【添加引用】对话框中添加对 NUnitForms 的引用

3. 新建测试项目与引用命名空间

在解决方案"calcTax"中新增一个测试项目"NUnitFormsTest2"，在该测试项目中添加现有窗体"frmCalcTax.cs"，然后在测试类所在的代码文件中添加对 NUnitForms 命名空间的引用，代码如下所示。

```
using NUnit.Framework;
using NUnit.Extensions.Forms;
```

4. 利用测试录制器产生 NUnit 的界面层测试代码

NUnitForms 还提供了一个测试录制器，用于帮助录制单元测试过程中的界面操作，从而简化界面层单元测试的难度，以及帮助测试人员熟悉界面元素和使用 ControlTester 类。

（1）在 Windows 的【开始】菜单中选择【NUnitForms】→【Recorder】命令，启动测试录制器，其初始界面如图 3-32 所示。

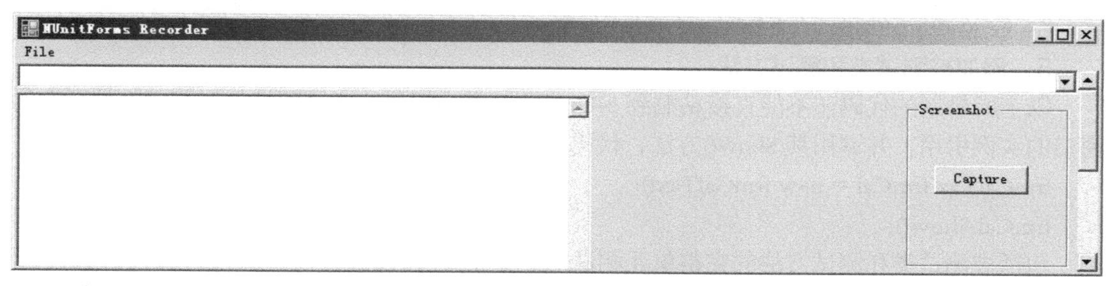

图 3-32 NUnitForms 的测试录制器的初始界面

（2）在菜单【File】中选择【Load】命令，弹出【打开】对话框，在该对话框选择"bin"文件夹中的包含被测试窗口的程序集"NUnitFormsTest2.exe"。在录制器的下拉列表框中选择窗体"NUnitFormsTest2.frmCalcTax"，则会弹出被测试窗体的界面，在该界面中执行所需的操作，NUnitForms 的测试录制器会自动记录并产生相应的测试代码，如图 3-33 所示。

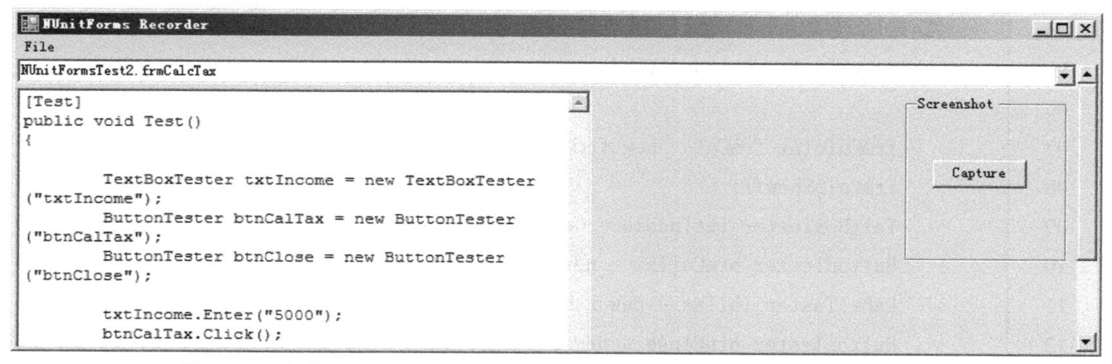

图 3-33 在【NUnitForms Recorder】对话框中的文本框中录制产生测试代码

（3）创建并使用合适的 ControlTester。可以看到，录制器为文本框 TextBox 控件和按钮 Button 控件自动产生了相应的 ControlTester，TextBox 控件使用 TextBoxTester，Button 控件使用 ButtonTester，且通过传递控件名作为参数来指定需要控制的控件实例。如果有多个窗口，则需要指定是哪一个窗口包含了需要测试的控件。

示例代码如下所示。

```
TextBoxTester txtIncome = new TextBoxTester("txtIncome");
ButtonTester btnCalTax = new ButtonTester("btnCalTax");
```

录制器把 TextBox 控件的输入值、Button 按钮的单击事件都记录下来了。

（4）ControlTester 方法的使用。每一个 ControlTester 都提供了一些方法用于访问控件的属性以及操作控件的方法。例如，对于 TextBoxTester 有 Enter(string text)方法，对于 ButtonTester 有 Click 方法。

（5）插入验证点。使用 NUnit 的 Assert 类，结合 NUnitForms 访问控件属性的能力，可以为单元测试添加界面层的验证点。

例如，要在单击 Button 按钮后，检查界面相关标签控件的 Text 属性值是否如预期变化。则通过在被测试窗口上右键单击相应的控件，如标签 Label 控件，可从弹出的快捷菜单中选择需要进行验证的属性，如 Text 属性，自动往代码中插入验证点。

验证 Label 控件的 Text 属性值的测试代码如下所示。

```
LabelTester lblTax = new LabelTester("lblTax");
Assert.AreEqual("45   元", lblTax.Properties.Text);
```

5．添加被测试类和测试方法

以上所录制的代码还不能直接粘贴到 NUnit 测试类中运行，还需要添加对测试控件所在的窗口的实例引用，并调用其 Show()方法，代码如下所示。

```
frmCalTax frmCal = new frmCalTax();
frmCal.Show();
```

包括被测试类和测试方法的完整单元测试代码如表 3-10 所示。

表 3-10　　包括被测试类和测试方法的完整单元测试代码

序号	程序代码
01	[TestFixture]
02	public class frmCalcTaxTest
03	{
04	[Test]
05	public void TestButtonClick()
06	{
07	frmCalcTax frmCal = new frmCalcTax();
08	frmCal.Show();
09	TextBoxTester txtIncome = new TextBoxTester("txtIncome");
10	ButtonTester btnCalTax = new ButtonTester("btnCalTax");
11	LabelTester lblTax = new LabelTester("lblTax");
12	ButtonTester btnClose = new ButtonTester("btnClose");
13	txtIncome.Enter("5000");
14	btnCalTax.Click();
15	Assert.AreEqual("45 元", lblTax.Properties.Text);
16	btnClose.Click();
17	}
18	}

6．执行单元测试

（1）启动NUnit。

（2）新建一个NUnit项目。

（3）添加包含NUnit单元测试代码的程序集。

（4）在【NUnit】窗口中，单击右侧的【Run】按钮，开始执行界面层的单元测试，其测试结果如图3-34所示。

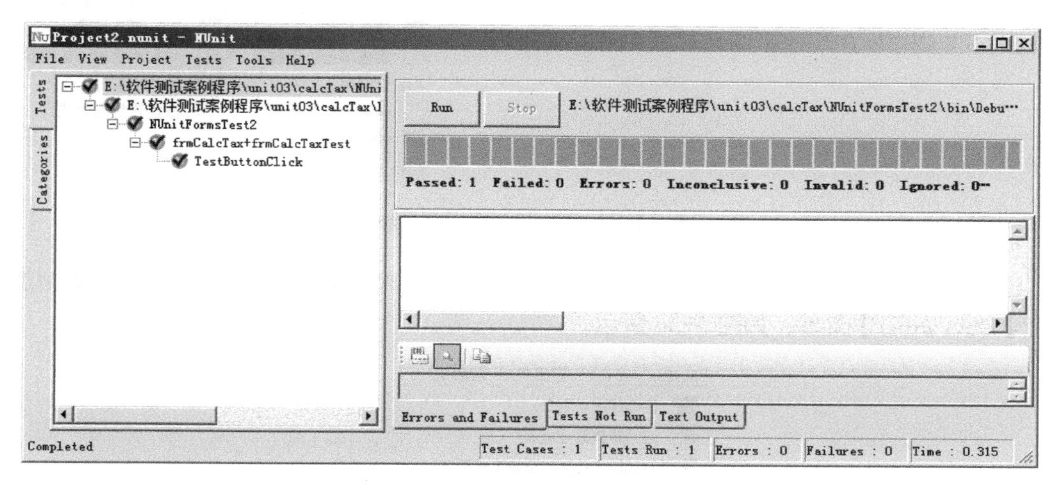

图3-34 界面层的单元测试结果

【任务3-2-5】使用DevPartner Studio Professional Edition测试个人所得税计算器

DevPartner Studio Professional Edition是一款与Visual Studio紧密结合的测试工具，它能帮助检测和诊断各种.NET代码问题，其主要有代码审查、错误检测、性能分析、覆盖率分析、内存分析以及性能专家功能，主要用于Visual Studio 2012、Visual Studio 2010、Visual Studio 2008和Visual Studio 2005。

DevPartner Studio Professional Edition是一套功能非常强大的软件除错工具，它协助程序开发人员使用Microsoft Visual Studio.NET开发应用程序与WebService，其功能包括扫描程序并找出程序代码中潜在的问题、侦测执行阶段的错误、分析程序执行效能、分析分布式应用系统问题与程序代码测试覆盖率等，它可以加速应用程序的开发，提高应用系统的稳定性与执行效率。

当所开发的应用程序越临近上线，时间越显得重要，程序开发人员更是需要一套辅助工具，协助他们快速除错与解决问题。DevPartner Studio的程序代码侦错、执行阶段的侦借、程序代码测试覆盖率分析等功能，可以协助开发人员构建稳定的应用系统。

DevPartner Studio可以整合到Visual Studio 2008的集成开发环境（IDE），程序开发人员无需离开IDE，就可以使用DevPartner Studio，包括选项的设置、在线帮助、输出视窗和档案存储，以节省切换时间、加速程序开发。

下载与安装DevPartner Studio Professional Edition的过程如下。

（1）下载DevPartner Studio Professional Edition和Micro Focus License Manager。

（2）安装Micro Focus License Manager。

（3）安装DevPartner Studio Professional Edition。

【注意】安装DevPartner Studio Professional Edition之前需要先安装Microsoft Visual Studio 2008。

Micro Focus License Manager 成功安装后，在 Windows 的【开始】菜单中会新增【Micro Focus】和【Micro Focus License Manager】两个菜单，如图 3–35 所示。

DevPartner Studio Professional Edition 成功安装完成后，在 Windows【开始】菜单的【Micro Focus】菜单中会新增 DevPartner 的级联菜单，如图 3–35 所示。

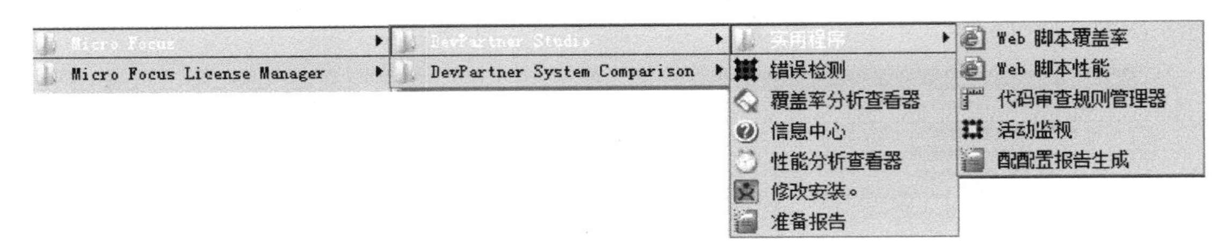

图 3–35 【DevPartner Studio】的级联菜单

在 Microsoft Visual Studio 2008 集成开发环境中打开一个 C#项目，其主菜单栏中新增加了一个【DevPartner】菜单，如图 3–36 所示。

图 3–36 【DevPartner】菜单及其选项

【DevPartner】菜单项名称及功能说明如表 3–11 所示。

表 3–11 【DevPartner】菜单项名称及功能说明

序号	菜单名称	菜单功能说明
1	错误检测（Error Detection）	使用 BoundsChecker 技术执行运行时错误检测
2	覆盖率分析（Coverage Analysis）	执行运行时代码覆盖率分析
3	错误检测和覆盖率分析（Error Detection and Coverage Analysis）	执行运行时错误检测与代码覆盖分析
4	性能分析（Performance Analysis）	执行运行时的性能分析
5	内存分析（Memory Analysis）	执行运行时的内存分析
6	性能专家（Performance Expert）	使用性能专家执行程序性能分析
7	执行代码审查（Perform Code Review）	执行静态代码分析

续表

序号	菜单名称	菜单功能说明
8	错误检测规则（Error Detection Rules）	管理错误检测规则，用于滤除或抑制检测到的错误
9	管理代码审查规则（Manage Code Review Rules）	管理代码审查规则
10	原生C/C++插装（Native C/C++ Instrumentation）	编译时执行本机C/C++代码插装
11	原生C/C++代码插装管理器（Native C/C++ Instrumentation Manager）	本机C/C++代码插装管理
12	关联（Correlate）	关联性能或覆盖文件
13	合并覆盖率文件（Merge Coverage Files）	将覆盖率分析会话合并
14	选项（Options）	设置DevPartner的选项（包括分析、代码审查、错误检测）

1．执行代码审查

代码审查是针对Visual Studio.NET集成开发环境的一项强有力的分析工具，在.NET程序执行之前，通过代码审查对.NET代码进行静态代码分析，扫描.NET程序代码中潜在性的问题，如编码标准、性能、设计时属性、命名规范等方面的问题。代码审查还可以协助开发人员遵守标准命名规则，提供数据说明程序代码中每个Function或Procedure的复杂程度及可理解程度，针对高复杂的Function或Procedure进行程序结构的调整，降低其复杂度，有效提升程序品质。

（1）启动Microsoft Visual Studio 2008，打开被测试的C#项目calcTax，如图3-37所示。

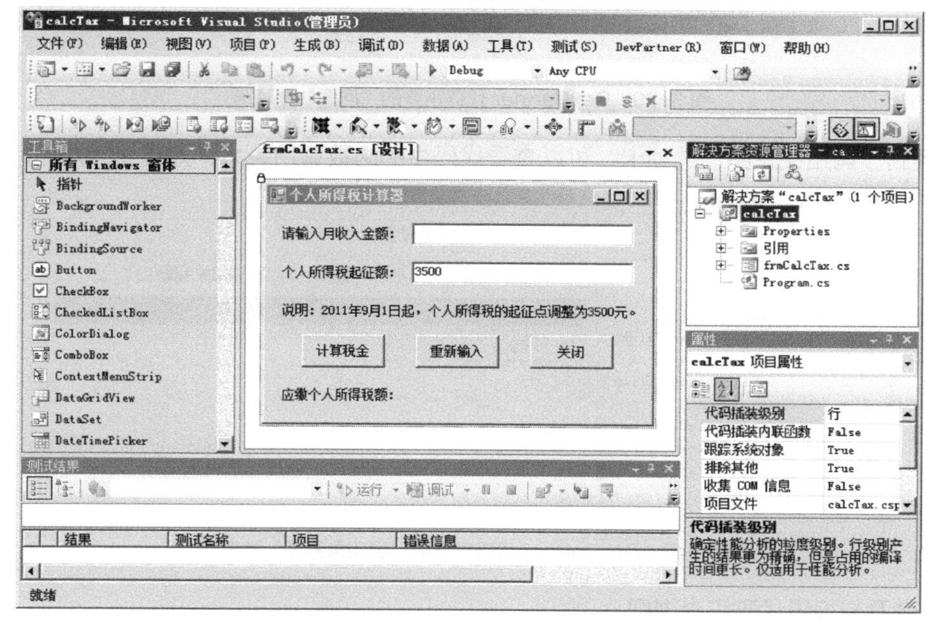

图3-37 Microsoft Visual Studio 2008集成开发环境及C#项目calcTax

（2）选择【DevPartner】→【执行代码审查】菜单命令，DevPartner对程序代码进行审查分析，分析结果如图3-38所示。在【DevPartner代码审查】窗口的左侧以树型结构显示项目及方法，右侧有多个选项卡，其中“摘要”选项卡显示问题摘要信息，如图 3-38 所示。

图 3-38 【DevPartner 代码审查】窗口及代码审查的摘要信息

切换到“问题”选项卡，显示代码审查出来的问题，窗口上面的部分是问题列表，下面的部分是具体描述和解释，如图 3-39 所示。

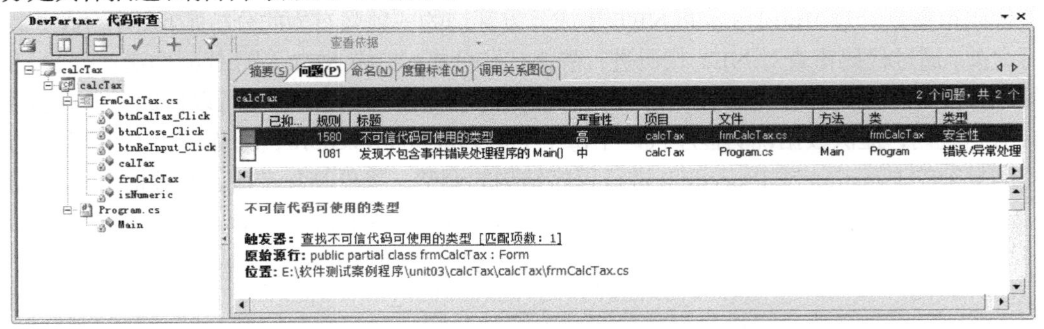

图 3-39 DevPartner 代码审查的“问题”选项卡

切换到“调用关系图”选项卡，可以查看代码中的函数调用关系，如图 3-40 所示。

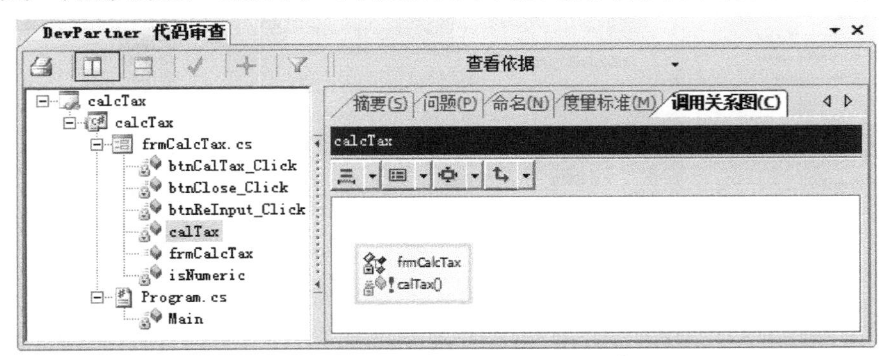

图 3-40 DevPartner 代码审查的“调用关系图”选项卡

2．查看与编辑代码审查规则

DevPartner 内建规则库提供了 500 多条代码审查规则，包括可用性、可移植性、可维护性、可靠性、安全性、标准、逻辑等。

选择【DevPartner】→【管理代码审查规则】菜单命令，打开【DevPartner 代码审查规则管理器】窗口，从左侧类别列表中选择“可维护性”，然后单击左下角的【应用】按钮，在该窗口的右侧显示对应的规则信息，如图3–41所示。

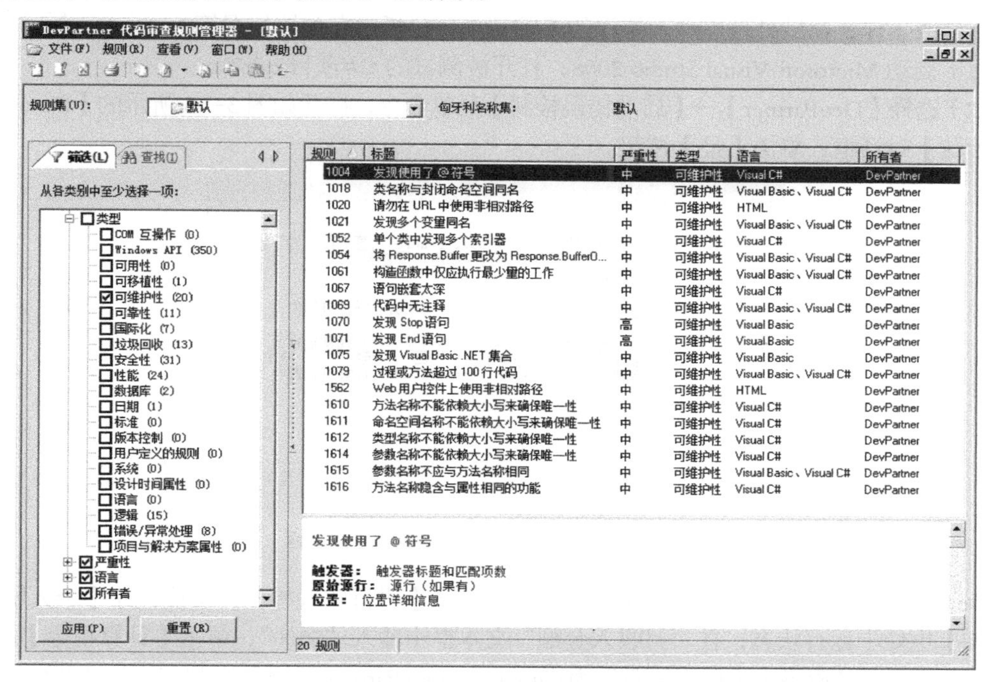

图3–41 【DevPartner代码审查规则管理器】窗口显示“可维护性”规则列表

在“可维护性”规则列表双击某条规则，如双击“发现多个变量同名”规则，打开【编辑规则：1021 – 发现多个变量同名】对话框，如图3–42所示。

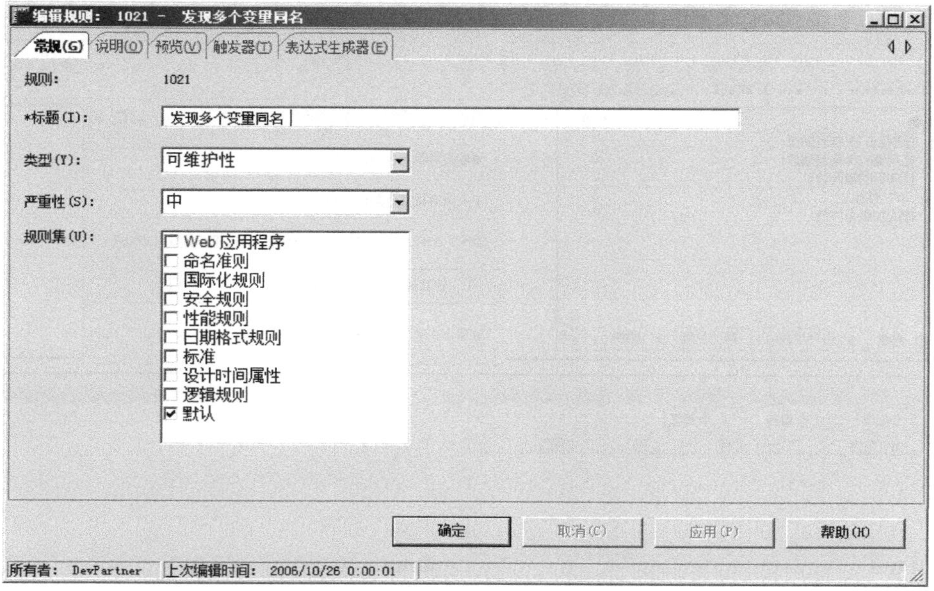

图3–42 【编辑规则：1021 – 发现多个变量同名】对话框

在该对话框可以对规则的名称、所属的类型、严重性、所属规则集等方面进行编辑修改，编辑完成后单击【确定】按钮即可。

3．错误检测

错误检测是针对代码执行期间的一种自动错误检测，能提供更多的详细信息供软件开发人员进行修改工作，协助处理事件及错误的追踪记录，分析内存配置情况等。

（1）启动 Microsoft Visual Studio 2008，打开被测试的 C#项目 calcTax。

（2）选择【DevPartner】→【启动错误检测】菜单命令，打开如图 3-43 所示的【DevPartner 错误检测】对话框，单击【是】按钮。

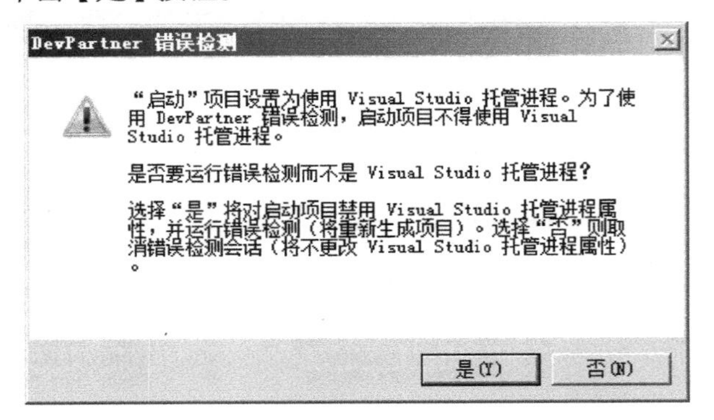

图 3-43 【DevPartner 错误检测】对话框

DevPartner 开始对被测程序【个人所得税计算器】进行错误检测，被测程序【个人所得税计算器】也处于运行状态，在“月收入金额”文本框中输入“5000”，单击【计算税金】按钮。在窗口下方显示“应缴个人所得税额”为“45 元”，DevPartner 的错误检测结果与被测程序【个人所得税计算器】的运行结果如图 3-44 所示。

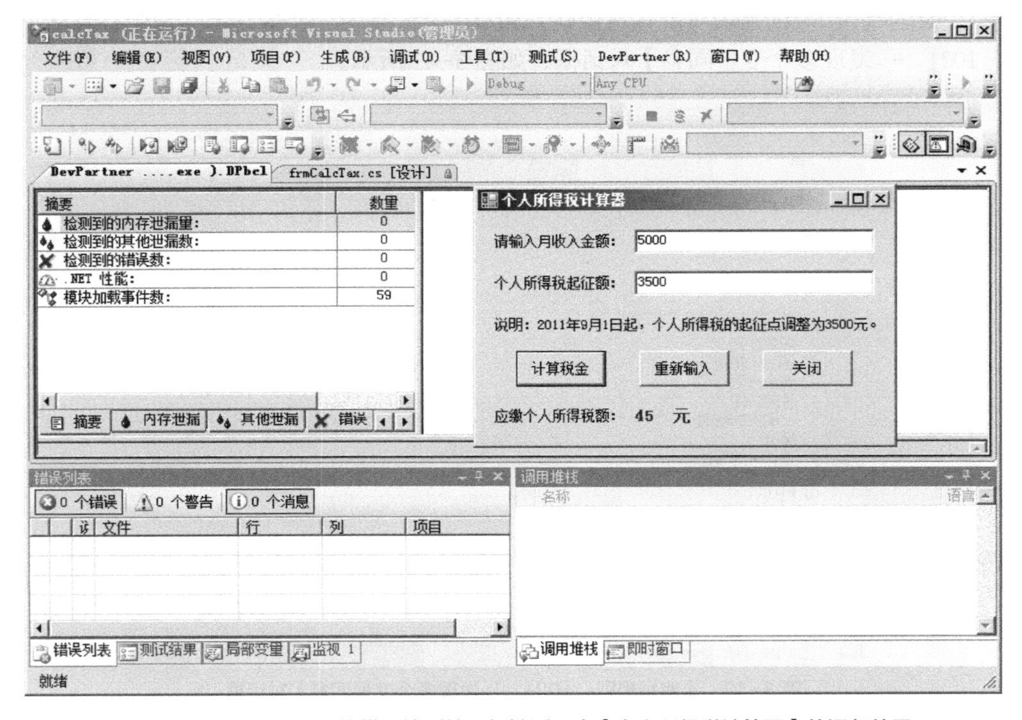

图 3-44 DevPartner 的错误检测结果与被测程序【个人所得税计算器】的运行结果

在 Windows 任务栏右侧单击图标按钮启动【DevPartner 活动监视器】,【DevPartner 活动监视器】的运行情况如图 3-45 所示。

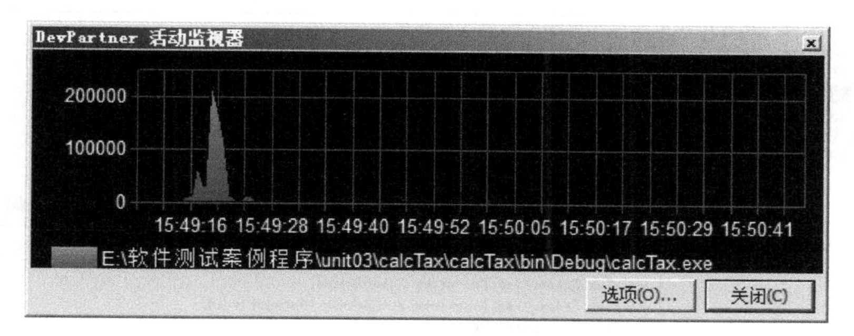

图 3-45 【DevPartner 活动监视器】对话框

（3）被测程序【个人所得税计算器】运行完成后，关闭该被测程序，显示其测试结果信息，可以看到在【解决方案资源管理器】中解决方案“calcTax”下，自动添加了一个“DevPartner Studio”选项，其左侧包含“摘要”、“内存泄露”、“其他泄漏”、“错误”、“.NET 性能”、“模块”、“脚本”多个选项卡，如图 3-46 所示。

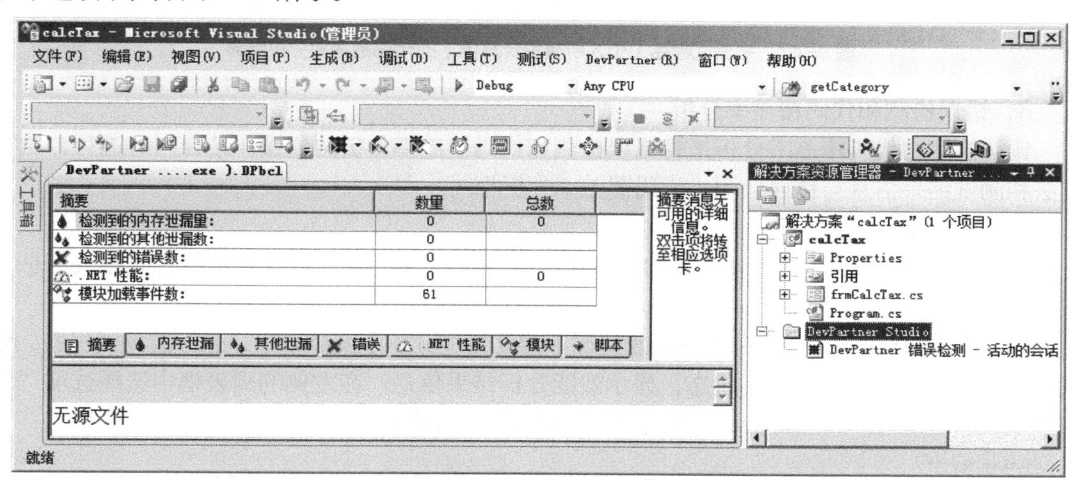

图 3-46 “DevPartner Studio”选项和“摘要”等多个选项卡

4．代码覆盖率分析

代码覆盖率分析工具能协助程序开发人员收集程序测试信息，自动分析程序代码中已经执行和尚未执行的程序语句，以执行的百分比值显示程序代码中 Function 或 Procedure 测试的覆盖程度，并以不同的颜色区分程序代码的执行状态。

选择【DevPartner】→【启动覆盖率分析】菜单命令，运行被测试程序，测试完成后关闭被测程序的运行状态，显示测试结果信息，主要包括代码执行行数百分比、总代码行数、执行代码行数、调用方法数等，如图 3-47 所示。

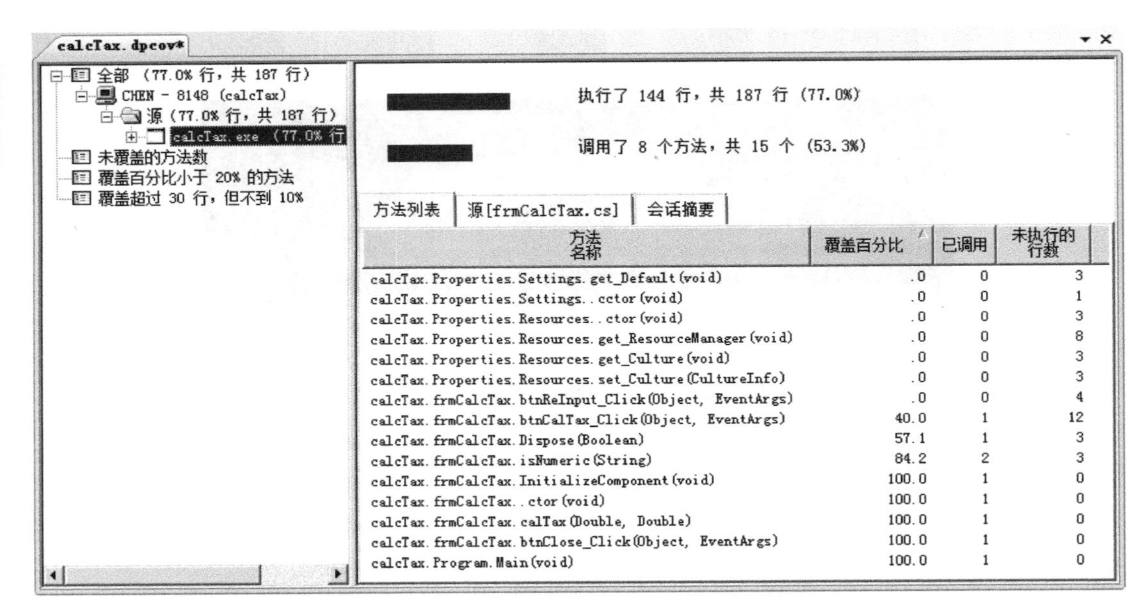

方法名称	覆盖百分比	已调用	未执行的行数
calcTax.Properties.Settings.get_Default(void)	.0	0	3
calcTax.Properties.Settings..cctor(void)	.0	0	1
calcTax.Properties.Resources..ctor(void)	.0	0	3
calcTax.Properties.Resources.get_ResourceManager(void)	.0	0	8
calcTax.Properties.Resources.get_Culture(void)	.0	0	3
calcTax.Properties.Resources.set_Culture(CultureInfo)	.0	0	3
calcTax.frmCalcTax.btnReInput_Click(Object, EventArgs)	.0	0	4
calcTax.frmCalcTax.btnCalTax_Click(Object, EventArgs)	40.0	1	12
calcTax.frmCalcTax.Dispose(Boolean)	57.1	1	3
calcTax.frmCalcTax.isNumeric(String)	84.2	2	3
calcTax.frmCalcTax.InitializeComponent(void)	100.0	1	0
calcTax.frmCalcTax..ctor(void)	100.0	1	0
calcTax.frmCalcTax.calTax(Double, Double)	100.0	1	0
calcTax.frmCalcTax.btnClose_Click(Object, EventArgs)	100.0	1	0
calcTax.Program.Main(void)	100.0	1	0

图 3-47　被测试程序【个人所得税计算器】的代码覆盖率分析结果

5．错误检测和代码覆盖率分析

错误检测和代码覆盖率分析是将错误检测和代码覆盖率分析两项操作结合同时进行，执行方法和测试结果信息与错误检测、代码覆盖率分析相同。

6．程序执行效能分析

程序执行效能分析是专门用于分析程序执行效能的工具，通过收集程序执行时相关信息，得到程序执行期间每个 Function 或 Procedure 所花费的时间。

选择【DevPartner】→【在不调试的情况下启动效能分析】菜单命令，运行被测试程序，测试完成后关闭被测程序的运行状态，显示效能分析结果信息。在左侧的列表框中选择选项“前 20 个调用的源方法”，右侧显示对应的“方法列表”，如图 3-48 所示。

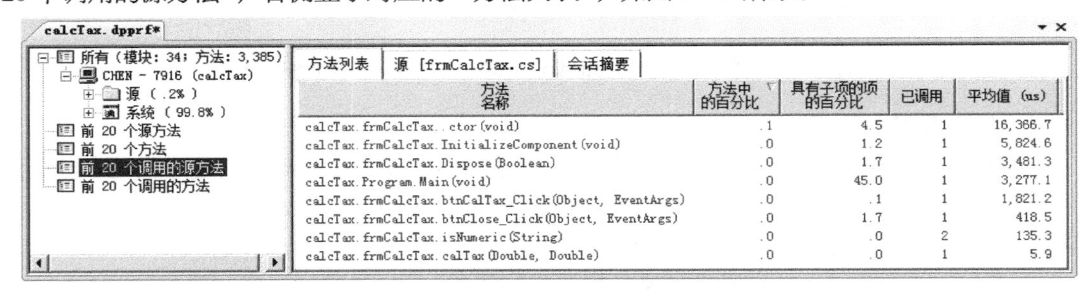

方法名称	方法中的百分比	具有子项的项的百分比	已调用	平均值 (us)
calcTax.frmCalcTax..ctor(void)	.1	4.5	1	16,366.7
calcTax.frmCalcTax.InitializeComponent(void)	.0	1.2	1	5,824.6
calcTax.frmCalcTax.Dispose(Boolean)	.0	1.7	1	3,481.3
calcTax.Program.Main(void)	.0	45.0	1	3,277.1
calcTax.frmCalcTax.btnCalTax_Click(Object, EventArgs)	.0	.1	1	1,821.2
calcTax.frmCalcTax.btnClose_Click(Object, EventArgs)	.0	1.7	1	418.5
calcTax.frmCalcTax.isNumeric(String)	.0	.0	2	135.3
calcTax.frmCalcTax.calTax(Double, Double)	.0	.0	1	5.9

图 3-48　“前 20 个调用的源方法”的列表

程序执行效能分析的“会话摘要”如图 3-49 所示。

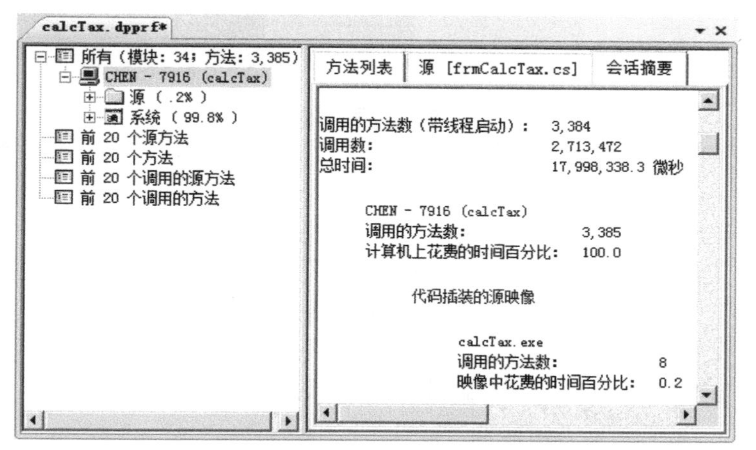

图 3-49　程序执行效能分析的“会话摘要”

7．程序执行过程中内存占用分析

内存占用分析可以显示程序执行过程的内存消耗数量、每个函数所分配内存大小，透过程序执行时内存使用状况的精确分析，有助于将耗费内存最多的程序代码进行优化，改善程序执行的效率与资源的使用。

选择【DevPartner】→【在不调试的情况下启动内存分析】菜单命令，运行被测试程序，DevPartner Studio具有3项分析.NET内存的基本功能：内存泄漏、RAM占用量和临时对象数，为了能立即检查内存的状态，可以利用3种功能分别对内存做快照，观察内存回收的状况以及判定应用程序是否有泄漏的情形，监测信息如图3-50所示。

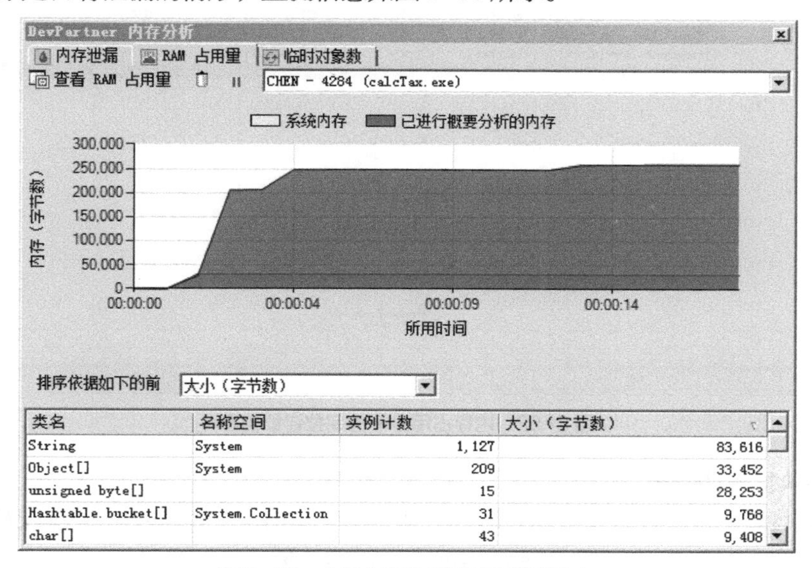

类名	名称空间	实例计数	大小（字节数）
String	System	1,127	83,616
Object[]	System	209	33,452
unsigned byte[]		15	28,253
Hashtable.bucket[]	System.Collection	31	9,768
char[]		43	9,408

图 3-50　内存占用分析过程中监测信息

测试完成后关闭被测程序的运行状态，显示内存占用分析结果信息。内存占用分析的摘要信息如图3-51所示。

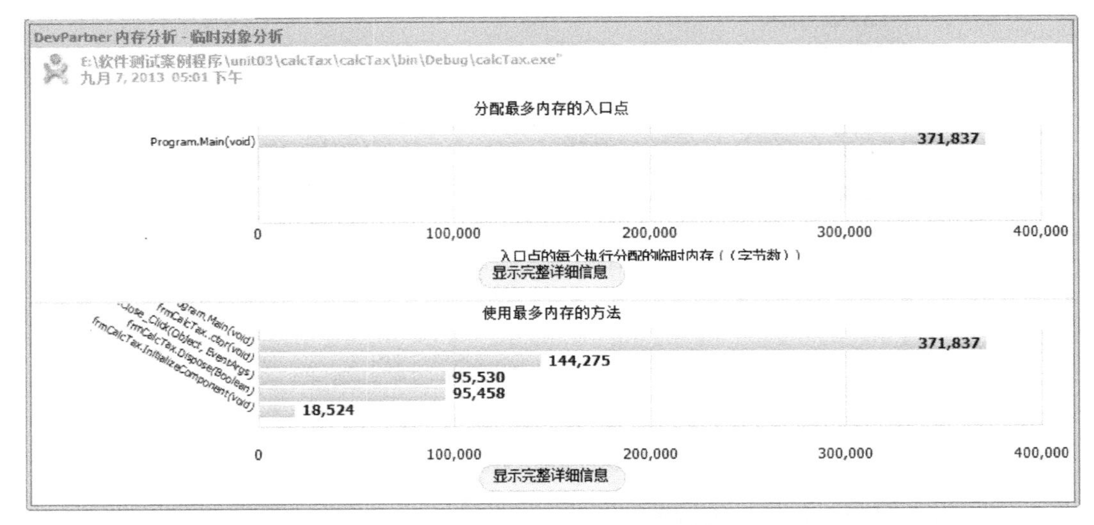

图 3-51　内存占用分析的摘要信息

在“内存占用分析的摘要信息”区域单击【显示完整详细信息】按钮，显示对应的完整详细信息，如图 3-52 所示。

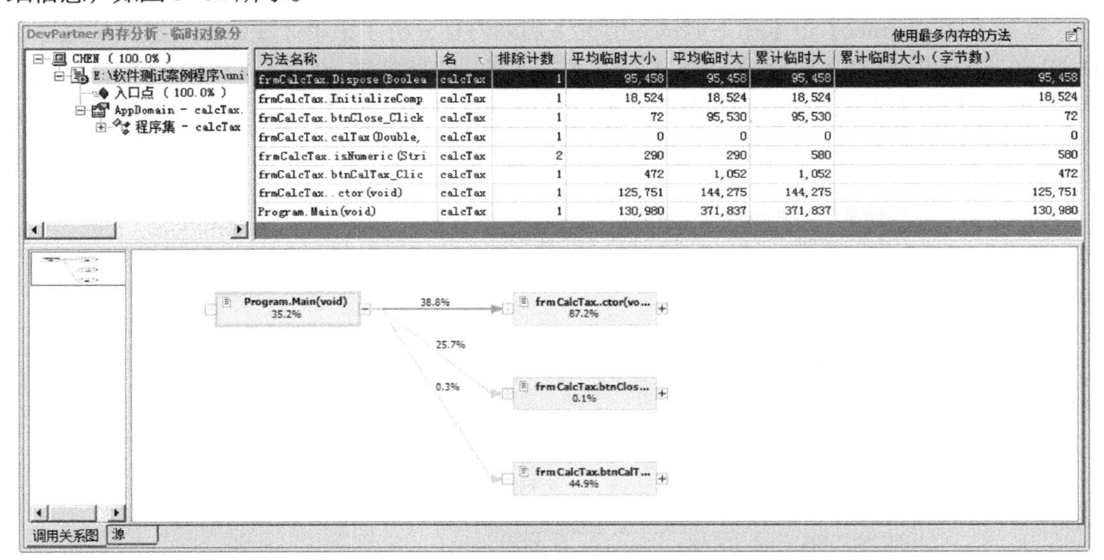

方法名称	名	排除计数	平均临时大小	平均临时大	累计临时大	累计临时大小（字节数）
frmCalcTax.Dispose(Boolea	calcTax	1	95,458	95,458	95,458	95,458
frmCalcTax.InitializeComp	calcTax	1	18,524	18,524	18,524	18,524
frmCalcTax.btnClose_Click	calcTax	1	72	95,530	95,530	72
frmCalcTax.calTax(Double,	calcTax	1	0	0	0	0
frmCalcTax.isNumeric(Stri	calcTax	2	290	290	580	580
frmCalcTax.btnCalTax_Clic	calcTax	1	472	1,052	1,052	472
frmCalcTax..ctor(void)	calcTax	1	125,751	144,275	144,275	125,751
Program.Main(void)	calcTax	1	130,980	371,837	371,837	130,980

图 3-52　内存占用分析的完整详细信息

8．程序执行性能分析

性能专家可以更好地监控程序运行时的一些资源使用情况，如 CPU、硬盘以及网络等，并且可以使用程序中的方法对 CPU 的使用情况进行详细记录。

选择【DevPartner】→【在不调试的情况下启动性能专家】菜单命令，运行被测试程序，性能专家执行过程的监测如图 3-53 所示。

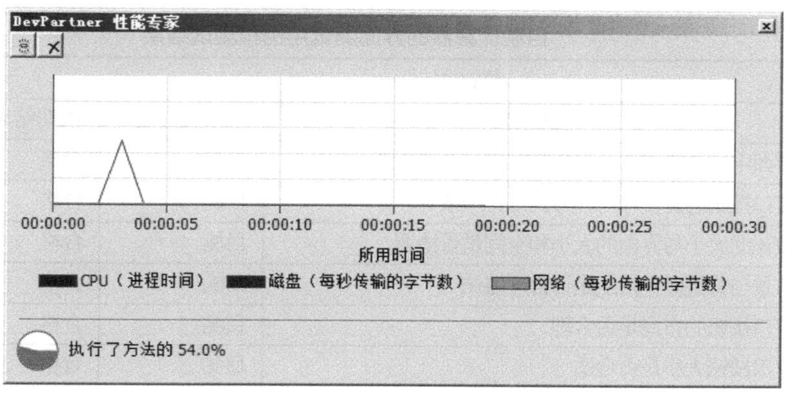

图 3-53　性能专家执行过程的监测

测试完成后关闭被测程序的运行状态，显示程序执行性能的分析结果信息，如图 3-54 所示。

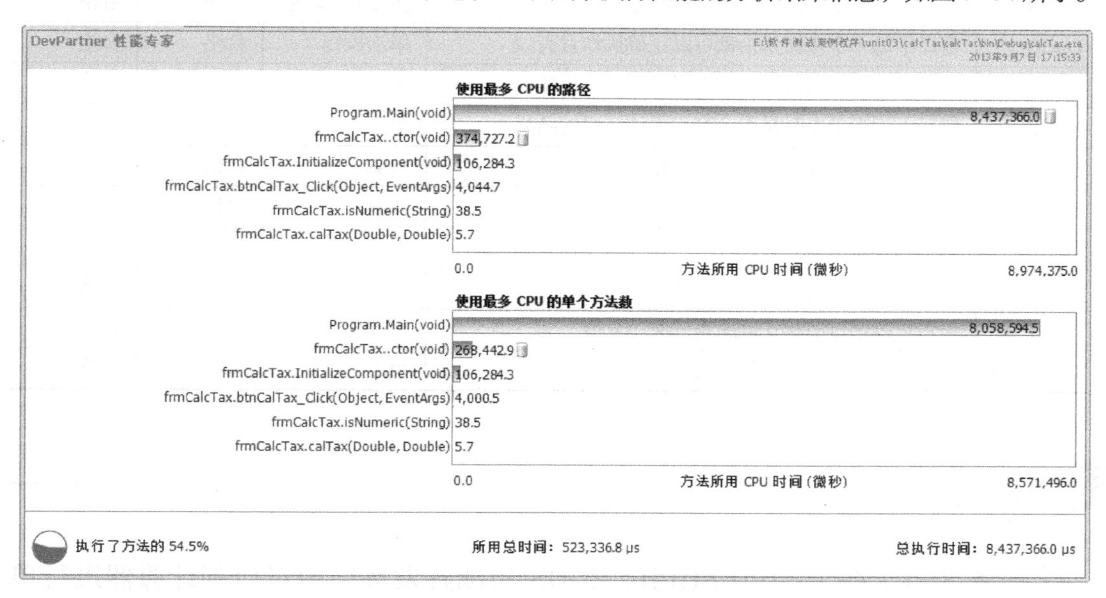

图 3-54　程序执行性能的分析结果信息

【任务 3-3】对自制计算器进行界面测试

【任务描述】

“自制计算器”的外观效果如图 3-55 所示。参考“3.3 用户界面测试的基本原则和常见规范”，对自制计算器的界面进行测试，测试的具体项目见表 3-12 所示。

【任务实施】

参考“3.3 用户界面测试的基本原则和常见规范”，根据表 3-12 所示的测试项目和测试方法逐项进行测试，测试结果见表 3-12 中的第 5 列。

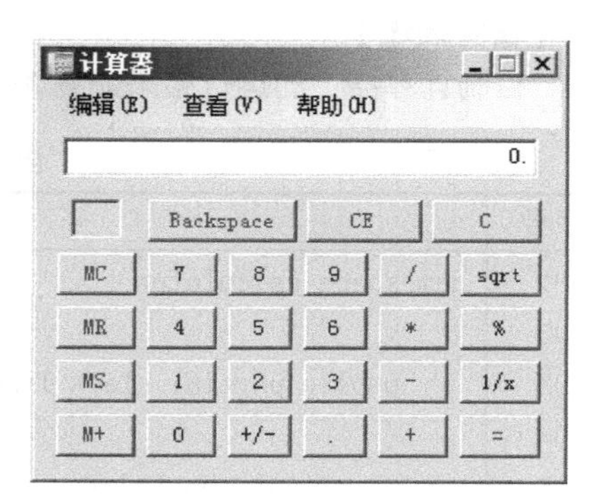

图 3-55　“自制计算器”的外观效果

表 3-12　　自制计算器的界面测试用例和测试结果

测试用例				测试结果
用例编号	测试项目	测试方法	预期结果	
Test01	界面中元素的文字、颜色等信息是否与功能一致	目测	合格	合格
Test02	窗口按钮的位置和对齐方式是否一致	目测	合格	合格
Test03	按钮的大小与界面的大小和空间是否协调	目测	合格	合格
Test04	前景与背景颜色搭配是否合理协调	目测	合格	合格
Test05	窗口按钮的布局是否合理	目测	合格	合格
Test06	窗口按钮大小是否合适	目测	合格	合格
Test07	窗口是否正确地关闭	关闭操作	合格	合格
Test08	窗口是否支持最小化操作	最小化操作	合格	合格
Test09	在窗口中按【Tab】键，移动聚焦是否按顺序进行	按【Tab】键	合格	合格
Test10	窗口中每一个按钮是否都可以正确操作且有效	单击操作	合格	合格
Test11	在整个交互式语境中，是否可以识别鼠标操作	单击	合格	合格
Test12	鼠标无规则单击时是否会产生无法预料的结果	单击	合格	合格
Test13	菜单的文本字体、大小和格式是否合适	目测	合格	合格
Test14	菜单深度是否控制在三层以内	目测	合格	合格
Test15	菜单名称是否具有解释性	目测	合格	合格
Test16	常用菜单是否有命令快捷方式	目测	合格	合格
Test17	是否可以通过鼠标访问所有的菜单功能	单击	合格	合格
Test18	下拉菜单是否能正常显示与使用	单击	合格	合格

【探索测试】

【任务 3-4】在 Visual Studio 2008 集成开发环境中对自制计算器进行单元测试

【任务描述】

“自制计算器”的运行结果如图 3-55 所示，其相关代码如表 3-13 所示。

表 3-13　　“自制计算器”应用程序的相关代码

序号	程序代码
01	namespace calculator
02	{
03	public partial class frmCalculator : Form
04	{
05	private bool dot = false;　　//记录是否单击了小数点
06	private string oper = null ;　//记录运算符

续表

序号	程序代码
07	private string num1, num2; //用于记录两个操作数
08	private double result; //用于记录计算的结果
09	private bool change; //用于记录输入的是第1个数还是第2个数
10	private bool more; //判断是否有多步连续运算
11	private bool clear; //判断是清除num1和num2重新开始运算
12	private string ms; //用于保存用户点了ms存储的当前的值
13	private void init()
14	{
15	num1 = "";
16	num2 = "";
17	change = false;
18	more = false;
19	clear = false;
20	dot = false;
21	ms = "";
22	}
23	private bool caculate(string num_1, string num_2, string op)
24	{
25	if ((num_1 != "") && (num_2 != ""))
26	{
27	double n1 = double.Parse(num_1);
28	double n2 = double.Parse(num_2);
29	switch (op)
30	{
31	case "+":
32	result = n1 + n2;
33	break;
34	case "-":
35	result = n1 - n2;
36	break;
37	case "*":
38	result = n1 * n2;
39	break;
40	case "/":
41	result = n1 / n2;
42	break;
43	case "sqrt":
44	result = (double)Math.Sqrt(n1);
45	break;
46	case "reverse":
47	result = 1 / n1;

续表

序号	程序代码
48	break;
49	default: break;
50	}
51	return true; //计算成功，返回True;
52	}
53	else
54	return false; //所传入的两个运算数不符合条件，计算失败，返回False
55	}
56	private void inputNo(string s)
57	{
58	if (!change)
59	{
60	num1 += s;
61	txtResult.Text = num1;
62	}
63	else
64	{
65	if (clear)
66	{
67	if (clear && more)
68	{
69	num2 += s;
70	txtResult.Text = num2;
71	}
72	else
73	{
74	init();
75	num1 += s;
76	txtResult.Text = num1;
77	}
78	}
79	else
80	{
81	num2 += s;
82	txtResult.Text = num2;
83	}
84	}
85	}
86	}
87	}

试完成以下单元测试工作。

（1）从被测试代码生成单元测试项目对方法 inputNo()进行测试。

（2）独立添加单元测试项目对方法 caculate()进行测试。

（3）使用 StyleCop 检查“自制计算器”的代码风格。

（4）使用 FxCop 分析“自制计算器”的代码。

（5）使用 NUnit 对“自制计算器”进行单元测试。

（6）使用 NUnitForms 测试“自制计算器”的界面。

（7）使用 DevPartner Studio Professional Edition 测试“自制计算器”。

要求测试用例参考【任务 3-1】进行设计，并使用表格形式列出。

【测试拓展】

尝试使用以下测试工具对.NET 应用程序进行测试。

（1）使用 TestComplete 测试工具测试.NET 应用程序

TestComplete 是 AutomatedQA 公司开发的一套支持自动测试软件的工具，为 Windows 应用程序和 Web 应用程序提供了一个全面的自动测试环境，将开发人员和 QA 部门人员从烦琐耗时的人工测试中解脱出来。TestComplete 测试具有系统化、自动化和结构化特性，支持.NET、Java、Visual C++、Visual Basic、Delphi、C++Builder 和 Web 应用程序。

（2）使用 FIT 测试工具测试.NET 应用程序

Framework for Integrated Test，简称为 FIT，是一个在软件开发过程中用于增强协作的工具，使客户可以通过 HTML 表格的形式来编写测试用例，用于对代码进行直接测试。它让客户、测试人员和程序能够清楚地知道软件应该做什么，并且检查软件是否确定这样做了，通过自动化的方式比较客户的期望值和软件真正的执行结果。

【单元小结】

本单元主要介绍了单元测试的主要功能和标准、.NET 程序的单元测试过程和方法、断言及相关类的使用、用户界面测试的基本原则和常见规范等内容，通过多个测试实例的执行使读者学会.NET 应用程序的单元测试与界面测试。

PART 4 单元 4 Java 应用程序的单元测试与功能测试

单元测试作为代码级的测试，在开发过程中起着举足轻重的作用，一个简明易学、适用广泛、高效稳定的单元级测试框架对成功实施测试有着至关重要的作用。JUnit 是一个开源的 Java 编程语言的单元测试框架，是一个简洁、实用和经典的单元测试框架，它已发展成为业界标准。在 Java 编程环境中，JUnit 是一个已经被多数 Java 程序员采用和证实的优秀测试框架。开发人员只需要按照 JUnit 的约定编写测试代码，就可以对被测试代码进行测试。

【教学导航】

教学目标	（1）了解 JUnit 的主要优点、核心接口及核心类和 JUnit 的断言 （2）熟悉 JUnit4 的使用方法和常用标注 （3）熟悉 QTP 的安装全过程和启动过程 （4）熟悉使用 QTP 录制与运行测试脚本 （5）掌握 QTP 的基本使用方法 （6）掌握使用 QTP 实现数据驱动测试的方法和 Action 的输入参数化 （7）掌握使用环境变量实现参数化测试和使用数据驱动器实现参数化测试 （8）学会使用 JUnit 对验证日期格式程序进行单元测试 （9）学会使用 JUnit 对包含除法运算的数学类进行单元测试 （10）学会使用 QTP 对记事本程序进行功能测试 （11）学会使用 QTP 对用户登录程序进行参数化测试
教学方法	任务驱动法、理论实践一体化、探究学习法
课时建议	10 课时
测试阶段	单元测试
测试对象	Java 应用程序
测试方法	功能测试、自动化测试
测试工具	JUnit、QuickTest Professional

【方法指导】

4.1 JUnit 简介

1．JUnit 的主要优点

单元测试是从整个系统中单独检验“一个单元”的程序代码，可以检查其得到的结果是否是预期的。

1997 年 Erich Gamma 和 Kent Beck 创建了一个简单但有效的单元测试框架，被称为 JUnit。JUnit 很快就成为 Java 中开发单元测试的框架标准，它支持在 Java 程序代码中实施单元测试。

JUnit 作为单元测试的优秀工具，其主要优点如下。

（1）JUnit 是开源工具。

JUnit 不仅可以免费使用，还可以找到许多实际项目中的示例，开发者可以根据需要扩展 JUnit 的功能。

（2）JUnit 可以将软件测试代码和软件产品代码分开。

在软件产品发布时，开发者一般只希望交付用户稳定运行的产品代码，测试代码和产品代码分开就非常容易实现这一点。另一方面，测试代码和产品代码分开后，就可以分开维护而不会发生混乱。

（3）JUnit 的测试代码容易编写且功能强大。

在 JUnit4.0 及其以后的版本中，使用 JDK5.0 的注解功能，只需在方法体前使用@test 表明该方法是测试方法即可，使得编写测试代码更加简单。

（4）JUnit 自动检测测试结果并且提供及时的反馈。

JUnit 的测试方法可以自动运行，并且使用以 assert 为前缀的方法自动对比开发者期望值和被测方法实际运行结果，然后返回给开发者一个测试成功或者失败的简明测试报告。这样就不用人工对比期望值和实际值，在保证质量的同时提高了软件的开发效率。

（5）易于集成。

JUnit 易于集成到开发的构建过程，可以在软件的构建过程中完成程序的单元测试。

（6）便于组织。

JUnit 的测试包结构便于组织和集成运行，支持图形交互模式和文本交互模式。

2．JUnit 核心接口及核心类

（1）Test。

Test 是 TestCase、TestSuite 的共同接口，用于运行测试和收集测试结果，它的 run(TestResult result) 方法用来运行 Test，并且会将结果保存到 TestResult。

（2）TestCase。

TestCase（测试用例）是 Test 接口的抽象实现，因是 Abstract 类，所以不能实例化，能被继承。使用构造函数 TestCase（String name），根据输入的参数，创建一个测试实例。参数为该类的以 test 开头的方法名，把它添加到 TestSuite 中，指定仅仅运行 TestCase 中的一个方法。

（3）TestSuite。

TestSuite 实现 Test 接口，可以组装一个或者多个 TestCase。待测试类中可能包括了对被测类的多个 TestCase，而 TestSuit 可以保存多个 TestCase，负责收集这些测试，这样就可以用一个

Suite 运行对被测类的多个测试。

（4）TestResult。

TestResult（测试结果）类用于收集 TestCase 的执行结果，并报告测试结果。若测试成功，那么代码是正确的，否则就会报告失败，并输出测试失败的数目。

JUnit 区分失败和错误，失败是可预测的，代码中的改变不时会造成断言失败，只要修改代码，断言就可以再次通过；但是错误则是测试不可预测的，当然错误可能意味着支持环境中的失败，而不是测试本身的失败。

（5）TestListener。

TestListener 是个接口，对事件监听，可供 TestRunner 类使用。

（6）ResultPrinter。

ResultPrinter 实现 TestListener 接口。在 TestCase 运行过程中，对所监听的对象的事件以一定格式及时输出，运行完后，对 TestResult 对象进行分析，输出统计结果。

（7）BaseTestRunner。

BaseTestRunner 是所有 TestRunner 的超类，用来启动测试的用户界面。

当需要更多的 TestCase 时，可以创建更多的 TestCase 对象。当需要一次执行多个 TestCase 对象时，可以创建一个 TestSuite 对象。但是为了执行 TestSuite 对象，则需要使用 TestRunner 对象。

3．JUnit 的断言

Assert 是 JUnit 框架的一个静态类，包含一组静态的测试方法，用于比较期望值和实际值是否正确。如果测试失败，Assert 类就会抛出一个 AssertionFailError 异常。

Assert 类提供了多个断言方法，常用的断言方法介绍如下。

（1）assertEquals。

assertEquals 断言用来验证两个对象相等。若不满足（即两个对象不相等），则中断测试，方法抛出带有相应输出信息的 AssertionFailedError 异常。

① 函数原型 1：assertEquals([String message] , expected , actual)。

参数说明：

message 是个可选的消息，如果提供，将会在发生错误时报告这个消息。

expected 是期望值，通常都是用户指定的内容。

actual 是被测试的代码返回的实际值。

如果 expected 与 actual 不相等，则中断测试方法，输出 message。

例如：assertEquals("验证失败" , "1" , "1");

② 函数原型 2：assertEquals([String message] , expected , actual , tolerance)。

参数说明：

message、expected、actual 三个参数的含义与函数原型 1 的参数相同。

tolerance 是误差参数，参加比较的两个浮点数在这个误差之内则会被认为是相等的。

例如：assertEquals ("验证失败" , 5.8 , 11.0/2.0 , 0.5) ;

（2）assertTrue 。

assertTrue 断言用来验证给定的布尔型值为真。若不满足（即结果为假），则中断测试，方法抛出带有相应输出信息的 AssertionFailedError 异常。

函数原型：assertTrue([String message] , Boolean condition)

参数说明：

message 是个可选的消息，如果提供，将会在发生错误时报告这个消息。

condition 是待验证的布尔型值。

例如：assertTrue("验证失败" , 1==1) ;

（3）assertFalse。

assertFalse 断言用来验证给定的布尔型值为假。若不满足（即结果为真），则中断测试，方法抛出带有相应输出信息的 AssertionFailedError 异常。

函数原型：assertFalse([String message] , Boolean condition)

例如：assertFalse("验证失败" , 2==1);

（4）assertNull。

assertNull 断言用来验证给定的对象为 null。若不满足（即不为 null），则中断测试，方法抛出带有相应输出信息的 AssertionFailedError 异常。

函数原型：assertNull([String message] , Object object)

参数说明：

message 是个可选的消息，如果提供，将会在发生错误时报告这个消息。

object 是待验证的对象。

例如：assertNull("验证失败" , null) ;

（5）assertNotNull。

assertNotNull 断言用来验证给定的对象不为 null。若不满足（即为 null），则中断测试，方法抛出带有相应输出信息的 AssertionFailedError 异常。

函数原型：assertNotNull([String message] , Object object)

例如：assertNotNull("验证失败" , new String());

（6）assertSame。

assertSame 断言用来验证两个引用指向同一个对象（看内存地址）。若不满足（即两个引用指向不同的对象），则中断测试，方法抛出带有相应输出信息 AssertionFailedError 异常。

函数原型：assertSame([String message] , expected , actual)

参数说明：

message 是个可选的消息，如果提供，将会在发生错误时报告这个消息。

expected 是期望值。

actual 是被测试的代码返回的实际值。

例如：assertSame("验证失败" , 2 , 4−2) ;

（7）assertNotSame。

assertNotSame 断言用来验证两个引用指向不同对象。若不满足（即两个引用指向同一个对象），则中断测试，方法抛出带有相应输出信息的 AssertionFailedError 异常。

函数原型：assertNotSame ([String message] , expected , actual)

例如：assertNotSame("验证失败" , 2 , 4−3) ;

（8）Fail。

Fail 断言会使测试立即失败，并给出指定信息。通常用于测试不能达到的分支上（如异常）。

函数原型：Fail([String message])

参数说明：

message 是个可选的消息，如果提供，将会在发生错误时报告这个消息。

4. JUnit4 的使用方法

JUnit4 是 JUnit 框架有史以来的最大改进，其主要目标是利用 Java5 的 Annotation 特性简化测试用例的编写。JUnit4 不是旧版本的简单升级，而是一个全新的框架，使得测试比 JUnit3 更加方便简单，并且仍能很好地兼容旧版本的测试套件。JUnit4 和 JUnit3 的比较如表 4-1 所示。

表 4-1　　JUnit4 和 JUnit3 的比较

JUnit3	JUnit4
测试类需要继承 TestCase	不需要继承任何类
测试方法约定为 public、void、test 开头，无参数	需要在测试方法前面加上@Test
每个测试方法之前执行 setUp	使用@Before 标识每个测试方法执行之前都要执行的方法
每个测试方法之后执行 tearDown	使用@After 标识每个测试方法执行之后要执行的方法

（1）测试方法。

在 JUnit4 之前，测试类通过继承 TestCase 类，并使用命名约束来定位测试，测试方法必须以“test”开头。JUnit4 中使用标注“@Test”识别测试方法，也不必约束测试方法的名字。当然，TestCase 类仍然可以工作，只不过不用这么烦琐而已。

JUnit 中还因 JDK5 而增加了一项新特性，即静态导入（Static Import）。

（2）固定测试。

所谓固定测试（Fixture），就是测试运行程序（Test Runner）会在测试方法之前完成自动初始化和回收资源的工作。JUnit4 之前是通过 setUp、tearDown 方法完成的。在 JUnit4 中，仍然可以在每个测试方法运行之前初始化字段和配置环境，通过“@befroe”替代 setUp 方法，“@After”替代 tearDown 方法。在一个测试类中，甚至可以使用多个@Before 来标注多个方法，这些方法都是在执行测试方法之前运行的。@Before 是在每个测试方法运行前均执行一次，同理，@After 是在每个测试方法运行结束后执行一次，这样做可以保证各个测试之间的独立性而互不干扰，其缺点是效率低。

例如，有一个类负责对大文件进行读写操作，它的每一个方法都是对文件进行操作。也就是说，在调用每一个方法之前，都要打开一个大文件并读入文件内容，这是一个非常耗费时间的操作。如果我们使用@Before 和@After，那么每次测试都要读取一次文件，效率很低。我们希望在所有测试一开始读一次文件，所有测试结束之后释放文件，而不是每次测试都读取文件。在 JUnit4 中加入两个新标注@BeforeClass 和@AfterClass，使用这两个标注的方法，只在测试方法之前和之后各运行一次（即只在测试用例初始化时执行一次@BeforeClass 标识的方法，只在所有测试执行完毕之后执行一次@AfterClass 标注的方法进行收尾工作），而不是按照方法各运行一次。这两个标注的搭配可以避免使用@Before、@After 标注在每个测试方法前后都调用的弊端，减少系统开销，提高系统测试速度。不过对环境独立性要求较高的测试还是应当使用@Before、@After 来完成。

【注意】每个测试类只能有一个方法被标注为@BeforeClass 或@AfterClass，并且该方法必须是 public 和 static 的。

（3）异常测试。

我们经常编写一些需要抛出异常的方法，如果一个方法应该抛出异常，但是它却没有抛出，这也是缺陷，JUnit 可以帮助我们找到这种缺陷。

使用标注特性，JUnit4 对于测试异常非常简单和明了。通过对@Test 传入 expected 参数值，即可测试异常。通过传入异常类后，测试类如果没有抛出异常或者抛出一个不同的异常，本测试方法就将失败。

（4）限时测试。

测试程序时，如果遇到死循环，将导致程序无法终止或耗费完系统资源而死机。对于那些逻辑很复杂、循环嵌套比较深的程序，很有可能会出现死循环，因此有必要采取一些预防措施。限时测试是一个很好的解决方案，我们对这些测试方法设定一个执行时间，超过了这个时间，它们就会被系统强行终止，并且系统还会提示该方法结束的原因，这样就可以发现这些缺陷了。

通过在@Test 标注中，为 timeout 参数指定时间值，即可进行限时测试。如果测试运行时间超过指定的毫秒数（1000 代表 1s），则测试失败。限时测试对于网络连接类和数据库连接类都非常重要，通过 timeout 进行超时测试，简单明了。

（5）测试运行器。

JUnit 中所有的测试方法都由测试运行器负责执行，JUnit 为单元测试提供了默认的测试运行器（Runner），一般情况下，如果没有指定测试运行器，那么系统自动使用默认的 Runner 来运行测试代码。

但是没有限制必须使用默认的运行器，也可以使用@Runwith 标识指定其他测试运行器，并且将所指定的 Runner 作为参数传递，如@Runwith(CustomTestRunner.class)。自己定制的测试运行器必须继承自 org.junit.runner.Runner，而且还可以为每一个测试类指定某个运行器。

【注意】@Runwith 是用来修饰类的，而不是用来修饰方法的。只要对一个类指定了 Runner，那么该类中的所有方法都被该 Runner 来调用。另外，还需引入相应的包（import org.junit.runner.RunWith）。

（6）参数化测试。

为测试程序的健壮性，可能需要模拟不同的参数对方法进行测试，如果为每一个类型的参数创建一个测试方法，则是一件很麻烦的事情。为了简化测试，JUnit 提供了参数化测试方法，只需创建一个测试方法，把多种测试情况作为参数传递进去，为每个参数都运行一次，而不必要创建多个测试方法。注意，普通测试方法（@Test 标注的方法）是不能有参数的。

参数化测试实现方法如下。

① 引入必要的包。

引入包的代码如下：

```
import org.junit.runner.RunWith;
import org.junit.runners.Parameterized;
import org.junit.runners.Parameterized.Parameters;
```

② 为参数化测试类需使用@RunWith 标识指定特殊的运行器 Parameterized.class，而不能使用默认的 Runner。

代码如下：@RunWith(Parameterized.class)；

③ 创建一个测试类，在测试类中声明几个变量，分别用于存储期望值和测试用的数据。

示例代码如下所示：

```
public class ParameterTest {
        // 数据成员变量
         private String phrase;
         private boolean match;
  }
```

④ 在测试类创建一个静态（static）测试数据提供给方法，其返回类型为 Collection，并用@Parameter 予以标注。

示例代码如下所示：

```
@Parameters
public static Collection dateFeed() {
        return Arrays.asList(new Object[][] {
                {<参数 1>,<预期结果 1>},
                {<参数 2>,<预期结果 3>},
                {<参数 3>,<预期结果 3>},
                        ……
                {<参数 n>,<预期结果 n>}
        });
```

⑤ 在测试类中创建一个使用几个参数的构造函数，其功能是对先前定义的多个参数进行初始化。注意，参数的顺序要和上面的数据集合的顺序保持一致。如果前面的顺序是{参数，预期结果}，那么构造函数的顺序也要是“构造函数（参数，预期结果）”，反之亦然。

示例代码如下所示：

```
public ParameterTest(String phrase , boolean match) {
        this.phrase = phrase;
        this.match = match;
}
```

⑥ 编写测试方法（用@Test 注释）。

（7）打包测试。

在一个软件项目中，一般都会编写多个测试类，如果这些测试类逐个执行，也是一件比较麻烦的事情。JUnit4 提供了打包测试的功能，将所有需要运行的测试类集中起来，一次性地运行完毕，方便了测试工作。

使用@RunWith 指定一个特殊的运行器“Suite.class”，使用@SuiteClasses 标注将需要进行测试的多个类作为参数传入。

打包测试的实施方法如下。

① 引入必要的包。

引入包的代码如下：

```
import org.junit.runner.RunWith;
import org.junit.runners.Suite;
import org.junit.runners.Suite.SuiteClasses;
```

② 创建一个空类作为打包测试的入口。

这个空类必须使用 public 修饰符，而且需要一个无参的 public 构造函数（类的默认构造函数）。

示例代码如下所示：

```
public class SuiteTest {
    }
```

③ Suite.class 作为参数传入@RunWith 标识，以提示 JUnit 将此类指定为运行器。

代码如下所示：

@RunWith(Suite.class);

④ 将需要测试的类组成数组作为@SuiteClasses的参数，表明这个类是一个打包测试类，只需要将打包的类作为参数传递给该标识就可以了。

示例代码如下所示：

@SuiteClasses({test.class , test2.class})

5．JUnit4的常用标注

在测试类中，并不是每一个方法都是用于测试的，必须使用“标注”来明确表明哪些是测试方法。“标注”也是JDK5的一个新特性，用在此处非常恰当。我们可以看到，在某些方法的前有@Before、@Test、@Ignore等字样，这些就是“标注”，以一个“@”符号开头，这些标注都是JUnit4自定义的，熟练掌握这些标注的含义非常重要。

JUnit4常用标注如表4-2所示。

表4-2　JUnit4的常用标注

标注名称	功用说明
@BeforeClass	用来标注在测试开始时运行一次的方法
@AfterClass	用来标注在测试结束时运行一次的方法
@Before	使用了该标注的方法在每个测试方法执行之前都要执行一次
@After	使用了该标注的方法在每个测试方法执行之后要执行一次
@Test	使用了该标注的方法表明是一个测试方法，在JUnit中将被自动执行
@Test(expected=*.class)	在JUnit4.0之前，对错误的测试，只能通过fail来产生一个错误，并在try块里面使用assertTrue（true）来测试。现在使用@Test标注中的expected属性就可以实现，expected属性的值是一个异常的类型
@Test(timeout=xxx)	该标注传入了一个时间（毫秒）给测试方法，如果测试方法在制订的时间之内没有运行完，则测试也失败
@Ignore	该标注标记的测试方法在测试中会被忽略。当测试的方法还没有实现，或者测试的方法已经过时，或者在某种条件下才能测试该方法（如需要一个数据库连接，而在本地测试的时候，数据库并没有连接），那么使用该标签来标示这个方法。同时，也可以为该标签传递一个String的参数，来表明为什么会忽略这个测试方法。例如，@lgnore(“该方法还没有实现”)在执行的时候，仅会报告该方法没有实现，而不会运行测试方法。一旦完成了相应方法，只需要把@ignore标注删除，就可以进行正常的测试

根据以上介绍，JUnit4单元测试用例的执行顺序为@BeforeClass→@Before→@Test→@After→@AfterClass。

每一个测试方法的执行顺序为：@Before→@Test→@After

【注意】@Before和@After标示的方法只能各有一个，这个相当于取代了JUnit以前版本中的setUp和tearDown方法。

4.2　QTP的正确使用

惠普公司的QuickTest Professional（QTP）是一种自动测试工具，主要用于软件功能测试和回归测试。它采用关键字驱动的理念以简化测试用例的创建和维护，使用户可以直接录制屏幕上的操作流程，自动生成功能测试或者回归测试用例。

4.2.1　QTP 的安装全过程

① 前期准备在安装 QTP 时，如果安装程序提示“计算机缺少 Microsoft Visual C++运行时组件”，则需要在 QCPlugin\CHS\prerequisites\vc2005_sp1_redist 文件夹中找到 vcredist_x86.exe 安装文件，然后运行该文件安装所需组件。

② 使用安装向导正确安装 QTP11.0。

③ 安装 QTP11.0 的插件，包括.NET 插件、Java 插件、Web 插件和 Oracle 插件。

④ 注册 QTP11.0。

⑤ 安装 QTP11.0 的汉化程序，对 QTP 进行汉化。

⑥ 激活 QTP 的插件。

4.2.2　QTP 的启动过程

QTP、QTP 的插件和汉化程序安装完成进行注册后，即可开始使用 QTP 进行测试。

（1）启动 QTP。

在 Windows 的【开始】菜单中选择【QuickTest Professional】命令启动 QTP。

（2）选择要加载的插件。

QTP 开始启动后，将显示如图 4-1 所示的【插件管理器】对话框，如果没有安装 QTP 的插件，QTP 默认支持 ActiveX、Visual Basic 和 Web 插件，许可类型为“已许可”。如果安装了其他类型的插件，也将在列表中列出，图 4-1 中所列出的.NET、Java、Oracle、WPF、ASPAjax 等多个插件均为作者自行安装的插件，如果没有安装这些插件，则不会在该列表中显示。

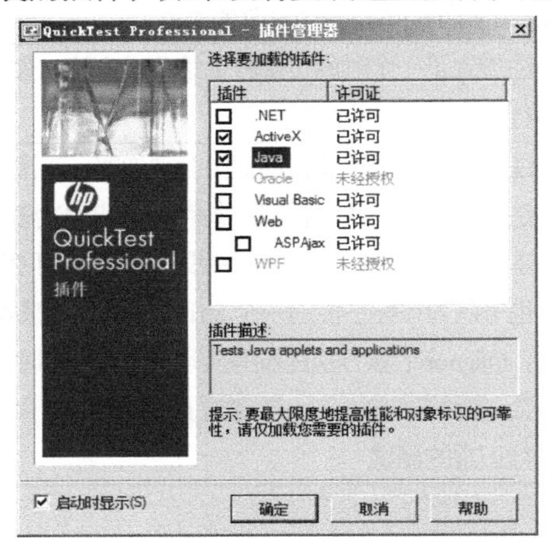

图 4-1　在【插件管理器】中选择要加载的插件

出于性能上的考虑，以及对象识别的稳定和可靠，建议只加载需要的插件，这里准备加 ActiveX 和 Java 插件，选中对应的复选框，然后单击【确定】按钮即可。

（3）显示 QuickTest Professional 主界面和起始页。

加载插件完成后，显示 QuickTest Professional 的主界面和起始页，QTP 的主界面默认情况下包括【标题栏】、【菜单栏】、【工具栏】、【文档选项卡】（默认显示了起始页和测试两个选项卡）、【状态栏】等，如图 4-2 所示。

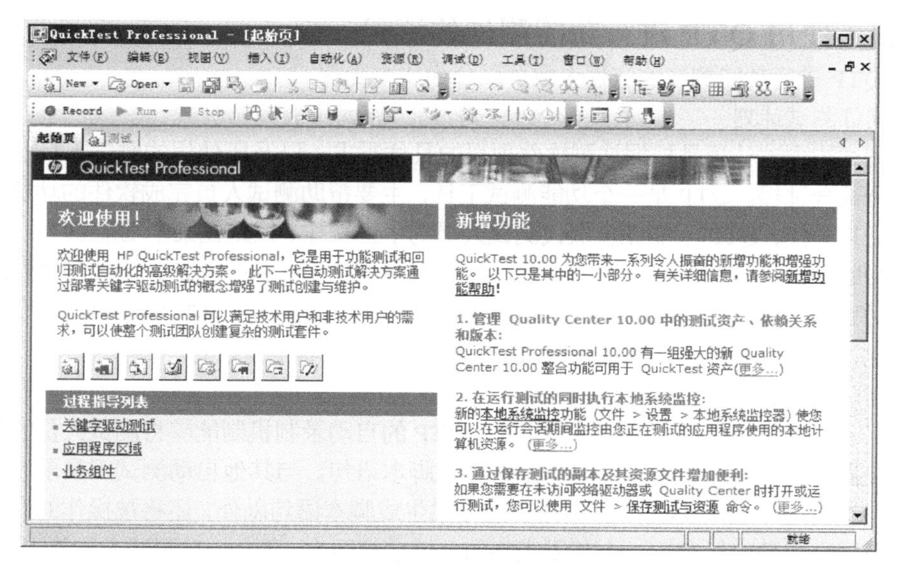

图 4-2　QTP 的主界面和起始页

（4）查看 QTP 的空测试项目。

QTP 启动成功后，将会自动创建一个空的测试项目，单击【测试】按钮，切换到“测试项目”界面，该界面主要包括【过程指导活动】面板、【测试文档窗口】（包括关键字视图和专家视图）、【数据表】和【测试流程】、【可用的关键字】、【资源】、【应做事项】、【Active Screen】等多个面板选项卡，如图 4-3 所示。

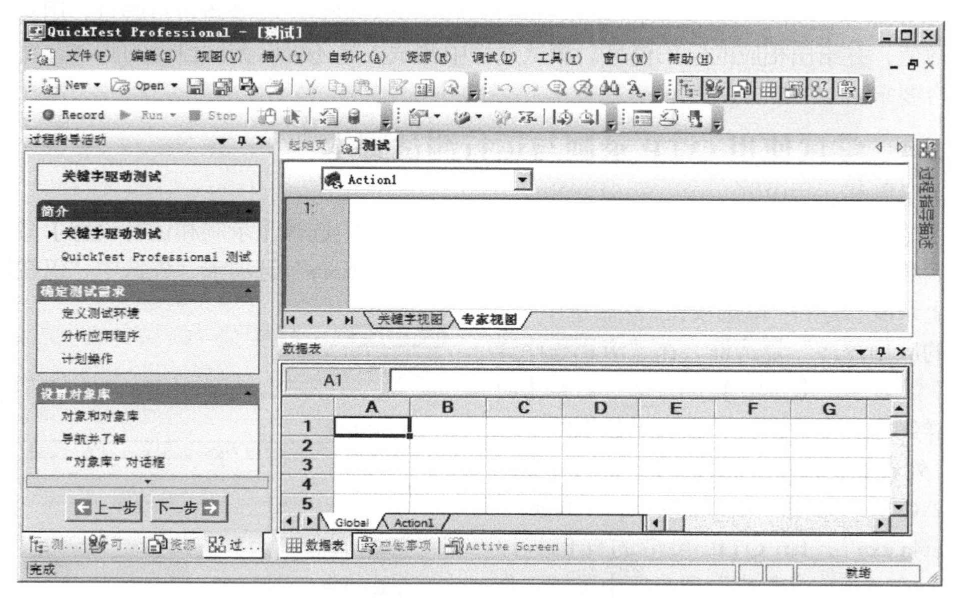

图 4-3　QTP 启动时自动创建的空测试项目

4.2.3 使用 QTP 进行功能测试的流程

使用 QTP 进行功能测试的流程大致可以分为 4 个步骤。

（1）制订测试计划。

自动测试的测试计划是根据被测软件项目的具体需求，以及所使用的测试工具而制订的，用于指导测试全过程。QTP 是一个功能测试工具，主要帮助测试人员完成软件的功能测试，与其他测试工具一样，QTP 不能完全取代测试人员的手工操作，但是在某个功能点上，使用 QTP 的确能够帮助测试人员做很多工作。在测试计划阶段，首先要做的就是分析被测软件的特点，决定应该对哪些功能点进行测试，可以考虑细化到具体界面或者具体控件。对于一个普通的应用程序来说，QTP 应用在某些界面变化不大的回归测试是非常有效的。

（2）创建测试脚本。

当测试人员操作应用程序或浏览网页时，QTP 的自动录制机制能够将测试人员的每一个操作步骤及被操作的对象记录下来，自动生成测试脚本语句。与其他自动测试工具录制脚本有所不同的是，QTP 除了以 VBScript 脚本语言的方式生成脚本语句以外，还将被操作的对象及相应的动作按照层次和顺序保存在一个基于表格的关键字视图中。例如，当测试人员单击一个按钮，然后选择一个单选按钮或复选框，这样的操作都会被记录在关键字视图中。

（3）扩展测试脚本功能。

基本的脚本录制完成后，测试人员可以根据需要扩展一些功能，QTP 允许测试人员通过在脚本中增加或更改测试步骤来修正或自定义测试流程，例如，增加多种类型的检查点，也可以通过参数化功能，使用多组不同的数据驱动整个测试过程。

（4）运行测试脚本。

QTP 从脚本的第一行开始执行语句，运行过程中会对设置的检查点进行验证，用实际数据代替参数值，并给出相应的输出信息。测试过程中测试人员还可以调试自己的脚本，直到脚本完全符合要求。

4.2.4 尝试使用 QTP 录制与运行测试脚本

（1）录制和运行设置。

在【QuickTest Professional】主窗口的【自动化】菜单中选择【录制和运行设置】命令，弹出【录制和运行设置】对话框，切换到“Windows Applications”选项卡，先选中“仅在以下应用程序上录制和运行”单选按钮，然后选中“下面指定的应用程序”复选框。在“应用程序详细信息”区域单击【新增】按钮 + ，打开【应用程序详细信息】对话框，在该对话框的“应用程序”列表框中设置应用程序为“C:\Program Files\HP\QuickTest Professional\samples\flight\app\flight4a.exe”，即 QTP 自带的样例程序“Flight”，在“工作文件夹”列表框中设置工作文件夹为“C:\Program Files\HP\QuickTest Professional\samples\flight\app”，同时选中“启动应用程序”和“包括子进程”两个复选框，如图 4-4 所示。

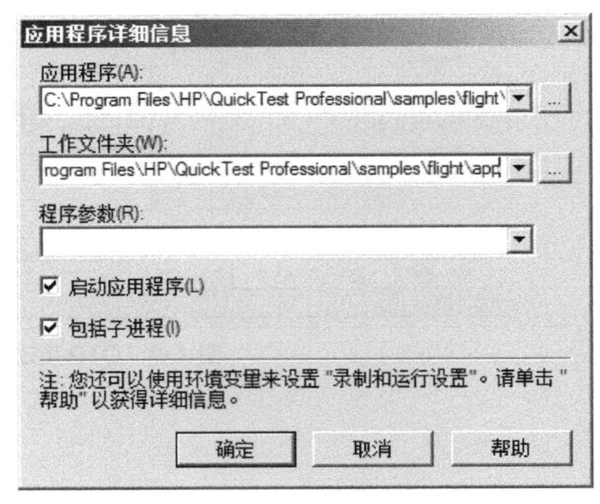

图 4-4 【应用程序详细信息】对话框

在【应用程序详细信息】对话框单击【确

定】按钮返回【录制和运行设置】对话框，如图 4-5 所示，在该对话框中单击【确定】按钮完成录制和运行的设置。

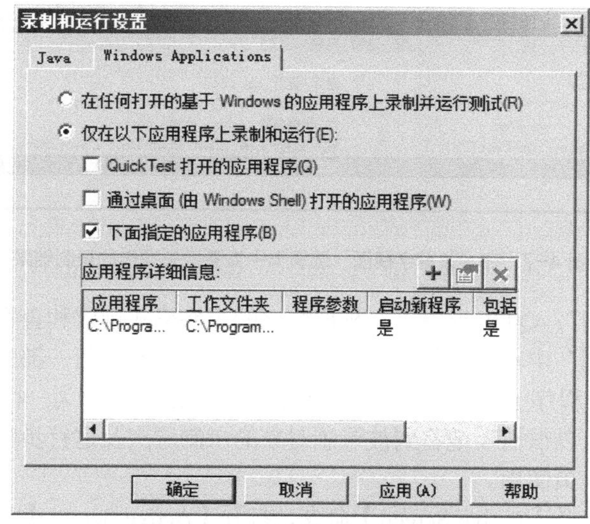

图 4-5 【录制和运行设置】对话框

（2）录制测试脚本。

测试脚本（Testing Script）通常是指一个特定测试的一系列指令，这些指令可以被自动化测试工具执行。

录制准备工作做好后，可以选用下列 3 种方法之一开始录制：

方法一：按快捷键 F3。

方法二：在【QuickTest Professional】窗口的【自动化】菜单中选择【录制】命令。

方法三：在【自动化】工具栏中单击 Record 按钮。

QTP 将自动启动指定文件夹中的样例程序“Flight”，出现如图 4-6 所示的【登录】窗口，并且开始录制所有基于“Flight”程序的操作。

在“Flight”程序【登录】窗口中进行以下操作。

① 单击“代理名称”文本框，光标置于该文本框中。

② 在“代理名称”文本框中输入“MERCURY”。

③ 按 Tab 键，光标置于“密码”文本框中。

④ 在“密码”文本框中输入“MERCURY”。

⑤ 单击【确定】按钮。

图 4-6 样例程序“Flight”的【登录】窗口

QTP 同步进行相关操作的录制，录制结束时，在【自动化】菜单中选择【停止】命令或者按快捷键 F4 停止录制。

（3）在“关键字视图”查看录制的测试操作。

在“关键字视图”选项卡中可以查看相关操作的录制结果，如图 4-7 所示。“关键字视图”中“项”以基于图标的树状结构显示每个操作步骤；“操作”是指要在“项”上执行的操作，如 Activate、Set、Click、Type 等；“值”是指选定操作的参数值；“分配”是指将值存储在变量中，或从变量获取值；“注释”是关于操作步骤的相关文本信息；“文档”使用简洁易懂的句子描述操作步骤所执行的相关操作。

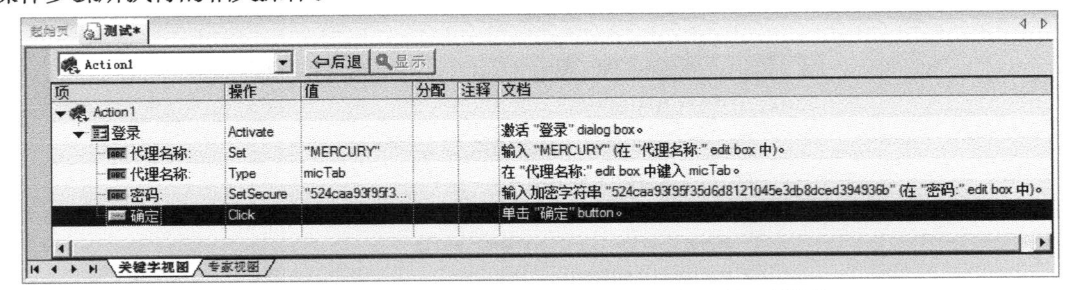

图 4-7 在“关键字视图”选项卡中查看相关操作的录制结果

通过“关键字视图”，QTP 提供了一种模块化的表格格式创建和查看测试步骤。每一个测试步骤在“关键字视图”中都是一行，这样就可以轻松地修改任何一部分内容。在录制测试过程中，测试人员在应用程序上执行的每个步骤在关键字视图中记录为一行。“关键字视图”非常直观有效，使用的人可以很清晰地看到被录制对象的录制层次及运行步骤，比较适合那些对于业务操作流程熟悉的人员使用。

在【视图】菜单选择【Active Screen】命令，打开【Active Screen】界面，查看录制的每一步操作对应的界面操作，单击【确定】按钮的界面操作如图 4-8 所示。

图 4-8 【Active Screen】界面

（4）在“专家视图”查看录制的测试脚本。

切换到“专家视图”选项卡，可以看到录制操作对应的测试脚本，如图 4-9 所示。

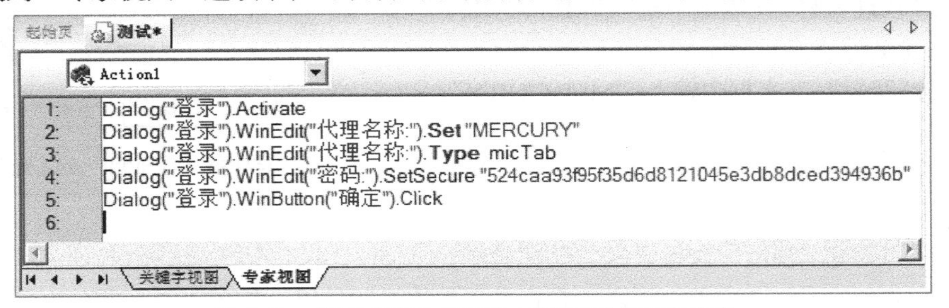

图 4-9 “专家视图”选项卡中查看对应的测试脚本

QTP 在“关键字视图”中的每个节点在专家视图中对应一行脚本。

（5）保存测试脚本。

在【文件】菜单中选择【保存】命令或者直接在工具栏中单击【保存】按钮，弹出如图4-10所示的【保存测试】对话框，在该对话框中选择合适的保存位置，在“文件名”列表框中输入“Test1”，然后单击【保存】按钮保存刚才的测试结果。

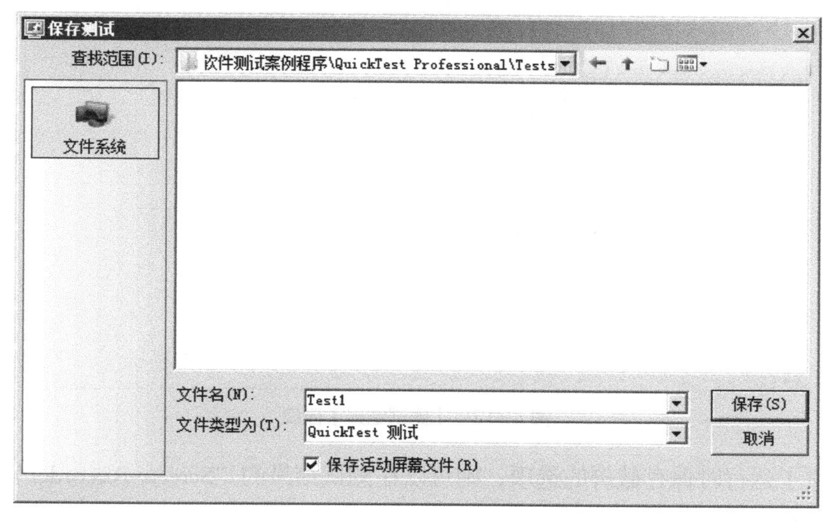

图4-10 【保存测试】对话框

（6）运行测试脚本。

在【自动化】菜单中选择【运行】命令或者按快捷键F5，弹出【运行】对话框，在该对话框中选择运行结果存储的方式。如果需要保存每次测试运行的结果，则选择“新建运行结果文件夹”单选按钮，且选择运行结果存储的位置，如图4-11所示；如果测试脚本处于调试和检查阶段，不需要保存每次运行的测试结果，则选择“临时运行结果文件夹”单选按钮，QTP将运行测试结果存放到默认的文件夹中，并且覆盖上一次该文件夹中的测试结果。如果脚本定义了输入参数，还可以切换到“输入参数”选项卡设置输入参数。

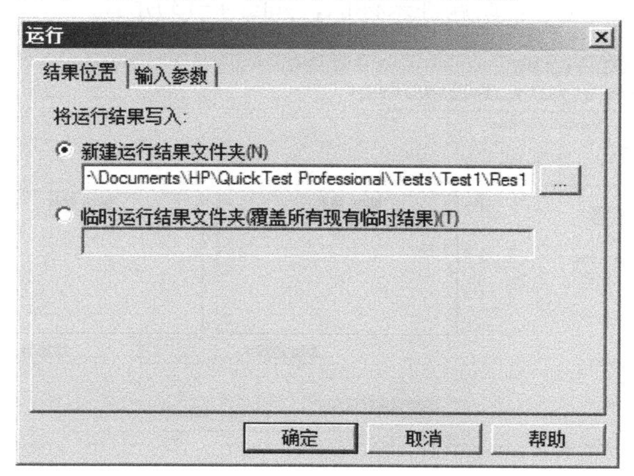

图4-11 【运行】对话框

单击【确定】按钮，开始自动运行测试脚本。

（7）分析测试结果。

运行结束后，自动打开【测试结果】窗口，在该窗口可以查看测试名称、结果名称、运行开始和结束的时间、通过的循环和失败的循环、测试的状态等，如图 4-12 所示。

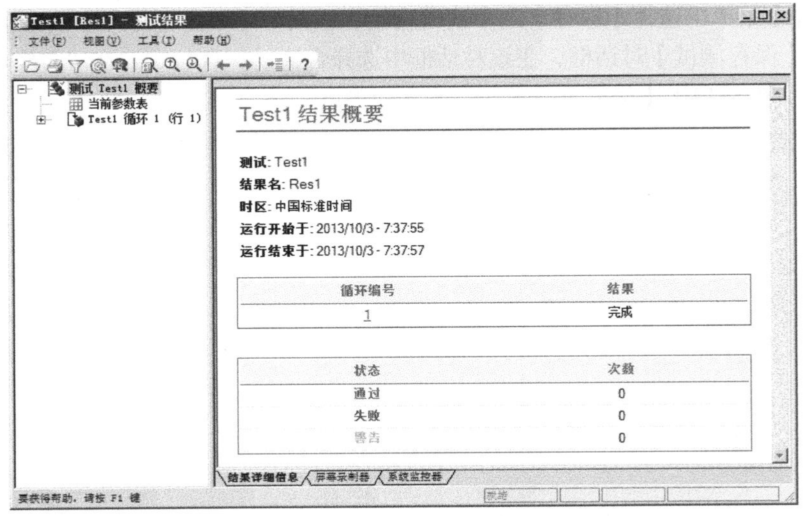

图 4-12 【测试结果】窗口

如果设置了运行时保存截屏的选项，则可以在测试结果的“Screen Recorder”中，查看测试步骤对应的界面截屏。

4.2.5 QTP 的基本使用方法

1. 编辑测试脚本

（1）对象的标识。

编辑测试脚本的第一步是识别测试对象，QTP 针对不同的编程语言开发控件，采用不同的对象识别技术，根据加载的插件来选择相应的控件对象识别的依据。在 QuickTest Professional 的【工具】菜单中选择【对象标识】命令，在打开的【对象标识】对话框可以看到各种标准 Windows 控件对应的对象标识方法，例如，对于 WinButton 控件，使用“nativeclass”、“text”两个强制属性和“window id”辅助属性来标识，如图 4-13 所示。

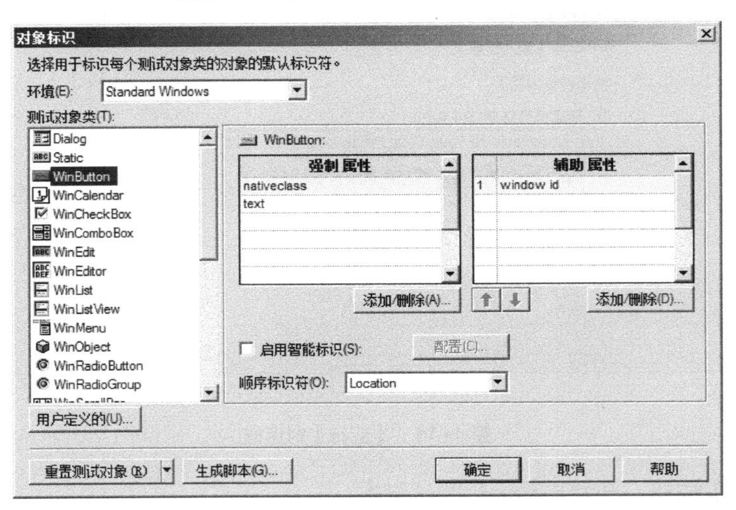

图 4-13 【对象标识】对话框

可以单击【添加/删除】按钮，打开【添加/删除属性】对话框，在该对话框中添加或删除标识控件的属性，如图 4-14 所示。

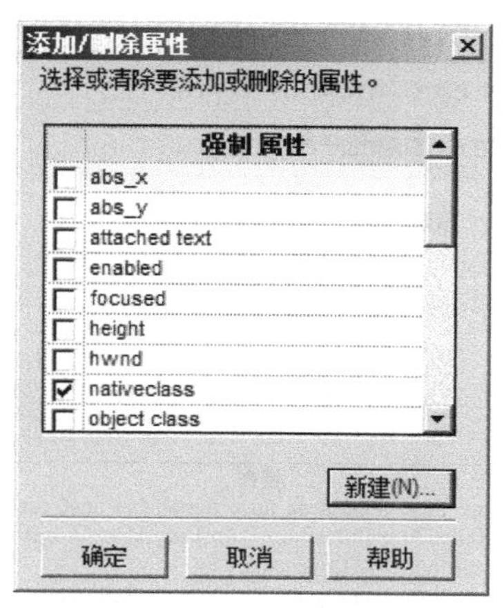

图 4-14 【添加/删除属性】对话框

（2）对象侦测器的使用。

QTP 提供的【对象侦测器】可用于观察程序运行时测试对象的属性和方法。在 QTP 的【工具】菜单选择【对象侦测器】，弹出如图 4-15 所示【对象侦测器】对话框。

在【对象侦测器】对话框中单击右上角的手形按钮，然后移动鼠标到需要测试的对象上，鼠标所在位置的控件会出现一个黑色框，单击鼠标左键选择测试对象，这里单击样例程序"Flight"中的【帮助】按钮，自动获取该控件所有属性和方法，并在该对话框中显示出来。

在【对象侦测器】对话框中可以看到，所选中的【帮助】按钮是"WinButton"对象，在下方的"属性"列表框中列出了该按钮的属性，如图 4-16 所示。

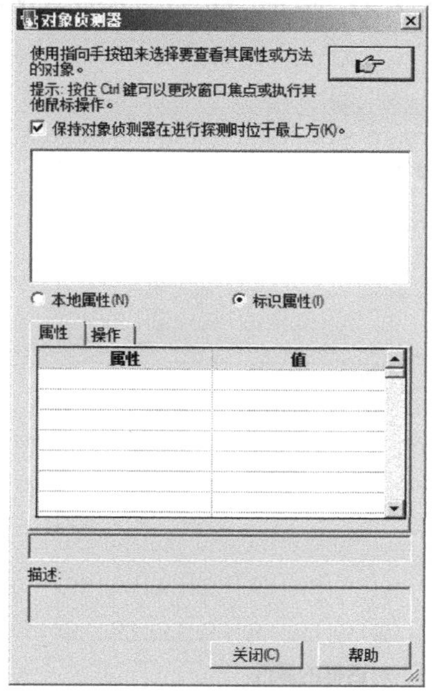

图 4-15 【对象侦测器】对话框

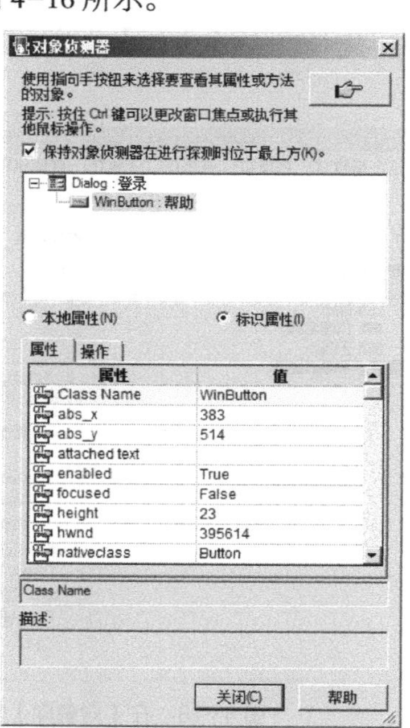

图 4-16 在【对象侦测器】对话框中获取和查看测试对象的属性

切换到“操作”选项卡，可以看到按钮对应的方法，如 Click、Close 等，如图 4-17 所示。

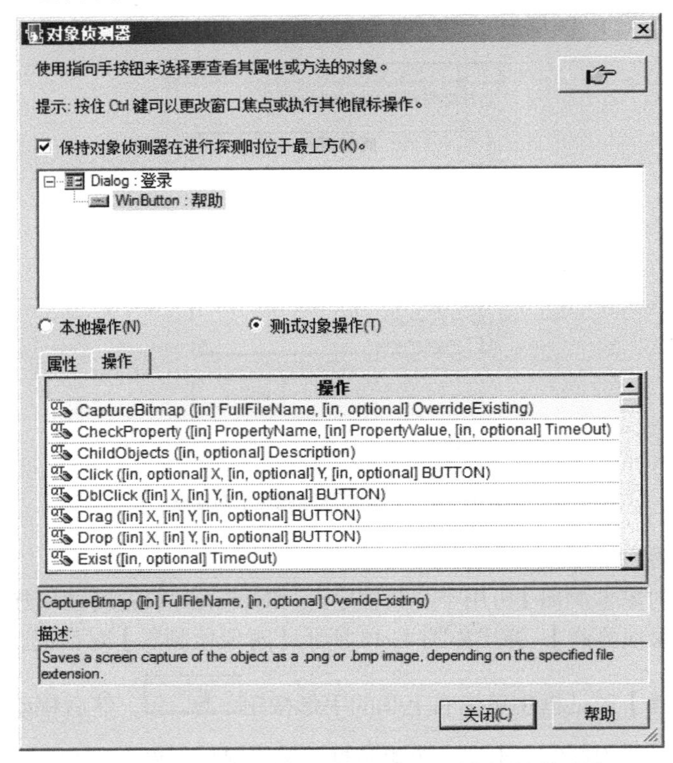

图 4-17　在【对象侦测器】获取和查看测试对象的方法

（3）对象库的使用与管理。

① 打开【对象库】窗口。使用【对象库】可以查看和了解测试程序的界面控件元素以及它们的层次关系。在 QTP 的【资源】菜单中选择【对象库】命令，打开如图 4-18 所示的【对象库】窗口。

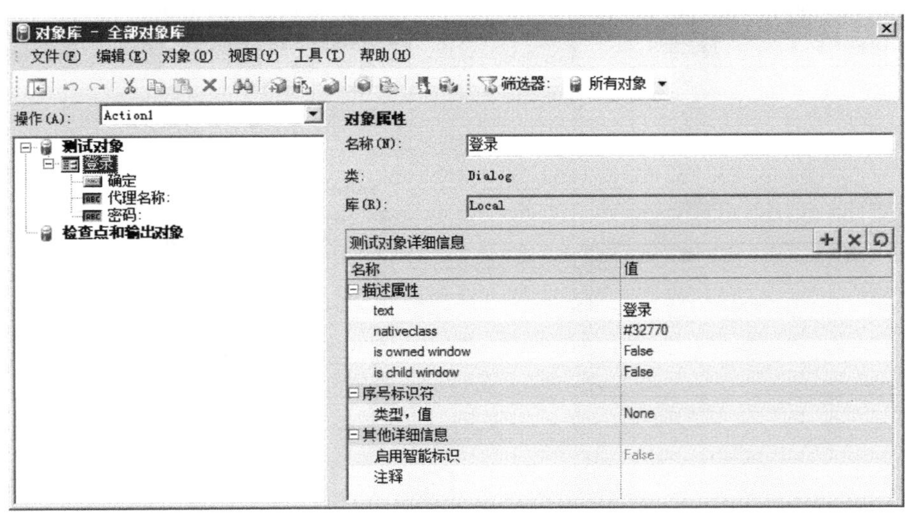

图 4-18　在【对象库】窗口中查看【登录】对话框的属性

QTP 在录制测试脚本的过程中会把界面操作涉及的控件对象自动添加到对象库中，图 4-18

中添加了“登录”对话框和“确定”按钮、“代理名称”文本框、“密码”文本框 3 个控件，但是那些在测试过程中未被鼠标单击或键盘操作的界面控件则不会添加到对象库中，例如，图 4-18 中就没有包含“取消”按钮、“帮助”按钮、标签控件和图片控件。界面中某些控件对象具有层次关系，例如，按钮和文本框等控件包含在对话框中。

在图 4-18 中单击“确定”选项，可以查看该按钮的属性，如图 4-19 所示，从图中可以看出【确定】按钮属于“WinButton”类，其描述属性包括 text 和 nativeclass，这两个属性将作为测试脚本运行时找到测试程序界面上相应控件的依据。

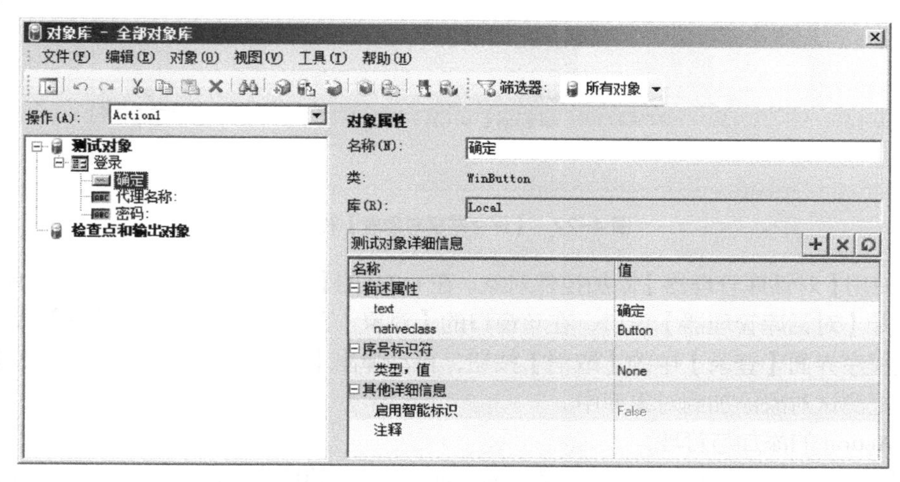

图 4-19　在【对象库】窗口中查看【确定】按钮的属性

② 将测试对象添加到对象库中。QTP 录制操作时会把界面操作以及涉及的控件对象都自动添加到对象库中，但是对不经鼠标或键盘操作的控件对象，则不会自动添加对象库中，可以通过手工方式添加。

在【对象库】窗口的【对象】菜单中选择【将对象添加到本地】命令，然后选择测试程序“Flight”的【登录】对话框中的【帮助】按钮，在弹出的【对象选择】对话框中选择“帮助”按钮，如图 4-20 所示。然后单击【确定】按钮，将【帮助】按钮添加对象库中。

将对象添加对象库后，在“关键字视图”的对象列表中可以看到所有被添加的对象，如图 4-21 所示。

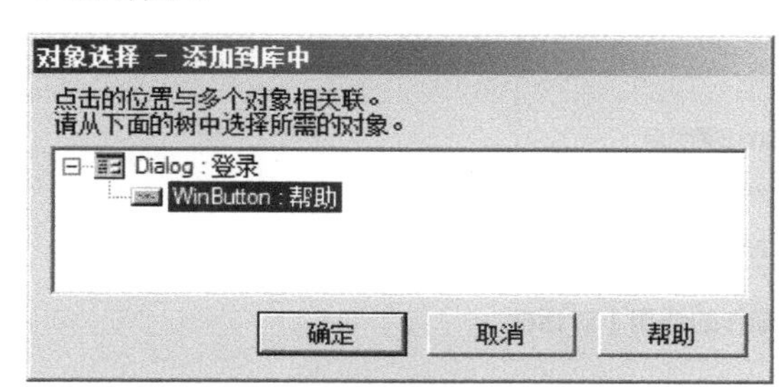

图 4-20　在【对象选择】对话框中选择“帮助”按钮

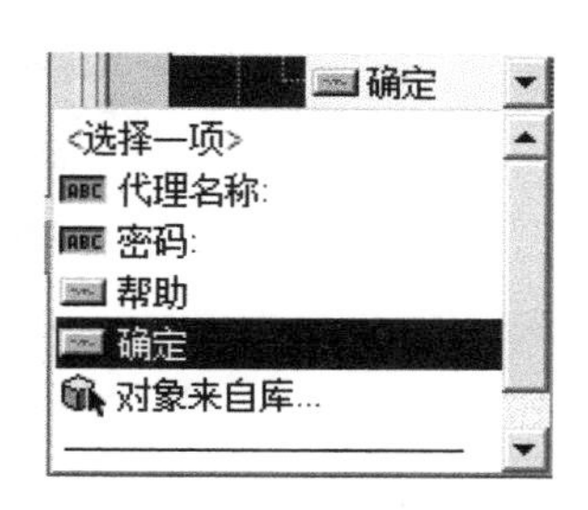

图 4-21　添加本地对象库中的对象列表

③ 在【对象库】窗口将对象导出到文件。测试对象可以导出到文件中，供其他测试脚本使用。在【对象库】窗口的【文件】菜单中选择【导出本地对象】命令，打开【保存共享对象库】对话框，在对话框中选择合适的保存位置，在“文件名”列表框中输入合适的名称，如“login”，如图 4-22 所示，然后单击【保存】按钮即可。

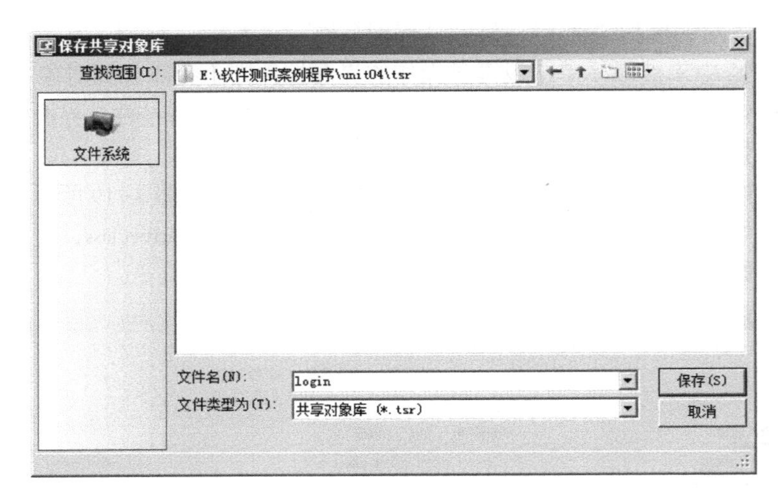

图 4-22 【保存共享对象库】对话框

（4）使用【对话库管理器】添加控件对象。在 QTP 的【资源】菜单中选择【对话库管理器】命令，打开【对话库管理器】窗口，在该窗口的【对象】菜单中选择【添加对象】命令，然后选择测试程序界面【登录】中的【取消】按钮，自动弹出【对象选择】对话框，单击【确定】按钮即可把测试对象添加到对象库中。

（5）Action 的添加与管理。

① 添加新的 Action。QTP 中可以使用 Action 来划分和组织测试流程，如果想在当前 Action 某个测试步骤之后添加新的 Action，则可以先选中当前的测试步骤（如选中 Action1 的单击【确定】按钮这个步骤），然后在 QTP 窗口的【插入】菜单中选择【调用新建操作】命令，打开【插入对新建操作的调用】对话框，在该对话框的“名称”文本框中输入 Action 的名称，这里输入“Action2”，在“描述”文本框中输入对 Action 的描述，这里输入“样例程序 Flight 的操作”，在“位置”区域选择“当前步骤之后”单选按钮，如图 4-23 所示。

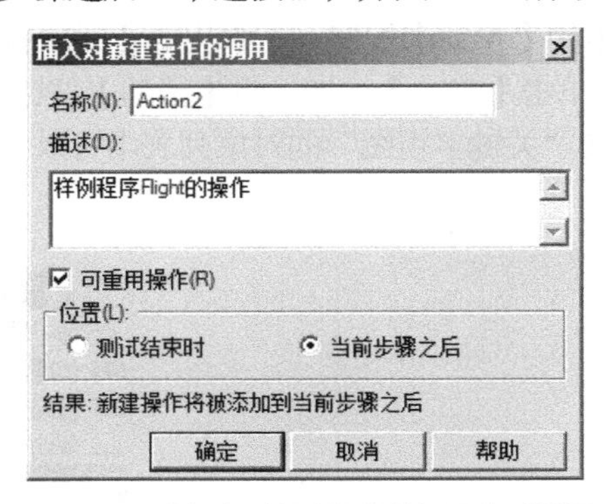

图 4-23 【插入对新建操作的调用】对话框

在【插入对新建操作的调用】对话框中单击【确定】按钮，返回关键字视图，可以看到一个名称为“Action2”的 Action 被成功添加，如图 4-24 所示。

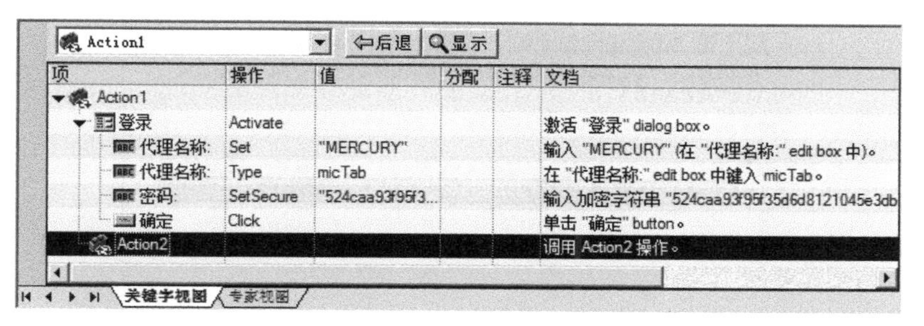

图 4-24　在“关键字视图”成功添加“Action2”

② 为新添加的 Action 录制新的测试脚本。新添加的 Action 不能直接使用前一个 Action 中的测试对象，需要重新录制新的测试脚本，这里只录制在样例程序 Flight 的【登录】对话框中单击【取消】按钮，在“关键字视图”查看录制的脚本，如图 4-25 所示。

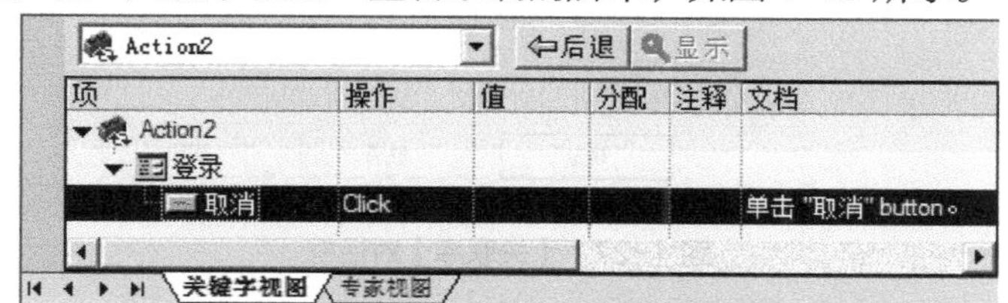

图 4-25　在“关键字视图”中查看新录制的脚本

③ 关联 Action 的对象库。可以通过关联其他 Action 所导出的对象库文件来使用其测试对象，在 QTP 窗口的【资源】菜单中选择【关联库】命令，打开【关联库】对话框，在该对话框中单击 + 按钮，弹出【打开共享对象库】对话框，在该对话框中选择前面的 Action 所导出的共享对象库文件，这里选择“login.tsr”，如图 4-26 所示。

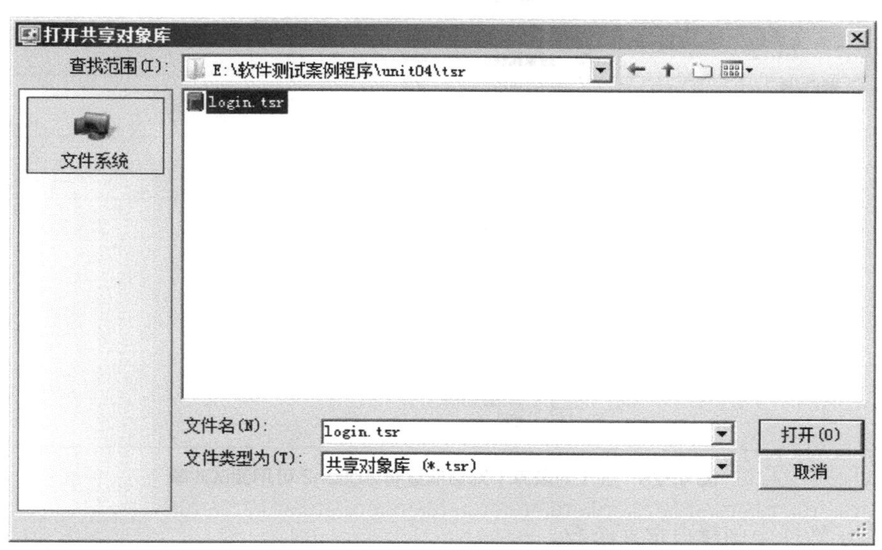

图 4-26　【打开共享对象库】对话框

单击【打开】按钮，返回【关联库】对话框，在该对话框的左侧“可用操作”列表中双击“Action2”，将其移至右侧的“关联操作”列表框中，如图 4-27 所示。

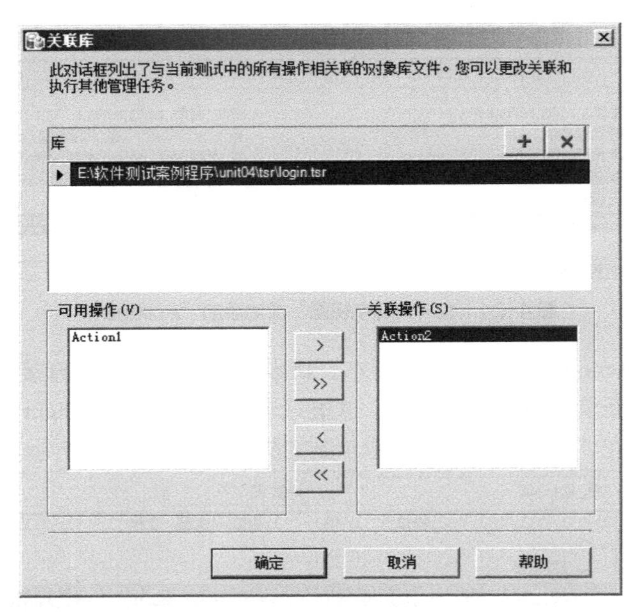

图 4-27 【关联库】对话框

在【关联库】对话框中单击【确定】按钮，返回 QTP 主窗口，这样就可以在 Action2 的测试脚本中使用 Action1 对象库中的测试对象。

打开【对象库】对话框，在“操作”下拉框中选择“Action2”，可以看到“Action2”的可用测试对象，如图 4-28 所示，除了 Action2 新添加的对象，还包括 Action1 的对象。

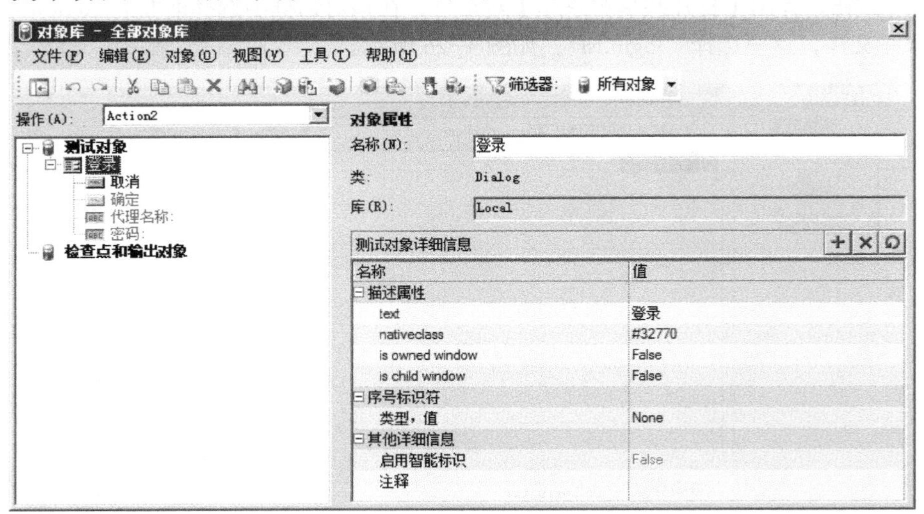

图 4-28 在【对象库】对话框查看 Action2 可用测试对象

（6）在函数库中创建自定义函数。

QTP 的测试脚本除了访问和调用函数库的测试对象、内建的函数外，也可以创建自定义函数，把一些可重用的脚本封装到函数库，在测试脚本中调用。

① 在 QTP 窗口的【插入】菜单中选择【函数定义生成器】命令，打开【函数定义生成器】对话框。

② 在“函数定义”区域的“名称”文本框中输入函数名称，这里输入“displayInfo”；在“类

型”列表框中选择“Function”选项；在“范围”列表框中选择“Public”选项。

在“参数”区域单击 + 按钮，在“名称”位置输入参数名称，这里输入“text”，在“传递模式”位置选择“按值”选项。

在“其他信息”区域的“描述”文本框中输入“输出提示信息”，在“文档”文本框中输入“<text>显示的文本内容”。

对话框的下方的“预览”文本框中自动生成对应的函数框架代码，如图 4-29 所示。

③ 在【函数定义生成器】对话框中单击【确定】按钮，则会在当前的 Action 的测试代码中，添加函数框架代码。

④ 编写函数代码，这里定义的函数用于输出提示信息，其完整代码如下所示。

```
'@Description 输出提示信息
'@Documentation <text>显示的文本内容
Public Function displayInfo(ByVal text)
        ' TODO: add function body here
        MsgBox text , 0 , "提示信息"
End Function
```

⑤ 在测试代码中调用自定义函数。在 QTP 窗口的【插入】菜单中选择【步骤生成器】命令，打开【步骤生成器】对话框。在该对话框的“类别”列表框中选择“函数”选项，在“库”列表框中选择“本地脚本函数”选项，在“操作”列表框中选择自定义函数“displayInfo”，在“参数”区域“值”位置输入参数的值，这里输入“测试代码运行完毕”，如图 4-30 所示。

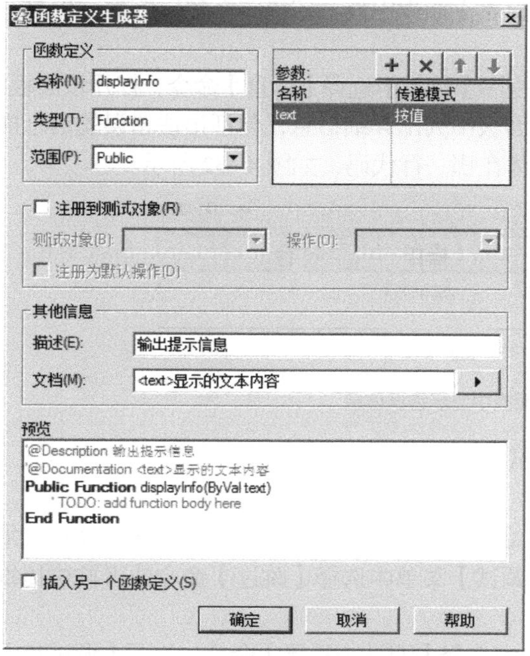

图 4-29 【函数定义生成器】对话框

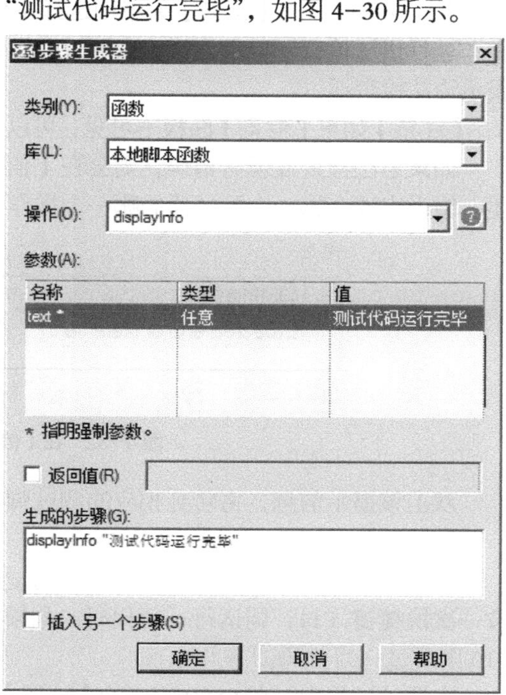

图 4-30 【步骤生成器】对话框

单击【确定】按钮，完成自定义函数的调用。

当然也可以在“专家视图”中手工编写代码调用自定义函数，代码如下所示。

displayInfo "测试代码运行完毕"

⑥ 保存测试脚本。

⑦ 运行测试脚本，自定义函数 displayInfo 的调用结果如图 4-31 所示。

图 4-31　自定义函数 displayInfo 的调用结果

2．调试测试脚本

对于以下求 1～10 之和的测试脚本，代码编写完成后，在运行之前，可以先利用 QTP 的语法检查功能和脚本调试功能对测试脚本的语法和逻辑进行检查。

```
Dim i ,sum
i=0
sum=0
While i<10
    i=i+1
    sum=sum+i
Wend
displayInfo "sum=" & sum
```

（1）检查语法。

在 QTP 窗口的【工具】菜单中选择【检查语法】命令，或者按快捷键【Ctrl+F7】对测试脚本进行语法检查，如果语法检查通过，则在【信息】面板中显示“语法有效”的提示信息，表示语法检查通过。

【注意】如果【信息】面板不可见，可以在【视图】菜单中选择【信息】命令，打开该面板。

如果语法检查发现有错误，则会在【信息】面板中列出详细信息，包括语法错误的信息描述、错误出现在哪一个测试项的哪一个操作，具体在哪一行代码，如图 4-32 所示。

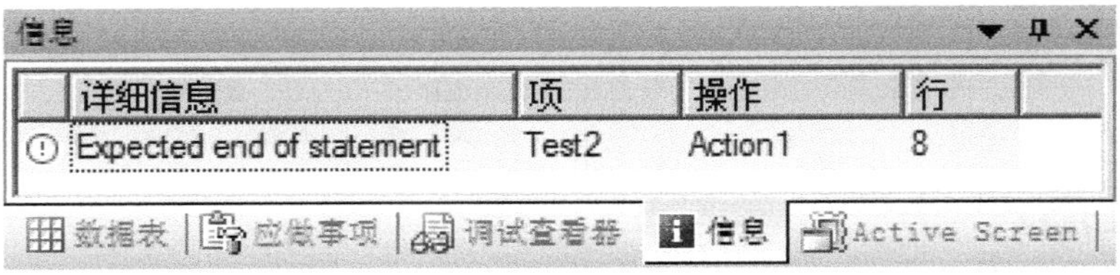

信息

	详细信息	项	操作	行
ⓘ	Expected end of statement	Test2	Action1	8

数据表 | 应做事项 | 调试查看器 | 信息 | Active Screen

图 4-32　在【信息】面板中显示错误信息

双击该提示信息，将转到相应的测试脚本的代码行。

（2）单步调试。

在 QTP 窗口的【调试】菜单中选择【进入】命令，或者按快捷键 F11 开始单步高调试。每按一次快捷键 F11，则运行一行代码，如果在【调试】菜单中选择【跳过】命令或者按快捷键 F10 则跳过一行代码。

在调试过程中，在 QTP 窗口的【视图】菜单中选择【调试查看器】命令，打开【调试查看器】面板，在该面板的“名称”列输入对象属性或变量可以查看其值，这里输入“i”和“sum”，查看在单步调试过程中，这两个变量值的变化情况，如图 4-33 所示。

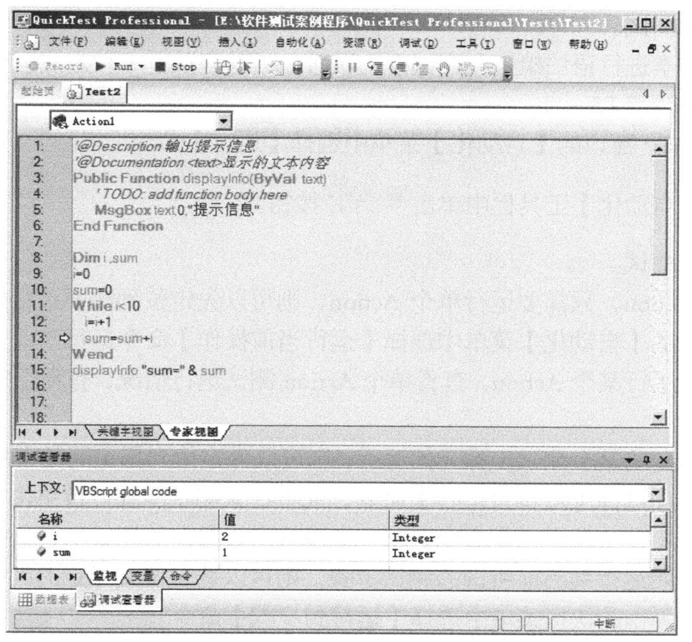

图 4-33　测试脚本的单步调试与变量监视

（3）使用断点。

将光标停在脚本代码中需要设置断点的位置，按快捷键 F9，也可以直接单击代码行的左侧灰色部分，即可在本行设置一个断点。然后按快捷键 F5 运行测试脚本，运行过程中将在断点所在的代码行停住。按快捷键 F9 还可以取消断点。

3．运行测试脚本

（1）运行设置。

在 QTP 窗口的【工具】菜单中选择【选项】命令，打开【选项】对话框。在该对话框中选择“运行”选项，在右侧窗格的“运行模式”区域，供选择的运行模式包括“普通”和“快速”两项，如图 4-34 所示。如果选择“快速”单选按钮，则 QTP 以尽可能快的速度运行测试脚本中的每个测试步骤；如果选择“普通”单选按钮，则可以进一步设置测试运行过程中每一个测试步骤的停顿时间，这种设置有利于测试人员在 QTP 执行测试过程中查看测试的整个过程，看是否如预期的设计一样执行测试。

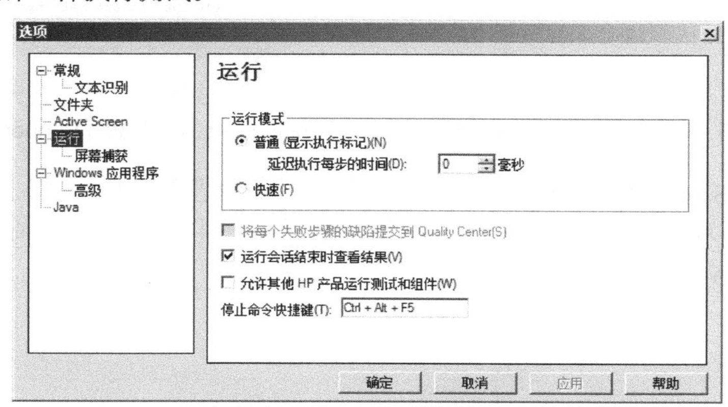

图 4-34　在【选项】对话框对“运行”进行必要的设置

（2）运行整个测试。

对全部测试脚本进行语法检查和调试都无误后，可以有以下 3 种方法运行全部测试脚本。

方法一：按快捷键 F5。

方法二：在 QTP 窗口的【自动化】菜单中选择【运行】命令。

方法三：在【自动化】工具栏中单击 Run 按钮。

（3）运行部分测试。

如果有多个 Action，只需要运行单个 Action，则可以先定位到需要运行的 Action，如选择 Action2，在 QTP 的【自动化】菜单中选择【运行当前操作】命令运行当前选择的 Action。这种方式有利于单独运行某个 Action，查看单个 Action 测试运行情况，有利于定位当前 Action 的问题。

如果需要从指定的某个测试步骤开始运行，则可以先定位到指定的某个测试步骤，在 QTP 的【自动化】菜单中选择【从步骤运行】命令，或者在该测试步骤位置单击鼠标右键，在弹出的快捷菜单中选择【从步骤运行】命令，就可实现从当前选中的测试步骤开始运行测试。

如果需要从开始运行到当前所选的测试步骤，则可以选定位到指定的某个终点测试步骤，单击鼠标右键，在弹出的快捷菜单中选择【运行到步骤】命令。

（4）批量运行测试。

可以使用 QTP 自带的运行工具【测试 Batch Runner】批量运行测试脚本。

在如图 4–34 所示的【选项】对话框“运行”界面中选中复选框“允许其他 HP 产品运行测试和组件”。

在 Windows 的【开始】菜单中选择【QuickTest Professional】→【Tools】→【Test Batch Runner】命令，启动【测试 Batch Runner】，如图 4–35 所示。

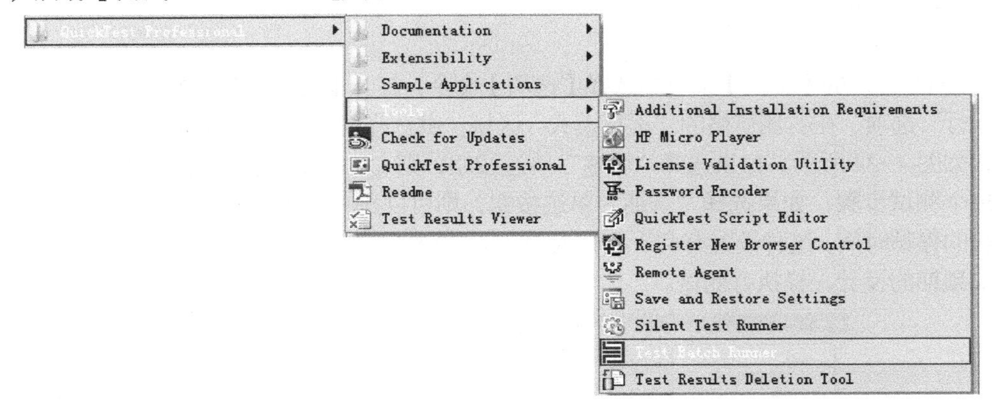

图 4–35 选择【QuickTest Professional】→【Tools】→【Test Batch Runner】命令

【测试 Batch Runner】启动成功后，在其主窗口的【批处理】菜单中选择【添加】命令，添加多个 QuickTest 项目，如图 4–36 所示。在【批处理】菜单中选择【运行】命令批量运行列表中所有的测试脚本。

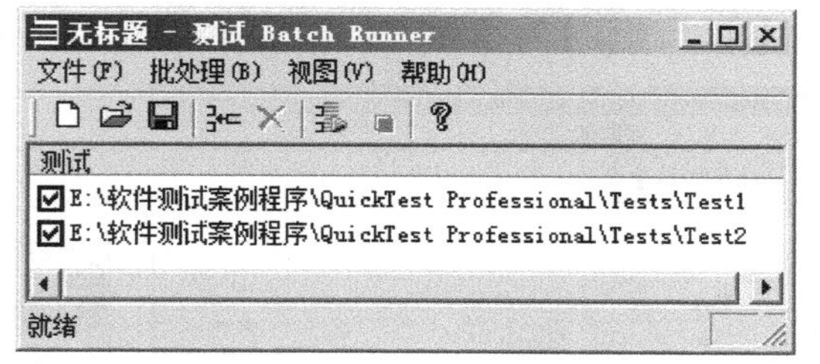

图 4-36 在【测试 Batch Runner】中添加多个 QuickTest 项目

4.2.6 使用 QTP 实现数据驱动测试

数据驱动的测试方法要解决的核心问题是把数据从测试脚本中分离出来，从而实现测试脚本的参数化。

测试脚本的开发和维护是自动化测试重要环节，适当地调整和增强测试脚本，能提高测试脚本的灵活性，增加测试覆盖面，提高应对测试对象变更的能力。数据驱动方式的测试脚本是解决此类问题的重要手段。

自动化测试指对录制和编辑好的测试步骤进行回放，这种测试方式测试覆盖面比较低，测试回放的只是录制时所做的界面操作以及输入的测试数据，或者是脚本编辑时指定的界面操作和测试数据。

在 QTP 中，通过把测试脚本中的固定值替换成参数的方式扩展测试脚本，这个过程称为参数化，这样可以有效地提高测试的灵活性和有效性。

数据驱动测试把测试脚本中的测试数据提取出来，存储到外部文件或数据库中，在测试过程，从文件动态读入测试数据。如果希望测试的覆盖面更广，或者让测试脚本能适应不同的变化情况，则需要进行测试脚本的参数化，采用数据驱动的测试脚本开发方式。

通过参数化方式，从外部数据源或数据产生器读取测试数据，从而扩大测试的覆盖面，提高测试的灵活性。在 QTP 中，可以使用数据表参数化（Data Table Parameters）、随机数参数化（Random Number Parameters）、环境变量参数（Environment Variable Parameters）和 Action 的输入参数化等多种方式对测试脚本进行参数化。

测试项目 Test3 的初始测试脚本是测试预定一张从旧金山（San Francisco）到伦敦（London）的机票，其代码如下所示。

```
Window("航班预订").Activate
Window("航班预订").ActiveX("MaskEdBox").Type "102813"
Window("航班预订").WinComboBox("起点:").Select "San Francisco"
Window("航班预订").WinComboBox("终点:").Select "London"
Window("航班预订").WinButton("FLIGHT").Click
Window("航班预订").Dialog("航班表").WinList("从").Activate "13888    SFO    03:12 PM
LON    05:42 PM    AF    $175.47"
Window("航班预订").Activate
Window("航班预订").WinEdit("名称:").Set "LIHAO"
Window("航班预订").WinRadioButton("商务舱").Set
Window("航班预订").WinButton("插入订单(I)").Click
Window("航班预订").WinButton("Button").Click
Window("航班预订").Activate
```

这些测试代码对应的【航班预订】窗口如图 4-37 所示。

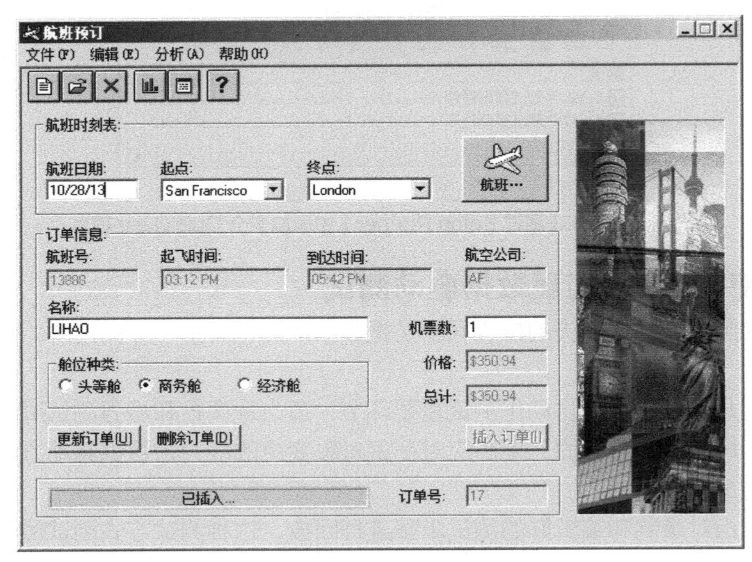

图 4-37 在【航班预订】窗口预订机票

以上测试脚本是“专家视图”中查看的结果，这些测试脚本在“关键字视图”中的查看结果如图 4-38 所示。

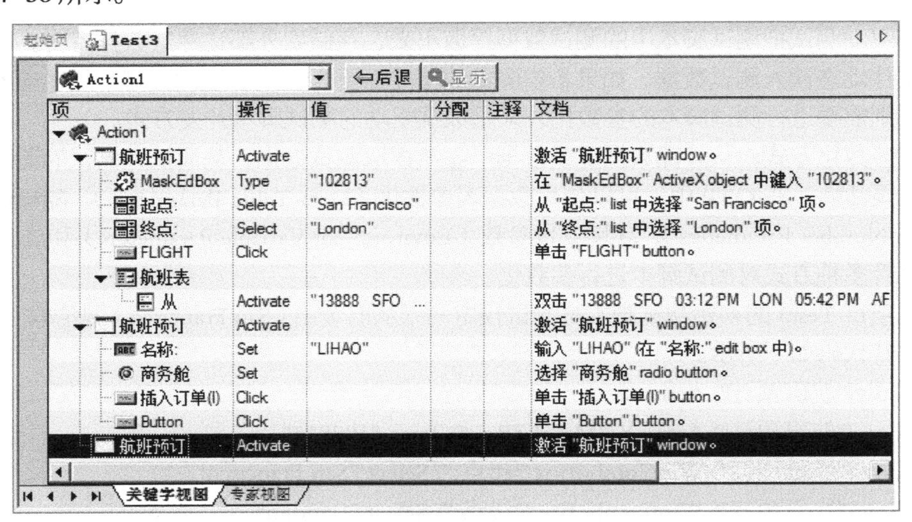

图 4-38 在“关键字视图”中的查看预订机票的测试脚本

对于这样一个测试脚本，只能检查特定的航班订票记录的正确性，如果希望测试脚本对多个航班订票记录的正确性都能检查，则需要进行必要的参数化。

1．使用数据表对测试数据参数化

（1）把测试步骤中的输入数据进行参数化。

对图 4-38 所示的航班日期、航班起点、航班终点和订票人名称的输入数据进行参数化设置。

① 在“关键字视图”中选择“航班日期”所在测试步骤行，单击“值”列所在的单元格，此时输入数据变为可编辑状态，且出现<#>按钮。

② 单击<#>按钮，或者按快捷键【Ctrl+F11】，打开【值配置选项】对话框，该对话框的初

始状态“常量”单选按钮处于选中状态，且在其右侧的文本框中显示日期常量数据，如图 4-39 所示。

③ 选中“参数”单选按钮，在其右侧参数类型的列表框中选择“DataTable”，名称列表框中输入“flyDate”，在“数据表中的位置”区域选择“全局表”单选按钮，如图 4-40 所示。

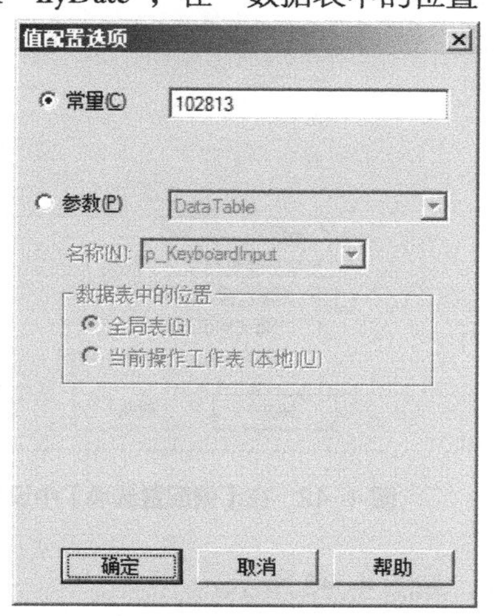

图 4-39 【值配置选项】对话框的初始状态

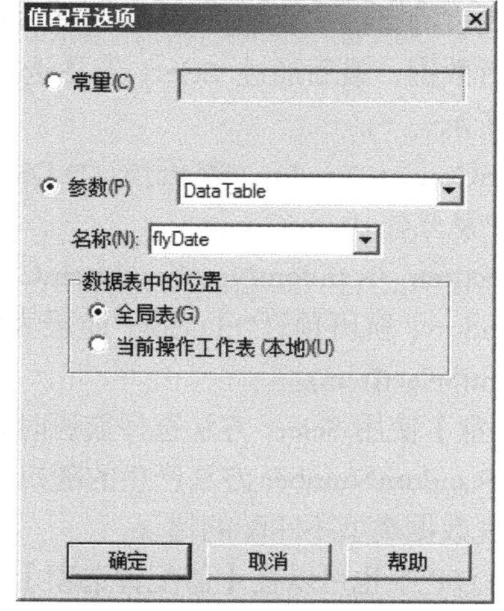

图 4-40 在【值配置选项】对话框中进行相关设置

④ 单击【确定】按钮返回“关键字视图”界面，可以看出“值”已经被参数化。

以类似方法将航班起点、航班终点和订票人名称的输入数据进行参数化设置。

⑤ 在【数据表】面板查看参数设置。

在 QTP 窗口的【视图】菜单中选择【数据表】命令，显示【数据表】面板，可以看到数据表的列名分别为“flyDate”、“flightFrom”、“flightTo”和“name”，第 1 行数据值分别为“102813”、“San Francisco”、“London”和“LIHAO”，这是参数化之前录制的脚本中的常量数据，还可以在后面各行中添加更多的测试数据。

【提示】可以双击数据表的列名，打开【更改参数名】对话框，在该对话框中修改列名即可。

切换到“专家视图”观看参数化设置后的测试代码，如下所示。

```
Window("航班预订").ActiveX("MaskEdBox").Type DataTable("flyDate", dtGlobalSheet)
Window("航班预订").WinComboBox("起点:").Select DataTable("flightFrom", dtGlobalSheet)
Window("航班预订").WinComboBox("终点:").Select DataTable("flightTo", dtGlobalSheet)
Window("航班预订").WinEdit("名称:").Set DataTable("name", dtGlobalSheet)
```

（2）添加与编辑测试数据。

打开【数据表】面板，在表格中添加与编辑多行测试数据，如图 4-41 所示。运行脚本时，QTP 会从数据表中依次提取数据来对“航班预订”界面中的“航班日期”、“起点”、“终点”和“名称”设置输入数据。

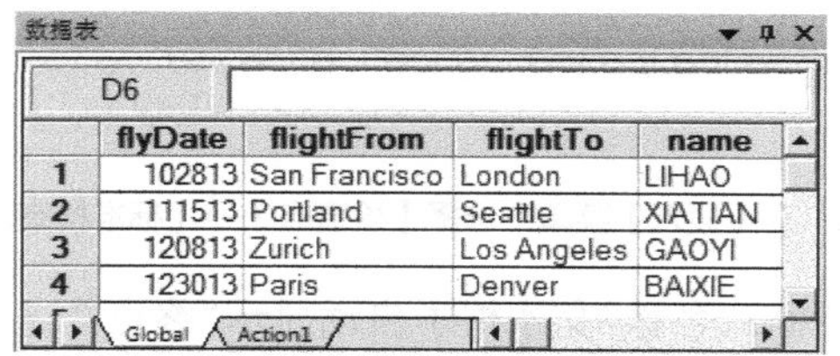

	flyDate	flightFrom	flightTo	name
1	102813	San Francisco	London	LIHAO
2	111513	Portland	Seattle	XIATIAN
3	120813	Zurich	Los Angeles	GAOYI
4	123013	Paris	Denver	BAIXIE

图 4-41 在【数据表】中添加与编辑测试数据

2．使用随机数据对测试数据参数化

由于航班会随所选择的起点和终点而变化，因此对于“选择航班”的参数化需要做特殊处理。

可以先通过访问航班列表的 GetItemsCount 属性，获取航班列表的行数，然后使用 RandomNumber 随机选取其中一行数据，最后通过 Select 方法选择航班。具体代码如下所示。

```
ItemCount=Window("航班预订").Dialog("航班表").
WinList("从").GetItemsCount
SelectItem=RandomNumber(0,ItemCount-1)
Window("航班预订").Dialog("航班表").WinList("从").
Select cint(SelectItem)
```

【注意】使用 Select 方法选择航班时，需要使用 cint 函数将 RandomNumber 方法产生的随机数转换为整型，否则会现数据类型不匹配的错误。

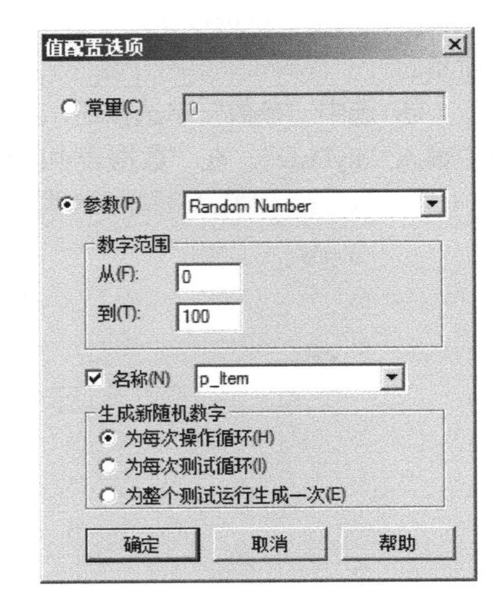

图 4-42　在【值配置选项】中设置随机数

在 QTP 中也可以在【值配置选项】中设置随机数，如图 4-42 所示。

3．插入检查点与参数化检查点

要想判断界面操作的结果是否正确，需要利用 QTP 提供的检查点功能。检查点用于判断测试对象当前属性值与预期值是否一致，测试人员根据检查点的结果来判断被测程序是否正常工作。

QTP 提供的检查点类型主要包括标准检查点、文本检查点、文本区域检查点、位图检查点、数据库检查点、可访问性检查点和 XML 检查点等。QTP 提供检查点类型较多，由于本书篇幅的限制，这里只介绍标准检查点的插入方法，其他检查点的使用方法请参考相关书籍。

标准检查点（Standard CheckPoint）用于检查测试对象的属性，例如窗体是否激活、文本框或列表框的字符串是否等于某个值等。

这里在“终点”列表框中选择值的后面插入一个标准检查点，检查“终点”值是否与预期数据一致。

在“关键字视图”中，将光标置于“终点”项对应的行，在 QTP 窗口的【插入】菜单中选择【检查点】→【标准检查点】命令，如图 4-43 所示。

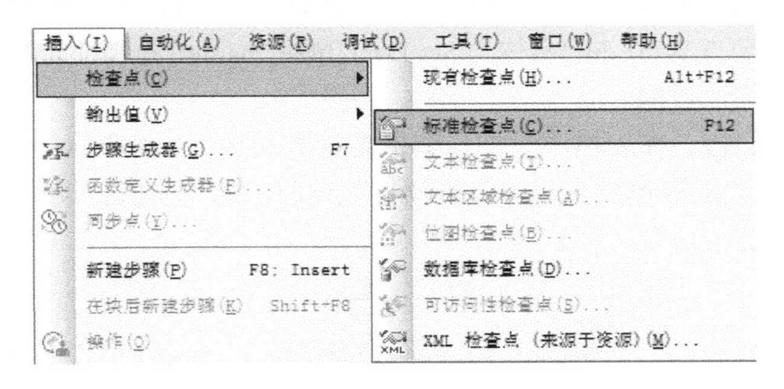

图 4-43　在【插入】菜单中选择【检查点】→【标准检查点】命令

打开【检查点属性】对话框，“名称”文本框中自动显示“终点:”，在属性列表中选中“selection”左侧的复选框，在“插入语句位置”区域选择“当前步骤之后”单选按钮。

在“配置值”区域选择“参数”单选按钮，然后单击右侧的【参数选项】按钮，打开【参数选项】对话框，在该对话框的“参数类型”列表框中选择“DataTable”，在“名称”列表框中输入“flightTo_Selection”，在“数据表中的位置”区域选择“全局表”单选按钮，如图 4-44 所示。

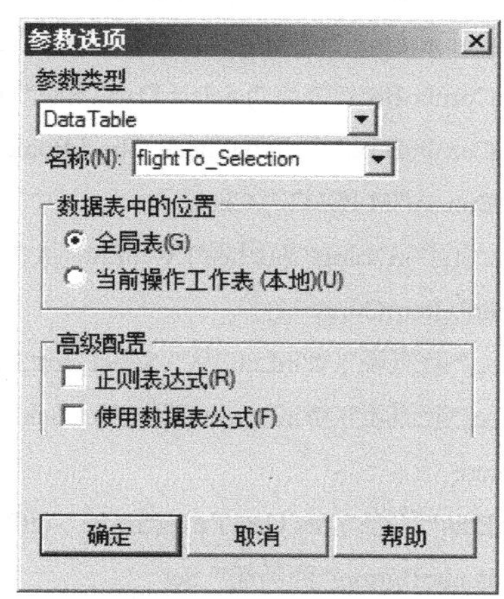

图 4-44　在【参数选项】对话框设置检查点的参数选项

单击【确定】按钮返回【检查点属性】对话框，如图 4-45 所示。

检查点属性
名称(N): 终点:
类: WinComboBox

	类型	属性	值
☐	ABC	focused	False
☐	ABC	height	21
☐	ABC	items count	9
☑		selection	<flightTo_Selection>
☐	ABC	text	Los Angeles

配置值
常量(C) London
参数(P)
DataTable("flightTo_Selection", dtLocalSheet)
检查点超时(T): 10 秒
插入语句位置: 当前步骤之前(B) 当前步骤之后(A)
确定 取消 帮助

图 4-45　在【检查点属性】对话框中设置检查点的各项属性

在【检查点属性】对话框单击【确定】按钮，完成标准检查点的插入以及参数化检查点的操作。

由于测试要求检查点所指的航班终点得到的预期值与测试步骤中选择航班终点的输入数据要一致，故要在【数据表】面板的表格的“flightTo_Selection”列中输入与“flightTo”列相同的数据。

以上各个步骤设置完成后，“专家视图”中完整的脚本代码如表 4-3 所示。

表 4-3　　参数化测试的程序代码

序号	程序代码
01	Window("航班预订").Activate
02	Window("航班预订").ActiveX("MaskEdBox").Type DataTable("flyDate", dtGlobalSheet)
03	Window("航班预订").WinComboBox("起点:").Select DataTable("flightFrom", dtGlobalSheet)
04	Window("航班预订").WinComboBox("终点:").Select DataTable("flightTo", dtGlobalSheet)
05	Window("航班预订").WinComboBox("终点:").Check CheckPoint("终点:")
06	Window("航班预订").WinButton("FLIGHT").Click
07	ItemCount=Window("航班预订").Dialog("航班表").WinList("从").GetItemsCount
08	SelectItem=RandomNumber(0,ItemCount−1)
09	Window("航班预订").Dialog("航班表").WinList("从").Select cint(SelectItem)
10	Window("航班预订").Dialog("航班表").WinButton("确定").Click
11	Window("航班预订").Activate
12	Window("航班预订").WinEdit("名称:").Set DataTable("name", dtGlobalSheet)
13	Window("航班预订").WinRadioButton("商务舱").Set
14	Window("航班预订").WinButton("插入订单(I)").Click
15	Window("航班预订").WinButton("Button").Click
16	Window("航班预订").Activate

4．设置数据表格迭代方式

在 QTP 的【文件】菜单中选择【设置】命令，在弹出的【测试设置】对话框中，切换到“运行”界面，在“数据表循环”设置数据表格的迭代方式，这里选择“在所有行上运行”单选按钮，即【数据表】面板的表格中的所有数据都运行一次，如图 4-46 所示。

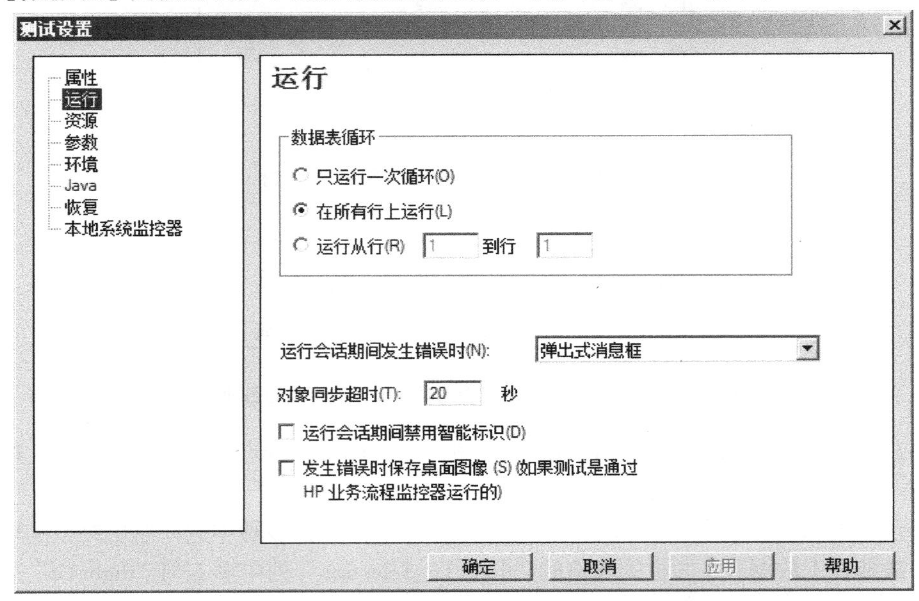

图 4-46　在【测试设置】对话框中设置数据表格迭代方式

5．运行参数化测试脚本

按快捷键 F5 开始运行参数化测试脚本，依次从【数据表】面板的表格中提取一行数据运行测试脚本。测试结果如图 4-47 所示。

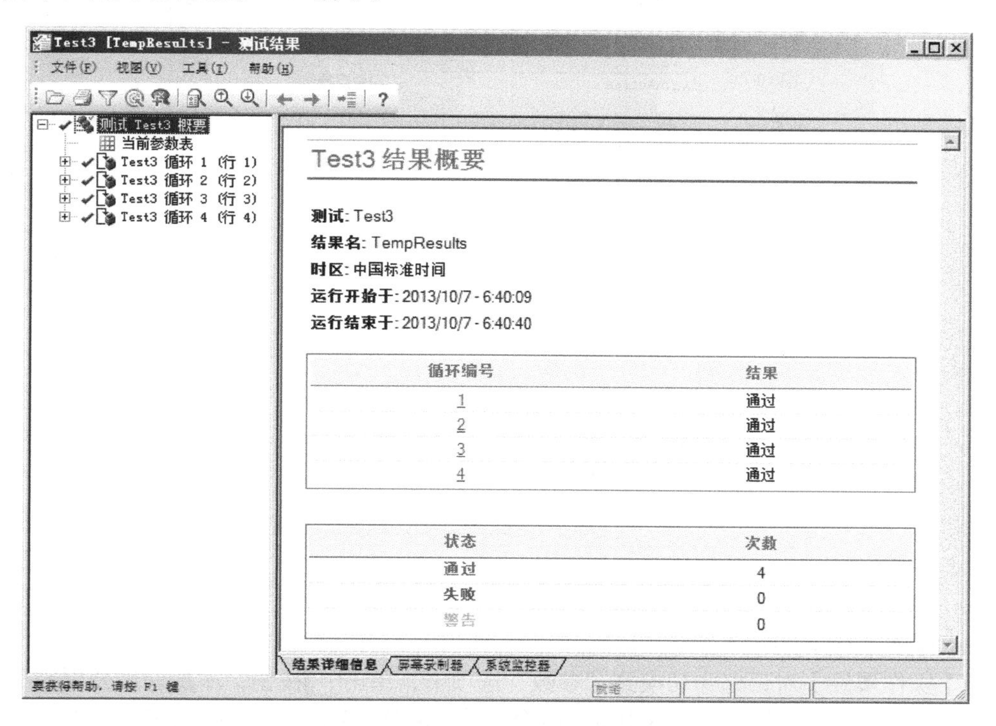

图 4-47　参数化测试脚本的测试结果

4.2.7　Action 的输入参数化

对于重复使用的测试用例，可以转换成公共用例，适当参数化后，可以被其他测试用例调用。例如，QTP 自带的“Flight”样例程序中的“登录”模块的测试步骤是在执行其他测试步骤之前都必须经过的步骤，因此对图 4-48 所示的测试步骤，可以将其进一步参数化后，成为一个可重用的 Action，被其他 Action 调用。

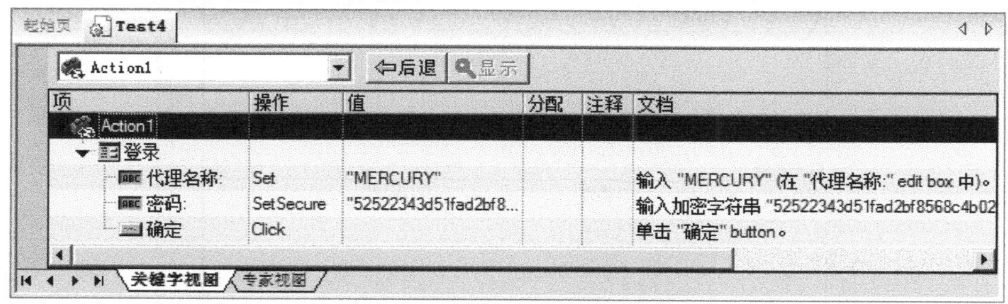

图 4-48　登录模块可重用的测试步骤

（1）设置 Action 的属性。

在“关键字视图”中选择“Action1”所在的行，单击鼠标右键，在弹出的快捷菜单中选择【操作属性】命令，打开【操作属性】对话框。

在“常规”选项卡的“名称”文本框中输入新的 Action 名称，这里输入“LoginAction”，在“概述”文本框中输入对可重用 Action 的描述信息，选中“可重用操作”复选框，如图 4-49 所示。

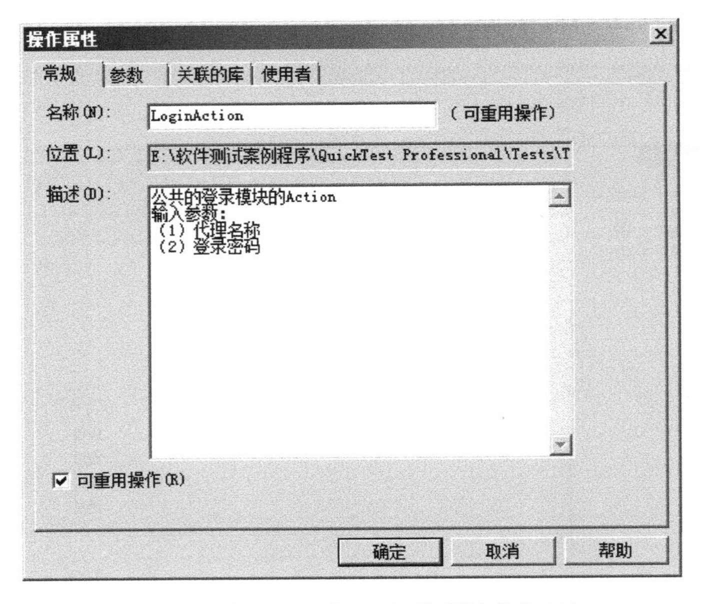

图 4-49 【操作属性】对话框的“常规”选项卡

（2）添加 Action 的输入参数。

在【操作属性】对话框中切换到“参数”选项卡，单击按钮，添加调用公用的 Action 时需要输入的参数名称和类型。这里输入两个参数，名称分别为“loginName”和“password”，类型均为“字符串”，默认值均为“MERCURY”，分别表示“登录名称”和“登录密码”，如图 4-50 所示。

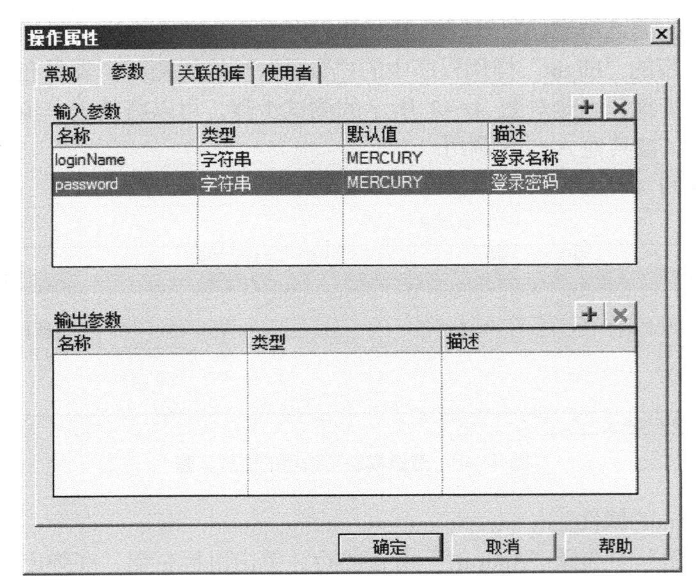

图 4-50 【操作属性】对话框的“参数”选项卡

在【操作属性】对话框单击【确定】按钮返回“关键字视图”。

在“关键字视图”界面选择“代理名称”所在的测试步骤，单击“值”列的单元格右侧的按扭，打开【值配置选项】对话框，在该对话框中选择“参数”单选按钮，然后在其右侧的列表框中选择“测试/操作参数”选项，在“参数”列表框中选择“loginName”，如图4-51所示。单击【确定】按钮完成“代理名称”测试步骤参数的设置。重复同样的步骤，为“登录密码”的测试步骤设置参数。

值配置选项
常量(C) MERCURY
参数(P) 测试/操作参数
父操作参数
参数(P): loginName
以前操作调用的输出结果
操作(A):
参数(R):
确定 取消 帮助

图4-51 在【值配置选项】对话框中设置Action的操作参数

为两个操作步骤设置参数后的“关键字视图”如图4-52所示。

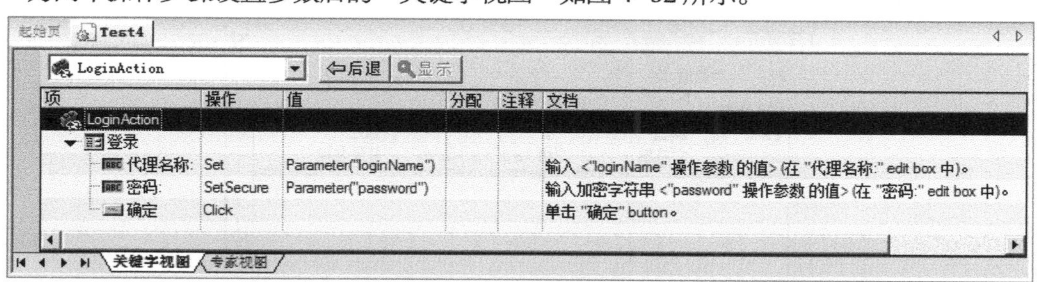

图4-52 为两个操作步骤设置参数后的“关键字视图”

“专家视图”对应的代码如下所示。

```
Dialog("登录").WinEdit("代理名称:").Set Parameter("loginName")
Dialog("登录").WinEdit("密码:").SetSecure Parameter("password")
Dialog("登录").WinButton("确定").Click
```

（3）调用可重用的Action。

完成LoginAction的参数化设置后，就可以在其他Action中调用这个可重用的Action，这里在新的测试项目Test5中调用LoginAction。

创建新的测试项目Test5，选择“Action1”，在QTP窗口的【插入】菜单中选择【调用现有操作】命令，打开【选择操作】对话框。在该对话框中单击“从测试”列表框右侧的【选择】按钮，在弹出的【打开测试】对话框中选择测试项目“Test4”，然后单击【打开】按钮返回【选择操作】对话框。在“操作”列表框中选择“Test4”中可重用的“LoginAction”，如图4-53所示。

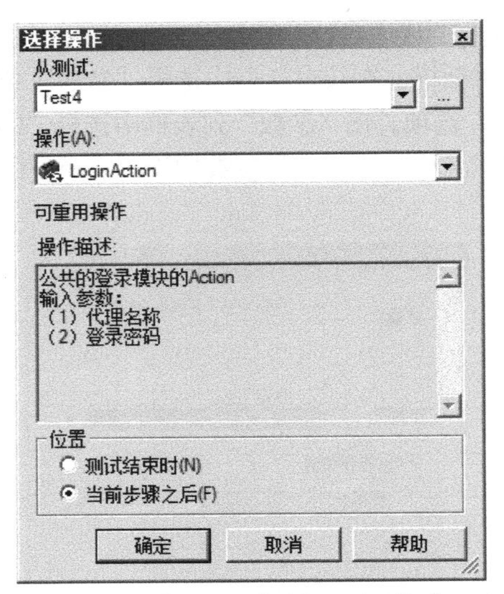

图 4-53　在【选择操作】对话框中选择可重用的“LoginAction”

单击【确定】按钮，即可插入可重用的“LoginAction”。

（4）对可重用 Action 的测试数据参数化。

在“关键字视图”界面选中“LoginAction”所在的行，单击鼠标右键，在弹出的快捷菜单中选择【操作调用属性】命令，打开【操作调用属性】对话框，切换到“参数值”选项卡为每一个参数设置输入的参数值。操作方法是单击“值”列旁边的按钮，打开【值配置选项】对话框，为测试数据绑定到 DataTable 中的数据。两个测试数据参数化设置后如图 4-54 所示。

操作调用属性

运行　参数值

输入参数

名称	类型	值	描述
loginName	字符串	<arg_loginName>	登录名称
password	字符串	<arg_password>	登录密码

输出参数

名称	类型	存储在	描述

确定　取消　帮助

图 4-54　【操作调用属性】对话框

单击【确定】按钮返回“关键字视图”，切换到“专家视图”对应的代码如下所示。

RunAction "LoginAction [Test4]", oneIteration, DataTable("arg_loginName", dtGlobalSheet), DataTable("arg_password", dtGlobalSheet)

该测试代码使用 RunAction 方法调用“LoginAction”，对应的输入数据存储在数据表中。

测试项目 Test5 对应的测试脚本如表 4-4 所示。

表 4-4　　测试项目 Test5 对应的测试脚本

序号	程序代码
01	SystemUtil.Run "C:\Program Files\HP\QuickTest Professional\samples\flight\app\flight4a.exe"
02	Dialog("登录").Activate
03	RunAction "LoginAction [Test4]" , oneIteration , DataTable("arg_loginName", dtGlobalSheet) ,
04	DataTable("arg_password" , dtGlobalSheet)
05	Window("航班预订").ActiveX("MaskEdBox").Type "102813"
06	Window("航班预订").WinComboBox("起点:").Select "San Francisco"
07	Window("航班预订").WinComboBox("终点:").Select "London"

（5）运行 Test5 的测试脚本。

测试项目 Test5 的测试结果如图 4-55 所示，由图可以看出可重用的 LoginAction 被成功调用，测试结果中也列出了调用 LoginAction 所输入的参数值。

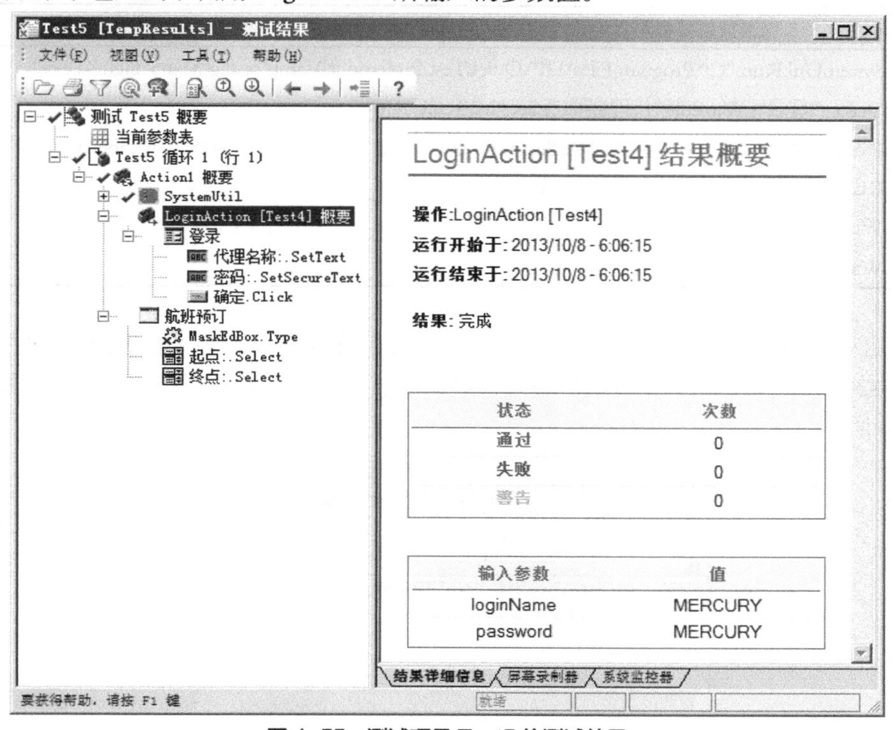

图 4-55　测试项目 Test5 的测试结果

4.2.8　使用环境变量实现参数化测试

QTP 还可以使用环境变量来进行参数化测试，由于本书篇幅的限制，这里不再举例说明使用环境变量实现参数化测试，简单介绍其主要操作步骤如下。

（1）定义和设置环境变量。

在 QTP 窗口的【文件】菜单中选择【设置】命令，打开【测试设置】对话框，在该对话框中的“环境”界面自定义环境变量，如将环境变量名称设置为“loginName”，其值设置为“MERCURY”。

（2）将环境变量导出到 XML 文件。

在【测试设置】对话框的“环境”界面单击【导出】按钮，将自定义的环境变量导出到 XML 文件“login.xml”中。单击【确定】按钮关闭【测试设置】对话框。

（3）在测试步骤中绑定环境变量。

同样在【值配置选项】对话框中设置参数名称和值，但参数类型必须选择“Environment”。

对应的测试脚本如下：

Dialog("登录").WinEdit("代理名称:").Set Environment("loginName")

（4）运行环境变量实现参数的测试脚本。

4.2.9 使用数据驱动器实现参数化测试

为了简化测试脚本参数化的过程，QTP 还提供了“数据驱动程序”，可以自动检测脚本中可能需要进行参数化的变量，从而帮助测试人员快速找到需要参数化的测试对象和检查点。

（1）创建一个新的测试项目 Test6，首先录制如表 4-5 所示的测试脚本。

表 4-5　　测试项目 Test6 的测试脚本

序号	程序代码
01	SystemUtil.Run "C:\Program Files\HP\QuickTest Professional\samples\flight\app\flight4a.exe"
02	Dialog("登录").WinEdit("代理名称:").Set "MERCURY"
03	Dialog("登录").WinEdit("密码:").SetSecure "525332c04f135ea367dc92595438b2e57f5be03e"
04	Dialog("登录").WinButton("确定").Click
05	Window("航班预订").Activate
06	Window("航班预订").Close

（2）启动“数据驱动程序”。在 QTP 窗口的【工具】菜单中选择【数据驱动程序】命令，打开【数据驱动器】对话框，该对话框的列表中显示了可以在 Action 操作中参数化的默认常量，如图 4-56 所示。

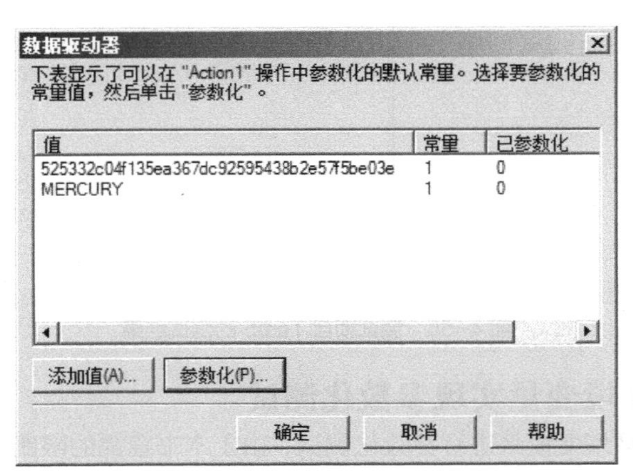

图 4-56　【数据驱动器】对话框

（3）在【数据驱动器】对话框中选择要参数化的常量值，这里先选择常量值“MERCURY”，然后单击【参数化】按钮，启动【数据驱动器向导—选择数参化类型】对话框，如图 4-57 所示。

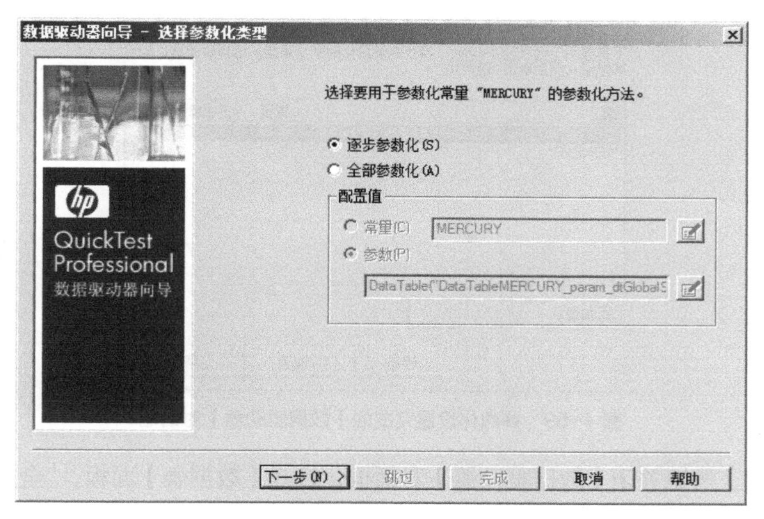

图 4-57 【数据驱动器向导—选择数参化类型】对话框

选择“逐步参数化”单选按钮，单击【下一步】按钮，进入【参数化选定步骤】对话框，在该对话框左边“参数化的步骤”窗格定位到测试步骤中所操作的界面控件，在右边的“方法”列表框中显示参数化的名称的值。在右边的“配置值”区域选择“参数”单选按钮，然后单击【参数选项】按钮，打开【参数选项】对话框，在该对话框中“参数类型”列表框中选择“DataTable”，在“名称”列表框中输入“loginName”，在“数据表中的位置”选择“全局表”单选按钮，然后单击【确定】按钮返回【数据驱动器向导—参数化选定步骤】对话框，如图 4-58 所示。

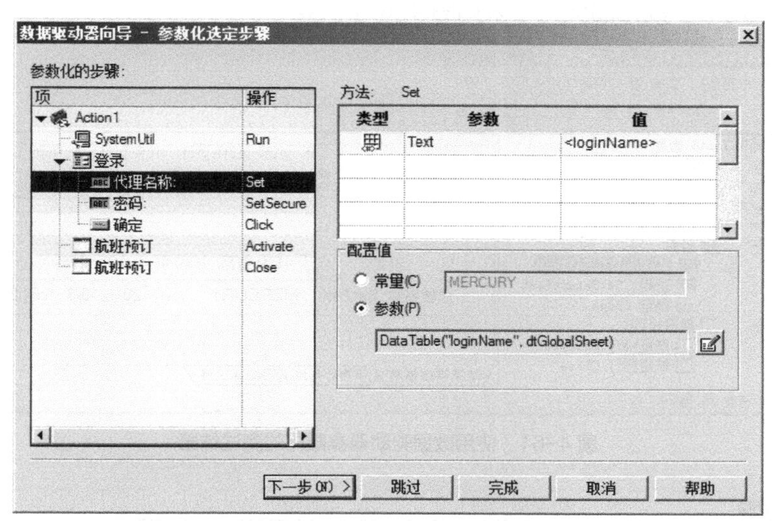

图 4-58 【数据驱动器向导—参数化选定步骤】对话框

单击【下一步】按钮进入【已结束】对话框，完成使用数据驱动器向导参数化选定常量的操作。

单击【完成】按钮关闭【数据驱动器向导】返回【数据驱动器】对话框。

在【数据驱动器】对话框中选择其他要参数化的常量值，按照类似步骤完成参数设置，参数化设置完成的【数据驱动器】对话框如图 4-59 所示。

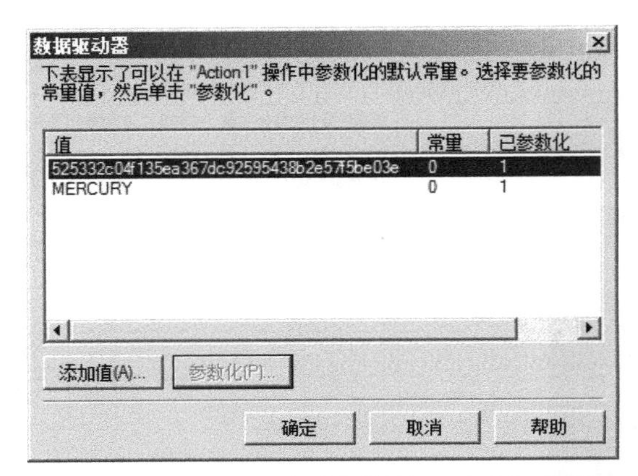

图 4-59　参数化设置完成的【数据驱动器】对话框

单击【确定】按钮关闭【数据驱动器】对话框，打开【数据表】面板，“全局表”中的参数化数据的名称及值如图 4-60 所示。

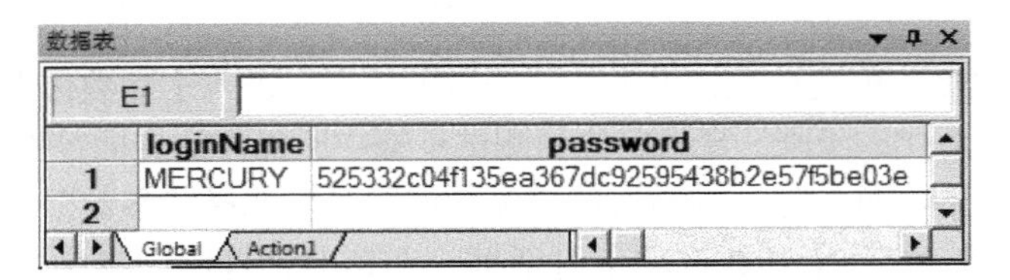

图 4-60　“全局表”中的参数化数据的名称及值

（4）运行 Test6 的测试脚本。

使用数据驱动器参数化的测试结果如图 4-61 所示。

图 4-61　使用数据驱动器参数化的测试结果

【引导测试】

【任务 4-1】使用 JUnit 对验证日期格式程序进行单元测试

【任务描述】

使用 JUnit 对验证日期格式的方法 verifyDateReg()进行单元测试。拟用的测试用例如表 4-6 所示。

表 4-6 对方法 verifyDateReg()进行测试的测试用例

测试用例编号	待验证的日期	预期输出	使用的断言
Test01	2013-9-28	true	assertEquals
Test02	2013-9-288	false	assertEquals
Test03	2013-9-2o	false	assertTrue
Test04	2013-9-28	false	assertFalse

【说明】日期“2013-9-28”是正确的，但由于使用了断言 assertFalse，所以预期输出是 false。

【任务实施】

1．创建 Java 项目

（1）启动 Eclipse SDK。

启动 Eclipse SDK，首先出现 eclipse 启动界面，接着会弹出【工作空间启动程序】对话框，在该对话框的“工作空间”文本框中选择或输入合适的路径，然后单击【确定】按钮，进入 Eclipse SDK 集成开发环境，显示【Java－Eclipse SDK】主界。

（2）在 Eclipse SDK 中创建项目 unit04。

在【Java－Eclipse SDK】的【文件】菜单中选择命令【新建】→【Java 项目】，在弹出的【新建 Java 项目】之“创建 Java 项目”对话框的“项目名”文本框中输入“unit04”，单击【下一步】按钮，弹出【新建 Java 项目】之“Java 设置”对话框，Java 构建设置保持默认值不变，单击【完成】按钮即可创建 1 个名称为 unit04 的 Java 项目。

2．在项目 unit04 中创建类 ValidateRegular

在 Eclipse SDK 的【包资源管理器】窗口中选中已创建项目“unit04”，在窗口主菜单【文件】中选择命令【新建】→【类】，打开【新建 Java 类】对话框，在“超类”文本框中输入类名“ValidateRegular”，选中复选框“public static void main(String[] args)”，在该对话框中单击【完成】按钮，创建一个命名为 ValidateRegular 的类。ValidateRegular 类的主要功能是验证日期格式是否正确，并未验证日期范围的正确性。

ValidateRegular 类的主要代码如表 4-7 所示，该类包含了一个验证日期格式的方法 verifyDateReg()。

表 4-7 ValidateRegular 类的主要程序代码

序号	程序代码
01	import java.util.regex.Matcher;
02	import java.util.regex.Pattern;
03	public class ValidateRegular {
04	public Boolean verifyDateReg(String strDate){
05	String dateReg;
06	Pattern pattern;
07	Matcher matcher;
08	boolean isValid;
09	dateReg="^\\d{4}(\\-\\d{1,2}){2}";
10	pattern=Pattern.compile(dateReg);
11	matcher=pattern.matcher(strDate);

续表

序号	程序代码
12	isValid=matcher.matches();
13	return isValid;
14	}
15	……
16	}

3. 在Eclipse SDK中为项目unit04添加JUnit库

在项目unit04上单击鼠标右键，在弹出的菜单中选择【属性】命令，打开【unit04的属性】对话框，在该对话框左侧选择“Java构建路径”选项，右侧切换到“库”选项卡，如图4-62所示。

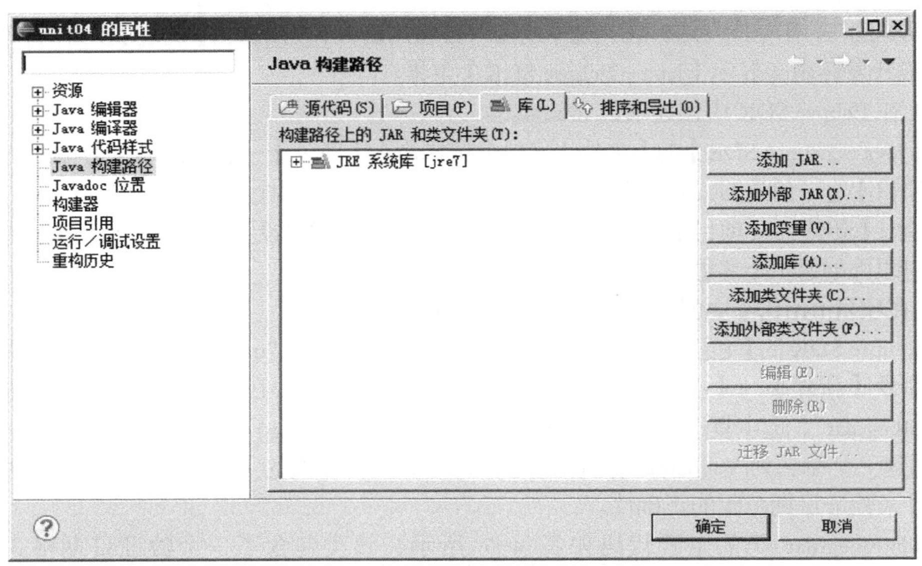

图4-62 【unit04的属性】对话框

在【unit04的属性】对话框右侧单击【添加库】按钮，在弹出的【添加库】对话框中选择“JUnit”库，如图4-63所示。

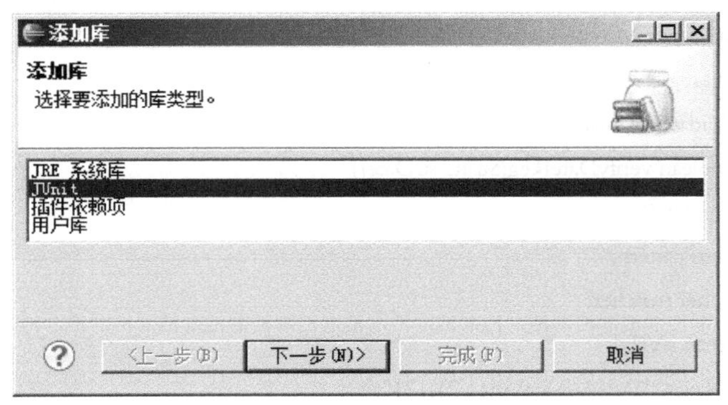

图4-63 在【添加库】对话框中选择“JUnit”库

单击【下一步】按钮，进入下一个对话框，在【添加库】之“JUnit库”对话框中选择“JUnit 4”库版本，如图4-64所示。

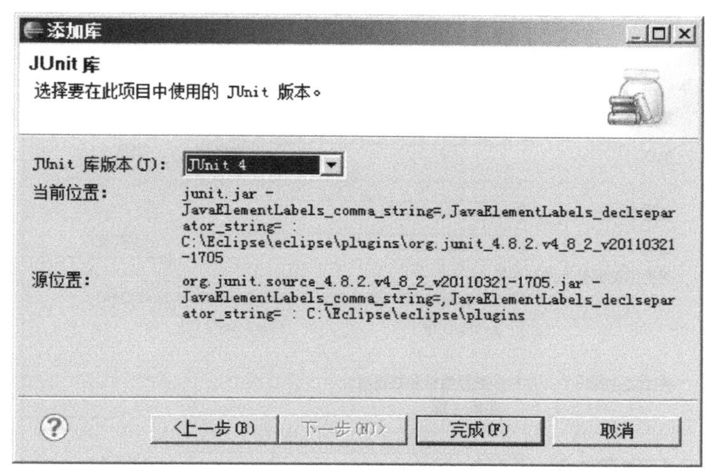

图4-64　在【添加库】之“JUnit库”对话框中选择“JUnit 4”库版本

单击【完成】按钮，返回前一个对话框，成功地添加了“JUnit 4”库版本，单击【确定】按钮完成JUnit库的添加。

4．生成JUnit测试框架

在Eclipse SDK集成开发环境的【包资源管理器】中右键单击待测试的程序“ValidateRegular.java”，在弹出的菜单中选择【新建】→【JUnit 测试用例】命令，如图4-65所示。

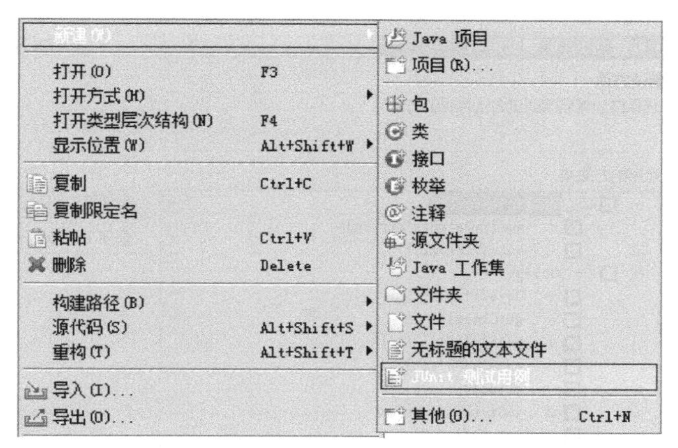

图4-65　在快捷菜单中选择【新建】→【JUnit 测试用例】

在弹出的【新建JUnit 测试用例】对话框中，选择“新建JUnit 4 测试”单选按钮，其他选项这里暂保持默认设置不变，如图4-66所示。

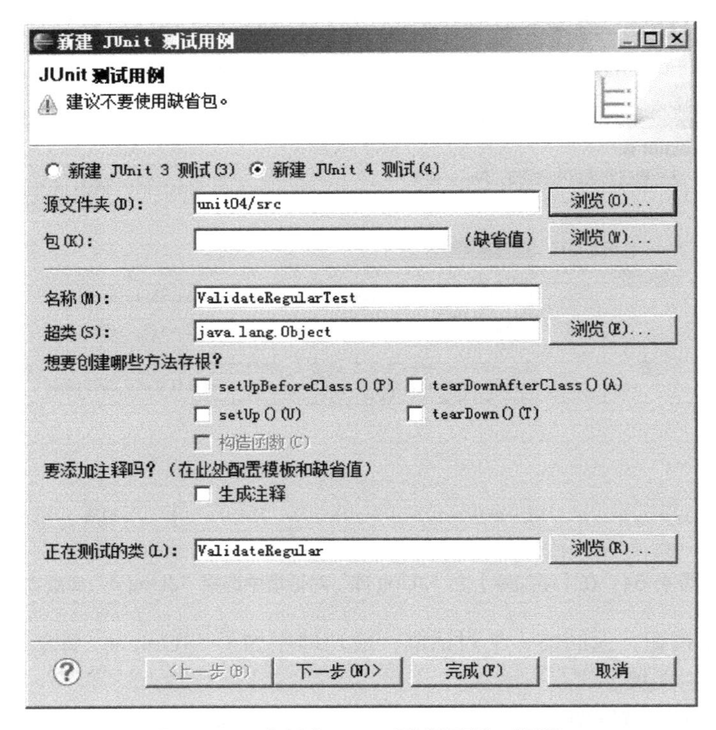

图 4-66 【新建 JUnit 测试用例】对话框

单击【下一步】按钮，进入“测试用例”对话框，该对话框中自动列出了该类中包含的所有方法，选择要进行测试的方法，这里选择测试“verifyDateReg（String）”方法，如图 4-67 所示。

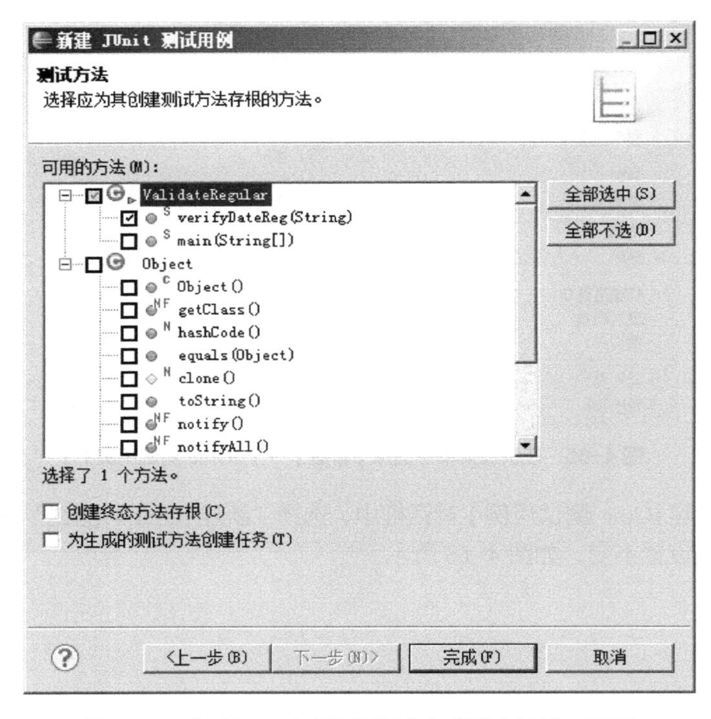

图 4-67 【新建 JUnit 测试用例】之“测试方法”对话框

单击【完成】按钮，系统自动生成一个测试类“ValidateRegularTest”，该类的初始代码如表4-8所示。

表4-8　测试类“ValidateRegularTest”的初始代码

序号	程序代码
01	import static org.junit.Assert.*;
02	import org.junit.Test;
03	public class ValidateRegularTest {
04	@Test
05	public void testVerifyDateReg() {
06	*fail*("尚未实现");
07	}
08	}

表4-8中对应的初始代码的含义解释如下。

① 01行代码表示静态引入JUnit4测试框架的测试包，注意，这里是一个静态引入包，是JDK5中新增的一个功能。例如，assertEquals 是 Assert 类中的静态方法，一般的使用方法是Assert.assertEquals( )，但是静态引入包之后，前面的类名就可省略不写了，使用起来更加方便。

② 02行代码表示引入测试方法所在的包org.junit.Test。

③ 03 ~08行创建了一个独立的测试类，该测试类没有任何父类。测试类的名称符合类名的一般命名规则即可，没有特别的限制。不能通过类的声明来判断它是不是一个测试类，它与普通类的区别在于其内部的方法声明。

④ 04行使用“@Test”标记，表明这是一个测试方法。在测试类中，并不是每一个方法都是用于测试的，必须使用“@Test”明确表明哪些是测试方法。

⑤ 05~07行表示一个测试方法，测试方法的返回值必须void，而且不能有任何参数，如果违反这些规定，会在运行时抛出一个异常。但测试方法的命名只要符合方法名的一般命名规则即可，没有特别的限制。

5．编写测试方法代码

创建测试类的一个对象，为了便于该对象在多个测试方法中共用，该对象在测试方法外部定义，其代码如下所示：

```
private ValidateRegular validate=new ValidateRegular();
```

为了测试验证日期格式的方法 verifyDateReg( )是否正确，创建一个测试方法testVerifyDateReg1()，该测试方法的代码如表4-9所示。

表4-9　测试方法testVerifyDateReg1()的程序代码

序号	程序代码
01	public void testVerifyDateReg1() {
02	assertEquals("日期格式有误" , true , validate.verifyDateReg("2013-9-28"));
03	}

assertEquals()方法用来判断期望结果和实际结果是否一致，第1个参数表示发生错误时输出

的消息，第 2 个参数是期望的结果，第 3 个参数是程序运行的结果。

6．运行测试方法代码

测试方法编写完成后，在【包资源管理器】中测试程序“ValidateRegularTest1.java”上单击鼠标右键，在弹出的快捷菜单选择【运行方式】→【JUnit 测试】命令，如图 4-68 所示。

JUnit 测试的运行结果如图 4-69 所示。

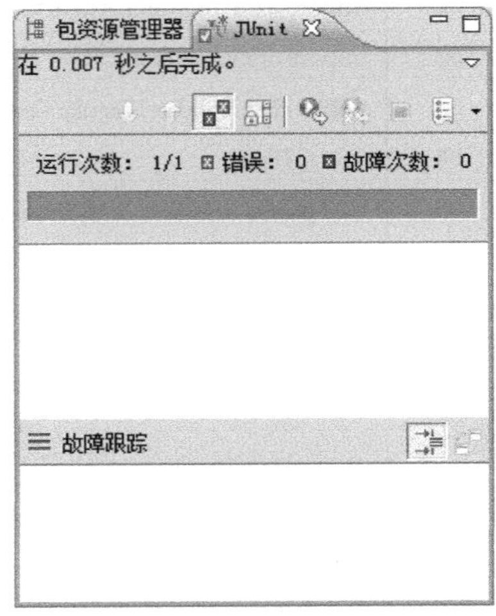

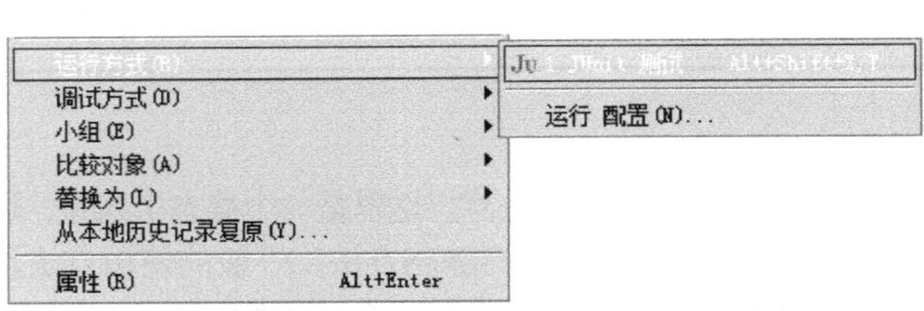

图 4-68　在快捷菜单选择【运行方式】→【JUnit 测试】命令

图 4-69　JUnit 测试的运行结果

图 4-69 中的进度条呈现绿色，表示对应的方法经测试无误。

【注意】被测试的方法 verifyDateReg()只负责验证日期格式的正确性，不具有验证日期范围是否正确的功能。

为了进一步使用多种不同的断言方法进行测试，同时也观察日期格式有误时的输出信息，在测试方法 testVerifyDateReg1()之后新添加的 3 个测试方法的代码如表 4-10 所示。

表 4-10　　测试方法 testVerifyDateReg1()之后新添加的 3 个测试方法代码

序号	程序代码
01	@Test
02	public void testVerifyDateReg2() {
03	*assertEquals*("日期格式有误" , true , validate.verifyDateReg("2013-9-288"));
04	}
05	@Test
06	public void testVerifyDateReg3() {
07	*assertTrue*("日期格式有误" , validate.verifyDateReg("2013-9-20"));
08	}
09	@Test
10	public void testVerifyDateReg4() {
11	*assertFalse*("日期格式有误" , validate.verifyDateReg("2013-9-28"));
12	}

表 4-10 中程序代码解释如下。

① 测试方法 testVerifyDateReg2()中使用断言方法 assertEquals()验证日期格式。

② 测试方法 testVerifyDateReg3()中使用断言方法 assertTrue()验证日期格式。

③ 测试方法 testVerifyDateReg4()中使用断言方法 assertFalse 验证日期格式，断言是错误的，所以验证的日期是正确的。

在测试方法 testVerifyDateReg1()之后新添加 3 个测试方法，且完成代码编写后，再次在测试程序"ValidateRegularTest1.java"上单击鼠标右键，在弹出的快捷菜单选择【运行方式】→【JUnit 测试】命令，其测试结果如图 4-70 所示。

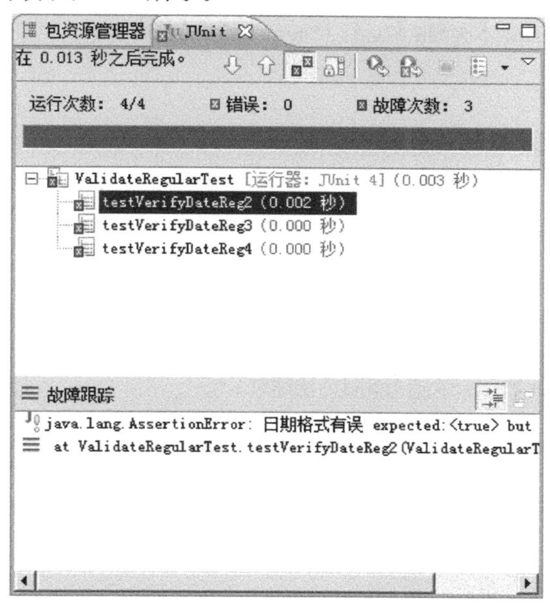

图 4-70 新添加 3 个测试方法后的测试结果

从图 4-70 可以看出共进行了 4 次测试，其中有 3 次测试出现故障，进度条呈现红色表示发现错误。抛出 AssertionFailedError 异常，并输出相关消息"日期格式有误"。

7．编写代码实现固定测试

在测试类 ValidateRegularTest 内定义一个静态变量 *i*，类内各个方法都可以访问该变量，代码如下所示。

```
static int i=0;
```

【注意】该静态变量 *i* 并不是 JUnit 测试工作所必需的变量，这里为了便于识别每一个运行的测试方法而定义的变量。

（1）引入固定测试所需要的包。为了能在测试程序中能识别@Before、@After、@BeforeClass、@AfterClass 等 Fixture 标注，必须引入必要的包，代码如下所示。

```
import org.junit.Before;
import org.junit.After;
import org.junit.BeforeClass;
import org.junit.AfterClass;
```

（2）在测试类中分别添加@Before、@After、@BeforeClass、@AfterClass 标注，并编写所标注方法相应的程序代码，代码如表 4-11 所示。

表 4-11　　固定代码标注及对应方法的程序代码

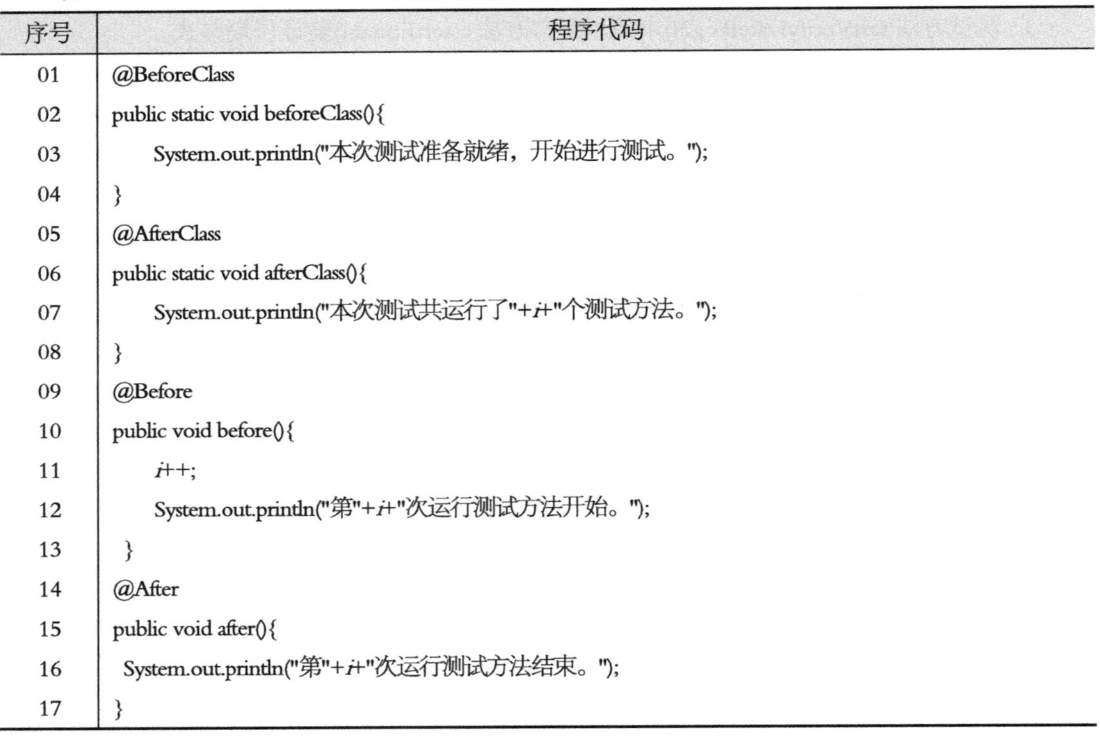

序号	程序代码
01	@BeforeClass
02	public static void beforeClass(){
03	System.out.println("本次测试准备就绪，开始进行测试。");
04	}
05	@AfterClass
06	public static void afterClass(){
07	System.out.println("本次测试共运行了"+i+"个测试方法。");
08	}
09	@Before
10	public void before(){
11	i++;
12	System.out.println("第"+i+"次运行测试方法开始。");
13	}
14	@After
15	public void after(){
16	System.out.println("第"+i+"次运行测试方法结束。");
17	}

再次运行测试程序，在 Eclipse SDK 的【控制台】中的输出结果如下所示。

本次测试准备就绪，开始进行测试。
第 1 次运行测试方法开始。
第 1 次运行测试方法结束。
第 2 次运行测试方法开始。
第 2 次运行测试方法结束。
第 3 次运行测试方法开始。
第 3 次运行测试方法结束。
第 4 次运行测试方法开始。
第 4 次运行测试方法结束。
本次测试共运行了 4 个测试方法。

【任务 4-2】使用 JUnit 对包含除法运算的数学类进行单元测试

【任务描述】

除法运算分为整数除法和小数除法，其中整数除法要求整数除以整数，结果也为整数。

MyMath 类中包含了实现整数除法的方法 divide()和实现小数除法的 dblDivide()，对应的代码如表 4-12 所示。

表 4-12　　MyMath 类的程序代码

序号	程序代码
01	public class MyMath {
02	public static int intDivide(int x,int y){
03	return x/y;
04	}
05	public static double dblDivide(double x,double y){
06	double result;
07	result=x/y;
08	return result;
09	}
10	}

使用 JUnit 对方法 divide()和方法 dblDivide()进行单元测试，测试用例如表 4-13 和表 4-14 所示。

表 4-13　　对方法 divide()进行单元测试的测试用例

测试用例编号	被除数	除数	预期输出	说明
Test01	9	3	3	完全正确也没有可能出错的数据
Test02	10	3	3	可能有问题的边缘数据
Test03	9	−3	−3	包含负数的整除
Test04	10	0	抛出异常	除数不能为 0

表 4-14　　对方法 dblDivide()进行单元测试的测试用例

测试用例编号	被除数	除数	预期输出	说明
Test05	9.0	3.0	3.0	结果确定的小数除法
Test06	10.0	3.0	3.3333333333	结果为循环小数的小数除法

【任务实施】

1．在项目 unit04 中创建数学类 MyMath

在已创建的项目“unit04”中新建一个数学类 MyMath，该类中包含实现整数除法的方法 divide()和实现小数除法的 dblDivide()。

2．生成包含多个方法存根的 JUnit 测试框架

在 Eclipse SDK 的【包资源管理器】中待测试的程序“MyMath.java”上单击鼠标右键，在弹出的菜单中选择【新建】→【JUnit 测试用例】命令。

打开【新建 JUnit 测试用例】对话框，在该对话框中选择“新建 JUnit 4 测试”单选按钮，在“想要创建哪些方法存根”区域选中 4 个复选框，如图 4-71 所示。

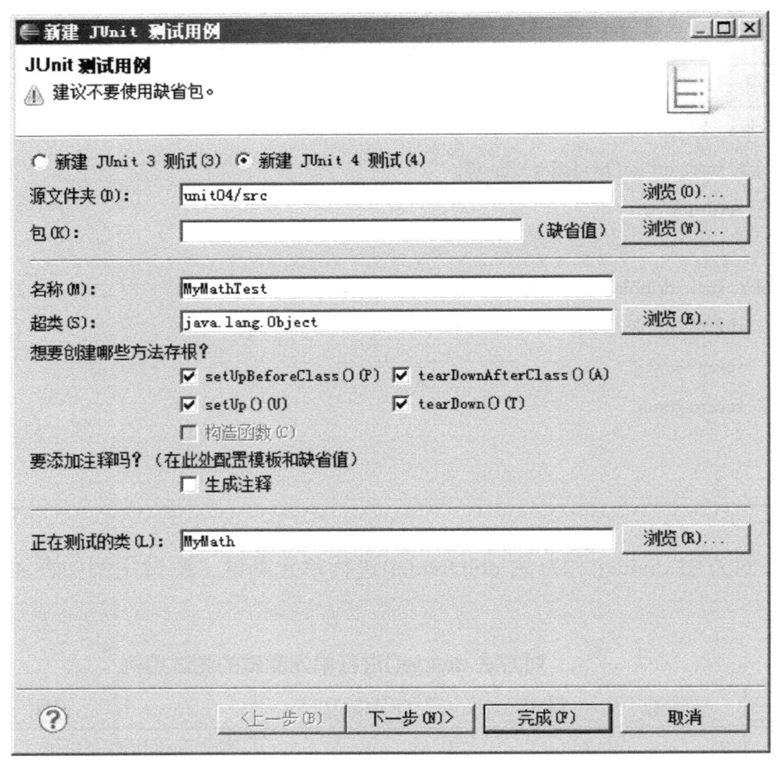

图 4-71 在【新建 JUnit 测试用例】对话框中选中想要创建的存根

单击【下一步】按钮，进入“测试用例”对话框，该对话框中自动列出了该类中包含的所有方法，选择要进行测试的方法“intDivide()”和“dblDivide()”方法。

单击【完成】按钮，系统自动生成一个测试类“MyMathTest”，该类的初始代码如表 4-15 所示。

表 4-15 测试类“MyMathTest”的初始代码

序号	程序代码
01	import static org.junit.Assert.*;
02	import org.junit.After;
03	import org.junit.AfterClass;
04	import org.junit.Before;
05	import org.junit.BeforeClass;
06	import org.junit.Test;
07	public class MyMathTest {
08	@BeforeClass
09	public static void setUpBeforeClass() throws Exception {
10	}
11	@AfterClass
12	public static void tearDownAfterClass() throws Exception {
13	}

续表

序号	程序代码
14	@Before
15	public void setUp() throws Exception {
16	}
17	@After
18	public void tearDown() throws Exception {
19	}
20	@Test
21	public void testIntDivide() {
22	*fail*("尚未实现");
23	}
24	@Test
25	public void testDblDivide() {
26	*fail*("尚未实现");
27	}
28	}

从表 4-15 可以看出，所创建的测试类“MyMathTest”中已包含了@Before、@After、@BeforeClass、@AfterClass 多个标注，这些固定标注对应方法的原型代码也自动添加了，只需要根据实际需求添加必要的代码即可。

3．以有效的数据对方法 testIntDivide1 () 和 testDblDivide1 () 进行测试

创建两个测试方法 testIntDivide1()和 testDblDivide1()，这两个测试方法的代码如表 4-16 所示，这些测试方法以有效的数据对方法 intDivide()和 dblDivide1()进行测试。

表 4-16　　测试方法 testIntDivide1()和 testDblDivide1()的程序代码

序号	程序代码
01	@Test
02	public void testIntDivide1() {
03	assertEquals(3,MyMath.intDivide(9,3));
04	}
05	@Test
06	public void testDblDivide1() {
07	*assertEquals*(3.0,MyMath.dblDivide(9.0,3.0),0.1);
08	}

4．忽略测试方法

为了便于独立进行后面的测试工作，使用“@Ignore”标注对前一步创建两个测试方法进行忽略处理。

首先引入所需的包，代码如下所示。

```
import org.junit.Ignore;
```

在测试方法的“@Test”标注前一行分别添加以下代码：

@Ignore("忽略测试方法 testIntDivide1()")

@Ignore("忽略测试方法 testDblDivide1()")

运行包含忽略标注的测试方法代码，运行结果如图 4-72 所示。

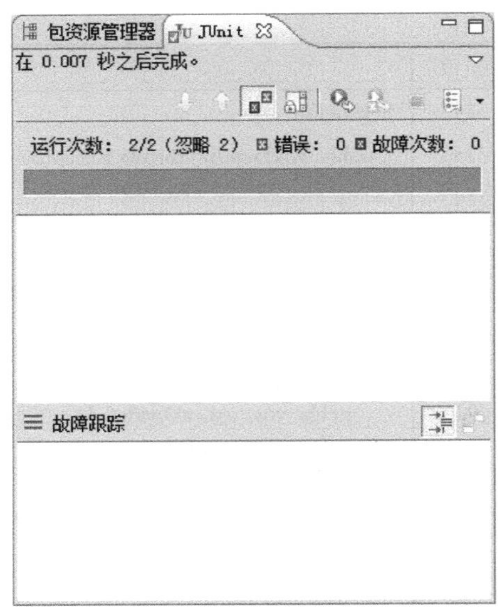

图 4-72　包含忽略标注的测试方法的运行结果

由图 4-72 可以看出该测试类两个测试方法被忽略。

5．限制测试

创建一个测试方法 testDblDivide2()，该测试方法反复 100 次对方法 dblDivide()进行测试，其代码如下所示。

```
@Test(timeout=100)
public void testDblDivide2() {
    for(int i=0 ; i<100 ; )
    {
      assertEquals(3.3333333333 , MyMath.dblDivide(10.0,3.0) , 0.1);
    }
}
```

为实际限制测试，给@Test 标注添加一个参数 timeout，并设定允许的时间为 100ms（即 0.1s）。

上述代码中由于 for 循环中的循环变量 *i* 没有随着循环进行而改变，永远为 0，所以出现死循环。该测试方法的运行结果如图 4-73 所示。

从图 4-73 可以看出，当测试方法运行时间超过限制时间时，该测试方法被系统强行终止。

将 for 语句修改为正确的语句，代码为 for(int i=0 ; i<100 ; i++)

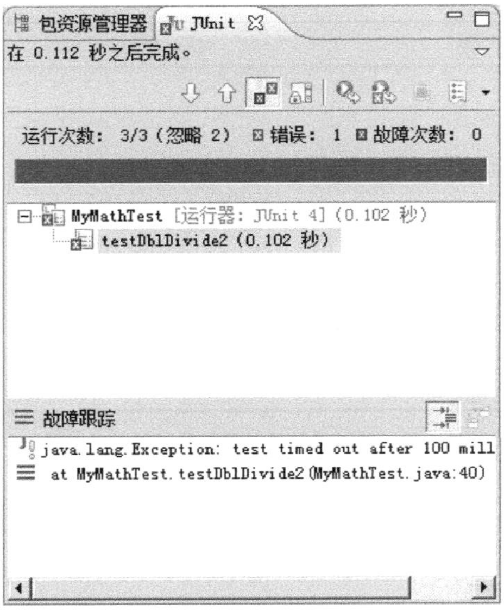

图 4-73　限时测试的运行结果

再一次运行该限时测试方法，发现测试正常，不再出现故障。

6．异常测试

对于除法运算，如果除数为 0，那么必然要抛出除 0 异常，因此，我们有必要对除 0 情况进行测试，实现代码如下：

```
@Test(expected=ArithmeticException.class)
public void testIntDivide2() {
    MyMath.intDivide(9,0);    //除数不能为 0，会抛出异常
}
```

如上述代码所示，使用@Test 标注的 expected 属性，这样 Junit4 就能自动检查该方法是否抛出 ArithmeticException 异常，如果抛出则测试通过，没有抛出则测试不通过。

7．参数化测试

创建一个新的测试类 MyMathPataTest，该类用于实现参数化测试，该类的程序代码如表 4-17 所示。

表 4-17　　实现参数化测试的类 MyMathPataTest 的程序代码

序号	程序代码
01	import static org.junit.Assert.assertEquals;
02	import org.junit.Test;
03	import org.junit.runner.RunWith;
04	import org.junit.runners.Parameterized;
05	import org.junit.runners.Parameterized.Parameters;
06	import java.util.Arrays;
07	import java.util.Collection;
08	@RunWith(Parameterized.class)
09	public class MyMathPataTest {
10	private int para1;
11	private int para2;
12	private int result;
13	@Parameters
14	public static Collection<Object[]> data() {
15	return Arrays.asList(new Object[][]{
16	{3 , 9 , 3},
17	{3 , 10 , 3},
18	{-3 , 9 , -3},
19	});
20	}
21	public MyMathPataTest(int result,int param1,int param2){
22	this.result=result;
23	this.para1=param1;
24	this.para2=param2;
25	}
26	@Test
27	public void testIntDivide() {
28	assertEquals(result,MyMath.intDivide(para1,para2));
29	}
30	}

8．打包测试

将前面所创建的两个测试类 MyMathTest 和 MyMathPataTest 进行打包测试。

创建一个新的测试类"SuiteTest"，该类的程序代码如表 4-18 所示。

表 4-18　　实现打包测试的类“SuiteTest”的程序代码

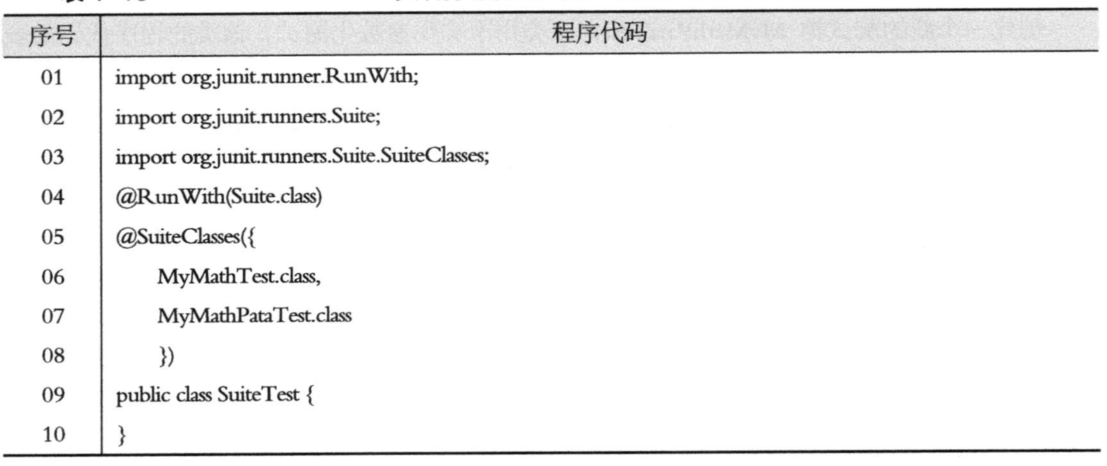

序号	程序代码
01	import org.junit.runner.RunWith;
02	import org.junit.runners.Suite;
03	import org.junit.runners.Suite.SuiteClasses;
04	@RunWith(Suite.class)
05	@SuiteClasses({
06	MyMathTest.class,
07	MyMathPataTest.class
08	})
09	public class SuiteTest {
10	}

运行该打包测试程序，运行结果如图 4-74 所示。

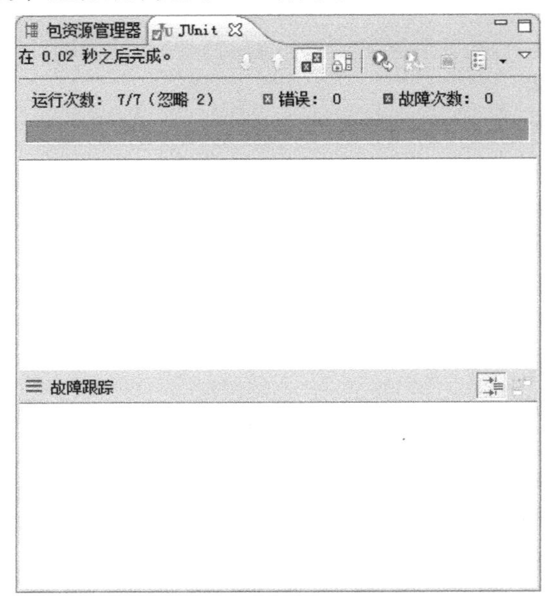

图 4-74　打包测试程序的运行结果

【任务 4-3】使用 QuickTest Professional 对记事本程序进行功能测试

【任务描述】

使用 QuickTest Professional 录制以下操作。

① 启动 Java 程序“Notepad.exe”，打开【记事本】，并将【记事本】窗口最大化。

② 在记事本中输入文字“QuickTest Professional（QTP）是一种自动测试工具，”，单击工具栏中的【保存】按钮，以“QTP 简介.txt”为文件名将输入的文字保存在文件夹“unit04”中。

③ 新建一个文件，重新打开刚才保存的文件“QTP 简介.txt”。选中并复制文字“QTP”，在末尾位置进行粘贴，输入“支持的脚本语言是 VBScript。”，然后使用【文件】菜单中的【保存】命令进行保存操作。

④ 单击工具栏中的【退出】按钮，退出【记事本】程序。

本任务测试的功能主要包括：启动 Java 应用程序→窗口最大化→输入文字→保存文件→新建文件→打开文件→选中文字→复制操作→粘贴操作→添加文字→保存操作→退出操作。

录制操作完成后运行录制的测试脚本，并对测试结果进行分析。

【说明】在录制之前需做好以下准备工作。

① 使用"Eclipse"软件将 java 程序生成 jar 文件。

② 使用"exe4j"软件将 jar 文件发布成 exe 可执行文件。

【任务实施】

① 在 QuickTest Professional 主窗口中创建测试项目 Test4_3。

② 在 QuickTest Professional 的【自动化】菜单中选择【录制和运行设置】命令，打开【录制和运行设置】对话框，在该对话框的"Java"选项卡中选择"在任意打开的 Java 应用程序上录制和运行测试"单选按钮，如图 4-75 所示。

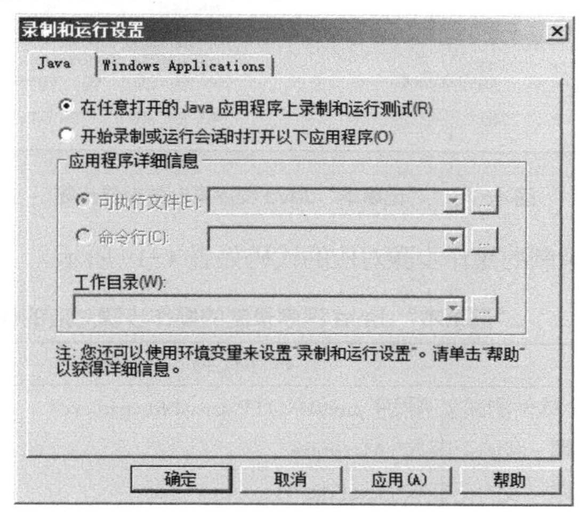

图 4-75 【录制和运行设置】对话框

③ 在 QTP 中按照以下操作步骤进行录制操作。

a. 在 Windows 的【资源管理器】中定位到 Java 应用程序"Notepad.exe"的文件夹中。

b. 启动 Java 应用程序"Notepad.exe"，打开【记事本】程序。

c. 将【记事本】窗口最大化。

d. 在【记事本】窗口输入文字"QuickTest Professional（QTP）是一种自动测试工具"。

e. 单击工具栏中的【保存】按钮，弹出【保存文件对话框】。

f. 在【保存文件对话框】对话框的"文件名"列表框中输入名称"QTP 简介.txt"。

g. 在【保存文件对话框】对话框中单击【保存】按钮。

h. 单击工具栏中的【新建】按钮，新建一个文本文件。

i. 单击工具栏中的【打开】按钮，弹出【打开文件对话框】。

j. 在【打开文件对话框】中选择已有文本文件"QTP 简介.txt"。

k. 在【打开文件对话框】中单击【打开】按钮，打开文本文件"QTP 简介.txt"。

l. 在【记事本】窗口选择文字"QTP"，单击工具栏中的【复制】按钮。

m. 将光标置于已有内容的末尾，单击工具栏中的【粘贴】按钮。

n. 在"QTP"后面输入文字"支持的脚本语言是 VBScript。"。

o. 在【记事本】窗口的【文件】菜单中选择【保存】命令，保存修改的文件内容。

p. 单击工具栏中的【退出】按钮，退出【记事本】程序。

录制的操作步骤在“关键字视图”浏览效果如图 4-76 所示。

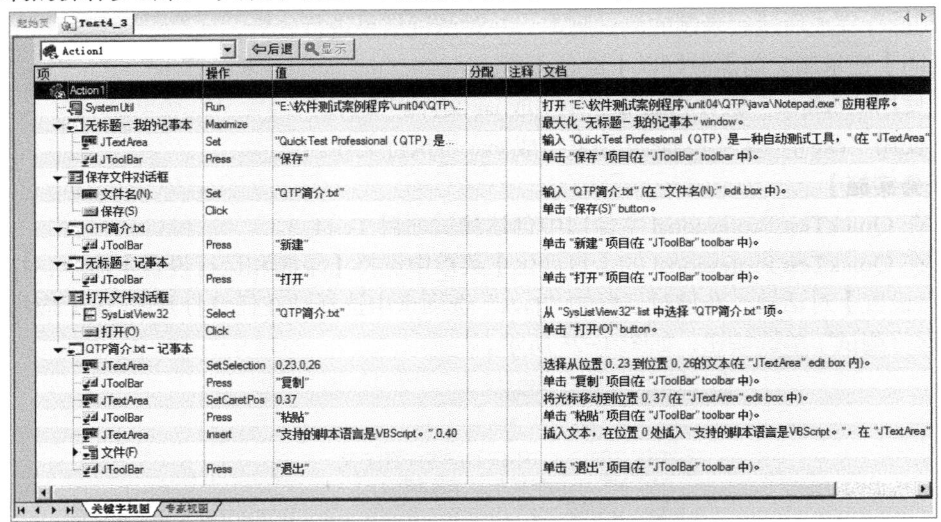

图 4-76 “记事本”Java 程序录制的操作步骤

“记事本”Java 程序录制的操作步骤对应的代码如表 4-19 所示。

表 4-19 “记事本”Java 程序录制的操作步骤对应的代码

序号	程序代码
01	SystemUtil.Run "E:\软件测试案例程序\unit04\QTP\java\Notepad.exe"
02	JavaWindow("无标题 - 我的记事本").Maximize
03	JavaWindow("无标题 - 我的记事本").JavaEdit("JTextArea").Set
04	"QuickTest Professional（QTP）是一种自动测试工具，"
05	JavaWindow("无标题 - 我的记事本").JavaToolbar("JToolBar").Press "保存"
06	Dialog("保存文件对话框").WinEdit("文件名(N):").Set "QTP 简介.txt"
07	Dialog("保存文件对话框").WinButton("保存(S)").Click
08	JavaWindow("QTP 简介.txt").JavaToolbar("JToolBar").Press "新建"
09	JavaWindow("无标题 - 记事本").JavaToolbar("JToolBar").Press "打开"
10	Dialog("打开文件对话框").WinListView("SysListView32").Select "QTP 简介.txt"
11	Dialog("打开文件对话框").WinButton("打开(O)").Click
12	JavaWindow("QTP 简介.txt - 记事本").JavaEdit("JTextArea").SetSelection 0,23,0,26
13	JavaWindow("QTP 简介.txt - 记事本").JavaToolbar("JToolBar").Press "复制"
14	JavaWindow("QTP 简介.txt - 记事本").JavaEdit("JTextArea").SetCaretPos 0,37
15	JavaWindow("QTP 简介.txt - 记事本").JavaToolbar("JToolBar").Press "粘贴"
16	JavaWindow("QTP 简介.txt - 记事本").JavaEdit("JTextArea").Insert "支持的脚本语言是 VBScript。
17	",0,40
18	JavaWindow("QTP 简介.txt - 记事本").JavaMenu("文件(F)").JavaMenu("保存(S)").Select
19	JavaWindow("QTP 简介.txt - 记事本").JavaToolbar("JToolBar").Press "退出"

④ 运行录制的测试脚本。在运行测试脚本过程，如果文本文件“QTP 简介.txt”已存在，则会弹出如图 4-77 所示【确认另存为】对话框，单击【是】按钮即可，测试脚本将会继续运行。

图 4-77 【确认另存为】对话框

所有的测试脚本成功运行完成后，其测试结果如图 4-78 所示。

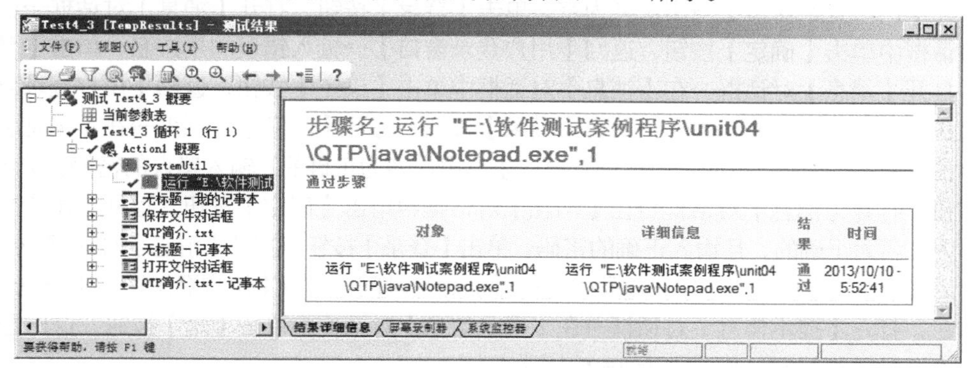

图 4-78 “记事本”测试脚本的测试结果

【任务 4-4】使用 QTP 对用户登录程序进行参数化测试

【任务描述】

“用户登录”程序正确的用户名为“admin”，正确的密码为“123456”，使用表 4-20 中的测试用例进行测试。

表 4-20 用户登录程序的测试用例

用例编号	测试需求	测试用例		期待输出
		用户名	密码	
Test01	测试“用户名”为空的情况	空	空	弹出提示信息对话框，提示信息为“用户名为空，请输入用户名!”
Test02	测试“用户名”有误的情况	admi	空	弹出提示信息对话框，提示信息为“输入的用户名有误，请重新输入正确的用户名!”
Test03	测试“密码”为空的情况	admin	空	弹出提示信息对话框，提示信息为“密码为空，请输入登录密码!”
Test04	测试“密码”有误的情况	admin	123	弹出提示信息对话框，提示信息为“输入的密码不正确，请重新输入正确的密码!”
Test05	测试“用户名”和“密码”都正确的情况	admin	123456	成功登录系统
Test06	测试单击【取消】按钮的情况	–	–	成功关闭“用户登录”窗口

分别采用以下方法进行测试。

方法一：使用 QTP 录制脚本的方法进行测试。

方法二：在“关键字视图”中使用关键字驱动方法确定测试对象以及相关操作，使用数据表作为数据源执行参数化测试。

【任务实施】

【任务 4-4-1】使用 QTP 录制脚本的方法进行测试

在 QTP 窗口创建一个测试项目 Test4_4_1，单击工具栏的【Record】按钮开始录制测试脚本，具体的录制顺序如下。

打开【用户登录窗口】→用户名为空，单击【登录】按钮，打开【消息】对话框→在【消息】对话框中单击【确定】按钮，返回【用户登录窗口】→输入错误的用户名→单击【登录】按钮，打开【消息】对话框→在【消息】对话框中单击【确定】按钮，返回【用户登录窗口】→输入正确的用户名，密码为空，单击【登录】按钮，打开【消息】对话框→在【消息】对话框中单击【确定】按钮，返回【用户登录窗口】→用户名为正确的，输入错误的密码，单击【登录】按钮，打开【消息】对话框→在【消息】对话框中单击【确定】按钮，返回【用户登录窗口】→用户名为正确的，且输入正确的密码，单击【登录】按钮，打开【消息】对话框→在【消息】对话框中单击【确定】按钮，登录成功→添加等待时间→打开【用户登录窗口】→单击【取消】按钮，打开【提示信息】对话框→在【提示信息】对话框中单击【是】按钮，退出登录。

用户登录录制的测试代码如表 4-21 所示。

表 4-21　**用户登录录制的测试代码**

序号	程序代码
01	SystemUtil.Run "E:\软件测试案例程序\unit04\QTP\java\UserLogin.exe"
02	JavaWindow("用户登录窗口").JavaButton("登录").Click
03	JavaDialog("消息").JavaButton("确定").Click
04	JavaWindow("用户登录窗口").JavaEdit("用户名").Set "admi"
05	JavaWindow("用户登录窗口").JavaButton("登录").Click
06	JavaDialog("消息").JavaButton("确定").Click
07	JavaWindow("用户登录窗口").JavaEdit("用户名").Set "admin"
08	JavaWindow("用户登录窗口").JavaButton("登录").Click
09	JavaDialog("消息").JavaButton("确定").Click
10	JavaWindow("用户登录窗口").JavaEdit("密 码").SetSecure "52550fb5ef7b14c3bc78a05b"
11	JavaWindow("用户登录窗口").JavaButton("登录").Click
12	JavaDialog("消息").JavaButton("确定").Click
13	JavaWindow("用户登录窗口").JavaEdit("密 码").SetSecure
14	"52550fba528294e850d099e6f2cad0509b4e"
15	JavaWindow("用户登录窗口").JavaButton("登录").Click
16	JavaDialog("消息").JavaButton("确定").Click
17	wait(3)
18	SystemUtil.Run "E:\软件测试案例程序\unit04\QTP\java\UserLogin.exe"
19	JavaWindow("用户登录窗口").JavaButton("取消").Click
20	JavaDialog("提示信息").JavaButton("是(Y)").Click

在 QTP 窗口单击【Run】按钮，运行测试脚本，观察分析测试结果。

【任务 4-4-2】使用数据表作为数据源执行参数化测试

1．创建一个测试项目

在 QTP 窗口中创建一个测试项目 Test4_4_2，在“专家视图”中输入以下代码：

```
SystemUtil.Run "E:\软件测试案例程序\unit04\QTP\java\UserLogin.exe"
```

2．在【对象库】窗口添加所需对象

启动【用户登录窗口】，其外观如图 4-79 所示。

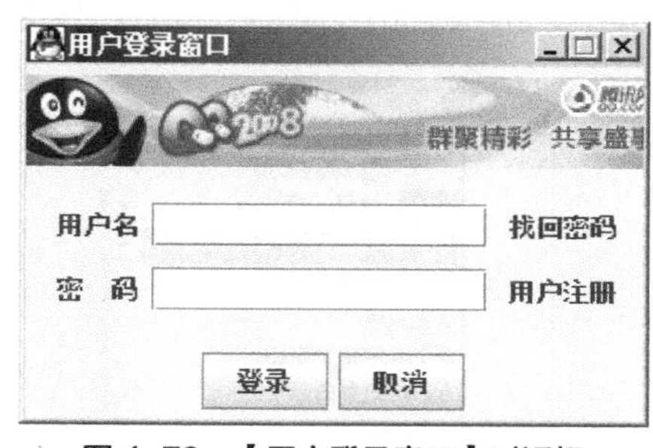

图 4-79 【用户登录窗口】对话框

在 QTP 窗口的【资源】菜单中选择【对象库】命令，打开【对象库】窗口。在该窗口的【对象】菜单中选择【将对象添加到本地】命令，然后使用鼠标选取，将图 4-79 所示的【用户登录窗口】以及【登录】按钮、【取消】按钮、“用户名”文本框、“密码”文本框添加到对象库中。

在【用户登录窗口】单击【登录】按钮打开如图 4-80 所示的【消息】对话框，在【对象库】窗口使用鼠标选取将图 4-80 所示的【消息】对话框以及【确定】按钮添加到对象库中。

在【用户登录窗口】单击【取消】按钮打开如图 4-81 所示的【提示信息】对话框，在【对象库】窗口使用鼠标选取，将图 4-81 所示的【提示信息】对话框以及【是】按钮、【否】按钮添加到对象库中。

图 4-80 【消息】对话框

图 4-81 【提示信息】对话框

所需测试对象被添加到对象库后的【对象库】窗口如图 4-82 所示。

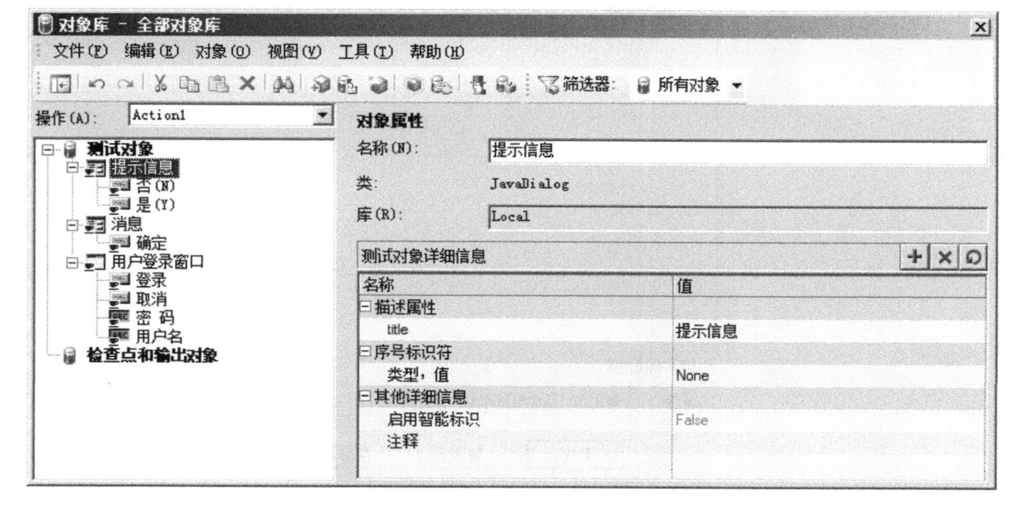

图 4-82 添加了所需测试对象的【对象库】窗口

3．在 QTP 的“关键字视图”中选择测试对象

（1）选择【用户登录窗口】本身及其包含的对象。

所需测试对象被添加到对象库后，在“关键字视图”的“项”列的空白行单击，出现如图 4–83 所示的下拉列表框，在该列表中选择“用户登录窗口”，就会自动完成一个激活【用户登录窗口】的操作，采用类似方法在空白行的“项”列位置依次选择【用户登录窗口】中的“用户名”、“密码”和“登录”对象，如图 4–84 所示。

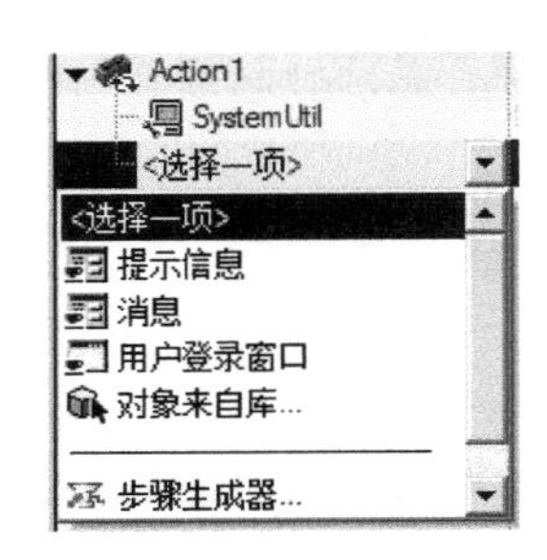

图 4–83　在下拉列表框中选择一项

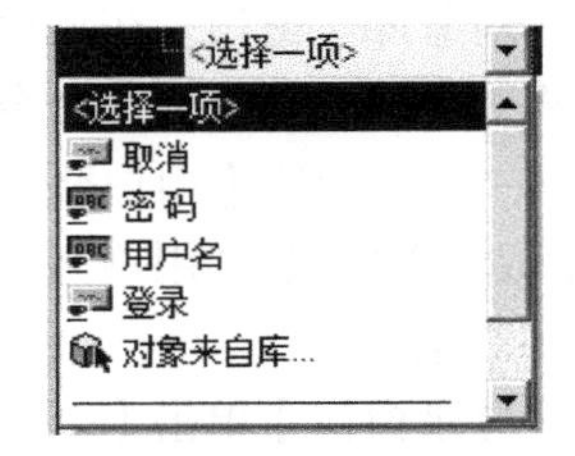

图 4–84　在下拉列表框中选择窗口中的对象

（2）选择【消息】对话框中的【确定】按钮对象。

在空白行的“项”列位置单击，在弹出的下拉列表中选择【对象来自库】命令，在弹出的【为步骤选择对象】对话框中双击【消息】对话框中的“确定”对象，如图 4–85，然后返回“关键字视图”。

【提示】也可以在【为步骤选择对象】对话框中单击“确定”对象，然后单击【确定】按钮返回。

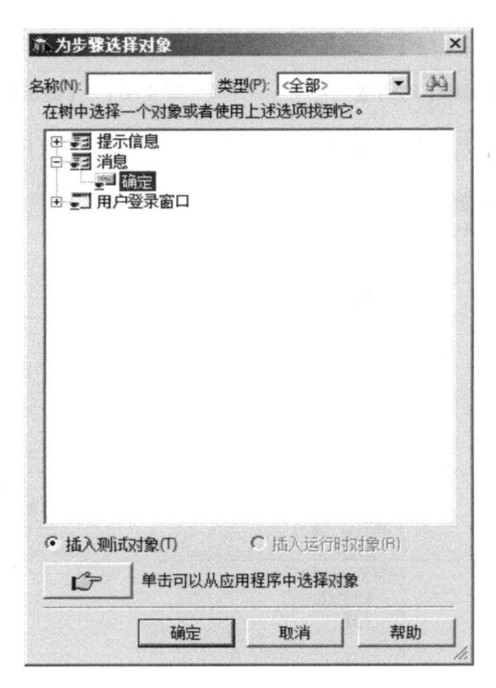

图 4–85　【为步骤选择对象】对话框

4．在 QTP 的“关键字视图”中选择测试对象相应的操作和输入对应的值

选择所需的测试对象后，在“操作”列会自动添加相应操作，例如，为窗口添加“Activate”操作，为文本框添加“Set”操作，为按钮添加“Click”操作。

在“密码”行的“操作”列对应的单元格单击，然后单击单元格右侧的▼按钮，在弹出的下拉列表框中选择“SetSecure”，如图 4-86 所示。

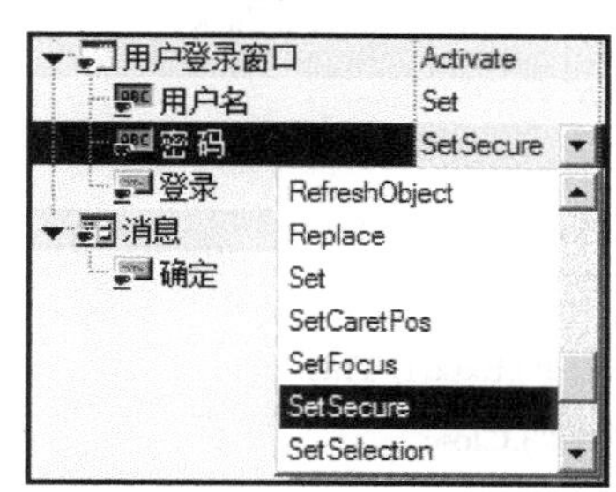

图 4-86　在“操作”列表框中选择“SetSecure”

选择好操作和输入好对应的值后，QTP 会自动在“文档”列显示测试步骤说明。“关键字视图”中的“项”、“操作”、“值”以及“文档”如图 4-87 所示。

Action1　⇦后退　显示

项	操作	值	分配	注释	文档
Action1					
SystemUtil	Run	"E:\软件测试案例程序...			打开 "E:\软件测试案例程序\unit04\QTP\java\UserLogin.exe" 应用程序。
用户登录窗口					
用户名	Set	"admin"			输入 "admin" (在 "用户名" edit box 中)。
密 码	SetSecure	"123456"			输入加密字符串 "123456" (在 "密 码" edit box 中)。
登录	Click				单击 "登录" button。
消息					
确定	Click				单击 "确定" button。

关键字视图　专家视图

图 4-87　“用户登录窗口”手工添加的测试步骤

切换到“专家视图”查看对应的测试脚本如下所示。

```
SystemUtil.Run "E:\软件测试案例程序\unit04\QTP\java\UserLogin.exe"
JavaWindow("用户登录窗口").JavaEdit("用户名").Set "admin"
JavaWindow("用户登录窗口").JavaEdit("密  码").SetSecure "123456"
JavaWindow("用户登录窗口").JavaButton("登录").Click
JavaDialog("消息").JavaButton("确定").Click
```

5．参数化测试脚本中的固定值

参照前面介绍的操作方法将“用户名”和“密码”对应的值进行参数化，参数类型选择“Data Table”，参数名称分别输入“userName”和“password”，“数据表中的位置”选择“全局表”。

打开【数据表】面板，在“Global”工作表的“userName”列和“password”列分别输入所需的测试数据，这里暂输入“admin”和“123456”。

6．添加 IF 判断语句

在“专家视图”编辑如表 4-22 所示的测试脚本。

表 4-22　　添加 IF 判断语句后的测试脚本

序号	程序代码
01	systemUtil.Run "E:\软件测试案例程序\unit04\QTP\java\UserLogin.exe"
02	JavaWindow("用户登录窗口").JavaEdit("用户名").Set DataTable("userName", dtGlobalSheet)
03	JavaWindow("用户登录窗口").JavaEdit("密 码").SetSecure DataTable("password", dtGlobalSheet)
04	JavaWindow("用户登录窗口").JavaButton("登录").Click
05	If JavaDialog("消息").Exist Then
06	wait(1)
07	JavaDialog("消息").JavaButton("确定").Click
08	End If　'IF 判断结束
09	If　JavaWindow("用户登录窗口").Exist(1) Then
10	JavaWindow("用户登录窗口").Close
11	End If

7．在【数据表】面板中编辑参数值

根据表 4-20 所示的测试用例，在【数据表】面板中编辑参数值，如图 4-88 所示。

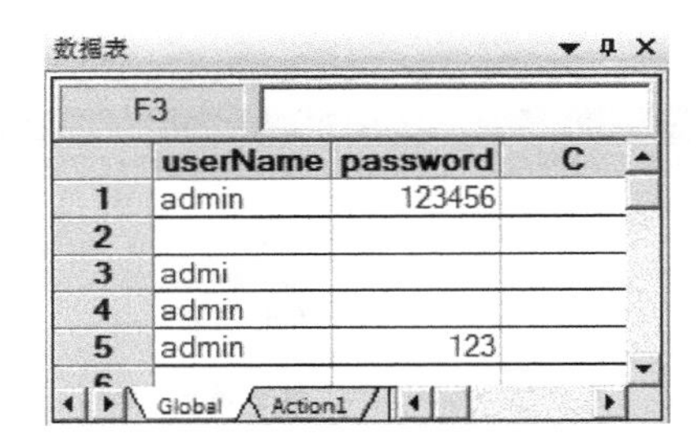

图 4-88　在【数据表】面板中编辑参数值

8．运行测试脚本

在 QTP 窗口单击【Run】按钮，运行测试脚本，观察分析测试结果。

【探索测试】

【任务 4-5】使用 JUnit 对商品数据类进行单元测试

【任务描述】

商品数据类的代码如表 4-23 所示。

表 4-23　　商品数据类的代码

序号	程序代码
01	public class GoodsInfo {
02	private int goodsNumber;　//商品数量
03	private double goodsPrice;　//商品价格
04	private char currencyUnit;　//货币单位

续表

序号	程序代码
05	
06	// 定义包含 2 个参数的构造方法
07	public GoodsInfo(int number, double price) {
08	this.goodsNumber = number;
09	this.goodsPrice = price;
10	}
11	
12	// 定义包含 3 个参数的构造方法
13	public GoodsInfo(int number, double price, char unit) {
14	this.goodsNumber = number;
15	this.goodsPrice = price;
16	this.currencyUnit = unit;
17	}
18	
19	//设置商品数量
20	public void setGoodsNumber(int number) {
21	this.goodsNumber = number;
22	}
23	//获取商品数量
24	public int getGoodsNumber() {
25	return goodsNumber;
26	}
27	//设置商品价格
28	public void setGoodsPrice(double price) {
29	this.goodsPrice = price;
30	}
31	//获取商品价格
32	public double getGoodsPrice() {
33	return goodsPrice;
34	}
35	//计算商品总金额
36	public double calAmount() {
37	double amount;
38	amount = goodsPrice * goodsNumber;
39	return amount;
40	}
41	
42	public void display() {

续表

序号	程序代码
43	System.out.print(this.currencyUnit);
44	System.out.println(calAmount());
45	}
46	
47	public static void main(String[] args) {
48	GoodsInfo objGoods1 = new GoodsInfo(2, 1500.00);
49	System.out.println("商品总金额为：￥" + objGoods1.calAmount());
50	GoodsInfo objGoods2 = new GoodsInfo(2, 1500.00,'￥');
51	objGoods2.display();
52	}
53	}

针对商品数据类完成以下测试。

① 编写代码实现商品数据类的固定测试。

② 编写代码实现商品数据类的参数化测试。

要求测试用例自行进行设计，并使用表格形式列出。

【任务 4-6】使用 QTP 对“Flight”程序的登录功能进行测试

【任务描述】

对 QTP 自带的“Flight”程序的登录功能进行测试，测试要求如下。

① 使用 QTP 录制测试脚本的方法对登录功能进行测试。

② 使用数据表作为数据源对登录功能进行参数化测试。

③ 使用 Excel 文件作为外部数据源对登录功能进行参数化测试。

要求测试用例自行进行设计，并使用表格形式列出。

【测试拓展】

尝试使用以下测试工具对 Java 应用程序进行测试。

① 使用 Jtest 测试工具对 Java 应用程序进行单元测试。

Jtest 是 Parasoft 公司开发的一款自动化白盒测试工具，主要对 Java 语言开发的程序进行测试，它能自动实现对 Java 程序的单元测试和代码标准校验。Jtest 先分析每个 Java 类，然后自动生成 Junit 测试用例并执行用例，从而实现代码的最大覆盖，并将代码运行时未处理的异常暴露出来。它还能够检查以 Design by Contract 规范开发的代码的正确性。用户还可以通过扩展测试用例的自动生成器来添加更多的 Junit 用例。

② 使用 JCheck 分析 Java 程序的执行过程和事件。

JCheck 是用来分析 Java 程序执行过程与事件的工具，它可以实时监控 Java 程序执行状态，能将 Java 程序的执行过程以图形化的方式表现出来。JCheck 提供的图形分析工具让开发人员更容易了解所开发程序的逻辑部署与控制流程。

【单元小结】

本单元主要介绍了以下内容。

（1）JUnit 的主要优点、核心接口及核心类和 JUnit 的断言。

（2）JUnit4 的使用方法和常用标注。

（3）QTP 的安装全过程和启动过程。

（4）使用 QTP 录制与运行测试脚本。

（5）QTP 的基本使用方法。

（6）使用 QTP 实现数据驱动测试和 Action 的输入参数化。

（7）使用环境变量实现参数化测试和使用数据驱动器实现参数化测试。

通过多个测试实例的执行使读者学会 Java 应用程序的单元测试与功能测试。

PART 5

单元 5 Windows Mobile 应用程序的单元测试与功能测试

Windows Mobile 是针对智能移动终端设备开发的操作系统，它将桌面 Windows 功能扩展到了移动设备上。Windows Mobile 是一个开放的操作系统，开发者可以基于 Windows Mobile 开发自己的 Windows Mobile 应用程序。在.NET 中可以进行各种 Windows Mobile 应用程序开发，也提供了一些测试的辅助工具来协助调试和检查 Windows Mobile 应用程序。

【教学导航】

教学目标	（1）了解 Windows Mobile SDK （2）学会在设备仿真器中测试“五子棋游戏”程序
教学方法	任务驱动法、理论实践一体化、探究学习法
课时建议	4 课时
测试阶段	单元测试
测试对象	Windows Mobile 应用程序
测试方法	白盒测试，功能测试
测试工具	Microsoft Visual Studio 2008、设备仿真器

【方法指导】

5.1 Windows Mobile SDK 的基本功能

Windows Mobile SDK 为 Visual Studio 添加了丰富的帮助文档、样例代码、库文件、模拟器和测试工具，可以帮助开发人员和测试人员更好地构建 Windows Mobile 应用程序。

5.2 Windows Mobile SDK 的安装方法

可到微软的官方网站下载 Windows Mobile SDK，Windows Mobile SDK 分为 Professional 版本和 Standard 版本，可任选一个版本下载。下载完成后，双击其安装文件即可开始安装。

安装完成后在安装文件夹中可以看到一个名为“Tools”的子文件夹，该文件夹中存放了多个实用的小工具，可以帮助开发人员和测试人员进行 Windows Mobile 应用程序的调试和测试。

5.3 Windows Mobile SDK 的辅助测试工具简介

Windows Mobile SDK 中附带了多个实用的小工具，可以作为辅助测试工具使用，主要有以下几种。

（1）Hopper，是用于对 Windows Mobile 应用程序进行随机测试的小工具。

（2）FakeGPS，可以模拟 GPS 的数据发送，即使智能设备上没有安装 GPS 接收器也可以实现 GPS 的数据发送。

（3）Cellular Emulator，使用 Cellular Emulator 可以进行一些简单的测试，例如，向设置模拟器拨打电话、发送 SMS 信息等。

【引导测试】

【任务 5-1】在设备仿真器中对“五子棋游戏”程序进行单元测试和功能测试

【任务描述】

设备仿真器是移动应用程序开发过程中重要的测试工具和调试工具，测试人员可以在设备仿真器中测试 Windows Mobile 应用程序，而不需要使用真实的设备，这使得测试过程更加简单和快速，并且可以节省费用。

（1）启动设备仿真器并连接“CHS Windows Mobile 5.0 Pocket PC R2 Emulator”。

（2）对 Windows Mobile 应用程序“五子棋游戏”进行单元测试。要求对方法 PutPiece()进行测试，其完整代码如表 5-1 所示。

表 5-1　　方法 PutPiece()完整的程序代码

序号	程序代码
01	public bool PutPiece(int Row, int Col)
02	{
03	if (mPlaying)
04	{
05	if (Row >= 0 && Row <= 14 && Col >= 0 && Col <= 14)
06	{
07	if (Global.Pieces[Row, Col] ==Global.PieceType.None)
08	{
09	Global.Pieces[Row, Col] = mCurrPlayer;
10	DrawPiece(Row, Col, (int)mCurrPlayer);
11	if (mAI.PiecePut(mCurrPlayer, Row, Col))
12	{
13	mWinner = mCurrPlayer;
14	}
15	if (mWinner !=Global.PieceType.None || mRound > 225)
16	{
17	ShowResult();

续表

序号	程序代码
18	`                tmrAI.Enabled = false;`
19	`                mPlaying = false;`
20	`                return false;`
21	`            }`
22	`            NextRound();`
23	`        }`
24	`    }`
25	`}`
26	`return true;`
27	`}`

对方法 PutPiece()进行单元测试的测试用例如表 5-2 所示。

表 5-2　对方法 PutPiece()进行单元测试的测试用例

测试用例编号	行数	列数	预期输出	说明
Test01	6	9	true	在第 6 行、第 9 列下一粒棋子，有效
Test02	9	6	true	在第 9 行、第 6 列下一粒棋子，有效
Test03	5	5	true	在第 5 行、第 5 列下一粒棋子，有效
Test04	12	16	false	在第 12 行、第 16 列下一粒棋子，越界无效
Test05	16	13	false	在第 16 行、第 13 列下一粒棋子，越界无效

（3）对 Windows Mobile 应用程序“五子棋游戏”进行功能测试。

【任务实施】

1．启动与连接设备仿真器

（1）启动 Microsoft Visual Studio.NET 2008。

（2）打开应用程序项目。

在【Microsoft Visual Studio】集成开发环境中打开被测试的“五子棋游戏”Windows Mobile 应用程序项目“GobangGame”。

（3）连接设备仿真器。

在【Microsoft Visual Studio】窗口的【工具】菜单选择【设备仿真器管理器】命令，打开【设备仿真器管理器】对话框，在该对话框中列出了本机开发环境中所有可用的设备仿真程序，选择其中的“CHS Windows Mobile 5.0 Pocket PC R2 Emulator”，单击鼠标右键，在弹出的快捷菜单中选择【连接】命令，如图 5-1 所示。然后启动相应的设备仿真程序，显示如图 5-2 所示的【Pocket PC – VM 5.0】窗口。

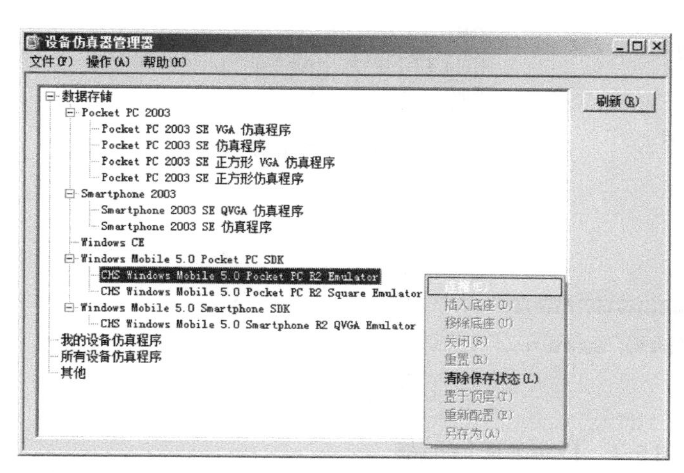

图 5-1 【设备仿真器管理器】对话框

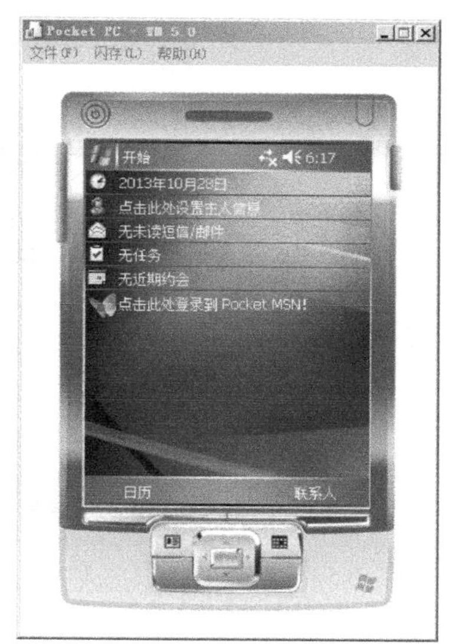

图 5-2 【Pocket PC – VM 5.0】窗口

在【Pocket PC – VM 5.0】窗口的【文件】菜单中选择【配置】命令，打开【仿真程序属性】对话框，如图 5-3 所示，在该对话框中可以对“常规”、“显示”、“网络”和“外围设备”等方面进行配置。

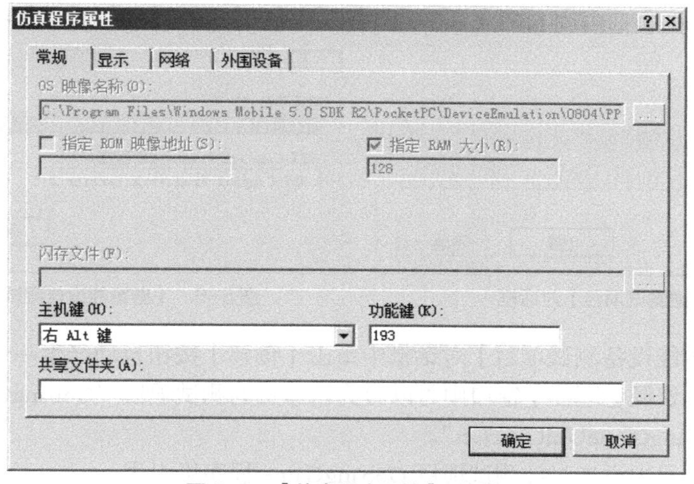

图 5-3 【仿真程序属性】对话框

配置完成后单击【确定】按钮关闭【仿真程序属性】对话框。

2．新建测试项目

（1）如果待测试的 Windows Mobile 应用程序项目“GobangGame”没有打开，则先打开该项目。

（2）在 Visual Studio 2008 集成开发环境的【测试】菜单中选择【新建测试】命令，弹出【添加新测试】对话框，在该对话框的“测试名称”文本框中输入“GobangGameUnitTest1.cs”，“添加到测试项目”列表框中选择“创建新的智能设备 Visual C#测试项目…”，如图 5-4 所示。

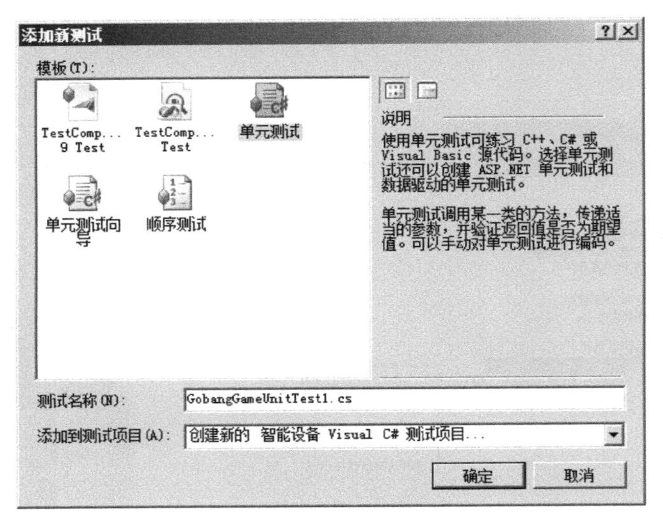

图 5-4 【添加测试】对话框

（3）在【添加新测试】对话框中单击【确定】按钮，弹出【新建测试项目】对话框，在“输入新项目的名称”文本框中输入项目名称“GobangGameTestProject1”，如图 5-5 所示。

在【新建测试项目】对话框中单击【创建】按钮，弹出【新智能设备测试项目】对话框，在“目标平台”列表框中选择“Windows Mobile 5.0 Pocket PC SDK”，在“.NET Compact Framework 版本”列表框中“.NET Compact Framework Version 3.5”，如图 5-6 所示。

图 5-5 【新建测试项目】对话框

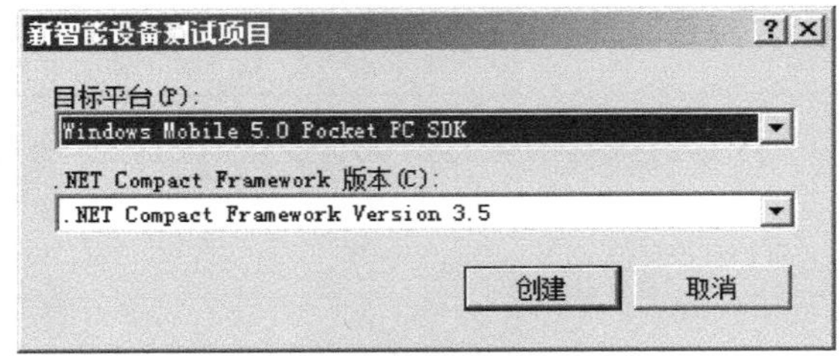

图 5-6 【新智能设备测试项目】对话框

然后在【新智能设备测试项目】对话框中单击【创建】按钮自动产生一个新的单元测试项目，在【解决方案资源管理器】窗口中可以看到新添加的测试项目“GobangGameTestProject1”和代码文件“GobangGameUnitTest1.cs”。

（4）在测试项目中添加对被测试项目 GobangGame 程序集引用。

打开【添加引用】对话框，在该对话框中选择被测试项目“GobangGame”，然后单击【确定】按钮完成对被测试项目程序集的引用。

在 GobangGameUnitTest1.cs 中编写代码实现对被测试项目的引用，代码如下所示。

```
using GobangGame;
```

这里还需要添加对“System.Windows.Forms”的引用，并输入语句“using System.Windows.Forms;”。

3．在测试方法中编写测试代码

将自动生成的测试方法名称“TestMethod1()”修改为“PutPieceTest()”，然后在方法 PutPieceTest()的程序体部分编写测试代码，其完整的程序代码如表 5-3 所示。

表 5-3　　方法 PutPieceTest()完整的程序代码

序号	程序代码
01	public void PutPieceTest()
02	{
03	frmGame target = new frmGame(); // TODO: 初始化为适当的值
04	int Row = 6; // TODO: 初始化为适当的值
05	int Col = 9; // TODO: 初始化为适当的值
06	bool expected = true; // TODO: 初始化为适当的值
07	bool actual;
08	actual = target.PutPiece(Row, Col);
09	Assert.AreEqual(expected, actual,"被测试方法有误。");
10	}

【说明】这里只对一个测试用例进行了测试，其他测试用例请学习者自行编写方法代码进行测试。

4．在【Microsoft Visual Studio】集成开发环境中执行单元测试

在方法 PutPieceTest()的代码位置单击鼠标右键，在弹出的快捷菜单选择【运行测试】命令，开始运行测试代码，测试结果如图 5-7 所示。

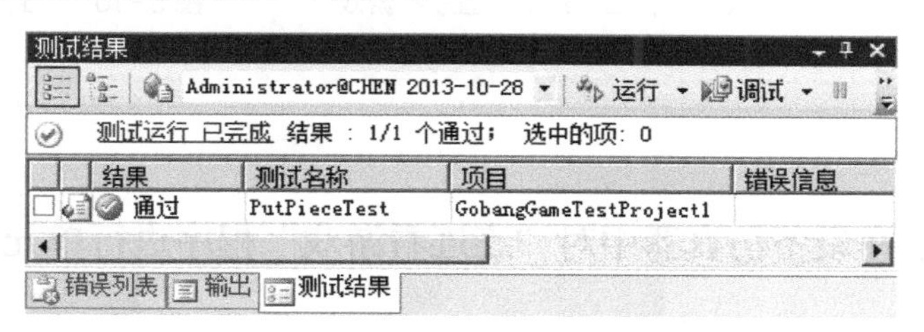

图 5-7　方法 PutPieceTest()的测试结果

5．对 Windows Mobile 应用程序“frmGame.cs”进行功能测试

在【Microsoft Visual Studio】集成开发环境中单击工具栏中的【启动调试】按钮，打开【部署 GobangGame】对话框，在该对话框中选择设备“CHS Windows Mobile 5.0 Pocket PC R2 Emulator”，如图 5-8 所示。

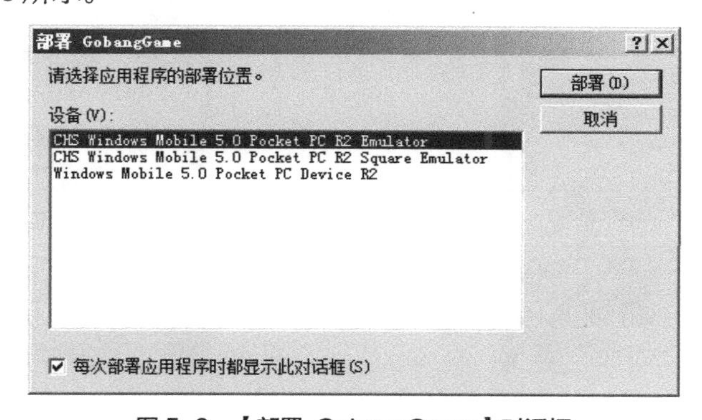

图 5-8　【部署 GobangGame】对话框

在【部署 GobangGame】对话框单击【部署】按钮，系统开始部署 GobangGame，部署完成后打开【Pocket PC – VM 5.0】窗口，在该窗口中启动“五子棋游戏”应用程序，如图 5-9 所示。

在“五子棋游戏”应用程序界面中单击【开始】按钮，然后在棋盘中单击下棋，在下方“提示信息”区域显示相关信息，当出现有 5 粒棋子在一条直线上时，则胜出，结果如图 5-10 所示。

在【Pocket PC – VM 5.0】窗口的【文件】菜单选择【退出】命令，退出 Windows Mobile 应用程序的运行状态。

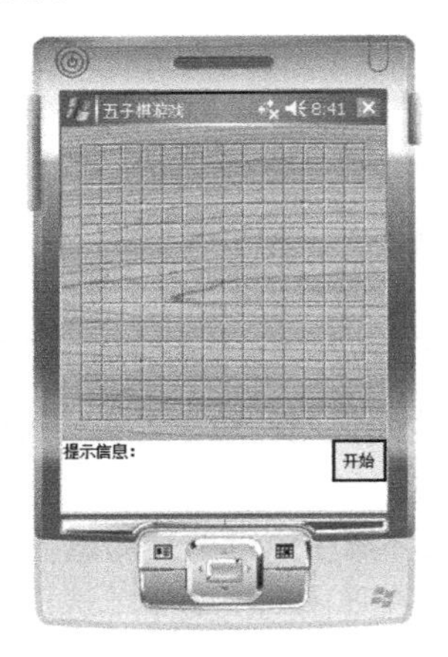

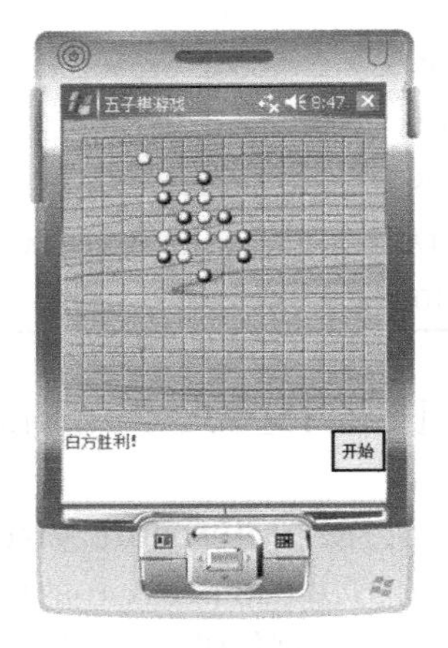

图 5-9　在【Pocket PC – VM 5.0】窗口中启动“五子棋游戏”　　图 5-10　“五子棋游戏”的一局

【探索测试】

【任务 5-2】在设备仿真器中对“连连看游戏”程序进行单元测试和功能测试

【任务描述】

（1）启动设备仿真器并连接“CHS Windows Mobile 5.0 Pocket PC R2 Emulator”。

（2）对 Windows Mobile 应用程序“连连看游戏”进行功能测试。

【测试提示】

成功启动“连连看游戏”应用程序，如图 5-11 所示。在“连连看游戏”界面中点击屏幕游戏开始，如图 5-12 所示。

图 5-11　成功启动“连连看游戏”应用程序

图 5-12　点击屏幕游戏开始

【测试拓展】

使用以下软件测试工具或方法对 Windows Mobile 应用程序进行测试。

（1）使用 TestComplete 测试工具对 Windows Mobile 应用程序进行自动化的功能测试。

可以在 Windows 操作系统中使用 TestComplete 像测试普通.NET 程序一样对 Windows Mobile 应用程序进行测试。

（2）使用 Hopper 测试工具对 Windows Mobile 应用程序进行随机测试。

Hopper 是用于 Windows Mobile 应用程序进行随机测试的小工具，通过发送随机的按键来对运行在 Windows Mobile 设备上的程序进行快速的测试。Hopper 的覆盖面很广，如果给它的运行时间足够长的话，它甚至能找到很多测试用例不会覆盖到的情况，它还能非常快速地向系统发送大量的随机输入数据。

随机测试中所有的输入数据都是随机生成，其目的是模块用户的真实操作，力图发现一些边缘性错误，但随机测试很难进行回归测试。

【单元小结】

本单元主要介绍了 Windows Mobile SDK 的基本功能、安装方法和辅助测试工具。通过在设备仿真器中对“五子棋游戏”程序进行单元测试，使读者学会 Windows Mobile 应用程序的测试方法。

PART 6 单元 6

基于类的数据库应用程序的单元测试和性能测试

数据库应用程序的应用领域越来越广，系统的性能和安全性备受关注，大多数数据库应用系统处理数据请求所需时间中的 75%～95%花费在数据库访问环节，故数据库应用程序的性能主要取决于数据库访问环节。为保证所开发的数据库应用系统的性能优良，必须对数据库应用程序进行严格测试。

面向对象单元测试主要针对程序内部具体单一的功能模块进行测试，在测试类的功能实现时，应该首先保证类成员方法的正确性。单独看待类的成员方法，与面向过程程序中的函数或过程没有本质的区别，因此可以将类的成员方法看作单元，将面向对象单元测试归结为传统过程的单元测试。传统的单元测试中所使用的方法，例如，等价类划分、边界值分析、因果图和逻辑覆盖等，都可以在面向对象的单元测试中使用。面向对象的单元测试，也必须提供能够实例化的桩类和起驱动作用的驱动类。但面向对象编程的固有特性使得对成员方法的测试，不完全等同于传统的函数或过程测试，尤其是类的继承和多态特性，使子类继承父类的成员方法时，出现了传统测试中没有遇到过的问题。继承允许子类不仅可以共享父类中定义的数据和操作，还可以定义新的特征。然而，子类是在一个新的环境中，父类的正确性不能保证子类的正确性。此外，继承可以使代码的重用率提高，同时也使故障的传播概率增加。面向对象的多态性明显增加了系统运行中可能的执行路径，而且给面向对象软件带来了严重的不确定性，这种不确定性和增加的路径组合为测试覆盖率的满足带来了新的挑战。

【教学导航】

教学目标	（1）了解面向对象程序的主要测试内容和面向对象程序测试驱动的设计方法 （2）熟悉自动化性能测试的基本概念和主要作用 （3）熟悉 LoadRunner 的主要作用和主要组件 （4）学会使用 JUnit4 对“用户登录”Java 程序进行测试 （5）学会使用 QTP 对“用户管理”.NET 程序进行测试 （6）学会使用 Excel 文件作为外部数据源进行参数化测试 （7）学会使用 LoadRunner 的.NET 插件对“提取商品数据”程序进行测试
教学方法	任务驱动法、理论实践一体化、探究学习法
课时建议	6 课时
测试阶段	单元测试
测试对象	基于类的数据库应用程序
测试方法	白盒测试、性能测试、自动化测试
测试工具	JUnit4、QTP、用 LoadRunner 的.NET 插件

【方法指导】

6.1　面向对象程序的测试

面向对象程序是通过对类的操作来实现软件功能的，更确切地说，是能正确实现功能的类通过消息传送来协同实现软件设计要求的。在面向对象程序的测试中，需要忽略类功能实现的细节，将测试的目光集中在类功能的实现和相应的面向对象程序风格上，主要包括数据成员是否满足数据封装的要求和类是否实现了要求的功能。

1．面向对象程序的主要测试内容

面向对象程序的设计实质上是对类的设计，面向对象的单元测试实际就是对类的测试。类测试主要进行结构测试和功能测试，其测试内容主要包括以下 3 种。

（1）基于服务的类测试。

基于服务的类测试主要考察封装在类中的方法对数据进行的操作，多采用传统的白盒测试方法。

（2）基于状态的类测试。

类是通过消息的传送来实现彼此之间的交互的，在接收和发出消息的时候，类都会出现相应的状态，根据这些状态，进行逐个测试，并设计出相应的测试用例即为基于状态的类测试。由于执行前对象状态的变化，可能会使同样一个成员方法执行完全不同的功能，另外，用户对成员方法的调用又具有不确定性，所以使得这部分的测试变得非常复杂，也超出了传统测试所覆盖的范围。

（3）基于响应状态的类测试。

基于响应状态的类测试是指从类和对象的责任出发，以对象接收消息时发出的响应为基础进行的测试。

2．面向对象程序测试驱动的设计方法

测试类时，有了测试用例，还需要设计测试驱动程序，让测试用例自动地执行。测试驱动的设计本质是通过创建被测类的实例和测试这些实例的行为来测试类，常见的测试驱动的设计方法有以下 3 种。

（1）利用 main 函数。

利用 main 函数方法实现测试驱动是最为简单的方式，可直接将每个测试用例写入 main 函数，测试结果直接输出到屏幕。

（2）嵌入静态方法。

在被测类中嵌入静态方法是指在静态方法内部实现测试用例的执行，然后调用该静态方法，将测试结果输出到屏幕。

（3）设计独立测试类。

设计独立测试类指将测试代码从开发代码中完全独立出来，通过独立的测试类处理被测类的实例化的方法，并对测试结果进行分析。

创建独立类进行测试，可以实现自动化测试，大大提高回归测试的效率，增强单元测试的效果，缩短集成测试时间，同时确保软件的质量。但这种测试方法需要设计较多的测试代码，会给测试人员增加工作量。

6.2 自动化性能测试简介

随着软件开发技术不断发展和日益成熟，现代应用程序也越来越复杂。应用程序可以利用数十个甚至数百个组件完成以前人工完成的工作。在业务处理过程中，应用程序复杂度与潜在故障点数目之间有直接的关联，这使得找出问题出现的根本原因变得越来越困难。

软件应用程序和机械产品不同，它们没有仅在损坏后才需要更换的部件。无论是要增强竞争优势，还是要响应业务状况中的变化，软件应用程序每周、每月、每年都在不断发生变化。不断的变化又会产生更多的风险，而这些风险都需要由软件开发公司来处理。

软件惊人的变化速度和激增的复杂性为软件开发过程带来了巨大的风险。严格的性能测试是量化和减少这种风险时有用的策略。使用 HP LoadRunner 进行自动化负载测试是应用程序部署过程中一个非常重要的环节。

自动化性能测试是利用产品、人员和流程来降低应用程序、升级程序或补丁程序部署风险的一种手段。自动化性能测试的核心是向预部署系统施加工作负载，同时评估系统性能。一次合理的性能测试可以让用户清楚以下 5 点。

（1）应用程序对目标用户的响应是否足够迅速。

（2）应用程序是否能够游刃有余地处理预期用户负载。

（3）应用程序是否能够处理业务所需的事务数。

（4）在预期和非预期用户负载下应用程序是否稳定。

（5）是否能够确保用户在使用此应用程序时感到满意。

通过回答这些问题，自动化性能测试就可以量化业务状况的更改所带来的影响。有效的自动化性能测试可以帮助软件公司做出更明智的发行决定，防止发行的应用程序出现系统停机和可用性问题。

6.3 LoadRunner 的简介

6.3.1 LoadRunner 的主要作用

LoadRunner 是一种能够预测系统行为和性能的负载测试工具，通过模拟成千上万的用户进行并发负载及实时性能监测的方式来确认和查找问题，LoadRunner 能够对整个企业架构进行测试。通过使用 LoadRunner 自动化性能测试工具，软件开发企业能最大限度地缩短测试时间，优化性能和加速应用系统的发布周期。LoadRunner 是一种适用于各种体系架构的自动负载测试工具，它能预测系统行为并优化系统性能。

6.3.2 LoadRunner 的主要组件

LoadRunner 包括以下组件。

（1）Virtual User Generator。

该组件用于录制最终用户业务流程并创建自动化性能测试脚本，即 Vuser 脚本。

（2）Controller。

该组件用于组织、驱动、管理并监控负载测试。

（3）Load Generator。

该组件通过运行 Vuser 产生负载。

（4）Analysis。

该组件用于查看、剖析和比较性能结果。

（5）Launcher。

该组件使用户可以从单个访问点访问所有的 LoadRunner 组件。

【引导测试】

【任务 6-1】使用 JUnit4 对“用户登录”Java 程序进行单元测试

【任务描述】

（1）在 Eclipse SDK 中创建一个项目“unit05”。

（2）在项目 unit05 中创建包“userLogin”。

（3）在包 userLogin 中创建类“GetLoginData”。

（4）在类“GetLoginData”中创建 getSQLServerConn()、getStatement()、closeConnection()、closeStatement()、closeResultSet()、getUserData()和 getUserName()等多个成员方法。

（5）创建测试类“GetLoginDataTest”，对方法 getUserName()和 getUserData()进行单元测试，测试用例如表 6-1 所示，为测试方法“testGetUserName()”和“testGetUserData()”编写程序代码。

表 6-1　对方法 getUserName()和 getUserData()进行单元测试的测试用例

测试用例编号	用户名	密码	预期输出	说明
Test01	admin	123456	admin	测试 getUserName()
Test02	admin	123456	true	测试 getUserData()

（6）运行测试代码，分析测试结果。

【任务实施】

1．测试准备

（1）在 SQL Server 2008 管理器中创建身份验证方式为“SQL Server 身份验证”的用户“sa”，其密码设置为“123456”。

（2）以 sa 用户登录服务器，身份验证选择“SQL Server 身份验证”，登录名输入“sa”，密码输入“123456”。

（3）启用 TCP/IP 并设置 SQL Server 的 TCP/IP 端口。

打开【Sql Server 配置管理器】窗口，在该窗口中将 TCP/IP 的状态设为启用，将 TCP 端口设置为 1433，将 TCP/IP 的默认端口也设置为 1433。

打开【服务器管理】窗口，在该窗口中重新启用“SQL Server(MSSQLSERVER)”。

（4）启动 Eclipse SDK。

（5）在【Eclipse SDK】中创建项目 unit05。

（6）在【Eclipse SDK】的【项目资源管理器】中的项目名称“unit05”上单击鼠标右键，在弹出的快捷菜单中选择【属性】命令，打开【unit05 的属性】对话框。在该对话框的左侧选择“Java 构建路径”节点，在右侧切换到“库”选项卡，单击【添加外部 JAR】命令，在打开的【选择 JAR】对话框中选择 JAR 文件“sqljdbc4.jar”，如图 6-1 所示。

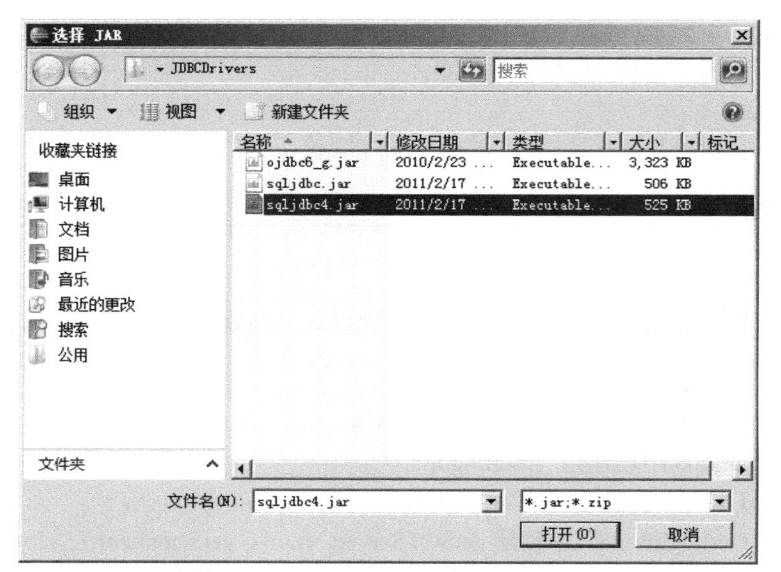

图 6-1　在【选择 JAR】对话框中选择 JAR 文件"sqljdbc4.jar"

单击【打开】按钮返回【unit05 的属性】对话框，如图 6-2 所示，单击【确定】按钮完成"sqljdbc4.jar"的添加。

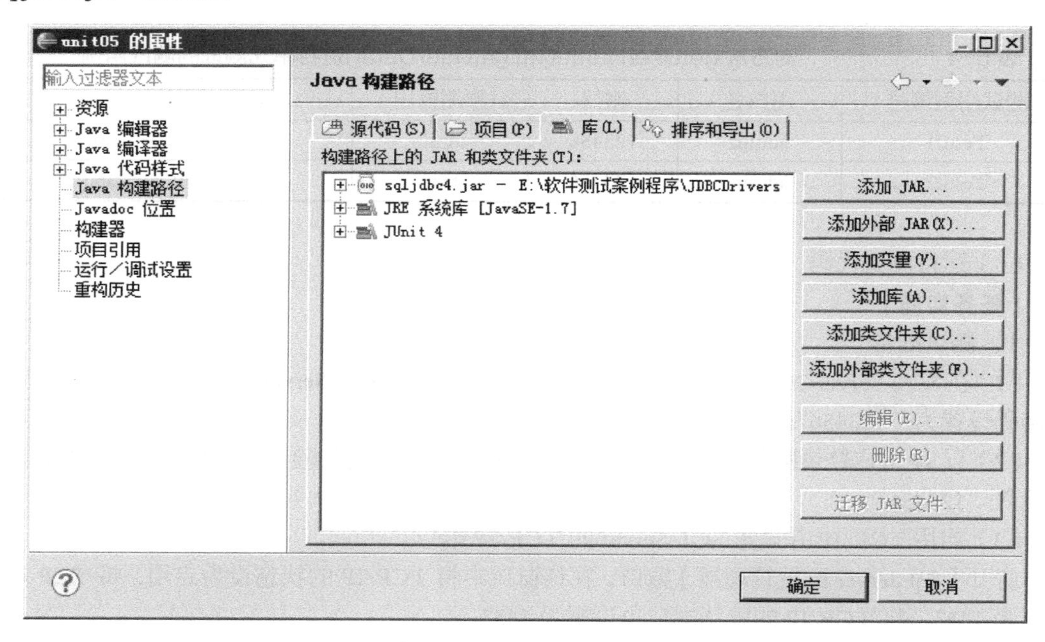

图 6-2　在【unit05 的属性】对话框添加外部 JAR

2．在项目 unit05 中创建类 GetLoginData

在项目 unit05 中创建包"userLogin"，然后该包中创建类"GetLoginData"，在该类中创建 getSQLServerConn()、getStatement()、closeConnection()、closeStatement()、closeResultSet()、getUserData()和 getUserName()等成员方法，这些成员方法对应的程序代码如表 6-2 所示。

表 6-2　　　　类"GetLoginData"及其成员方法的程序代码

序号	程序代码
01	package userLogin;
02	import java.sql.*;
03	import javax.swing.*;
04	public class GetLoginData {
05	//创建SQL Server数据库的连接
06	public Connection getSQLServerConn() {
07	Connection conn = null;
08	String driver =
09	"com.microsoft.sqlserver.jdbc.SQLServerDriver";
10	String connectURL =
11	"jdbc:sqlserver://localhost:1433;DatabaseName=GoodsManage";
12	String loginName = "sa";
13	String loginPassword = "123456";
14	try {
15	Class.forName(driver); //加载、注册JDBC驱动程序
16	} catch (ClassNotFoundException ex) {
17	JOptionPane.showMessageDialog(null, "无法加载驱动程序："
18	+ ex.getMessage());
19	}
20	try {
21	conn = DriverManager.getConnection(connectURL,
22	loginName, loginPassword); //建立数据库连接
23	} catch (SQLException ex) {
24	ex.printStackTrace();
25	}
26	return conn;
27	}
28	
29	//获取Statement对象
30	public Statement getStatement(Connection conn) {
31	Statement statement = null;
32	try {
33	statement =
34	conn.createStatement(ResultSet.TYPE_SCROLL_SENSITIVE,
35	ResultSet.CONCUR_READ_ONLY);
36	} catch (SQLException ex) {
37	ex.printStackTrace();
38	}

续表

序号	程序代码
39	return statement;
40	}
41	
42	//关闭连接对象
43	public void closeConnection(Connection conn) {
44	try {
45	if (conn != null && conn.isClosed()) {
46	conn.close();
47	}
48	} catch (SQLException ex) {
49	ex.printStackTrace();
50	}
51	}
52	
53	//关闭Statement对象
54	public void closeStatement(Statement stat) {
55	try {
56	if (stat != null) {
57	stat.close();
58	}
59	} catch (SQLException ex) {
60	ex.printStackTrace();
61	}
62	}
63	
64	//关闭ResultSet对象
65	public void closeResultSet(ResultSet rs) {
66	try {
67	if (rs != null) {
68	rs.close();
69	}
70	} catch (SQLException ex) {
71	ex.printStackTrace();
72	}
73	}
74	
75	public boolean getUserData(String strName, String strPassword){
76	Connection conn = null;
77	Statement statement = null;

续表

序号	程序代码
78	ResultSet rs = null;
79	try {
80	conn = getSQLServerConn();
81	statement = getStatement(conn);
82	String strSql = "Select 用户名,密码 From 用户表 Where 用户名='"
83	+ strName + "' And 密码='" + strPassword + "'";
84	rs = statement.executeQuery(strSql);
85	if (rs.next()) {
86	return true;
87	}
88	} catch (SQLException ex) {
89	ex.printStackTrace();
90	}
91	closeResultSet(rs);
92	closeStatement(statement);
93	closeConnection(conn);
94	return false;
95	}
96	
97	public String getUserName(String strName, String strPassword){
98	Connection conn = null;
99	Statement statement = null;
100	ResultSet rs = null;
101	try {
102	conn = getSQLServerConn();
103	statement = getStatement(conn);
104	String strSql = "Select 用户名 From 用户表 Where 用户名='"
105	+ strName + "' And 密码='" + strPassword + "'";
106	rs = statement.executeQuery(strSql);
107	if (rs.next()) {
108	return rs.getString(1);
109	}
110	} catch (SQLException ex) {
111	ex.printStackTrace();
112	}
113	closeResultSet(rs);
114	closeStatement(statement);
115	closeConnection(conn);
116	return "";
117	}

3．在 Eclipse SDK 中为项目 unit05 添加 JUnit 库

打开【unit05 的属性】对话框，在该对话框中为项目 unit05 添加"JUnit 4"库版本。

4．生成 JUnit 测试框架

打开【新建 JUnit 测试用例】对话框，在该对话框中新建 JUnit 4 测试用例"GetLoginDataTest"，如图 6-3 所示。

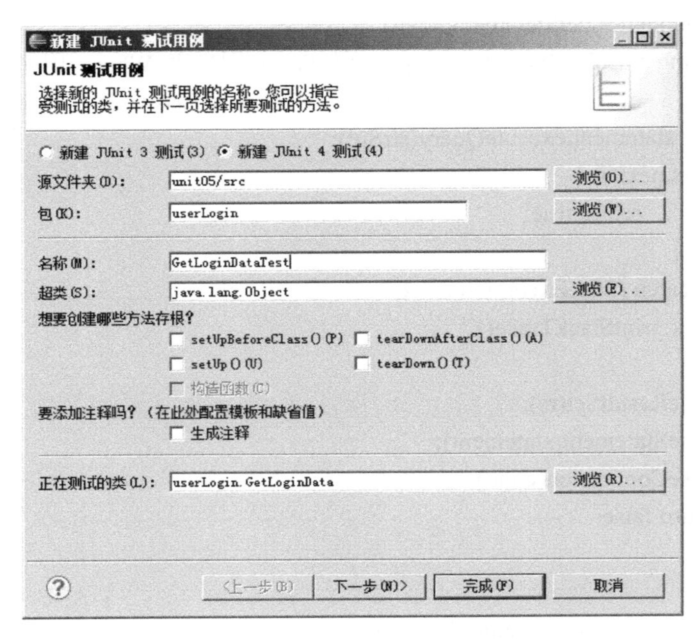

图 6-3 【新建 JUnit 测试用例】对话框

单击【下一步】按钮，进入【测试用例】对话框，该对话框中自动列出了该类中包含的所有方法，选择要进行测试的方法。这里选择测试"getUserName()"方法和"getUserData()"方法。

单击【完成】按钮，系统自动生成一个测试类"GetLoginDataTest"，且为该类自动添加初始代码。

5．编写测试方法代码

为测试方法"getUserName()"和"getUserData()"编写程序代码，测试类"GetLoginDataTest"完整的程序代码如表 6-3 所示。

表 6-3 测试类"GetLoginDataTest"完整的程序代码

序号	程序代码
01	package userLogin;
02	import static org.junit.Assert.*;
03	import org.junit.Test;
04	
05	public class GetLoginDataTest {
06	@Test
07	public void testGetUserName() {
08	GetLoginData objData = new GetLoginData();

续表

序号	程序代码
09	String strName = "admin";
10	String strPassword = "123456";
11	String actualName=objData.getUserName(strName, strPassword);
12	assertEquals("访问数据库出现错误" , "admin" , actualName);
13	}
14	
15	@Test
16	public void testGetUserData() {
17	GetLoginData objData = new GetLoginData();
18	String strName = "admin";
19	String strPassword = "123456";
20	boolean actualValue=objData.getUserData(strName,
21	strPassword);
22	assertEquals("访问数据库出现错误" , true , actualValue);
23	}
24	}

6．运行测试方法代码

测试方法编写完成后，在【包资源管理器】中测试程序“GetLoginDataTest.java”上单击鼠标右键，在弹出的快捷菜单选择【运行方式】→【JUnit 测试】命令，JUnit 测试的运行结果如图 6-4 所示。

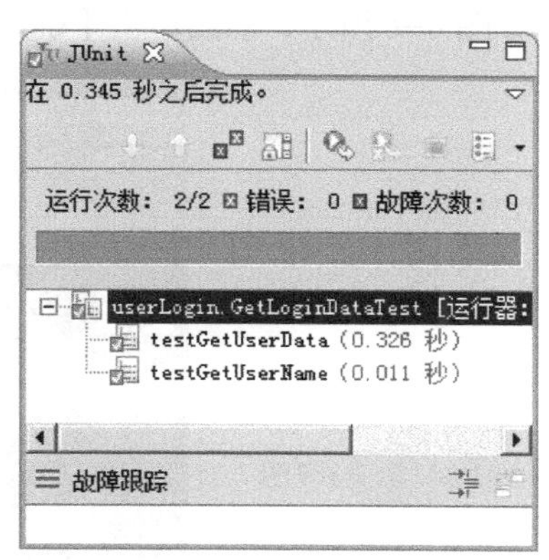

图 6-4　JUnit 测试的运行结果

从测试结果可以看出，“用户登录”Java 程序已通过测试。

【任务 6-2】使用 QTP 对“用户管理”.NET 程序进行测试

【任务描述】

使用 QTP 对“用户管理”.NET 程序进行功能测试，具体要求如下所示。

（1）使用 QTP 录制新增用户的测试脚本。

（2）对新增用户的“用户编号”、“用户名”和“密码”进行参数化设置，然后进行“新增用户”的功能测试。

（3）在测试脚本中插入数据库检查点进行检查。

“新增用户”功能测试的测试用例如表 6-4 所示。

表 6-4　“新增用户”功能测试的测试用例

测试用例编号	userNum	userName	userPassword	预期输出
Test01	1001	admin	123456	成功新增一个用户
Test02	1002	王艳	111	成功新增一个用户
Test03	1003	成欢	123	成功新增一个用户
Test04	1004	刘婷	123	成功新增一个用户
Test05	1005	good	666	成功新增一个用户
Test06	1006	夏雨	3456	成功新增一个用户
Test07	1007	高兴	555	成功新增一个用户
Test08	1008	丁一	666	成功新增一个用户
Test09	1009	王二	888	成功新增一个用户
Test10	1010	李三	999	成功新增一个用户

【任务实施】

1．录制用户注册（插入数据）的脚本

运行可执行文件“bookUI.exe”，启动【用户管理】程序，显示如图 6-5 所示的【用户管理】窗口。

启动 QuickTest Professional，打开【插件管理器】对话框，在该对话框选择“.NET”、“ActiveX”和“Web”等所需加载的插件，如图 6-6 所示，然后单击【确定】按钮开始启动 QTP。

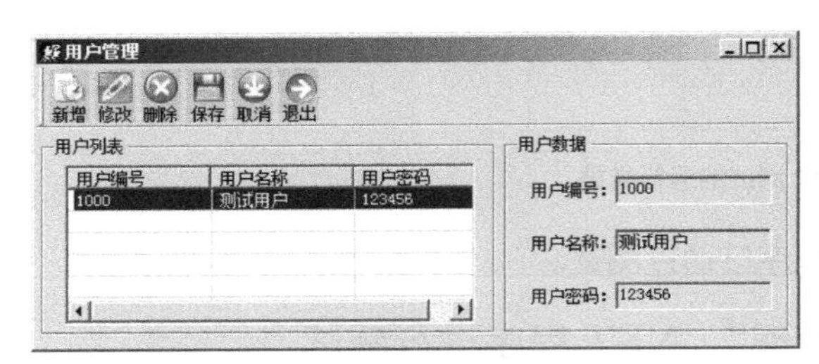

图 6-5　【用户管理】窗口

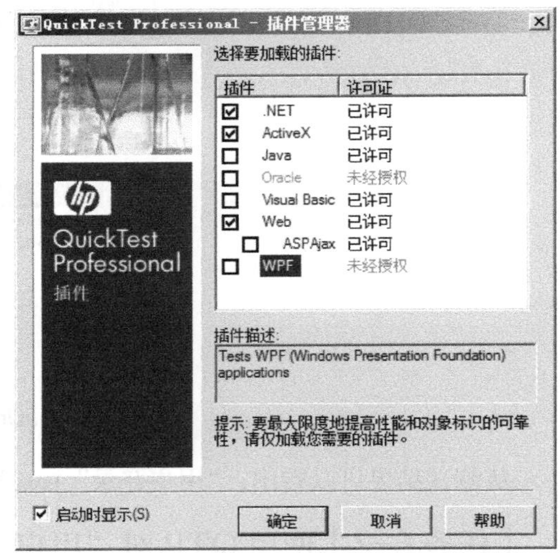

图 6-6　在【插件管理器】对话框中选择要加载的插件

QTP 成功启动后，在 QTP 窗口中创建一个测试项目 Test5_2，然后按照以下操作步骤进行录制操作。

（1）单击【用户管理】窗口工具栏中的【新增】按钮。

（2）在“用户数据”区域分别输入用户编号、用户名称和用户密码，这里分别输入“1001”、“admin”和“123456”。

（3）单击工具栏中的【保存】按钮，打开一个【提示信息】对话框。

（4）在【提示信息】对话框中单击【确定】按钮关闭该对话框。

以上操作过程录制的测试代码如表 6-5 所示。

表 6-5　　新增一个用户的测试代码

序号	程序代码
01	SwfWindow("用户管理").SwfToolbar("toolStrip1").Press "新增"
02	SwfWindow("用户管理").SwfEdit("txtListNum").Set "1001"
03	SwfWindow("用户管理").SwfEdit("txtUserName").Set "admin"
04	SwfWindow("用户管理").SwfEdit("txtUserPassword").Set "123456"
05	SwfWindow("用户管理").SwfToolbar("toolStrip1").Press "tsbSave"
06	SwfWindow("用户管理").Dialog("提示信息").WinButton("确定").Click

2．参数化用户数据

对新增用户的“用户编号”、“用户名”和“密码”进行参数化设置，对应的代码如表 6-6 所示。

表 6-6　　参数化用户数据的新增用户测试代码

序号	程序代码
01	SwfWindow("用户管理").SwfToolbar("toolStrip1").Press "新增"
02	SwfWindow("用户管理").SwfEdit("txtListNum").Set DataTable("userNum", dtGlobalSheet)
03	SwfWindow("用户管理").SwfEdit("txtUserName").Set DataTable("userName", dtGlobalSheet)
04	SwfWindow("用户管理").SwfEdit("txtUserPassword").Set DataTable("userPassword", dtGlobalSheet)
05	SwfWindow("用户管理").SwfToolbar("toolStrip1").Press "tsbSave"
06	SwfWindow("用户管理").Dialog("提示信息").WinButton("确定").Click

在 QTP 的【数据表】面板编辑如图 6-7 所示的测试数据。

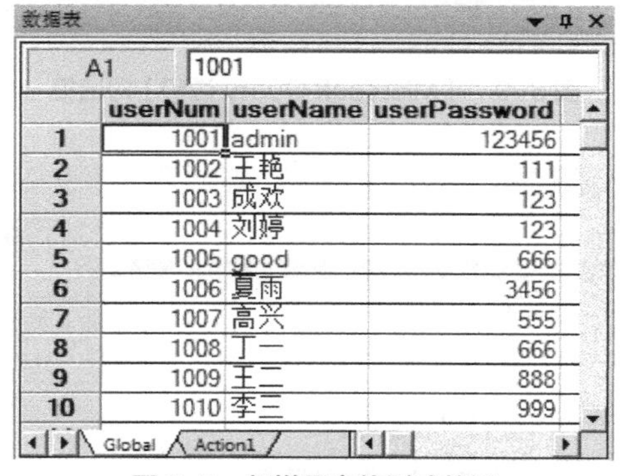

数据表

A1　1001

	userNum	userName	userPassword
1	1001	admin	123456
2	1002	王艳	111
3	1003	成欢	123
4	1004	刘婷	123
5	1005	good	666
6	1006	夏雨	3456
7	1007	高兴	555
8	1008	丁一	666
9	1009	王二	888
10	1010	李三	999

Global　Action1

图 6-7　新增用户的测试数据

运行表 6-6 所示的测试脚本后，10 条用户数据会被写到“bookData”数据库的“用户信息”数据表中。

3．插入数据库检查点

（1）在 QTP 的“关键字视图”中选择要插入数据库检查点的位置，选择【插入】→【检查点】→【数据库检查点】命令，打开【数据库查询向导】对话框，在该对话框的“查询定义”区域选择“使用 Microsoft Query 创建查询”单选按钮，如图 6-8 所示。

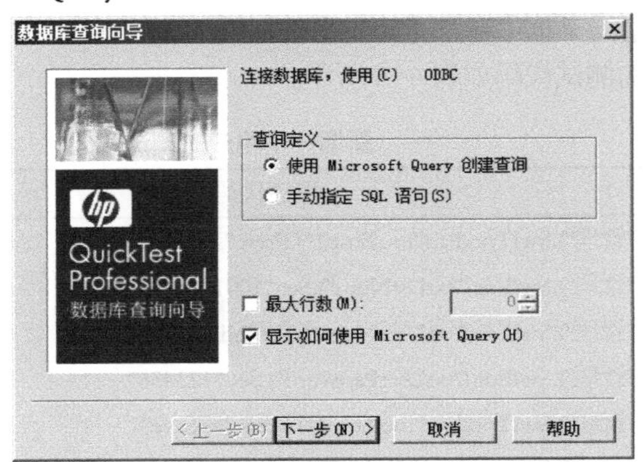

图 6-8　【数据库查询向导】对话框

【提示】只有在计算机中安装了 Microsoft Query 之后，“使用 Microsoft Query 创建查询”单选按钮才可用。

（2）单击【下一步】按钮，打开【Microsoft Query 说明】对话框，如图 6-9 所示。单击【确定】按钮，打开【选择数据源】对话框，如图 6-10 所示。

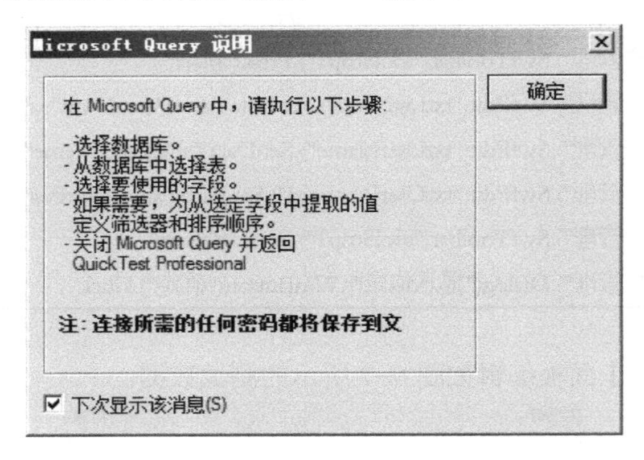

图 6-9　【Microsoft Query 说明】对话框

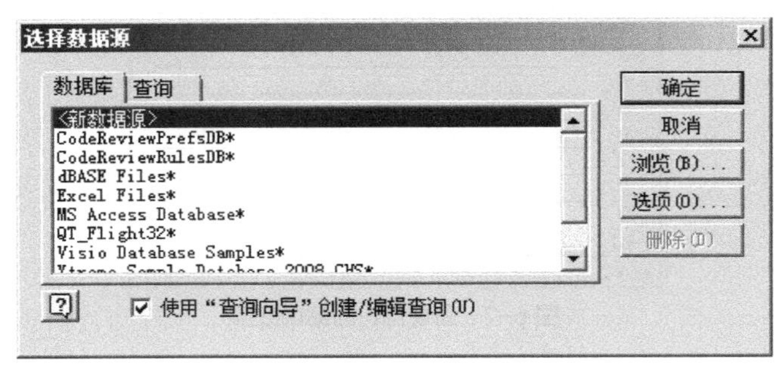

图 6-10　【选择数据源】对话框

（3）在【选择数据源】对话框的“数据库”选项卡中选择“<新数据源>”选项，单击【确定】按钮，打开【创建新数据源】对话框，在该对话框中输入数据源名称（这里输入“bookData” ），选择一个驱动程序（这里选择“SQL Server” ）。单击【连接】按钮，打开【SQL Server 登录】对话框。

（4）在【SQL Server 登录】对话框的“服务器”列表框中选择“(local)”，取消“使用信任连接”复选框的选中状态，在“登录 ID”文本框中输入“sa”，在“密码”文本框中输入“123456”。单击【选项】按钮，展开“选项”区域，在“数据库”列表框中选择“bookData”，其他选项保持不变，如图 6-11 所示。

在【SQL Server 登录】对话框中单击【确定】按钮返回【创建新数据源】对话框，在“为数据源选定默认表”列表框中选择“用户信息”选项，如图 6-12 所示。

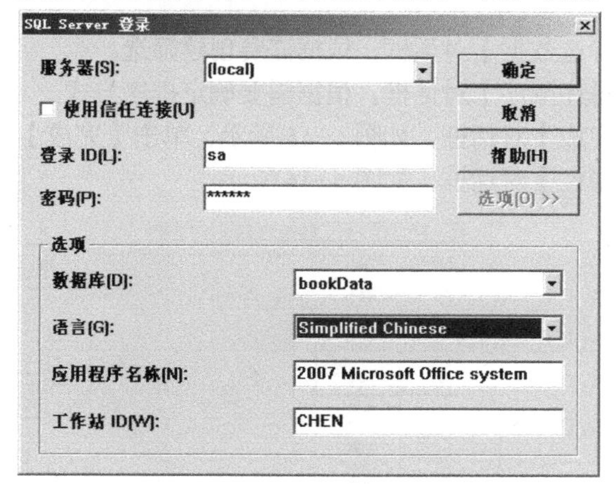

图 6-11 【SQL Server 登录】对话框

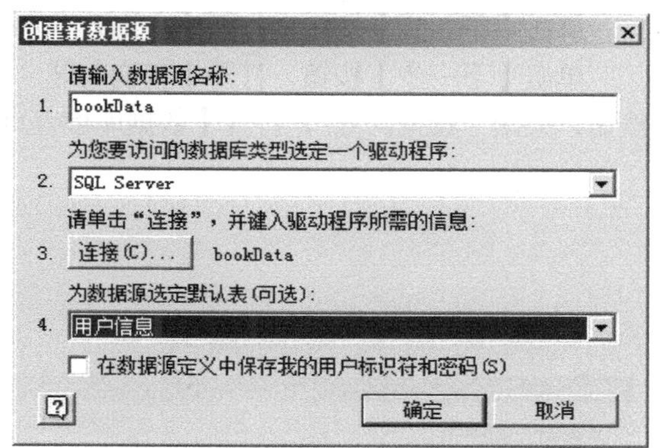

图 6-12 【创建新数据源】对话框

在【创建新数据源】对话框中单击【确定】按钮，创建 bookData.dsn 数据源，返回【选择数据源】对话框，如图 6-13 所示。

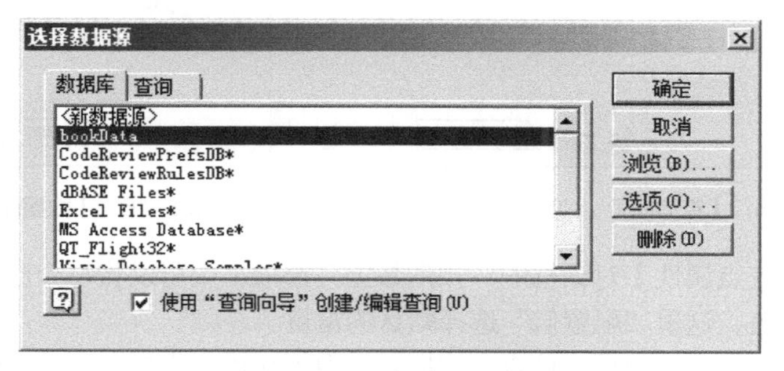

图 6-13 在【选择数据源】对话框中添加数据源 bookData

（5）在【选择数据源】对话框的数据源列表中选择数据源 bookData。

如果数据源列表中已经有所需要的数据源，则直接选择即可，无需重新创建。单击【确定】按钮，打开【查询向导 – 选择列】对话框，双击选择需要检查的字段，这里双击选择“用户名”，如图 6-14 所示。

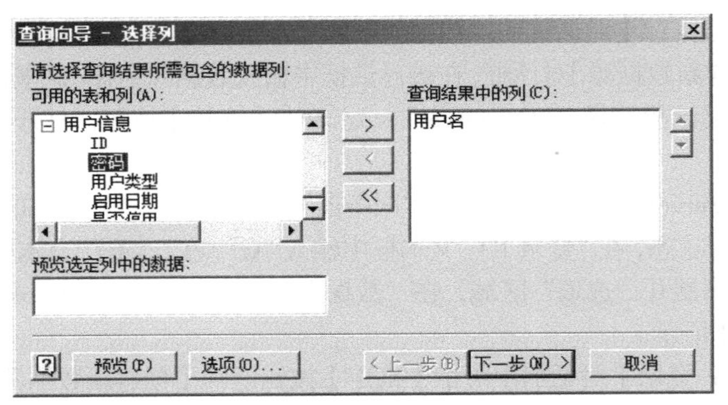

图 6-14　在【查询向导 – 选择列】对话框选择需要检查的字段“用户名”

单击【下一步】按钮，打开【查询向导 – 筛选数据】对话框，根据需要创建筛选。

单击【下一步】按钮，打开【查询向导 – 排序顺序】对话框，根据需要确定排序方式。

单击【下一步】按钮，打开【查询向导 – 完成】对话框，如图 6-15 所示，单击【完成】按钮，关闭“查询向导”，打开【数据库检查点属性】对话框，如图 6-16 所示。

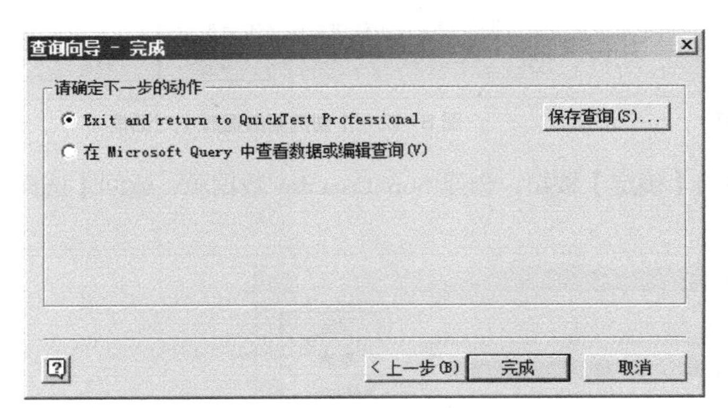

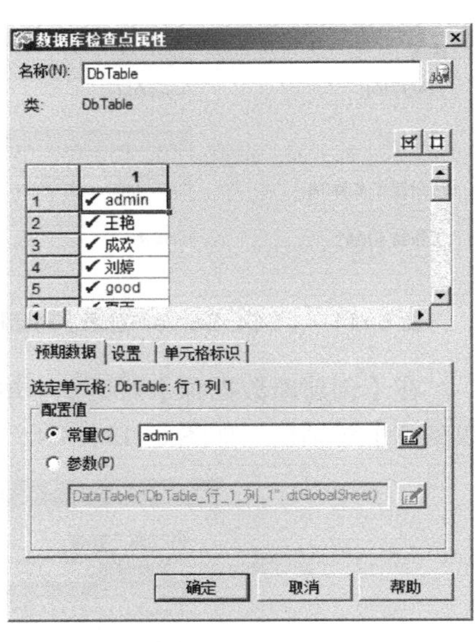

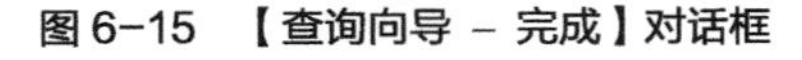
图 6-15　【查询向导 – 完成】对话框

图 6-16　【数据库检查点属性】对话框

在【数据库检查点属性】对话框的“预期数据”选项卡中可以将每个已检查的单元格设置为常量值或参数化值，这里“配置值”选择默认的常量。

单击【确定】按钮完成数据库检查点的插入。数据库检查点插入完成后会自动添加一行如下所示的代码。

```
DbTable("DbTable").Check CheckPoint("DbTable")
```

4．删除“用户信息”数据表中新增的用户数据

将“用户信息”数据表中新增的用户数据删除。

5．运行参数化测试脚本

在 QTP 窗口按快捷键 F5 开始运行参数化测试脚本，依次从【数据表】面板的表格中提取一行数据运行测试脚本。测试结果如图 6-17 所示。

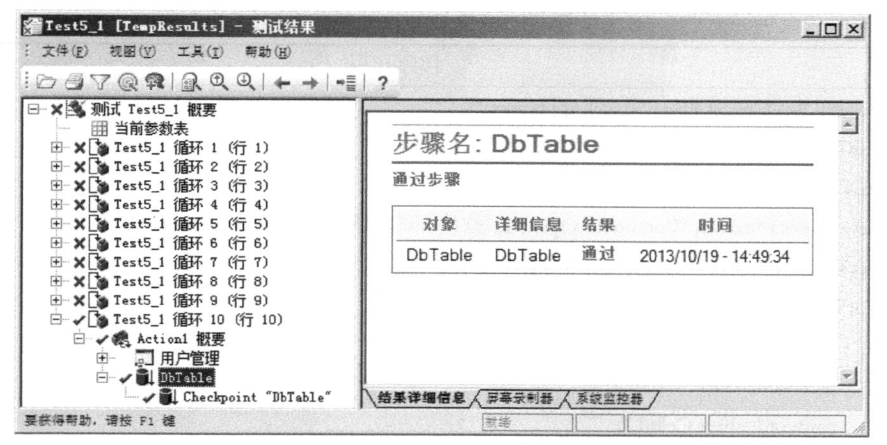

图 6-17　新增用户参数化测试脚本的运行结果

【说明】以上利用数据库检查点进行检查时，由于前 9 次至少有一条用户数据还未添加到“用户信息”数据表中，所以会出现部分新增用户数据的预期值为空的现象。只有最后一条用户数据插入时，全部新增用户数据的预期值与数据表的返回值一致，结果才为“通过”。

【任务 6-3】使用 Excel 文件作为外部数据源进行参数化测试

【任务描述】

在 QTP 中使用 Excel 文件作为外部数据源进行参数化测试，测试用例如表 6-4 所示。

【任务实施】

由于 Excel 文件使用行、列和单元格的表格形式存储数据，故使用 Excel 表格作为数据源进行数据驱动测试非常简便。

1．创建一个 Excel 文件

创建一个名称为“userData.xls”的 Excel 文件，在该 Excel 文件的“Sheet1”工作表输入如图 6-18 所示的数据作为测试数据源。

	A	B	C
1	userNum	userName	userPassword
2	1001	admin	123456
3	1002	王艳	111
4	1003	成欢	123
5	1004	刘婷	123
6	1005	good	666
7	1006	夏雨	3456
8	1007	高兴	555
9	1008	丁一	666
10	1009	王二	888
11	1010	李三	999

Sheet1 / Sheet2 / S

图 6-18　“userData.xls”文件中的用户数据

2．创建一个测试项目

在 QTP 窗口中创建一个测试项目 Test5_3。

3．编写测试脚本

在 QTP 的“专家视图”编写如表 6-7 所示的测试脚本。

表 6-7　　使用 Excel 文件作为外部数据源的测试脚本

序号	程序代码
01	Set exlObj=CreateObject("Excel.Application")
02	exlObj.Visible=false
03	exlObj.DisplayAlerts=false
04	Set userData=exlObj.Workbooks.Open("E:\软件测试案例程序\unit06\userData.xls")
05	Set sheet=userData.Worksheets("Sheet1")
06	For i=2 to sheet.usedrange.rows.count
07	userNum=sheet.Cells(i,1)
08	userName=sheet.Cells(i,2)
09	password=sheet.Cells(i,3)
10	SwfWindow("用户管理").SwfToolbar("toolStrip1").Press "新增"
11	SwfWindow("用户管理").SwfEdit("txtListNum").Set userNum
12	SwfWindow("用户管理").SwfEdit("txtUserName").Set userName
13	SwfWindow("用户管理").SwfEdit("txtUserPassword").Set password
14	SwfWindow("用户管理").SwfToolbar("toolStrip1").Press "tsbSave"
15	SwfWindow("用户管理").Dialog("提示信息").WinButton("确定").Click
16	Next
17	DbTable("DbTable").Check CheckPoint("DbTable")

表 6-7 所示的测试脚本使用了 Excel 软件的 COM 接口进行编程，通过该接口访问 Excel 文件 Sheet 工作表中的单元格数据，可把相应的单元格数据通过参数化传给登录界面的用户名和密码文本框，从而实现相应的登录操作。

4．插入数据库检查点

参照【任务 6-2】使用向导方式插入数据库检查点，也可以按照以下步骤插入检查点。

（1）在 QTP 的“专家视图”中选择要插入数据库检查点的位置，选择【插入】→【检查点】→【数据库检查点】命令，打开【数据库查询向导】对话框，在该对话框的“查询定义”区域选择“手动指定 SQL 语句”单选按钮，如图 6-19 所示。

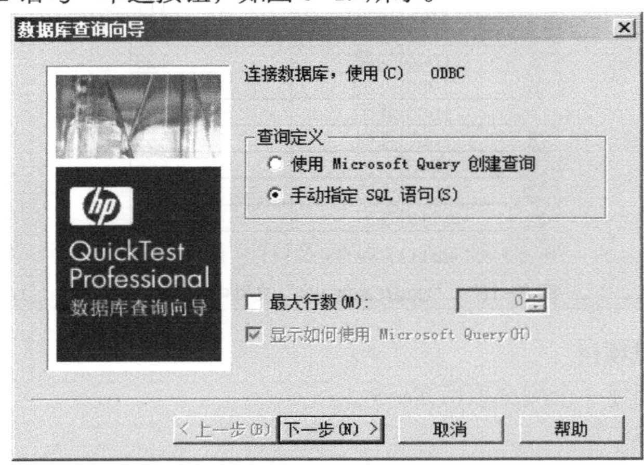

图 6-19　在【数据库查询向导】对话框中选择“手动指定 SQL 语句”单选按钮

（2）单击【下一步】按钮，进入向导的“指定SQL语句”对话框，在“连接字符串”文本框中输入以下连接字符串：

DRIVER=SQL Server；SERVER=(local)；UID=sa；PWD=123456；APP=2007 Microsoft Office system；WSID=CHEN；DATABASE=bookData

在“SQL语句”文本框中输入以下SQL语句：

SELECT 用户信息.用户名 FROM bookData.dbo.用户信息 用户信息

结果如图6-20所示。

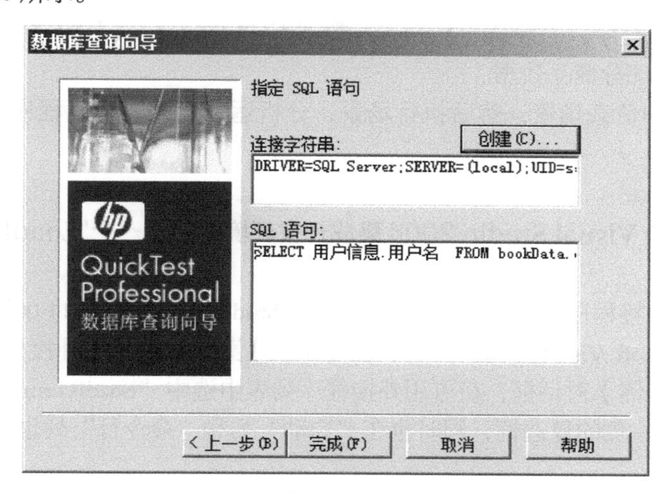

图6-20 自行指定“连接字符串”和“SQL语句”

5．运行测试脚本

运行可执行文件“bookUI.exe”，启动【用户管理】程序。在QTP窗口单击【Run】按钮，运行测试脚本，观察分析测试Test5_3的结果，如图6-21所示。

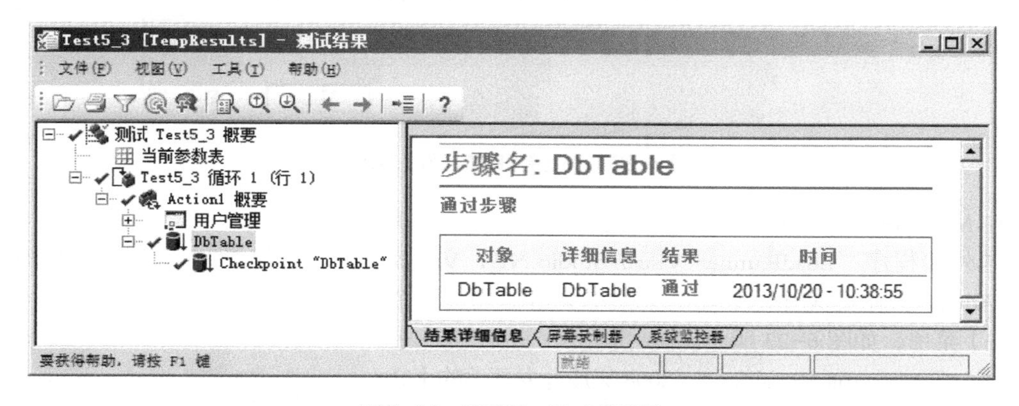

图6-21 测试Test5_3的结果

从测试结果可以看出，Test5_3程序通过了测试。

【任务 6-4】使用 LoadRunner 的.NET 插件对“提取商品数据”程序进行测试

【任务描述】

（1）在 Microsoft Visual Studio 2008 集成开发环境中创建一个“LoadRunner C# .NET Vuser”项目 LoadRunnerUser1。

（2）编写被测试程序，实现从 SQL Server 数据库“ECommerce”的“商品数据表”中提取价格大于 1 000 元的部分商品数据。

（3）创建相应的负载场景，然后执行场景，分析运行结果，找出程序中存在的性能瓶颈问题。

【任务实施】

1.在Microsoft Visual Studio 2008 集成开发环境中创建一个“LoadRunner C# .NET Vuser”项目

（1）成功安装外接程序“HP LoadRunner Visual Studio 2008 Addin 11.00”。

（2）启动 Microsoft Visual Studio 2008，在【工具】菜单中选择【外接程序管理器】命令，打开【外接程序管理器】对话框，在可用外接程序列表中选中“LoadRunner Visual Studio.NET Virtual User Addin”左侧的复选框，同时也在“启动”列和“命令行”列也选中对应的复选框，如图 6-22 所示。

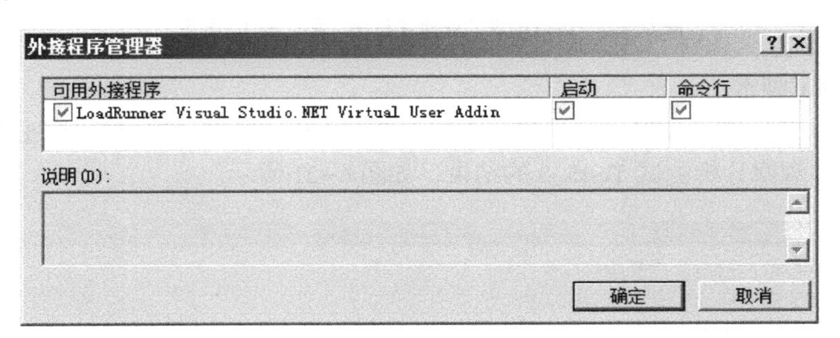

图 6-22 【外接程序管理器】对话框

在 Microsoft Visual Studio 2008 启动时，如果同时成功启动了外接程序“LoadRunner Visual Studio.NET Virtual User Addin”，在集成开发环境的主菜单会自动增加一个【Vuser】菜单，如图 6-23 所示。

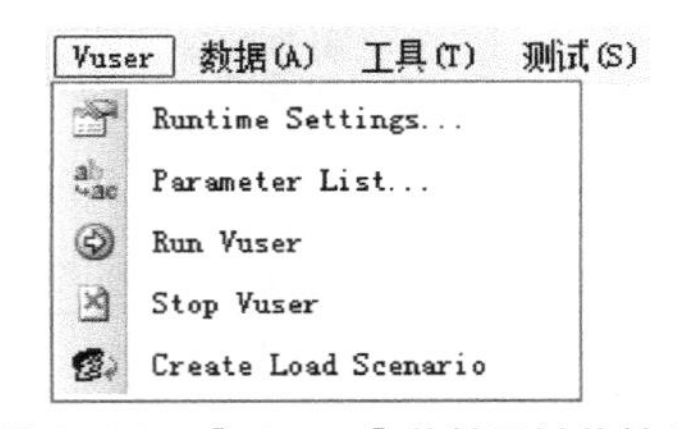

图 6-23 【Vuser】菜单及其菜单项

（3）在 Microsoft Visual Studio 2008 集成开发环境的【文件】菜单中选择【新建】→【项目】命令，打开【新建项目】对话框，在该对话框左侧的“项目类型”列表中选择“Visual C#”，右侧的“模板”列表中选择“LoadRunner C# .NET Vuser”，在下方的“名称”文本框中输入项目名称“LoadRunnerUser1”，并输入项目的保存位置，选择“创建解决方案的目录”复选框，如图 6-24 所示。单击【确定】按钮完成“LoadRunner C# .NET Vuser”项目的创建。

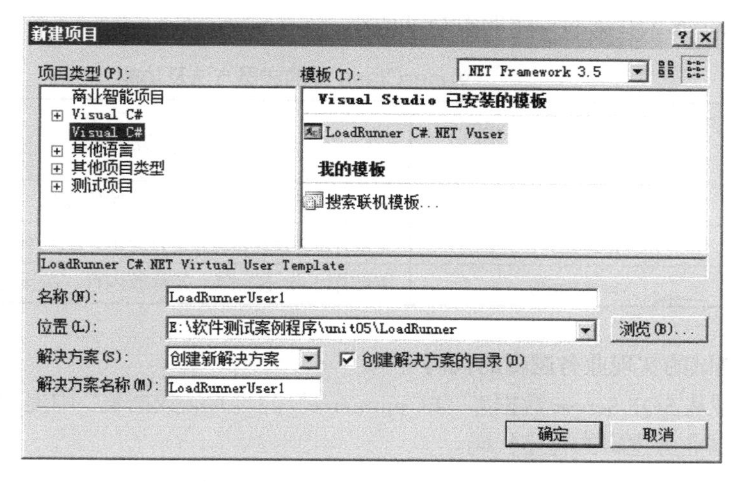

图 6-24 【新建项目】对话框

"LoadRunner C# .NET Vuser"项目的创建完成后，系统会自动创建一个"VuserClass"类，对应的代码如表 6-8 所示，该类的构建函数 VuserClass()创建了一个 lr 对象。

表 6-8 VuserClass 类的初始代码

序号	程序代码
01	public class VuserClass
02	{
03	LoadRunner.LrApi lr;
04	public VuserClass()
05	{
06	// LoadRunner Standard API Interface :: DO NOT REMOVE!!!
07	lr = new LoadRunner.LrApi();
08	}
09	// ''
10	public int Initialize()
11	{
12	// TO DO: Add virtual user's initialization routines
13	return lr.PASS;
14	}
15	// ''
16	public int Actions()
17	{
18	// TO DO: Add virtual user's business process actions
19	return lr.PASS;
20	}
21	// ''
22	public int Terminate()
23	{
24	// TO DO: Add virtual user's termination routines
25	return lr.PASS;
26	}
27	}

VuserClass 类的成员方法的功能如表 6-9 所示。

表 6-9　　　VuserClass 类的成员方法及功能

.NET 环境下的方法名称	对应 LoadRunner 环境中的方法名称	功能说明
Initialize()	vuser_init()	主要用于初始化工作，如初始化变量、建立连接等
Actions()	Action()	主要用于对被测试的业务逻辑、语句和算法等进行处理
Terminate()	vuser_end()	主要用于收尾工作，如释放内存、关闭连接等

2．编写被测试的实现业务逻辑的代码

（1）编写实现从 SQL Server 数据库“ECommerce”的“商品数据表”中提取价格大于 1 000 元的部分商品数据业务逻辑的程序代码。

（2）编写代码应用事务。

分别使用 LoadRunner.LrApi 类的 start_transaction()方法和 end_transaction()方法设置事务开始和事务结束。编写如下代码设置事务开始和事务结束。

```
lr.start_transaction("提取商品数据");
if (getRecNum > 0)
        lr.end_transaction("提取商品数据", lr.PASS);
else
        lr.end_transaction("提取商品数据", lr.FAIL);
```

【注意】一个事务必须由事务开始和事务结束构成，且事务名称必须相同。如果事务开始和事务结束的名称不一致，会提示不能到达事务的结束，并且事务会被标记为失败。

（3）编写代码应用集合点。

集合点应用事务并发指测试同一时刻系统可以处理多人的同时登录、同时做业务等。这些情况在电信、银行类网站中经常发生，所以做性能测试时，一定要根据用户的实际情况设计并发的测试用例，进行相应的测试。

编写如下代码设置集合点。

```
lr.rendezvous("设置集合点");
```

（4）编写代码应用日志/消息。

运用日志/消息是程序员和测试人员调试脚本程序必须掌握的方法，该方法可以在必要的地方输出变量、输出提示信息等，方便定位问题。

编写如下代码设置日志/消息。

```
lr.message("被测试程序部分");
lr.log_message("LOG: SQL 语句开始执行了");
lr.log_message("LOG: SQL 语句执行完成");
```

（5）编写代码应用思考时间。

思考时间是模拟手工操作的停留时间，如果要比较真实地考察一个事务的执行时间，可以加入思考时间，模拟实际情况。

编写如下代码设置思考时间。

```
lr.think_time(3);
```

（6）编写代码应用参数化数据。

在进行迭代和在场景中执行脚本时，需要将脚本相关数据进行参数设置，编写如下代码设置参数化数据。

lr.output_message("Welcome " + lr.eval_string("<username>") + "!");

VuserClass 类 Actions()方法完整的代码如表 6-10 所示。

表 6-10　　VuserClass 类 Actions()方法完整的代码

序号	程序代码
01	public int Actions()
02	{
03	// TO DO: Add virtual user's business process actions
04	lr.message("被测试程序部分");
05	try
06	{
07	String strSql = "Server=(local);Database=ECommerce;User
08	ID=sa;Password=123456";
09	String strComm = "Select 商品名称 ，价格 ，库存数量 From 商品数据表
10	Where 价格>1000";
11	//插入一个集合点
12	lr.rendezvous("设置集合点");
13	//事务开始
14	lr.start_transaction("提取商品数据");
15	SqlConnection sqlConn = new SqlConnection();
16	SqlCommand sqlComm = new SqlCommand();
17	SqlDataAdapter sqlDA = new SqlDataAdapter();
18	DataSet ds = new DataSet();
19	//插入一个日志
20	lr.log_message("LOG: SQL语句开始执行了");
21	sqlConn.ConnectionString = strSql;
22	sqlComm.Connection = sqlConn;
23	sqlComm.CommandType = CommandType.Text;
24	sqlComm.CommandText = strComm;
25	sqlDA.SelectCommand = sqlComm;
26	sqlDA.Fill(ds, "商品数据");
27	//插入一个日志
28	lr.log_message("LOG: SQL语句执行完成");
29	int getRecNum = Convert.ToInt32(ds.Tables["商品数据"].Rows.Count.ToString());
30	//如果记录数大于0，正常结束这个事务，否则标识事务失败
31	if (getRecNum > 0)
32	lr.end_transaction("提取商品数据", lr.PASS);
33	else
34	lr.end_transaction("提取商品数据", lr.FAIL);

续表

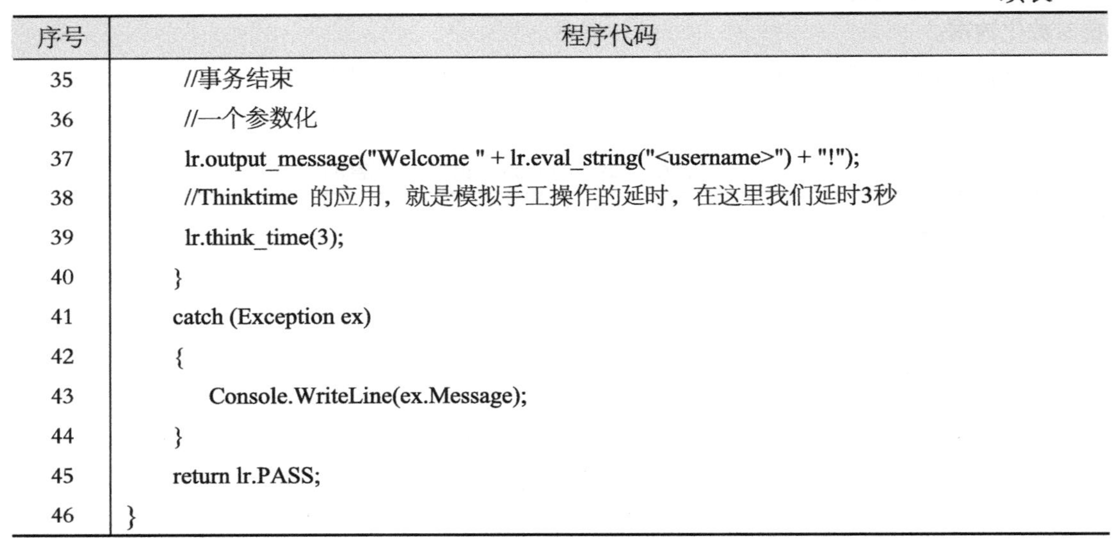

序号	程序代码
35	//事务结束
36	//一个参数化
37	lr.output_message("Welcome " + lr.eval_string("<username>") + "!");
38	//Thinktime 的应用，就是模拟手工操作的延时，在这里我们延时3秒
39	lr.think_time(3);
40	}
41	catch (Exception ex)
42	{
43	Console.WriteLine(ex.Message);
44	}
45	return lr.PASS;
46	}

在 VuserClass 类的 Initialize()方法编写如下所示的代码，演示其功能。

```
lr.message("初始化工作开始");
return lr.PASS;
```

在 VuserClass 类的 Terminate()方法编写如下所示的代码，演示其功能。

```
lr.message("完成收尾工作");
return lr.PASS;
```

3．执行 Vuser 脚本

在 Microsoft Visual Studio 2008 集成开发环境的【Vuser】菜单中选择【Run Vuser】命令执行 Vuser 脚本，执行结果在“LoadRunner Information”的【输出】框中输出。

Vuser 脚本执行时，在【Vuser】菜单中选择【Stop Vuser】命令终止 Vuser 脚本的运行。

4．创建与执行场景

在 Microsoft Visual Studio 2008 集成开发环境的【Vuser】菜单中选择【Create Load Scenario】命令，打开【创建场景】对话框，在该对话框中设置好各个参数，如图 6–25 所示。

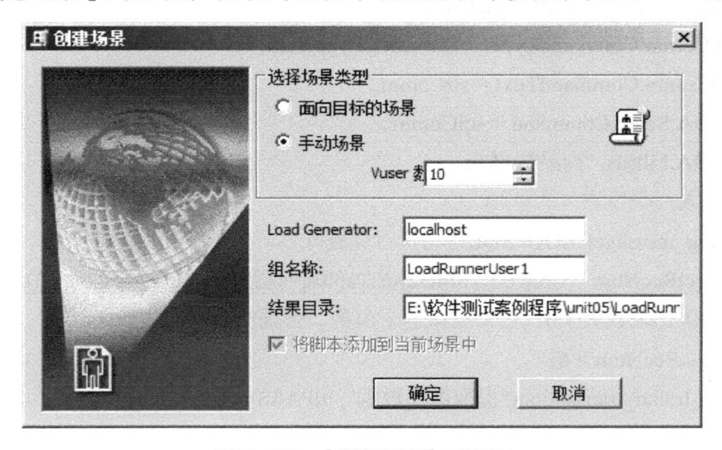

图 6–25 【创建场景】对话框

单击【确定】按钮，则将场景设置加载到 Controller 中，然后切换到“运行”选项卡，单击【开始场景】按钮开始执行场景，并将场景运行情况在“场景状态”窗格和多个运行图中显示出来，分析“场景状态”和多个运行图，可以找出程序中存在的性能瓶颈问题。

【探索测试】

【任务 6-5】使用 JUnit4 对“用户注册”Java 程序进行单元测试

【任务描述】

（1）在 Eclipse SDK 的包 userLogin 中创建类“UserRegister”。

（2）在类“UserRegister”中创建 getSQLServerConn()、getStatement()、closeConnection()、closeStatement()、closeResultSet()和 updateUserData()等成员方法。

（3）创建测试类“GetUserRegister”，对成员方法 updateUserData()进行单元测试，为测试方法“testupdateUserData()”编写程序代码。

（4）运行测试代码，评价测试结果。

【测试提示】

测试用例自行进行设计，并使用表格形式列出。

方法 updateUserData()的程序代码如表 6-11 所示。

表 6-11　方法 updateUserData()的程序代码

序号	程序代码
01	public boolean updateUserData(String name, String password)
02	{
03	Connection conn = null;
04	Statement statement = null;
05	int num = 0;
06	try {
07	conn = getSQLServerConn();
08	statement = getStatement(conn);
09	String strSql = "Insert Into 用户表(用户名,密码) Values('"
10	+ name + "','" + password + "')";
11	num = statement.executeUpdate(strSql);
12	if (num > 0) {
13	return true;
14	}
15	} catch (SQLException ex) {
16	ex.printStackTrace();
17	}
18	closeStatement(statement);
19	closeConnection(conn);
20	return false;
21	}

【任务 6-6】使用 QTP 对“浏览与更新商品数据”.NET 程序进行测试

【任务描述】

使用 QTP 对“浏览与更新商品数据”.NET 程序的“新增商品数据”功能进行测试，具体要求如下所示。

（1）使用 QTP 录制新增商品数据的测试脚本。

（2）对新增商品数据的“商品编号”、“商品名称”和“价格”进行参数化设置。

（3）在测试脚本中插入数据库检查点进行检查。

【测试提示】

测试用例自行进行设计，并使用表格形式列出。

“浏览与更新商品数据”程序成功启动会打开如图 6-26 所示的【浏览与更新商品数据】对话框，在该对话框中测试新增商品数据。

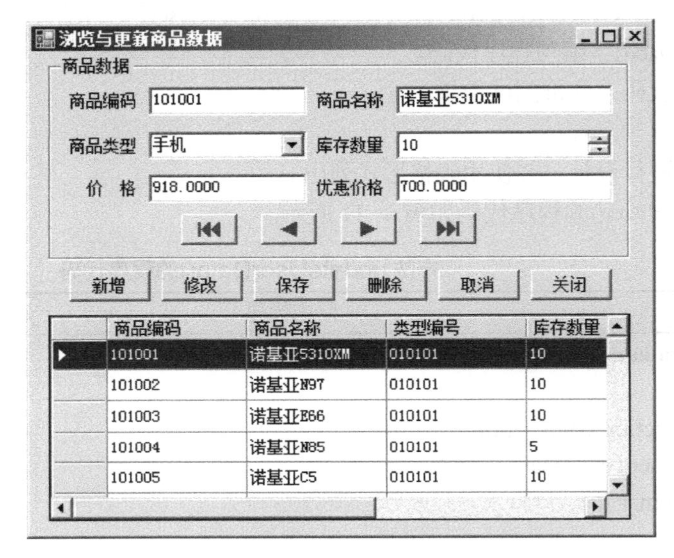

图 6-26 【浏览与更新商品数据】对话框

【任务 6-7】使用 LoadRunner 的.NET 插件对“提取用户数据”程序进行测试

【任务描述】

（1）在 Microsoft Visual Studio 2008 集成开发环境中创建一个“LoadRunner C# .NET Vuser”项目“LoadRunnerUser2”。

（2）编写被测试程序，实现从 SQL Server 数据库“ECommerce”的“用户表”中提取用户数据。

（3）创建相应的负载场景，然后执行场景，分析运行结果并找出程序中存在的性能瓶颈问题。

要求测试用例自行进行设计，并使用表格形式列出。

【测试拓展】

尝试使用以下自动化测试工具对基于类的数据库应用程序进行测试。

（1）使用 ERWin Examiner 数据库测试工具测试应用程序对数据库的访问。

ERWin Examiner 是 CA Technologies 公司开发的数据库测试工具，通过检测数据库脚本文件、ERWin 建模文件或直接连接现有数据库进行检测，并针对数据库中的字段、索引、约束、规范、关系等数据库属性生成检测报告。ERWin Examiner 能够分析数据模型，找到那些可能会破坏数据库完整性和功效的矛盾之处，调整用户的数据库设计，自动生成修改脚本，从而加快数据库的设计和部署。

（2）使用 TSQLUnit 测试 Transact-SQL 编写的代码。

TSQLUnit 是一个类似于“xUnit”的开源测试框架，是由 Henrik Ekelund.开发的用于测试 Transact-SQL 编写的代码。

【单元小结】

本单元主要介绍了面向对象程序的主要测试内容和面向对象程序测试驱动的设计方法、自动化性能测试的基本概念和主要作用、LoadRunner 的主要作用和主要组件等内容，通过多个测试实例的执行使读者学会基于类的数据库应用程序的单元测试与性能测试。

PART 7 单元 7 Web 应用程序的性能测试与负载测试

随着 Internet 应用的日益普及，基于 B/S 结构的应用程序越来越多，对这些 Web 应用程序进行测试已显得越来越重要。Web 应用程序的功能测试比较简单，关键是如何做好性能测试。我们应从两个方面分析如何进行 Web 应用程序测试。从技术实现上来讲，一般的 B/S 结构，无论是.NET 程序还是 J2EE 程序都是多层构架，划分为用户界面层、业务逻辑层、数据访问层；从测试的流程上来说，首先是发现问题、分析问题、定位问题，再由开发人员解决问题。

【教学导航】

教学目标	（1）掌握 LoadRunner 的基本组成和常用术语 （2）熟悉 LoadRunner 进行负载测试的流程 （3）熟悉 LoadRunner 的常用函数 （4）熟悉【HP Virtual User Generator】窗口中“运行”选项卡的作用与组成 （5）学会使用 QuickTest Professional 测试 Mercury Tours 范例网站 （6）学会使用 LoadRunner 录制与运行打开百度网站首页的脚本 （7）学会使用 LoadRunner 测试范例程序 HP Web Tours Application
教学方法	任务驱动法、分组讨论法、探究学习法
课时建议	10 课时
测试阶段	集成测试、确认测试
测试对象	Web 应用程序
测试方法	黑盒测试、自动化测试、性能测试、负载测试
测试工具	QuickTest Professional、LoadRunner

【方法指导】

7.1 LoadRunner 的基本组成

LoadRunner 主要由虚拟用户产生器（Virtual User Generator， VuGen）、控制器（LoadRunner Controller）、负载生成器（Load Generator）、结果分析器（LoadRunner Analysis）和监视器组成。

7.2 LoadRunner的常用术语

1. VuGen

VuGen是Virtual User Generator的缩写，它提供了LoadRunner虚拟用户脚本的集成调试环境。在性能测试准备阶段，主要使用VuGen进行Vuser脚本的录制与开发。当虚拟用户脚本在VuGen中调试通过后，就可以放到LoadRunner Controller中用于创建场景了。

VuGen以“录制—回放”的方式工作，在应用程序中执行业务流程步骤时，VuGen会录制用户的操作并自动创建脚本，这些脚本将作为负载测试的基础。

2. LoadRunner Controller

LoadRunner Controller也称为LoadRunner控制器，是处理和检测负载测试的中央控制台，用来创建、管理和监控测试工作。可以使用 Controller 来运行模拟实际用户操作的示例脚本，并通过让一定数量的Vuser同时执行这些操作，在系统上产生负载。

3. Load Generator

对场景进行设计后，就需要对负载生成器进行管理和设置。Load Generator（负载生成器）是运行脚本的负载引擎，在默认情况下使用本地的负载生成器来运行脚本，但是模拟用户行为也需要消耗一定的系统资源，所以在一台电脑上无法模拟大量的虚拟用户，这个时候可以通过多个Load Generator来完成大规模的性能负载。

负载生成器用于通过运行虚拟用户生成负载，多个虚拟用户客户端的请求是由负载生成器（Load Generator）产生的，其目的是对不同类型的被测服务器产生负载。

4. LoadRunner Analysis

使用LoadRunner Analysis以及生成和查看图和报告对场景进行分析，发现存在的性能问题并查明问题的根源。

5. 负载测试

负载测试是指在典型工作条件下测试应用程序，例如，多位用户同时在同一个机票预订系统中预订机票。由于需要模拟真实情况，为此，要能够在应用程序上生成较重的负载，并安排向系统施加负载的时间（因为用户不会正好同时登录或退出系统），还需要模拟不同类型的用户活动和行为。例如，一些用户可能使用Firfox或360浏览器，而不是使用Internet Explorer浏览器来查看应用程序的性能，并且可能使用不同的网络连接，并在场景中创建并保存这些设置。Controller提供的用于创建和运行测试的工具，可以准确模拟工作环境。

6. 测试场景

测试场景是将测试需求结合测试用例进行转化后，用来承载实现测试目标的测试脚本的容器，对这个容器，我们可以定义出它的规格，执行有规格的容器，就相当于测试需求被覆盖。在LoadRunner中，测试场景在Controller中管理。

7. Vuser

在性能测试或应用程序管理环境中，LoadRunner 使用虚拟用户（或称 Vuser）代替物理计算机上的真实用户。Vuser以一种可重复、可预测的方式模拟真实用户的操作来使用系统，一个场景可以包括数十、数百乃至数千个Vuser。

8. Vuser脚本

Vuser（虚拟用户）执行的操作是用Vuser脚本描述的，Vuser脚本描述Vuser在场景中执行的操作。

9．事务

事务（Transaction）是一个或多个操作步骤的集合，一般应用程序需要进行性能分析和度量时可定义为一个事务。例如，在脚本中有一个数据插入操作，为了衡量服务器执行插入操作的性能，可以将这个操作定义为一个事务，这样，在运行测试脚本时，LoadRunner 运行到这个事务的开始点就会开始计时，直到运行到该事务的结束点停止计时。该事务的运行时间在测试结果中会有所体现，可以使用 LoadRunner 的"平均事务响应时间"图来分析每个事务的服务器性能。

10．集合点

插入集合点是为了衡量在加重负载的情况下服务器的性能。在测试计划中，可能会要求系统能够承受 1 000 人同时提交数据，这在 LoadRunner 中可以通过以下方式实现：在提交数据操作前面加入一个集合点，这样，当虚拟用户运行到提交数据的集合点时，LoadRunner 就会检查同时有多少用户运行到集合点，如果不到 1 000 位用户，LoadRunner 就会命令已经到集合点的用户在此等待，当在集合点等待的用户数量达到 1 000 时，LoadRunner 命令 1 000 位用户同时去提交数据，从而达到测试计划中的需求。

利用集合点可以控制各个 Vuser 能在同一时刻执行任务，实现实际应用的并发现象。集合经常和事务结合起来使用，一般设置在某个事务开始前。集合点只能插入到 Action 部分，vuser_init 和 vuser_end 中不能插入集合点。集合点一定不能在开始事务之后插入，否则在计算响应时间时，会把集合点用户的等待时间也计算在内，测试结果会出现偏差。

11．参数化

参数化是为了能够更加真实地模拟实际情况，例如，登录时需要输入用户名和密码，在录制脚本时只能输入一个合法的用户名和密码，如果脚本在场景中执行时需要有 500 个用户登录，并要求 500 个人使用不同的用户名和密码，这时需要将用户名和密码进行参数化，使之更真实和合理。

如果用户在录制脚本过程中填写、提交了一些数据，如增加数据记录，这些操作都被记录到脚本中，当多个虚拟用户运行脚本时，都会提交相同的记录，这样不符合实际的运行情况，而且有可能引起冲突。为了更加真实地模拟实际环境，需要各种各样的输入。参数化输入是解决该问题的有效方法。

VuGen 生成的 Vuser 脚本只是如实地记录了录制时的操作及相关的特定数据，虚拟用户直接使用录制的脚本，就不能很好地模拟实际情况。使用参数来替代一些脚本中的常量，既可减少脚本大小和脚本数量，同时也能更好地模拟真实用户的行为。

12．内容检查

在 LoadRunner 中只要检测到服务器有响应就认为操作正确执行了，而不管反馈的信息是否正确。因此，为了检查 Web 服务器返回的网页结果是否正确，VuGen 支持在脚本中插入文本/图像检查点，这些检查点验证网页上是否存在指定的文本或者图像，还可以测试在压力较大的环境中被测网站功能是否保持正确。

13．关联

关联（Correlation）就是把脚本中某些静态数据，转变成读取自服务器传送的、动态的、每次都不一样的数据。例如，以下常见场景：如果有些服务器在每个浏览器第一次跟它要数据时，都会在数据中夹带一个唯一的标识码，接下来就会利用这个标识码来辨识跟它要数据的是不是同一个浏览器。一般称这个标识码为 SessionID（会话 ID），对于每个新的访问，服务器都会产生新的 SessionID 给浏览器。如果录制时的 SessionID 与回放时获得的 SessionID 不同，而 VuGen 还是使用旧的 SessionID 向服务器要数据，服务器会发现该 SessionID 是失效的，或者不认识这个 SessionID，当然就不会传送正确的数据给 VuGen。

7.3 LoadRunner 进行负载测试的流程

LoadRunner 进行负载测试的程序一般包括 6 个阶段：规划负载测试→创建 Vuser 脚本→定义测试场景→运行测试场景→监视测试场景→分析测试结果。

（1）规划负载测试。

定义性能测试要求，如并发用户的数量、典型业务流程和要求的响应时间。

（2）创建 Vuser 脚本。

录制用户的活动，自动创建 Vuser 脚本。

（3）定义测试场景。

使用 LoadRunner Controller 设置负载测试环境和定义场景。

（4）运行测试场景。

使用 LoadRunner Controller 驱动与管理负载测试。

（5）监视测试场景。

使用 LoadRunner Controller 监控负载测试。

（6）分析测试结果。

使用 LoadRunner Analysis 创建图表和报告并评估性能。

7.4 LoadRunner 的常用函数简介

LoadRunner 中，使用的函数有很多，这里只介绍编写性能测试脚本过程中需要用到的函数。本节重点关注这些典型函数的应用场合及注意点，至于函数详细使用说明请参见 LoadRunner 的帮助文档。

1．事务相关函数

（1）lr_start_transaction()/lr_end_transaction()。

功能：事务开始标记/事务结束标记。

应用场合：需要统计某一段代码块执行所需要的时间，这两个函数需要成对使用。

【注意】这两个函数只是标记函数，用于标记事务开始/结束，因此可以嵌套使用，即事务中还可以包含子事务。

（2）lr_think_time()。

功能：模拟思考时间，即等待时间。

应用场合：在线用户测试，为了让每一个虚拟用户模拟一个真实用户的行为，即让一个虚拟用户对系统产生的压力跟真实用户相当，就必须使用这个函数。这是因为，用户在使用系统的过程中，从一个操作转换到另一个操作，是需要时间的，这个时间就是思考时间。

【注意】在录制脚本中，原子事务（指那些不能再分割为更小事务的事务，它经常指一个单一的业务操作，通常表现为一个 URL 请求）内不要包含 lr_think_time 函数，否则该思考时间将被统计到事务响应时间中，造成结果不准确。另外,lr_think_time 是否起作用，可通过

runtime-seting 进行设置。

(3) lr_rendezvous()。

功能：在 Vuser 脚本中设置集合点。

应用场合：并发测试，例如，对于一个在线考试系统，100 人同时打开同一份试卷，则需要在打开试卷的语句前插入 lr_rendezvous 函数，并在场景中设置集合点。

【注意】非并发测试，例如，在测试系统的处理能力时，最好不要设置集合点，因为一旦设置了集合点，将导致一些 VUser 处于等待状态，而等待过程中服务器将是空闲的，这将导致不能准确地测试出服务器的真实性能水平。集合点更多用于发现系统的并发问题。

2. 参数化与关联函数

(1) lr_save_string()/lr_save_int()。

功能：将某一字符串/整型保存为参数。

应用场合：有些变量的值通过 C 语言生成，之后在测试脚本中要使用这些变量。

(2) web_reg_save_param()。

功能：在服务器返回的文本中查找一个或者多个字符串，并将搜索到的字符串值保存在参数中。该函数有一个属性 NOTFOUND，默认值为 ERROR，也就是说，如果找不到要查找的数据，将报出错误，在必要的时候，如脚本逻辑控制需要，可以将 NOTFOUND 的属性值设为 WARNING，这样 LoadRunner 将不产生错误。

应用场合：在 B/S 或者 C/S 系统中，服务器返回给客户端的数据有些是动态改变的，在脚本的下一个步骤中，需要使用该动态数据。这时，就需要使用关联获得该动态数据。

【注意】LoadRunner 只能识别文本，在 HTTP 协议中只能识别 HTML 文档，因此关联的依据是 HTML 源码，而不是经过浏览器解析后的可视化文本。

(3) lr_save_searched_string()。

功能：在某一个字符缓冲区中搜索指定的字符串，并将搜到的字符串保存在参数中。

应用场合：可配合 LoadRunner 的关联功能，灵活获取服务器端返回的数据。

(4) lr_save_datetime()。

功能：将时间保存为参数。

应用场合：应用系统需要把时间数据提交给服务器端。

(5) web_save_timestamp_param()。

功能：将当前时间戳保存为参数。

应用场合：应用系统需要把时间戳提交给服务器端。

【注意】与 lr_save_datetime 不同的是，本函数保存的是时间戳，而 lr_save_datetime 保存的是日期和时间。

(6) lr_eval_string()。

功能：将某一字符串中包含的所有参数替换为真实值，并返回替换后的字符串。

应用场合：欲查看某一参数的值，可使用该函数。

【注意】如果不存在该参数，将把“{参数名}”当作普通字符串输出。

3. 验证点函数

(1) web_reg_find()。

功能：在 HTML 文档中查找指定的字符串。

应用场合：该函数是检查点函数，在脚本中需要插入检查点的地方使用。

【注意】该函数是注册型参数，需要在请求服务器数据步骤之前插入该函数。

（2）web_image_check()。

功能：判断某一个图片是否存在 HTML 页面中。

应用场合：同 web_reg_find 函数一样，该函数也是检查点函数，在脚本中需要插入检查点的地方使用。

【注意】要使该函数生效，需要在 runtime-seting 中将其打开。与 web_reg_find 不一样的是，该函数不是注册型函数，因此需要在请求返回步骤之后插入该函数。上文提过，LoadRunner 只能识别文本，因此 web_image_check 函数其本质仍然是文本验证，完全可以用 web_reg_find 替代，而且强烈推荐使用 web_reg_find 作为检查点函数。

4．日志输出函数

（1）lr_output_message()。

功能：将 VUser 的消息打印到日志文件和输出窗口中，打印的消息带有脚本行信息。

应用场合：方便查看运行信息，辅助问题定位。

【注意】与该函数具有类似功能的还有：lr_debug_message、lr_log_message lr_message、lr_error_message，它们之间的不同之处这里不做详细介绍，请参见 LoadRunner 的帮助文档。

（2）r_vuser_status_message()。

功能：将 VUser 的消息输出到场景运行的 VUser 状态窗口。

应用场合：将一些关键信息输出到 VUser 运行状态窗口，方便场景执行时查看。

7.5 【HP Virtual User Generator】窗口中“运行”选项卡的作用与组成

【HP Virtual User Generator】窗口中“运行”选项卡是用来管理和监控测试情况的控制中心。“运行”视图包含 5 个主要部分，如图 7-1 所示。

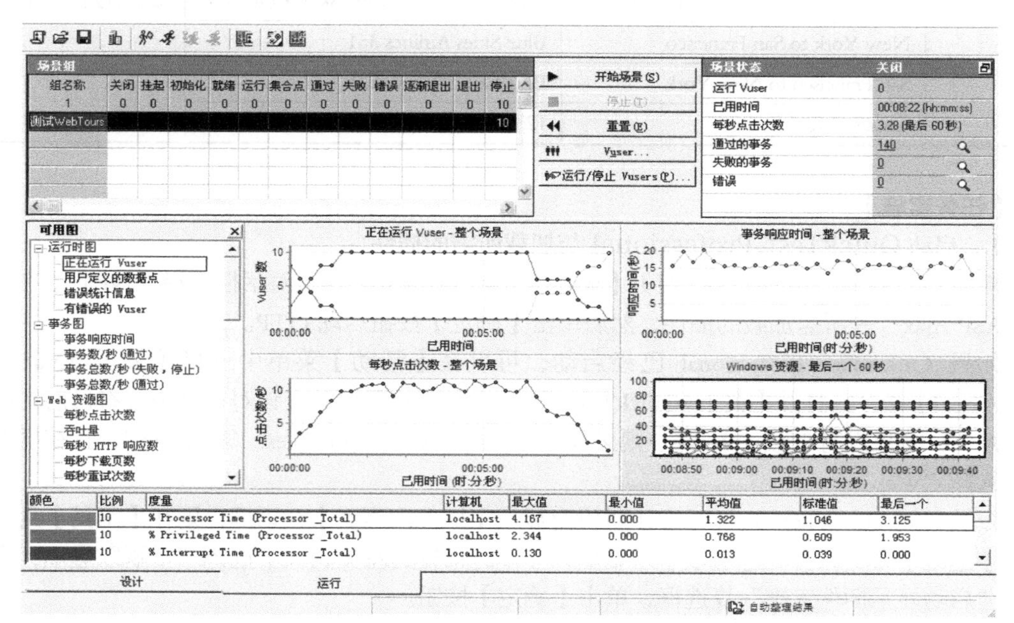

图 7-1 【HP Virtual User Generator】窗口中“运行”选项卡的组成

（1）“场景组”窗格。位于左上角的窗格，可以在其中查看场景组内 Vuser 的状态。使用该窗格右侧的按钮可以启动、停止和重置场景，查看各个 Vuser 的状态，通过手动添加更多 Vuser 来增加场景运行期间应用程序的负载。

（2）“场景状态”窗格。位于右上角的窗格，可以在其中查看负载测试的概要信息，包括正在运行的 Vuser 数量和每个 Vuser 操作的状态。

（3）“可用图”树。位于中间偏左位置的窗格，可以在其中看到可用 LoadRunner 图列表项。要打开某个图，可在树中选择该图，并将其拖到图查看区域即可。

（4）图查看区域。位于中间偏右位置的窗格，可以在其中自定义显示画面，查看 1~8 个图。

（5）图例。位于底部的窗格，可以在其中查看所选图的数据。

【引导测试】

【任务 7-1】使用 QuickTest Professional 测试 Mercury Tours 范例网站

【任务描述】

使用 QuickTest Professional 录制测试脚本，在 Mercury Tours 范例网站上预订一张从纽约（New York）到旧金山（San Francisco）的机票，并回放所录制的测试脚本。

本任务的测试用例如表 7-1 所示。

表 7-1　　测试 Mercury Tours 范例网站的测试用例

用例编号	测试数据				预期输出
Test01	User Name	mercury	Password	mercury	成功预定一张机票
	Type	Round Trip	Passengers	1	
	Departing From	New York	Arriving In	San Francisco	
	Service Class	Business class	Airline	Blue Skies Airlines	
	New York to San Francisco		Blue Skies Airlines 361		
	San Francisco to New York		Blue Skies Airlines 631		
	Credit Card		12345678		

【任务实施】

1. 启动 QuickTest Professional 与加载所需的插件

启动 QuickTest Professional，打开【插件管理器】对话框，在该对话框选择“.NET”、“Web”和“ASP Ajax”等所需加载的插件，然后单击【确定】按钮启动 QTP。

如果 QuickTest Professional 已经启动，可以在【帮助】菜单中选择【关于 QuickTest Professional】命令，打开【关于 QuickTest Professional】对话框，在该对话框中查看目前加载了哪些插件；如果没有加载“Web”，则必须关闭并重新启动 QuickTest Professional，且在插件列表中选择“Web”。

如果启动 QuickTest Professional 时没有显示【插件管理器】对话框，则在【工具】菜单中选择【选项】命令，打开【选项】对话框，在该对话框的左侧列表中选择“常规”选项，右侧选中“启动显示插件管理”复选框，单击【确定】按钮。

2．录制测试脚本

（1）录制和运行设置。

在【QuickTest Professional】的【自动化】菜单中选择【录制】命令或者直接在工具栏中单击【Record】按钮，打开【录制和运行设置】对话框，在“Web”选项卡中选择“录制或运行会话开始时打开以下地址”单选按钮，在“地址”列表框中输入“http://newtours.demoaut.com”，在“浏览器”列表框中选择“Microsoft Internet Explorer”，如图7-2所示。这样，在录制开始的时候，QuickTest会自动打开IE浏览器并打开Mercury Tours范例网站。

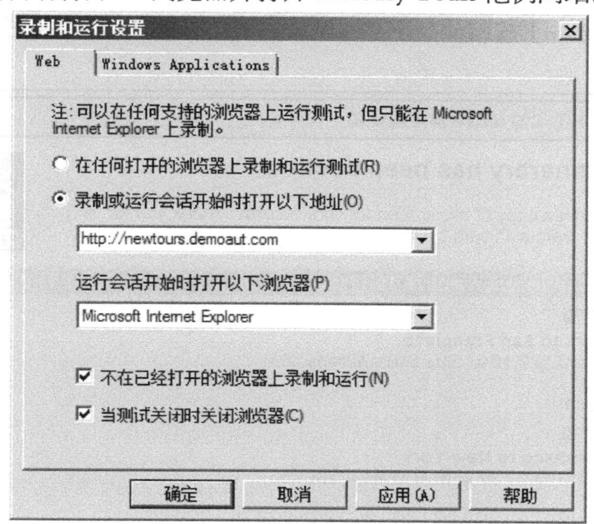

图7-2 【录制和运行设置】对话框

这里还需要切换到“Windows Applications”选项卡，选择“仅在以下应用程序上录制和运行”，并且取消下面3个复选框的选中状态，这样做是为了避免打开Windows应用程序时不会干扰Web应用程序的录制过程。

（2）开始录制。

在【录制和运行设置】对话框中单击【确定】按钮关闭该对话框，开始录制自动打开IE浏览器并打开Mercury Tours范例网站。

（3）登录Mercury Tours网站。

在Mercury Tours网站的登录页面的“User Name”文本框中输入用户名，这里输入“mercury”，接着在“Password”密码框中输入正确的密码，这里输入“mercury”，然后单击【Sign-in】按钮，成功登录并进入下一个“Flight Finder”页面。

（4）输入订票数据。

在“Flight Finder”页面的“Flight Details”区域选择或输入以下数据：“Type”选择“Round Trip”单选按钮，“Passengers”列表框中选择“1”，“Departing From”列表框中选择“New York”，“On”列表框中选择当前日期，“Arriving In”列表框中选择“San Francisco”，“Returning”列表框中选择当前日期的后2天日期。

在“Flight Finder”页面的“Preferences”区域选择或输入以下数据：“Service Class”选择“Business class”，“Airline”列表框中选择“Blue Skies Airlines”

单击【Continue】按钮，打开“Select Flight”页面。

（5）选择飞机航班。

在“Select Flight”页面，“New York to San Francisco”选择“Blue Skies Airlines 361”单选按钮，“San Francisco to New York”选择“Blue Skies Airlines 631”。

单击【Continue】按钮，打开“Book a Flight”页面。

（6）输入客户和信用卡相关信息。

在“Book a Flight”页面的“Passengers”区域输入客户信息，在“Credit Card”区域输入信用卡信息，在“Number”文本框中可以输入虚构的信用卡号码，如“12345678”，其他信息保持其默认值不变。

单击【Secure Purchase】按钮，打开“FLIGHT CONFIRMATION”页面，该页面的主要内容如图 7–3 所示。

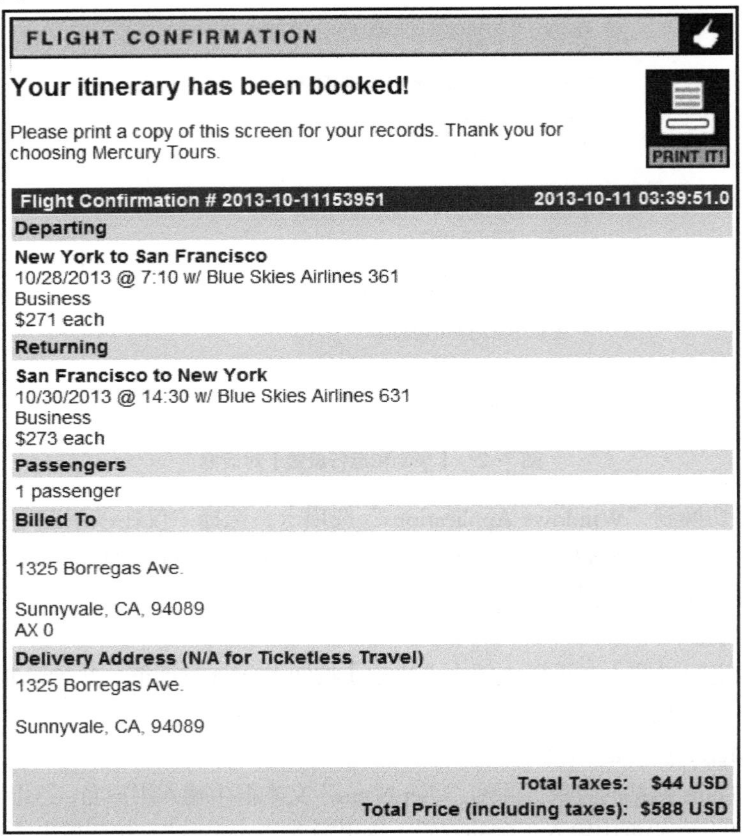

图 7–3　“FLIGHT CONFIRMATION”页面的主要内容

（7）返回 Mercury Tours 范例网站的首页。

在“FLIGHT CONFIRMATION”页面单击【Back to Home】，返回 Mercury Tours 范例网站的首页。

（8）停止录制。

在【QuickTest Professional】工具栏中单击【Stop】按钮停止录制。至此，已完成了预订“纽约—旧金山”机票的操作，并且 QuickTest 已经录制了从按下【Record】按钮到按下【Stop】之间的所有操作。

（9）保存脚本。

在【QuickTest Professional】的【文件】菜单中选择【保存】命令或者在工具栏中单击【保

存】按钮，打开【保存测试】对话框，在该对话框中选择合适的保存位置，且在“文件名”列表框中输入合适的名称，这里输入“Test7_1”，单击【保存】按钮完成保存操作。

3．编辑完善测试脚本

录制脚本的过程会将所有操作都录制，为了成功地回放，需要删除一些不必要的脚本代码。为了有效控制回放的速度，需要在已录制的测试脚本中添加等待时间。修改完善的后脚本如表 7-2 所示。

表 7-2　　　　测试 Mercury Tours 范例网站的脚本

序号	程序代码
01	Browser("Welcome: Mercury Tours").Page("Welcome: Mercury Tours")
02	.WebEdit("userName").Set "mercury"
03	Browser("Welcome: Mercury Tours").Page("Welcome: Mercury Tours").WebEdit("password").SetSecure
04	"526c3f9da9a7d6a0633e7931143c3b10e4418922"
05	Browser("Welcome: Mercury Tours").Page("Welcome: Mercury Tours").Image("Sign-In").Click 4,3
06	Browser("Welcome: Mercury Tours").Page("Find a Flight: Mercury").Sync
07	Browser("Welcome: Mercury Tours").Page("Find a Flight: Mercury")
08	.WebList("fromPort").Select "New York"
09	Browser("Welcome: Mercury Tours").Page("Find a Flight: Mercury")
10	.WebList("toPort").Select "San Francisco"
11	Browser("Welcome: Mercury Tours").Page("Find a Flight: Mercury").WebList("fromDay").Select "28"
12	Browser("Welcome: Mercury Tours").Page("Find a Flight: Mercury").WebList("toDay").Select "30"
13	Browser("Welcome: Mercury Tours").Page("Find a Flight: Mercury").WebRadioGroup("servClass").Select
14	"Business"
15	Browser("Welcome: Mercury Tours").Page("Find a Flight: Mercury").
16	WebList("airline").Select "Blue Skies Airlines"
17	Browser("Welcome: Mercury Tours").Page("Find a Flight: Mercury").Image("findFlights").Click 14,4
18	Browser("Welcome: Mercury Tours").Page("Select a Flight: Mercury").WebRadioGroup("outFlight").Select
19	"Blue Skies Airlines$361$271$7:10"
20	Browser("Welcome: Mercury Tours").Page("Select a Flight: Mercury").WebRadioGroup("inFlight").Select
21	"Blue Skies Airlines$631$273$14:30"
22	Browser("Welcome: Mercury Tours").Page("Select a Flight: Mercury")
23	.Image("reserveFlights").Click 12,11
24	Browser("Welcome: Mercury Tours").Page("Book a Flight: Mercury")
25	.WebEdit("passFirst0").Set "Ding"
26	Browser("Welcome: Mercury Tours").Page("Book a Flight: Mercury").WebEdit("passLast0").Set "Yi"
27	Browser("Welcome: Mercury Tours").Page("Book a Flight: Mercury")
28	.WebEdit("creditnumber").Set "12345678"
29	Browser("Welcome: Mercury Tours").Page("Book a Flight: Mercury")
30	.Image("buyFlights").Click 49,11
31	Browser("Welcome: Mercury Tours").Page("Flight Confirmation: Mercury").Image("home").Click

对测试脚本进行编辑完善后，还需要进行保存。

4．回放测试脚本

在【QuickTest Professional】的工具栏中单击【Run】按钮，打开【运行】对话框，在“结果位置”选项卡中选择“新建运行结果文件夹”单选按钮，然后输入或选择运行结果的保存位置及文件名称，如图 7-4 所示。

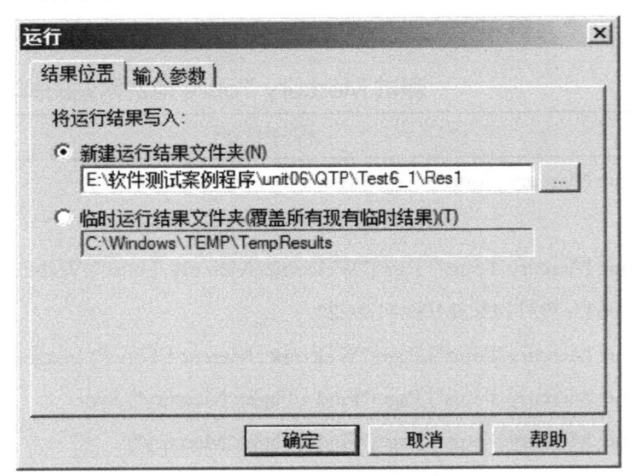

图 7-4 【运行】对话框

在【运行】对话框单击【确定】按钮开始回放测试脚本。

在回放过程中如果发现问题，还需在“专家视图”中修改测试脚本，然后重新回放测试脚本。

5．查看测试结果

在【QuickTest Professional】的【自动化】菜单中选择【结果】命令，打开【测试结果】窗口，可以看出 Mercury Tours 范例网站已通过测试，测试结果如图 7-5 所示。

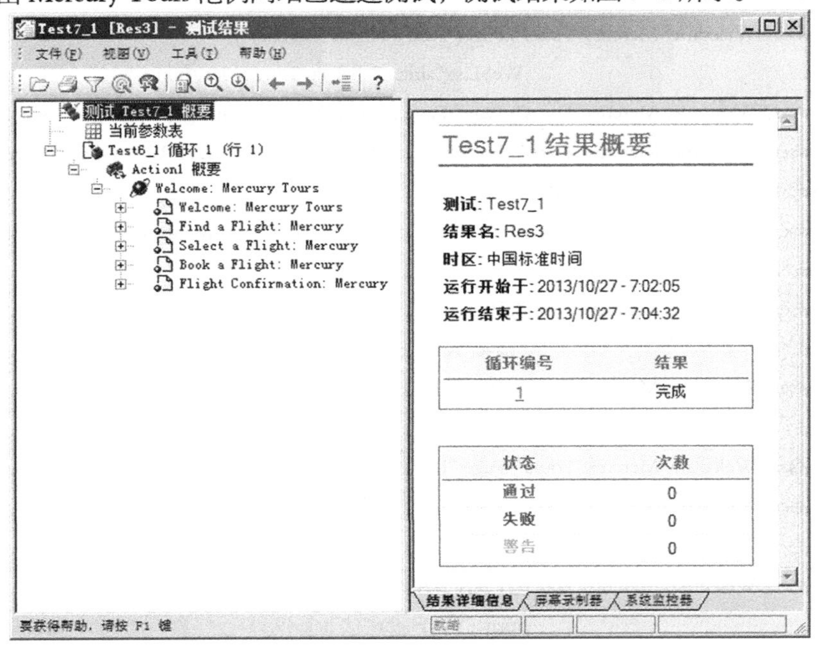

图 7-5 【测试结果】窗口

【任务7-2】使用LoadRunner录制与运行打开百度网站首页的脚本

【任务描述】

在【HP Virtual User Generator】窗口中录制打开百度网站（网址为www.baidu.com）首页的操作，然后进行回放。

【任务实施】

要开始录制用户操作，必须打开VuGen并创建一个空白脚本，然后通过录制操作和手动添加增强功能来填充这个空白脚本。

1．启动LoadRunner

在Windows的【开始】菜单选择【程序】→【HP LoadRunner】→【LoadRunner】命令，将打开【HP LoadRunner 11.00】窗口，如图7-6所示。

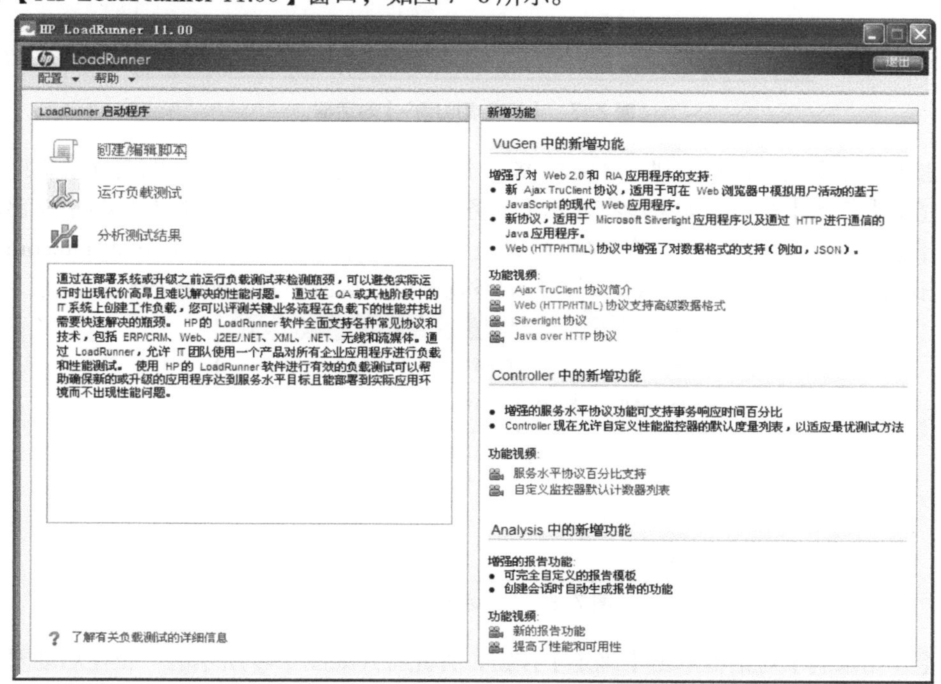

图7-6 【HP LoadRunner 11.00】窗口

2．打开【HP Virtual User Generator】

在【HP LoadRunner 11.00】窗口中，单击【创建/编辑脚本】链接按钮，这时将打开【HP Virtual User Generator】的“起始页”。

3．录制Vuser脚本

在【HP Virtual User Generator】窗口的【文件】菜单中选择【新建】命令，也可以在“欢迎使用Virtual User Generator”区域中，直接单击【新建脚本】按钮。打开【新建虚拟用户】对话框，并显示“新建单协议脚本”选项，在“常用协议”列表中选择“Web (HTTP/HTML)”，如图7-7所示。

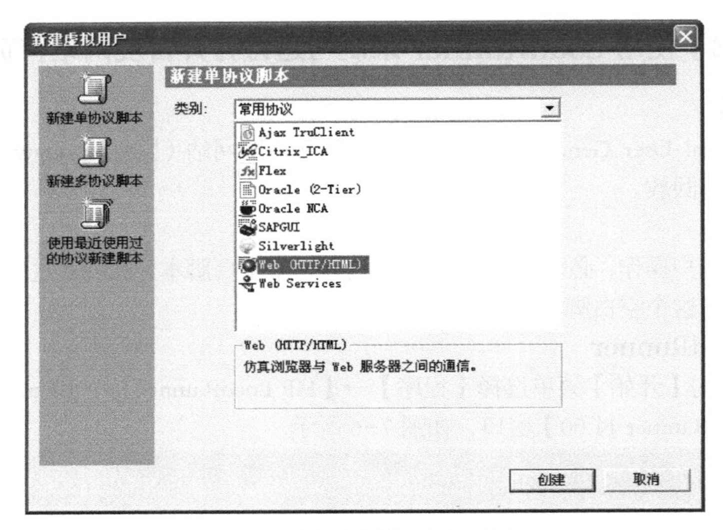

图 7-7 【新建虚拟用户】对话框

单击【创建】按钮，将创建一个空白 Web 脚本。空白脚本以 VuGen 的向导模式打开，同时左侧显示【任务】窗格。如果没有显示【任务】窗格，单击工具栏上的【Tasks】按钮，并且自动打开【开始录制】对话框。在“URL 地址”列表框中输入“http://www.baidu.com/”，在“录制到操作”列表框中选择“Action”，其他参数保持默认值不变，如图 7-8 所示。

图 7-8 【开始录制】对话框

在【开始录制】对话框单击【确定】按钮，首先打开如图 7-9 所示的“正在启动要用于录制的应用程序…”提示信息对话框。

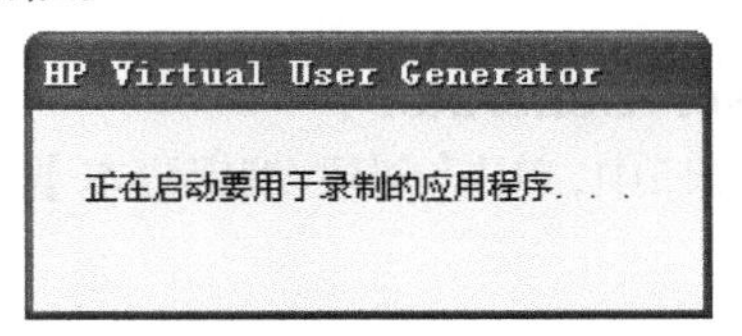

图 7-9 “正在启动要用于录制的应用程序…”提示信息对话框

然后将打开浮动的【正在录制】工具栏，如图 7-10 所示。

图 7-10 【正在录制】工具栏

接着将打开一个新的浏览窗口并显示百度网站的首页。

在【正在录制】工具栏中单击【停止】按钮▢，停止脚本录制操作，弹出如图 7-11 所示的【代码生成】对话框。

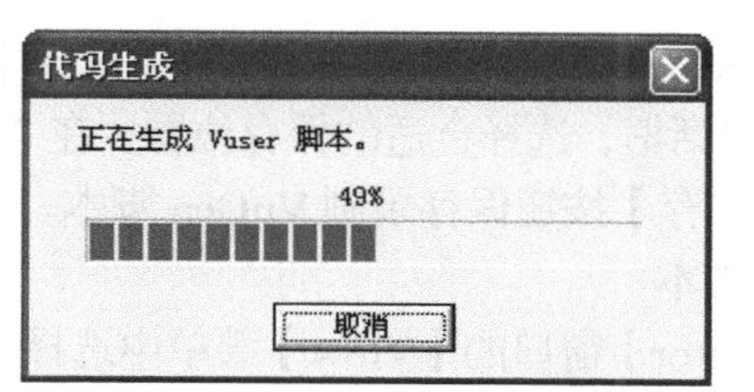

图 7-11　【代码生成】对话框

自动生成如表 7-3 所示的 Vuser 脚本。

表 7-3　打开百度网站首页的脚本代码

序号	程序代码
01	Action()
02	{
03	web_url("videourlsnifferconfig.xml",
04	"URL=http://conf.xmp.xunlei.com/videourlsnifferconfig.xml",
05	"Resource=0",
06	"RecContentType=text/xml",
07	"Referer=",
08	"Snapshot=t1.inf",
09	"Mode=HTML",
10	EXTRARES,
11	"Url=http://conf.xmp.kankan.com/vus/vipjs/vus_main.js", "Referer=", ENDITEM,
12	LAST);
13	web_url("www.baidu.com",
14	"URL=http://www.baidu.com/",
15	"Resource=0",
16	"RecContentType=text/html",
17	"Referer=",
18	"Snapshot=t2.inf",
19	"Mode=HTML",
20	EXTRARES,
21	"Url=http://s1.bdstatic.com/r/www/cache/static/global/img/icons_869f6d77.gif", ENDITEM,
22	"Url=/favicon.ico", ENDITEM,
23	"Url=http://conf.xmp.xunlei.com/vus/vipjs/vus_utility.js", ENDITEM,
24	"Url=http://conf.xmp.xunlei.com/vus/vipjs/vus_config.js", ENDITEM,
25	"Url=http://conf.xmp.xunlei.com/vus/vipjs/vus_finder.js", ENDITEM,
26	LAST);
27	return 0;
28	}

4．保存录制的 VuGen 脚本

在【HP Virtual User Generator】窗口的【文件】菜单中选择【保存】命令或者单击【保存】按钮，打开【保存脚本】对话框，选择合适的保存位置，在“文件名”列表框中输入“打开百度网站首页”，然后单击【保存】按钮保存录制 VuGen 脚本。

5．运行录制的 VuGen 脚本

在【HP Virtual User Generator】窗口的【Vuser】菜单中选择【运行】命令或者单击【运行】按钮，开始运行录制的 VuGen 脚本，运行完成时可以在下方的【回放日志】窗格中看到运行过程及运行结果。

6．查看测试结果

在【HP Virtual User Generator】窗口的【视图】菜单中选择【测试结果】命令，打开【打开百度网站首页 – 测试结果】窗口，在该窗口可以查看本次测试的结果，如图 7-12 所示。

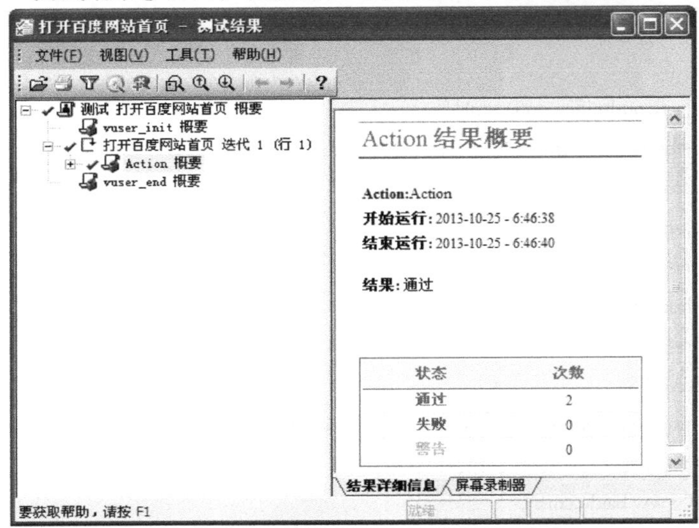

图 7-12 【打开百度网站首页 – 测试结果】窗口

【任务 7-3】使用 LoadRunner 测试 HP Web Tours Application 范例程序

【任务 7-3-1】使用 VuGen 向导录制测试脚本

【任务描述】

录制一名乘客预订从旧金山（San Francisco）到洛杉矶（Los Angeles）的机票。要求录制订票的完整过程，包括登录、预订机票和注销操作。

本任务的测试用例如表 7-4 所示。

表 7-4 测试 HP Web Tours Application 范例网站的测试用例

用例编号	测试数据				预期输出
Test01	Username	jojo	Password	bean	成功预定一张机票
	Departure City	San Francisco	Departure Date	当前日期	
	Arrival City	Los Angeles	Return Date	当前日期的后一天日期	
	Seating Preference	Window	Type of Seat	First	
	Flight		Blue Sky Air 630		
	Credit Card	12345678	Exp Date	09/11	

【任务实施】

打开 VuGen 并创建一个空白脚本，通过录制操作和手动添加增强功能来完善空白脚本。

1．启动 LoadRunner

2．打开【HP Virtual User Generator】

在【HP LoadRunner 11.00】窗口中，单击【创建/编辑脚本】链接按钮，这时将打开【HP Virtual User Generator】的“起始页”。

3．创建一个空白 Web 脚本

在【HP Virtual User Generator】窗口的【文件】菜单中选择【新建】命令，打开【新建虚拟用户】对话框，并显示“新建单协议脚本”选项，在“常用协议”列表中选择“Web (HTTP/HTML)”，单击【创建】按钮，将创建一个空白 Web 脚本。

空白脚本以 VuGen 的向导模式打开，同时左侧显示【任务】窗格，并且自动打开【开始录制】对话框。由于这里使用 VuGen 的向导模式完成创建脚本，可以在【开始录制】对话框中单击【取消】按钮关闭该对话框。

VuGen 的向导指导测试者逐步完成创建脚本，在【任务】窗格中列出了脚本创建过程中的各个步骤或任务。在执行各个步骤的过程中，VuGen 将在窗口的右侧区域中显示详细说明和指示信息，如图 7-13 所示。

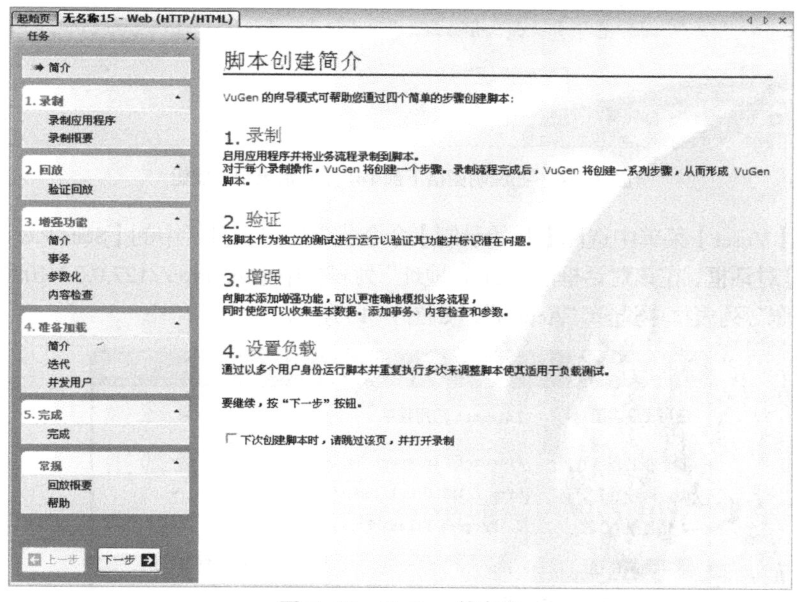

图 7-13　VuGen 的向导

在【任务】窗格中单击其中一个任务步骤，可以随时返回到 VuGen 向导。

4．录制对 WebTours 网站的操作

每个脚本包含 3 个主要的节：Inti、Acton 和 End。通常，Init 包含登录过程，Acton 包含实际的业务流程，End 包含注销和清理过程。

Vusers 只能重复 Action 节中包含的步骤，因此，如果测试计划没有要求多次重复业务流程，那么可以将每个操作录制到 Action 节中。但是，如果业务流程要求多次重复登录和注销之间的操作，那么可以将登录过程录制到 Init 节，将业务流程录制到 Action 节中，将注销和清理录制到 End 节中。

（1）启动 Start Web Server。

为了确保录制 HP Web Tours Application 的操作能顺利进行，应先启动好 Start Web Server，然后再进行录制操作，启动的方法是在 Windows 的【开始】菜单中选择【HP LoadRunner】→【Samples】→【Web】→【Start Web Server】命令。

（2）开始录制。

在【HP Virtual User Generator】窗口的【任务】窗格中单击【录制应用程序】超链接，切换到“录制简介”界面，在右侧说明窗格下部单击【开始录制】按钮，如图 7-14 所示。

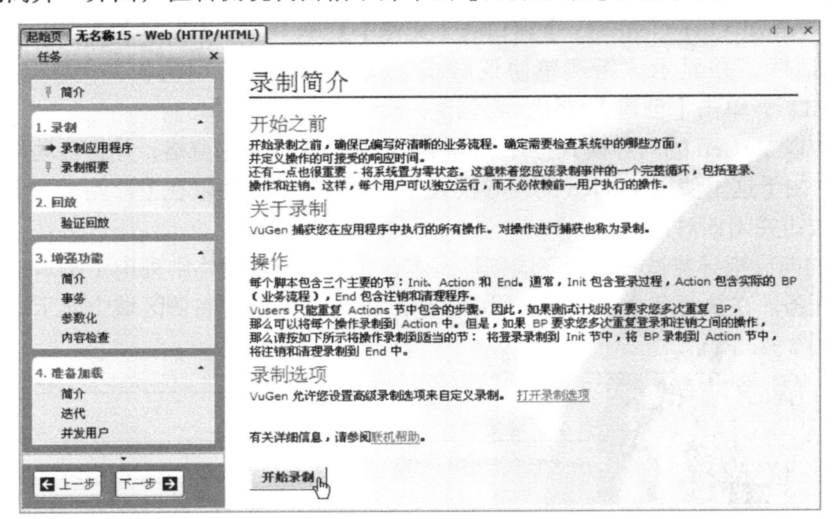

图 7-14　在说明窗格下部单击【开始录制】按钮

也可以在【Vuser】菜单中选择【开始录制】命令或者单击工具栏中的【Start Record】按钮，打开【开始录制】对话框，在该对话框的“URL 地址”列表框中输入 http://127.0.0.1:1080/WebTours/，在“录制到操作”列表框中选择“Action”，如图 7-15 所示。

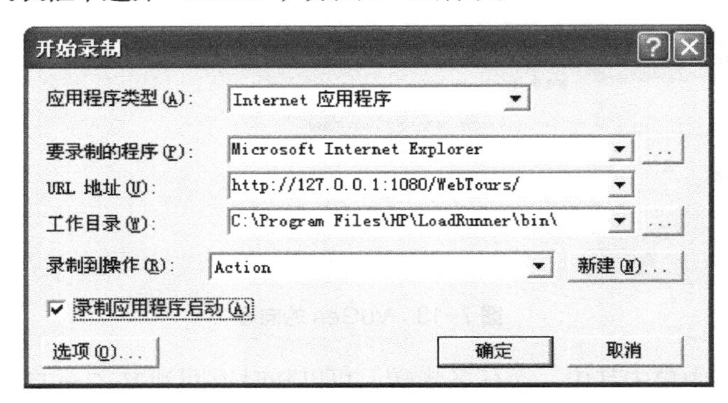

图 7-15　【开始录制】对话框

在【开始录制】对话框中单击【确定】按钮，打开一个新的浏览窗口并显示“HP WebTours”网站，这时将显示【正在录制】工具栏。

（3）登录“HP WebTours”网站。

在“Username”文本框中输入“jojo”，在“Password”文本框中输入“bean”，单击【Login】按钮，如图 7-16 所示。显示如图 7-17 所示的欢迎页面。

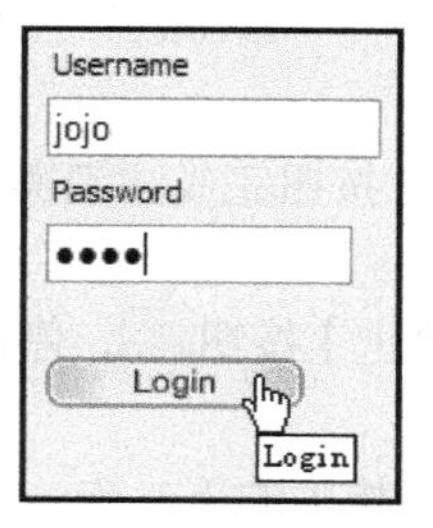

图 7-16　登录“HP WebTours”网站

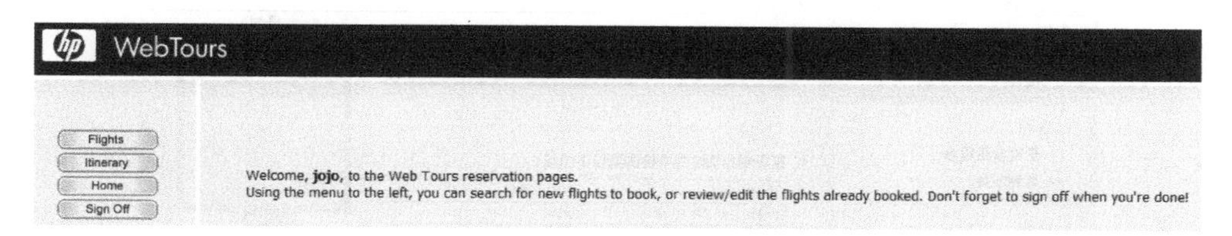

图 7-17　“HP WebTours”网站的欢迎页面

（4）输入航班信息。

在“HP WebTours”网站的欢迎页面单击【Flights】按钮，打开【Find Flight】页面，在该页面中的“Departure City”（出发城市）列表框中选择“San Francisco”（旧金山），“Departure Date”（出发日期）保持默认值（即当前日期），在“Arrival City”（到达城市）列表框中选择“Los Angeles”（洛杉矶），“Return Date”（返回日期）保持默认值（即当前日期的后一天日期），“Seating Preference”（首选座位）选择“Window”（窗户），“Type of Seat”（座位类型）选择“First”，其他选项保持默认设置不变，然后单击【Continue】（继续）按钮，打开“Find Flight”（选择航班）页面。

（5）选择航班。

在“Find Flight”页面中选择“Blue Sky Air 630”航班，单击【Continue】（继续）按钮，打开“Payment Details”（支付明细）页面。

（6）输入支付信息并预订机票。

在“Payment Details”页面的“Credit Card”（信用卡）文本框中输入“12345678”，在“Exp Date”（到期日）文本框中输入“09/11”，其他选项保持默认值不变，如图 7-18 所示。

Payment Details
First Name : Joseph
Last Name : Marshall
Street Address : 234 Willow Drive
City/State/Zip : San Jose/CA/94085
Passenger Names : Joseph Marshall
Total for 1 ticket(s) is = $ 113
Credit Card : 12345678　Exp Date : 09/11
Save this Credit Card Information
Continue...

图 7-18　“Payment Details”页面

单击【Continue】(继续)按钮，打开“Invoice”(发票)页面，显示发票信息。

(7)注销。

在左侧的导航栏中单击【Sign Off】按钮完成注销操作。

(8)停止录制。

在【正在录制】工具栏中单击【停止】按钮，停止脚本录制操作，弹出【代码生成】对话框，并自动生成Vuser脚本。

VuGen向导会自动执行【任务】窗格中的下一步，并显示关于录制情况的概要信息，如图7-19所示。

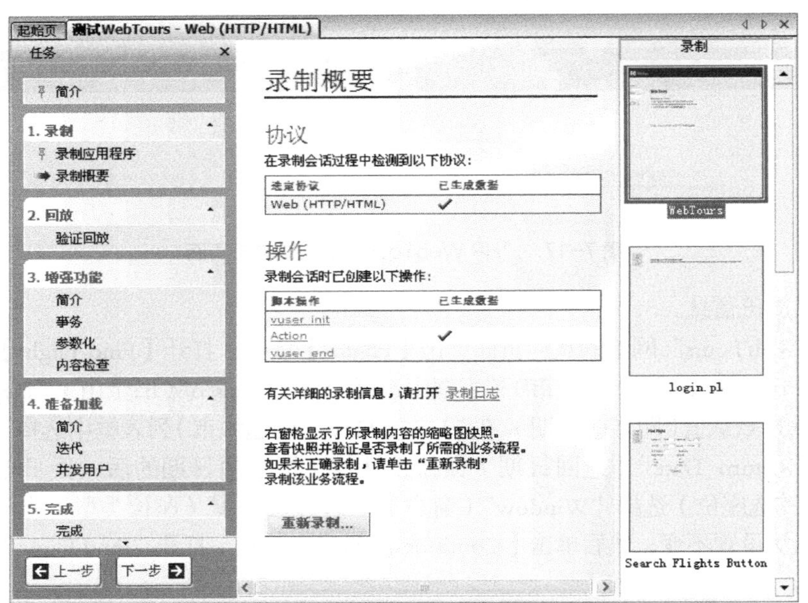

图7-19　关于录制情况的概要信息

“录制概要”包含协议信息以及录制期间创建的一系列操作。VuGen为录制期间执行的每个步骤生成一个快照，即录制期间各窗口的图片，这些录制的快照以缩略图的形式显示在右窗格中。如果由于某种原因要重新录制脚本，可单击页面底部的【重新录制】按钮。

(9)保存脚本。

在【HP Virtual User Generator】窗口的【文件】菜单中选择【保存】命令，打开【保存脚本】对话框，选择合适的保存位置，在“文件名”列表框中输入“测试WebTours”，然后单击【保存】按钮保存录制VuGen脚本。

5．查看录制的脚本

前面已经完成了WebTours网站的登录、预订机票和注销操作，VuGen录制了从单击【开始录制】按钮到单击【停止】按钮之间的所有操作步骤。

接下来可以在树视图或脚本视图中查看录制的脚本。树视图是一种基于图标的视图，将Vuser的操作以步骤的形式列出，而脚本视图是一种基于文本的视图，将Vuser的操作以函数的形式列出。

(1)以“树视图”形式查看脚本树和录制快照。

在【HP Virtual User Generator】窗口的【视图】菜单中选择【树视图】命令，或者在“视图”工具栏中单击【Tree】按钮，“测试WebTours”的树视图如图7-20所示。

图 7-20 "测试 WebTours"的树视图

【提示】要在整个窗口中查看树视图，需要关闭【任务】窗格。

如图 7-20 所示，录制期间执行的每个步骤，VuGen 在测试树中为其生成一个图标和一个标题。在树视图中，可以看到以脚本步骤的形式显示的用户操作，并且大多数步骤都附带相应的录制快照。快照使脚本更易于理解，更方便共享，可以清楚地看到录制过程中录制了哪些屏幕，随后可以比较快照来验证脚本的准确性。在回放过程中，VuGen 也会为每个步骤创建快照。

单击测试树中任意步骤旁边的加号（+），可以看到在预订机票时录制的思考时间。"思考时间"表示在各步骤之间等待的实际时间，可用于模拟负载下的快速和慢速用户操作。 "思考时间"这种机制可以让负载测试更加准确地反映实际用户操作。

（2）以"脚本视图"形式查看录制的脚本。

脚本视图是一种基于文本的视图，以 AP 函数的形式列出 Vuser 的操作。

在【HP Virtual User Generator】窗口的【视图】菜单中选择【脚本视图】命令，或者在"视图"工具栏中单击【Script】按钮，出现"测试 WebTours"的脚本视图，如图 7-21 所示。

起始页 | 测试WebTours - Web (HTTP/HTML)

vuser_init
Action
vuser_end
globals.h

```
Action()
{

	web_url("WebTours",
		"URL=http://127.0.0.1:1080/WebTours/",
		"Resource=0",
		"RecContentType=text/html",
		"Referer=",
		"Snapshot=t48.inf",
		"Mode=HTML",
		LAST);

	lr_think_time(10);

	web_submit_form("login.pl",
		"Snapshot=t49.inf",
		ITEMDATA,
		"Name=username", "Value=jojo", ENDITEM,
		"Name=password", "Value=bean", ENDITEM,
		"Name=login.x", "Value=67", ENDITEM,
		"Name=login.y", "Value=12", ENDITEM,
		LAST);
```

图 7-21 "测试 WebTours"的脚本视图

在脚本视图中，VuGen 在编辑器中显示脚本，并用不同颜色表示函数及其参数值。可以在该窗口中直接输入 C 或 LoadRunner API 函数以及控制流语句。

6．回放脚本

通过录制一系列典型用户操作（如登录、预订机票、注销），已经模拟了真实用户的操作。将录制的脚本应用到负载测试场景之前，回放此脚本以验证其是否能够正常运行。回放过程中，可以在浏览器中查看操作并检验是否一切正常。

（1）设置运行时行为。

回放脚本之前，可以对运行时行为进行设置。通过 LoadRunner 运行时设置，可以模拟各种真实用户的活动和行为。例如，可以模拟一个对服务器输出立即做出响应的用户，也可以模拟一个先停下来思考，再做出响应的用户。另外还可以通过配置运行时设置来指定 Vuser 应该重复一系列操作的次数和频率。

单击【任务】窗格中的【验证回放】超链接，切换到“验证回放”界面，如图 7-22 所示。

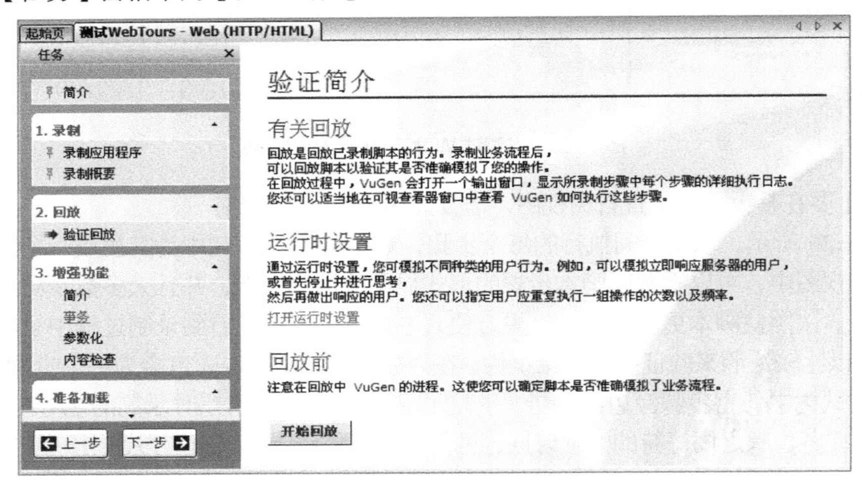

图 7-22 【任务】窗格的“验证回放”界面

在“验证回放”界面右侧“验证简介”的说明窗格内的“运行时设置”区域单击【打开运行时设置】超链接。也可以在【Vuser】菜单选择【运行时设置】命令或者直接按 F4 键，打开如图 7-23 所示的【运行时设置】对话框。

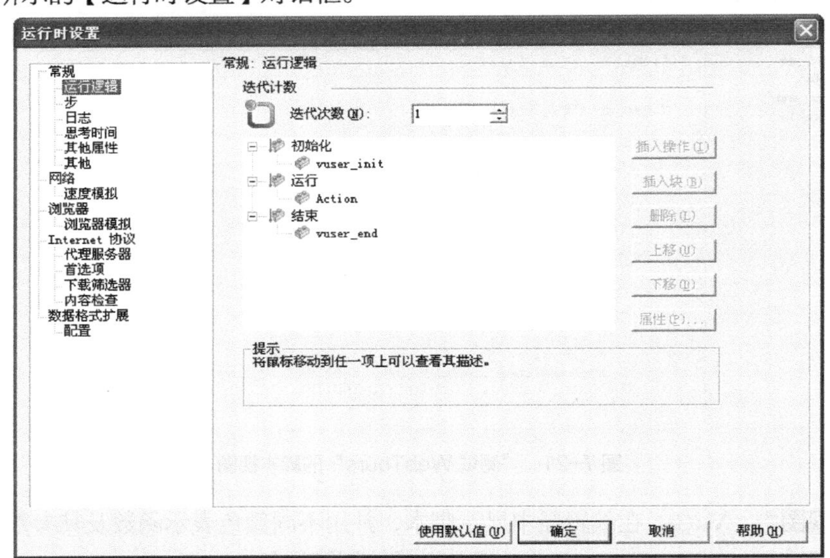

图 7-23 【运行时设置】对话框

① “运行逻辑”设置。

在【运行时设置】对话框左侧窗格中选择“运行逻辑”节点，在右侧窗格设置迭代次数，即连续重复活动的次数。这里将迭代次数设置为“2”。

② “步”设置。

在【运行时设置】对话框左侧窗格中选择“步”节点，在右侧窗格设置迭代时间间隔，即两次重复之间的等待时间。可以指定一个随机时间，这样可以准确模拟用户在操作之间等待的实际时间。

③ “日志”配置。

在【运行时设置】对话框左侧窗格中选择“日志”节点，在右侧窗格设置在运行测试期间记录的信息量。开发期间，可以选择启用日志记录来调试脚本，但在确认脚本运行正常后，只能用于记录错误或者禁用日志功能。

④ “思考时间”设置。

在【运行时设置】对话框左侧窗格中选择“思考时间”节点，在右侧窗格设置用户在各步骤之间停下来思考的时间。这里暂不更改思考时间的设置，可以在 Controller 中设置思考时间。

【注意】在 VuGen 中运行脚本时速度很快，因为它不包含思考时间。

单击【确定】按钮关闭【运行时设置】对话框。

（2）实时查看脚本的运行情况。

回放录制的脚本时，VuGen 的运行时查看器功能实时显示 Vuser 的活动情况。默认情况下，VuGen 在后台运行测试，不显示脚本中的操作动画。但是让 VuGen 在查看器中显示操作，能够看到 VuGen 如何执行每一步。查看器不是实际的浏览器，它只显示返回到 VuSer 的页面快照。

在【HP Virtual User Generator】窗口的【工具】菜单中选择【常规选项】命令，打开【常规选项】对话框，切换到“显示”选项卡，选择“回放期间显示运行时查看器”和“自动排列窗口”复选框，如图 7-24 所示，然后单击【确定】按钮关闭该对话框。

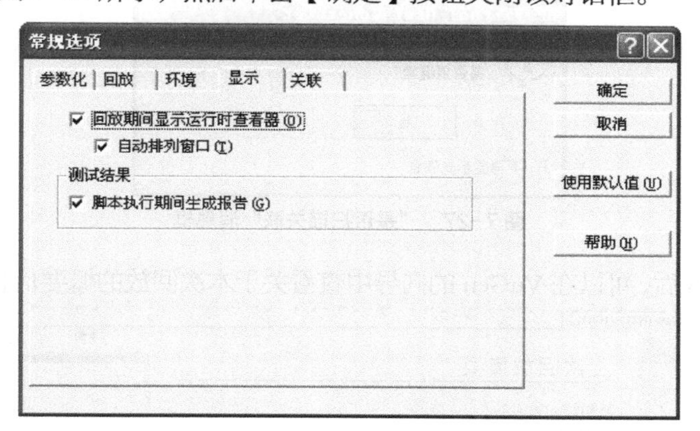

图 7-24 在【常规选项】对话框对“显示”进行设置

在“验证回放”界面单击【开始回放】按钮，也可以在【Vuser】菜单中选择【运行】命令或者按 F5 键或者单击工具栏中的【运行】按钮。

稍后 VuGen 将打开【运行时查看器】窗口，并开始运行脚本。如果弹出了如图 7-25 所示的【选择结果目录】对话框，询问要将执行结果文件保存到何处，则接受默认名称并单击【确定】按钮。

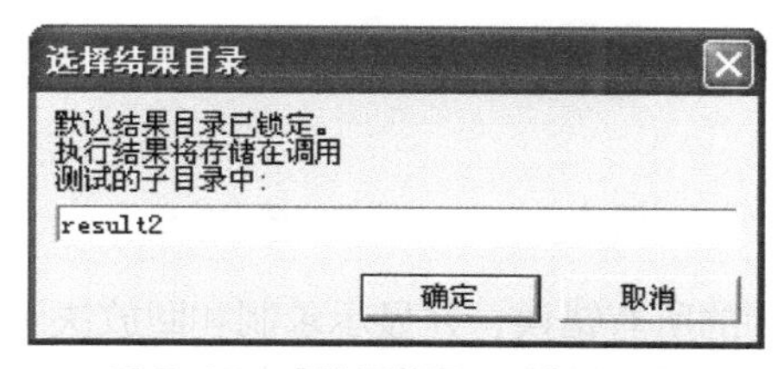

图 7-25 【选择结果目录】对话框

在【运行时查看器】窗口中，可以直观地看到 Vuser 的操作，观察回放的步骤顺序是否与录制的步骤顺序完全相同，如图 7-26 所示。

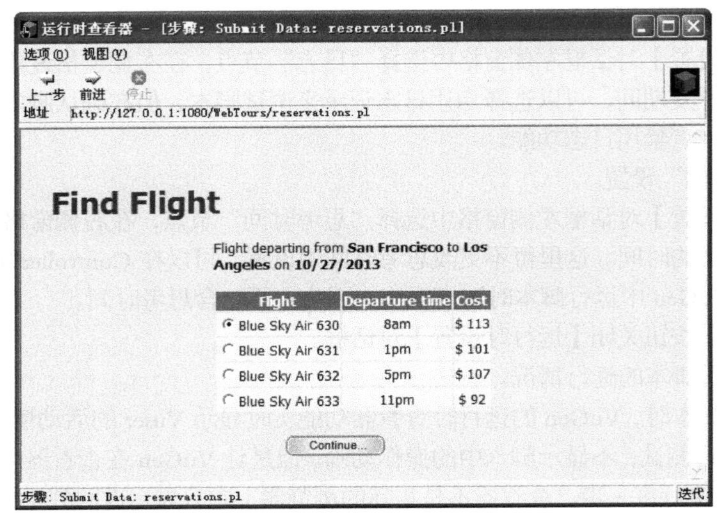

图 7-26 【运行时查看器】窗口

回放结束后，会出现一个如图 7-27 所示的消息框提示是否扫描关联，单击【否】按钮即可。

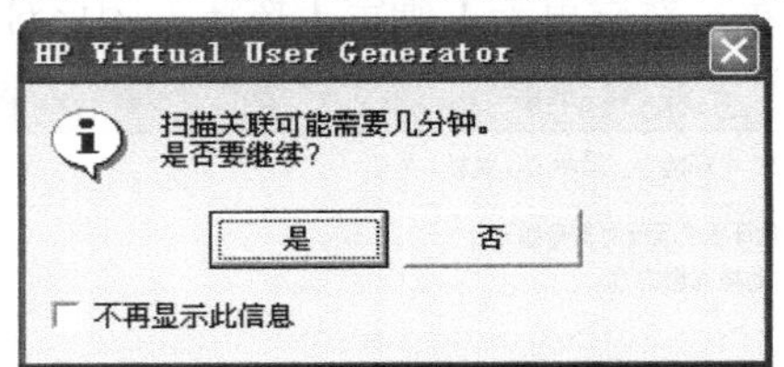

图 7-27 “是否扫描关联”消息框

当脚本运行完成后，可以在 VuGen 的向导中查看关于本次回放的概要信息，如图 7-28 所示。

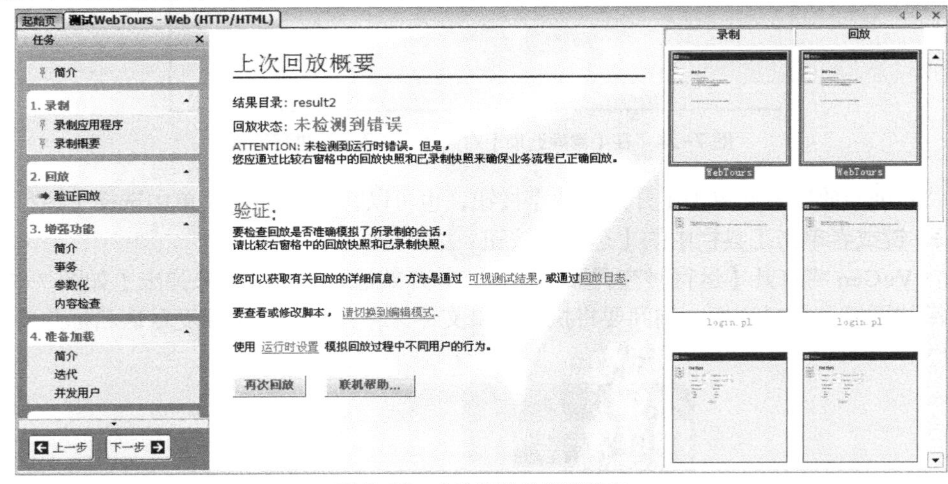

图 7-28 上次回放的概要信息

上次回放概要列出检测到的所有错误，并显示录制和回放快照的缩略图。可以比较快照，找出录制的内容和回放的内容之间的差异。输出窗口中 VuGen 的“回放日志”选项卡用不同的颜色显示这些信息。

在“上次回放概要”界面单击【回放日志】超链接，也可以单击【视图】工具栏中的【显示隐藏输出窗口】按钮或者在【视图】菜单选择【输出窗口】打开“输出窗口”窗口，然后切换到【回放日志】选项卡，如图7-29所示。

```
回放日志 | 录制日志 | 关联结果 | 生成日志
虚拟用户脚本已从 : 2013-10-26 07:13:30 启动
正在开始操作 vuser_init。
WINXP 版 LoadRunner 11.0.0 的 Web Turbo 重播; 内部版本 8859 (Aug 18 2010 20:14:31)      [MsgId: MMSG-27143]
Run Mode: HTML      [MsgId: MMSG-26000]
运行时设置文件: "E:\软件测试案例程序\unit06\测试WebTours\\default.cfg"      [MsgId: MMSG-27141]
正在结束操作 vuser_init。
正在运行 Vuser...
正在开始迭代 1。
正在开始操作 Action。
Action.c(4): 在 "http://127.0.0.1:1080/WebTours/" 中检测到非资源 "http://127.0.0.1:1080/WebTours/header.html"
```

图7-29 “输出窗口”的“回放日志”选项卡

VuGen使用绿色显示成功的步骤，用红色显示错误。例如，如果在测试过程中连接中断，VuGen将指出错误所在的行号并用红色显示整行文本。双击回放日志中的某一行，VuGen将转至脚本中的对应步骤，并在脚本视图中突出显示该步骤。

7．查看并分析脚本运行结果

回放录制的脚本后，需要查看结果以确定是否全部成功通过。如果某个地方失败，则需要知道失败的时间以及原因。VuGen会在【测试结果】窗口中提供回放结果概要信息。

在“上次回放概要”界面单击【可视测试结果】超链接，在【视图】菜单选择【测试结果】打开【测试结果】窗口，如图7-30所示。

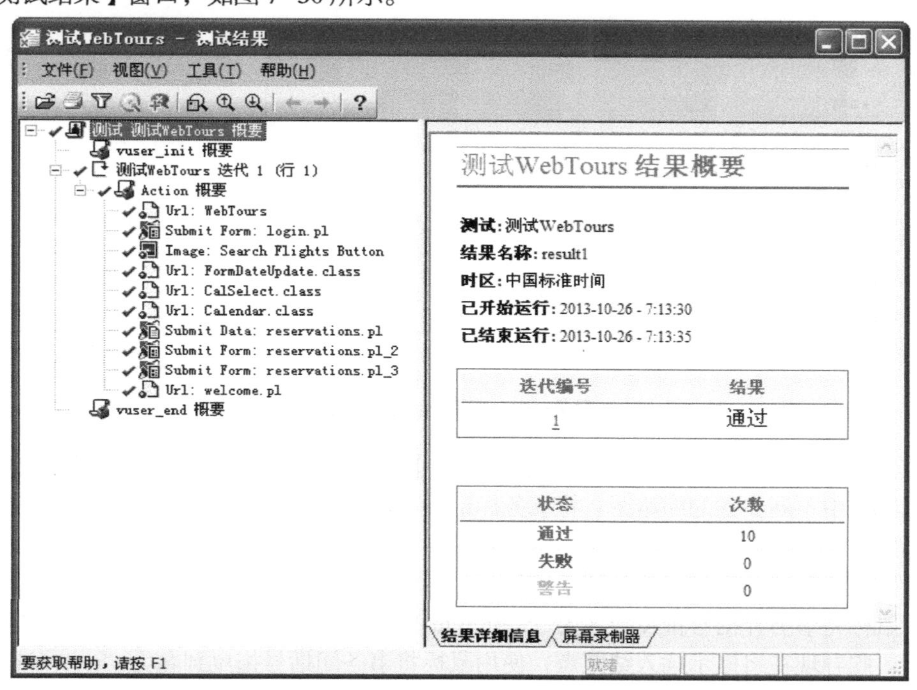

图7-30 【测试WebTours－测试结果】窗口

【测试结果】窗口首次打开时包含两个窗格：左侧的“树”窗格和右侧的“结果概要”窗格。“树”窗格包含结果树，每次迭代都会进行编号。“结果概要”窗格包含关于测试的详细信息以及屏幕录制器视频（如果有的话）。在“结果概要”窗格中，上方的表格指出哪些迭代通过了测试，哪些没有通过。如果 VuGen 的 Vuser 按照原来录制的操作成功执行 HP Web Tours 网站上的所有操作，则认为测试通过。下方的表格指出哪些事务和检查点通过了测试，哪些没有通过。

在【测试结果】窗口的【文件】菜单中选择【退出】命令关闭【测试结果】窗口。

8．在脚本中插入事务

在准备部署应用程序时，事先需要估计具体业务流程的持续时间，如登录、预订机票等要花费多少时间。这些业务流程通常由脚本中的一个或多个步骤或操作组成。在 LoadRunner 中，通过将一系列操作标记为事务，可以将它们指定为要评测的操作。

LoadRunner 收集关于事务执行时间长度的信息，并将结果显示在用不同颜色标识的图和报告中，可以通过这些信息了解应用程序是否符合最初的要求。

可以在脚本中的任意位置使用 lr_start_transaction()函数手动插入事务。将用户步骤标记为事务的方法是在事务的第一个步骤前面放置一个开始事务标记，并在最后一个步骤后面放置一个结束事务标记。

这里在脚本中插入一个事务来计算用户查找和确认航班所花费的时间。

（1）打开前面创建的脚本文件“测试 WebTours”，如果此脚本文件已经打开，可以选择显示其名称的选项卡。

（2）打开事务创建向导。

在【任务】窗格单击【事务】超链接，显示“事务创建”界面，如图 7-31 所示。

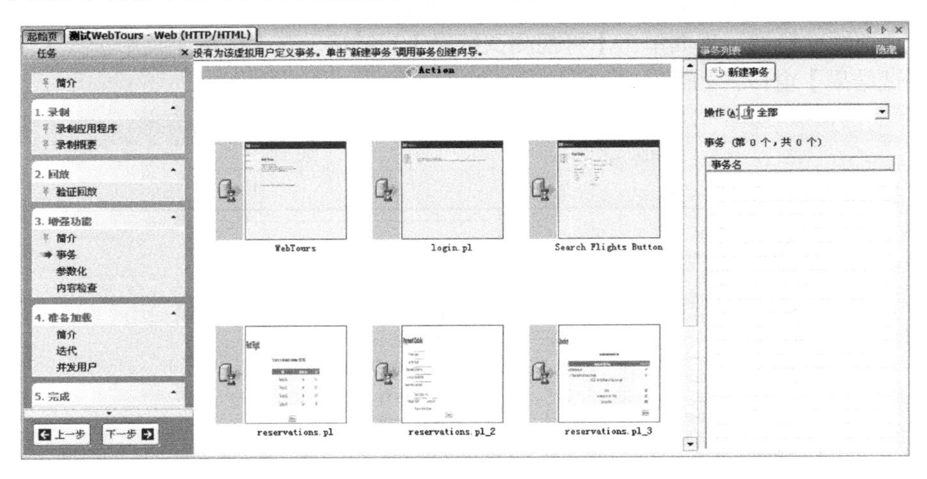

图 7-31 “事务创建”界面

在右侧的“事务列表”窗格中单击【新建事务】按钮，打开“事务创建”向导，“事务创建”向导显示脚本中不同步骤的缩略图。将事务标记拖放到脚本中的指定位置。向导会提示插入事务的起始点。

（3）插入事务开始标记和事务结束标记。

使用鼠标将事务开括号拖曳到名为“Search flights button”的第 3 个缩略图前面并单击左键将其放下。向导现在将提示插入结束点，使用鼠标将事务闭括号拖曳到名为“reservations.pl_2”的第 5 个缩略图后面并单击左键将其放下。结果如图 7-32 所示。

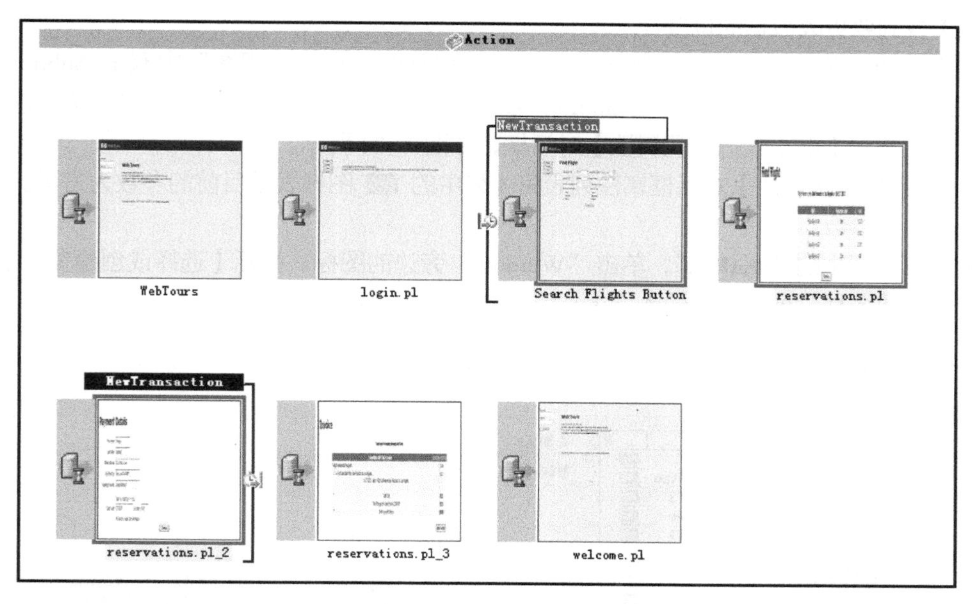

图 7-32　插入事务开始标记和事务结束标记

（4）指定事务名称。

向导会提示输入事务名称，这里输入“find_confirm_time”并按 Enter（回车）键。

事务创建完成后，可以通过将标记拖曳到脚本中的不同位置来调整事务的起始点或结束点。通过单击事务起始标记上方的现有名称并输入新名称，还可以对事务进行重命名。

（5）在树视图中观察事务。

在【视图】菜单中选择【树视图】命令显示树视图，在该视图观察开始事务位置和结束事务位置，如图 7-33 所示。

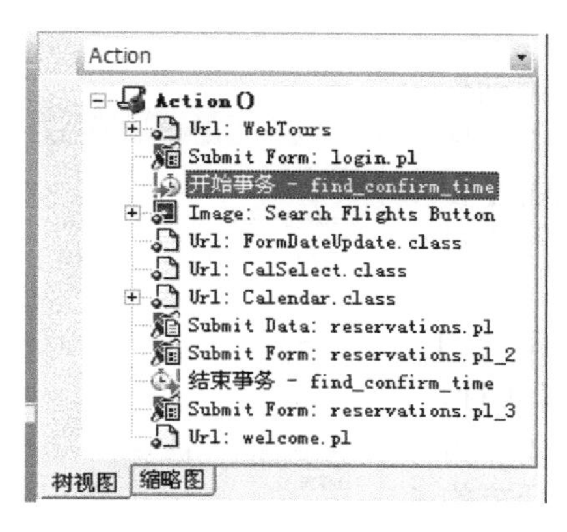

图 7-33　插入事务后的树视图

9．参数化脚本

在前面的模拟场景中，跟踪一位预订机票并选择靠近窗户座位的用户。但在实际生活中，不同的用户会有不同的喜好习惯。所以要进一步改进测试，需要检查当用户选择不同的座位首选项（靠近过道、靠窗户或无）时，是否可以正常预订，为此需要对脚本进行参数化。这意味着要将录制的值“Window”替换为一个参数，并将参数值存放在参数文件中。运行脚本时，Vuser 从参数文件中取值（Aisle、Window 或 None），从而模拟真实的用户环境。

（1）找到要更改数据的位置。

在【视图】菜单中选择【树视图】命令显示树视图。在“树视图”中双击 Submit Data: reservations.pl 步骤，也可以右键单击 Submit Data: reservations.pl 步骤，在弹出的快捷菜单选择【属性】命令，打开【提交数据步骤属性】对话框，如图 7-34 所示。

【提交数据步骤属性】对话框属性列表第 4 列中的 图标表示目前的参数为常量。

（2）创建参数。

选择第 7 行中的“seatPref”，单击“Window”旁边的图标。打开【选择或创建参数】对话框，在“参数名称”列表框中输入“seat”，“参数类型”为“File”，如图 7-35 所示。

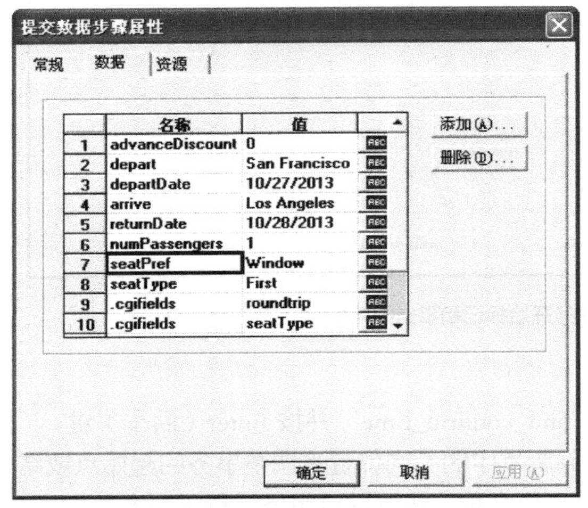

图 7-34 【提交数据步骤属性】对话框

图 7-35 【选择或创建参数】对话框

单击【确定】按钮，VuGen 将使用参数图标 替换 图标，并且值“Window”也变为“{seat}”，参数“seat”创建完成。

（3）设置参数属性。

在【提交数据步骤属性】对话框单击第 7 行中{seat}右边的参数图标 ，在弹出的快捷菜单中选择【参数属性】命令，打开【参数属性】对话框。

在该对话框中单击一次【添加行】按钮，VuGen 将向下方的表中添加行。输入“Aisle”替换“值”。再一次单击【添加行】按钮，VuGen 将向下方的表中添加行。输入“None”替换“值”。“选择列”和“文件格式”部分保持默认设置不变，“选择下一行”方式为“Sequential”（顺序），“更新值的时间”为“Each iteration”（每次迭代），如图 7-36 所示。

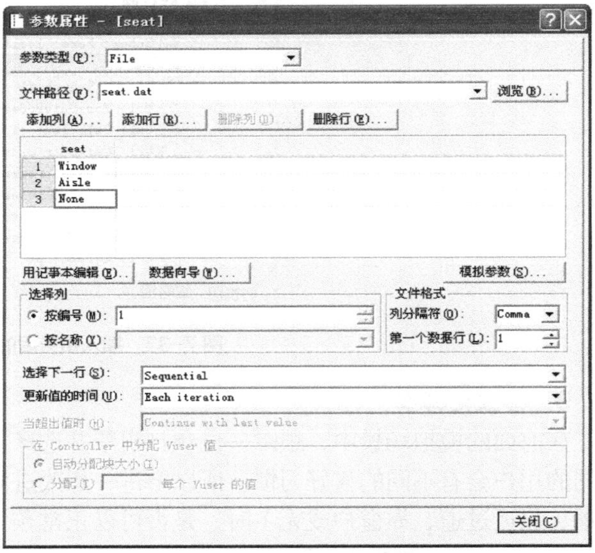

图 7-36 【参数属性】对话框

在【参数属性】对话框中单击【关

闭】按钮关闭该对话框，然后在【提交数据步骤属性】对话框中单击【确定】按钮关闭该对话框。

至此，已为座位首选项创建了参数，运行负载测试时，Vuser 将使用参数值，而不是录制的值“Window”。运行脚本时，回放日志会显示每次迭代发生的参数替换，第一次迭代时 Vuser 选择 Window，第二次迭代时选择 Aisle。

10．验证 Web 页面内容

运行测试时，通常需要验证某些内容是否出现在返回的页面上。内容检查则用于验证脚本运行时 Web 页面上是否出现期望的信息。可以插入以下两种类型的内容检查。

① 文本检查：检查文本字符串是否出现在 Web 页面上。

② 图像检查：检查图像是否出现在 Web 页面上。

这里将添加文本检查，检查“Web Tours”是否出现在脚本中的订票页面上。

在【任务】窗格的“增强功能”区域单击【内容检查】超链接，打开“内容检查向导”，并显示脚本中每个步骤的缩略图。在右侧选择工具栏中的“HTML 视图”以显示缩略图的快照。

在缩略图列表中单击名为“WebTours”的第 1 张缩略图，选择录制快照中要检查的文本“Web Tours”，然后单击鼠标右键，在弹出的快捷菜单中选择【添加文本检查（web-reg-find）】命令，如图 7-37 所示。

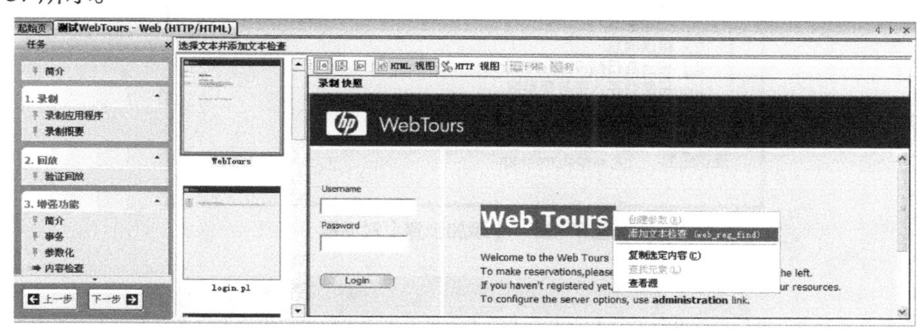

图 7-37　选择要检查的文本内容

打开【查找文本】对话框，在该对话框的“搜索特定文本”文本框中显示所选定的文本内容，如图 7-38 所示，单击【确定】按钮关闭该对话框。

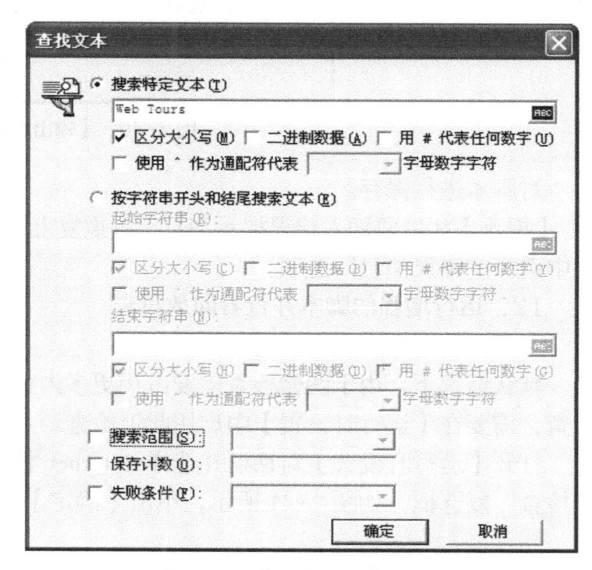

图 7-38　【查找文本】对话框

在树视图中，会看到 VuGen 在脚本中插入了一个新步骤“Service: Reg Find”，这一步注册文本检查，LoadRunne 将在运行步骤后检查文本。回放期间，VuGen 将查找文本“Web Tours”并在回放日志中指出是否找到。

11．输出提示信息

有时在测试运行的时候，经常需要向输出设备发送消息，指出当前位置和其他信息。这些输出消息会出现在回放日志和 Controller 的输出窗口中。可以发送标准输出消息或指出发生错误的消息。要确定是否发出错误消息，建议先查找失败状态。如果状态为失败，就让 VuGen 发出错误消息。

这里要求 VuGen 在应用程序完成一次完整的预订后插入一条输出消息。

（1）选择一个位置。

这里选择最后一个步骤“Url: welcome.pl”，将在右边打开快照。

（2）插入一条输出消息。

在【插入】菜单中选择【新建步骤】命令，打开【添加步骤】对话框，在“步骤类型”中选择“输出消息”，如图 7−39 所示，单击【确定】按钮关闭该对话框。这时将打开【输出消息】对话框，在“消息文本”文本框中输入“一次订票已完成”，如图 7−40 所示，单击【确定】按钮关闭该对话框，输出消息将添加到树视图中。

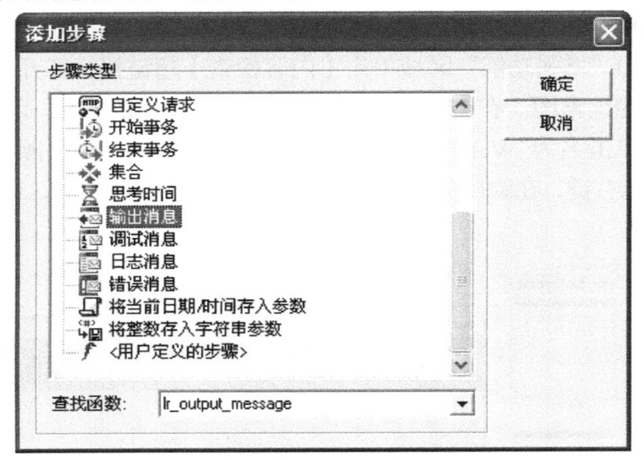

图 7−39 【添加步骤】对话框

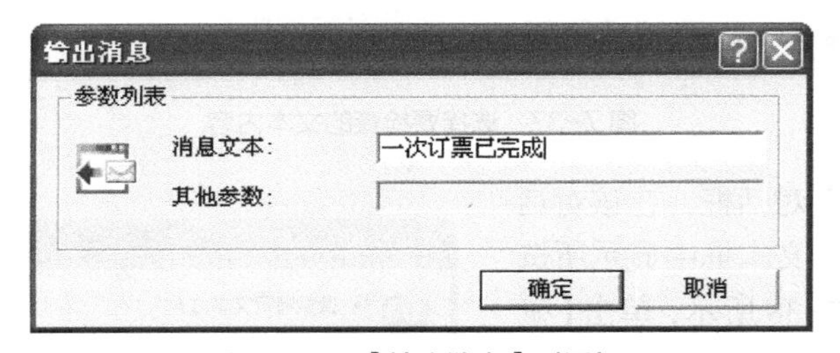

图 7−40 【输出消息】对话框

对脚本进行保存。

【提示】如果要插入错误提示消息，可重复上述步骤，不同之处在于要在【添加步骤】对话框中选择“错误消息”选项。

12．运行增强的脚本并查看回放日志

（1）启用图像和文本检查。

默认情况下，由于图像检查需要占用更多内存，在回放期间会将其禁用。如果要执行图像检查，需要在【运行时设置】中启用此项检查。

打开【运行时设置】对话框并选择 Internet 协议的“首选项”节点，选择“启用图像和文本检查”复选框，如图 7−41 所示，单击【确定】关闭该对话框。

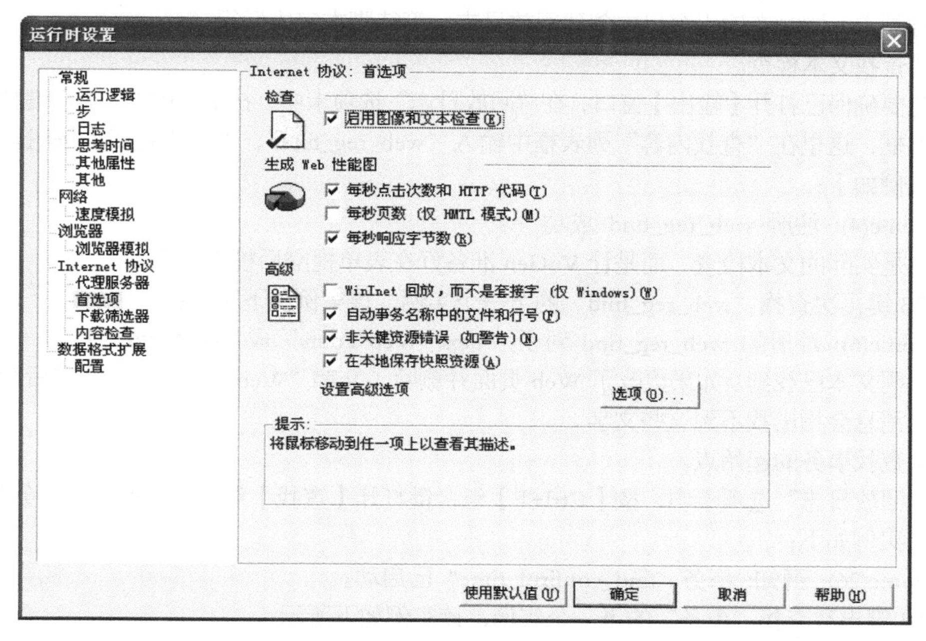

图 7-41　在【运行时设置】对话框中启用图像和文本检查

（2）启用日志记录和参数替换。

在【运行时设置】对话框左侧选择“常规”下“日志”节点，然后选择“启用日志记录”复选框，在“日志选项”区域依次选择“始终发送消息”单选按钮、“扩展日志”单选按钮，选中“参数替换”复选框，如图 7-42 所示。

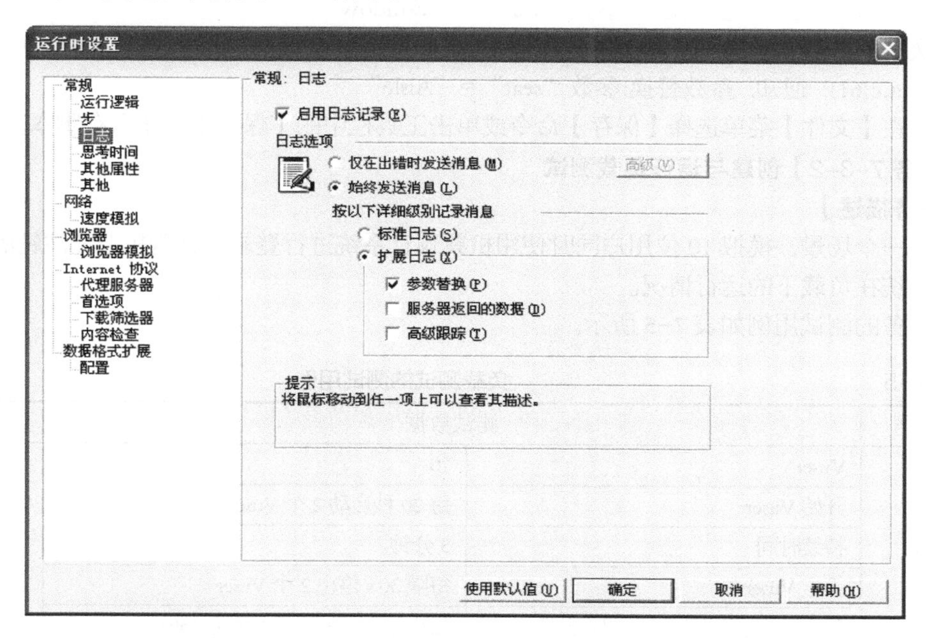

图 7-42　在【运行时设置】对话框中启用日志记录和参数替换

（3）运行脚本。

在【录制】工具栏中单击【运行】按钮或者在【Vuser】菜单中选择【运行】命令，VuGen

开始运行脚本，同时在输出窗口中创建回放日志，等待脚本完成运行。

（4）查找文本检查。

首先要确保已打开【输出】窗口，在“回放日志”选项卡中，按【Ctrl+F】组合键打开【查找】对话框，这里在“查找内容”列表框中输入“web_reg_find”，单击【查找】按钮。找到的第一个实例如下：

Action.c(4): 注册 web_reg_find 成功

这不是实际的文本检查，而是让 VuGen 准备好在表单提交后检查文本。

按 F3 键再次查找“web_reg_find”的下一个实例，该实例如下所示：

Action.c(6): 注册的 web_reg_find 对于“Text=Web Tours”成功(计数=6)]

这说明文本已找到。如果更改了 Web 页面并删除了文字“Web Tours”，那么在后续的运行中，输出消息会指出找不到这些文字。

（5）查找事务的起始点。

在“回放日志”选项卡中，按【Ctrl+F】组合键打开【查找】对话框，搜索“事务”，找到的第一个实例如下：

Action.c(26): 通知: 事务 "find_confirm_time" 已启动。

按 F3 键再次查找“事务”的下一个实例，该实例如下所示：

Action.c(92): 通知: 事务 "find_confirm_time" 以 "Pass" 状态结束 (持续时间: 1.7564 浪费的时间: 0.0171)。

（6）查看参数替换。

在“回放日志”选项卡中，按【Ctrl+F】组合键打开【查找】对话框。搜索单词“seat”，找到的第一个实例如下：

Action.c(61): 通知: 参数替换:参数“seat” = “Window”

多次按 F3 键搜索下一处“seat”，可以找到以下实例：

Action.c(61): 通知: 参数替换:参数“seat” = “Aisle”

（7）在【文件】菜单选择【保存】命令或单击工具栏中的【保存】按钮保存脚本。

【任务 7-3-2】创建与运行负载测试

【任务描述】

创建一个场景，模拟 10 位用户同时使用机票预订系统进行登录、订购机票和注销的操作，并观察系统在负载下的运行情况。

本任务的测试用例如表 7-5 所示。

表 7-5　　负载测试的测试用例

用例编号	测试数据		预期输出
Test01	Vuser	10	网站运行正常
	开始 Vuser	每 20 秒启动 2 个 Vuser	
	持续时间	5 分钟	
	停止 Vuser	每隔 30 s 停止 2 个 Vuser	
	使用录制思考时间的随机百分比	最小值为 50%，最大值为 150%	
	计算机名称	localhost	

【任务实施】

1. 打开HP LoadRunner

2. 打开Controller并选择可用脚本

在【HP LoadRunner 11.00】窗口的“LoadRunner启动程序”区域单击【运行负载测试】超链接，将打开【HP LoadRunner Controller】窗口。默认情况下，Controller打开时会显示如图7-43所示的【新建场景】对话框。

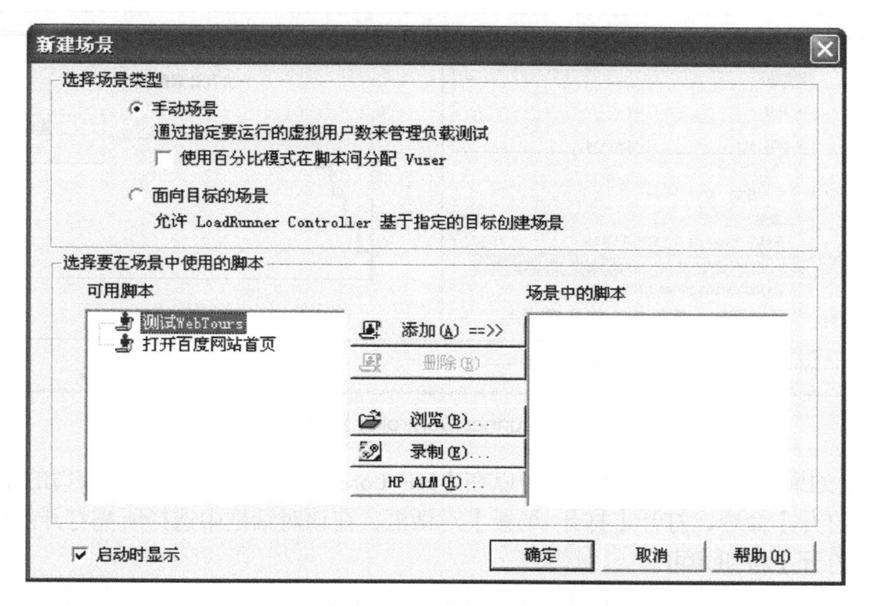

图7-43 【新建场景】对话框

【新建场景】对话框中包含以下两种场景类型。

① 手工场景。

通过手动场景可以控制正在运行的Vuser数目及其运行时间，另外还可以测试出应用程序可以同时运行的Vuse数目。可以使用百分比模式，根据业务分析员指定的百分比在脚本间分配所有的Vuser。

② 面向目标的场景。

面向目标的场景用来确定系统是否可以达到特定的目标。例如，可以根据指定的事务响应时间或每秒点击数/事务数确定目标， LoadRunner会根据这些目标自动创建场景。

这里选择“手动场景”单选按钮，并取消“使用百分比模式在脚本间分配Vuser”复选框的选中状态。

在“选择要在场景中使用的脚本”区域左侧的“可用脚本”列表中选择“测试WebTours”，然后单击【添加】按钮将其添加到右侧的“场景中的脚本”列表框中。单击【确定】按钮后进入【HP LoadRunner Controller】窗口，将在“设计”选项卡中打开相应的场景，如图7-44所示。

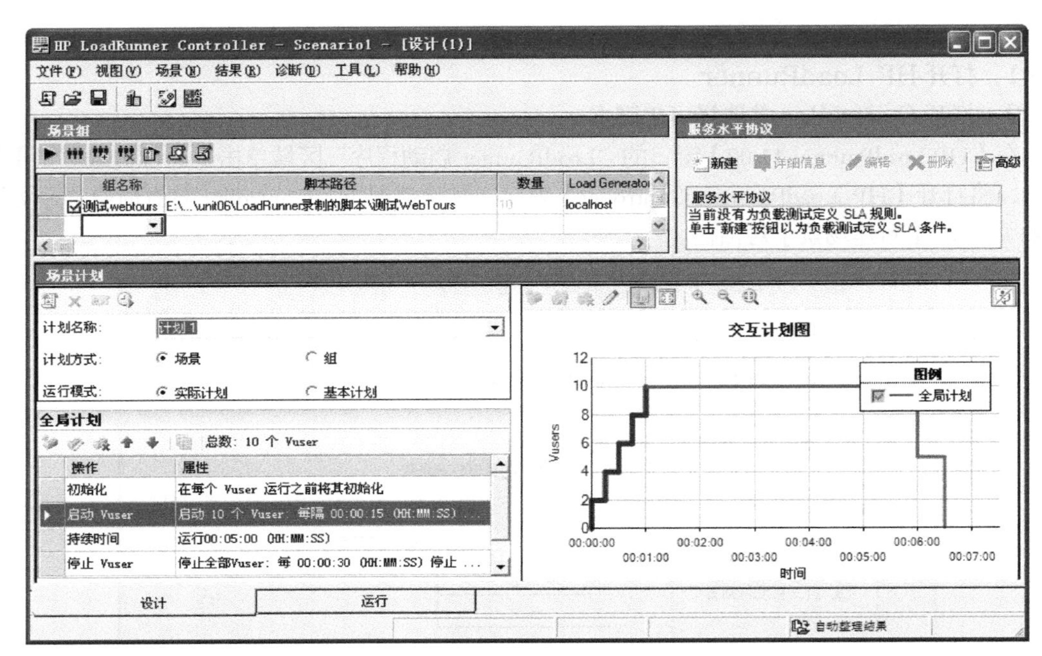

图 7-44 【HP LoadRunner Controller】窗口的“设计”选项卡

【提示】如果需要打开场景文件，可以在【HP LoadRunner Controller】窗口的【文件】菜单中选择【打开】命令，打开【打开 场景】对话框，在该对话框中选择所需打开的场景文件，然后单击【打开】按钮即可。

【HP LoadRunner Controller】窗口的“设计”选项卡主要包括以下几个组成部分。

① “场景组”窗格。

在“场景组”窗格中配置 Vuser 组，可以创建代表系统中典型用户的不同组，指定运行的 Vuser 数目以及运行时使用的计算机。

② “服务水平协议”窗格。

设计负载测试场景时，可以为性能指标定义目标值或服务水平协议（SLA）。运行场景时，LoadRunner 收集并存储与性能相关的数据。分析运行情况时，Analysis 将这些数据与 SLA 进行比较，并为预先定义的测量指标确定 SLA 状态。

③ “场景计划”窗格。

在“场景计划”窗格中，设置加压方式以准确模拟真实用户行为。可以根据运行 Vuser 的计算机、将负载施加到应用程序的频率、负载测试持续时间以及负载停止方式来定义操作。

3．修改脚本详细信息

（1）确保“测试 webtours”出现在“场景组”窗格的“组名称”列中。

（2）选择脚本。

在“组名称”列中单击选择“测试 webtours”脚本。

（3）更改组名称。

在“场景组”窗格的工具栏中单击【详细信息】按钮，打开【组信息】对话框，在“组名称”文本框中输入一个新的组名称，如图 7-45 所示。单击【确定】按钮关闭该对话框，该名称将显示在“设计”选项卡中的“场景组”窗格中。

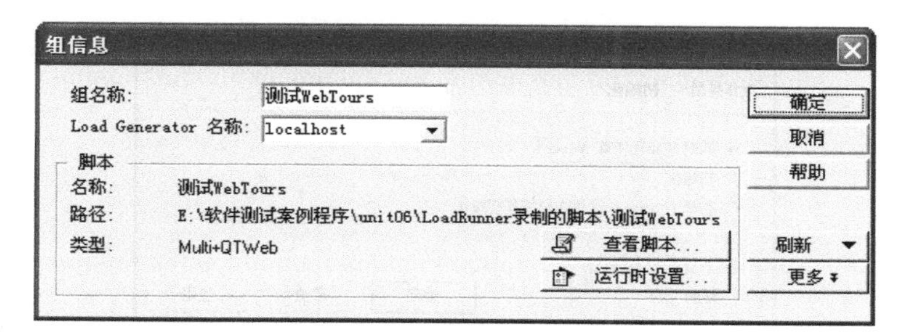

图 7-45 【组信息】对话框

4．查看 Load Generator 的信息

在【HP LoadRunner Controller】窗口的【场景】菜单中选择【Load Generator】命令，打开【Load Generator】对话框，在该对话框中显示了 Load Generator 的详细信息，包括本地计算机名称、Load Generator 的状态以及计算机平台等，如图 7-46 所示。

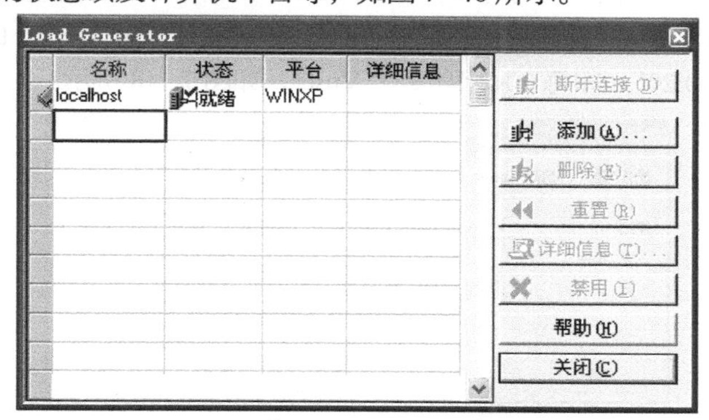

图 7-46 【Load Generator】对话框

5．配置负载计划

典型用户不会正好同时登录和退出系统，LoadRunner 允许用户逐渐登录和退出系统。它还允许确定场景持续时间和场景停止方式。

可以在 Controller 窗口的“场景计划”窗格中为手动场景配置加载行为。“场景计划”窗格分为 3 部分：计划定义区域、操作单元格和交互计划图，可以更改默认负载设置并配置场景计划。

（1）选择计划类型和运行模式。

在场景的计划定义区域，计划方式选择“场景”单选按钮，运行模式选择“实际计划”单选按钮。

（2）设置计划操作定义。

可以在操作单元格或交互计划图中为场景计划设置启动 Vuser、持续时间以及停止 Vuser 操作。在图中设置定义后，操作单元格中的属性会自动调整。

① 设置 Vuser 初始化。

初始化是指通过运行脚本中的 vuser_init 操作，为负载测试准备 Vuser 和 Load Generator。在 Vuser 开始运行之前对其进行初始化可以减少 CPU 占用量，并有利于提供更加真实的结果。

在“全局计划”区域的“操作”列的“初始化”单元格中双击，打开【编辑操作】对话框，显示初始化操作。选择“同时初始化所有 Vuser”单选按钮，如图 7-47 所示，单击【确定】按钮关闭该对话框。

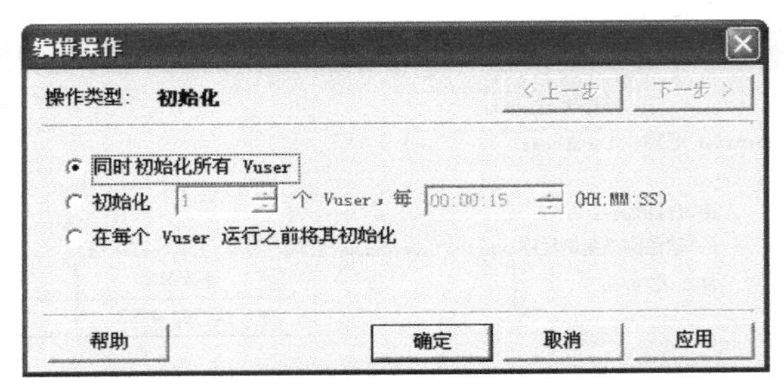

图 7-47 “初始化”操作的【编辑操作】对话框

② 指定逐渐开始。

通过按照一定的间隔启动 Vuser，可以让 Vuser 对应用程序施加的负载在测试过程中逐渐增加，从而准确找出系统响应时间开始变长的转折点。

在“全局计划”区域“操作”列的“启动 Vuser”单元格中双击鼠标左键，打开【编辑操作】对话框，显示“启动 Vuser”操作。在“开始”列表框中输入“10”，在下面的两个数字框中分别输入“2”和“00:00:20”，即每 20s 启动 2 个 Vuser，如图 7-48 所示。

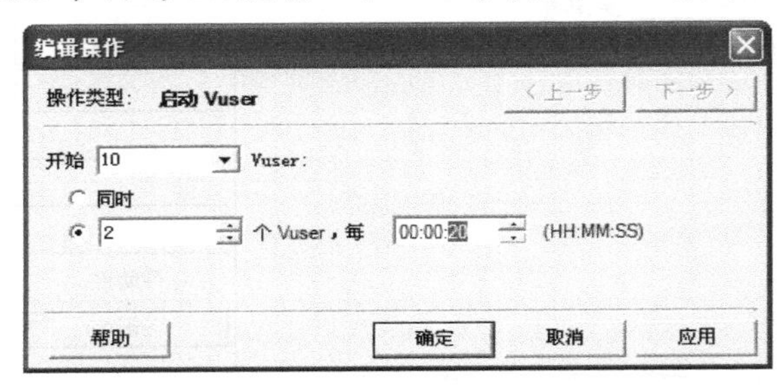

图 7-48 “启动 Vuser”操作【编辑操作】对话框

③ 安排持续时间。

可以指定持续时间，确保 Vuser 在特定的时间段内持续执行计划的操作，以便评测服务器上的持续负载。如果设置了持续时间，脚本会运行这段时间内所需的迭代次数，而不考虑脚本的运行时设置中所设置的迭代次数。

在“全局计划”区域“操作”列的“持续时间”单元格中双击鼠标左键，打开【编辑操作】对话框，显示“持续时间”操作。选择“运行时间”单选按钮，然后在第 2 个数字框中输入“00:05:00”，即设置 Vuser 运行 5 min，如图 7-49 所示。

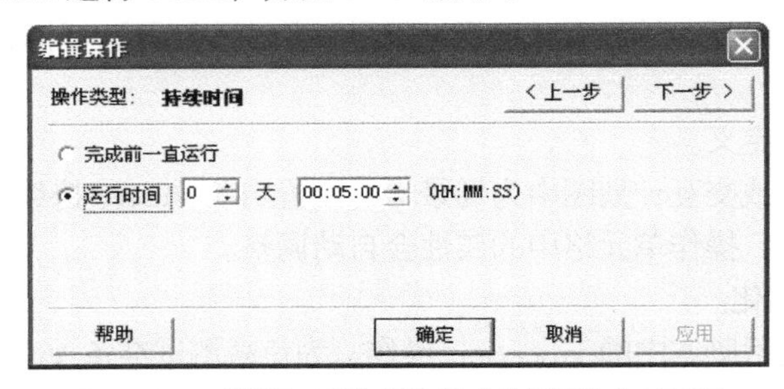

图 7-49 “持续时间”操作的【编辑操作】对话框

④ 指定逐渐关闭。

建议逐渐停止 Vuser，以帮助在应用程序到达阈值后，检测内存漏洞并检查系统恢复情况。

在“全局计划”区域“操作”列的“停止 Vuser”单元格中双击鼠标左键，打开【编辑操作】对话框，显示“停止 Vuser”操作。选择第 2 个单选按钮，并在两个数字框中分别输入“2”和“00:00:30”，即设置每隔 30s 停止 2 个 Vuser，如图 7-50 所示。

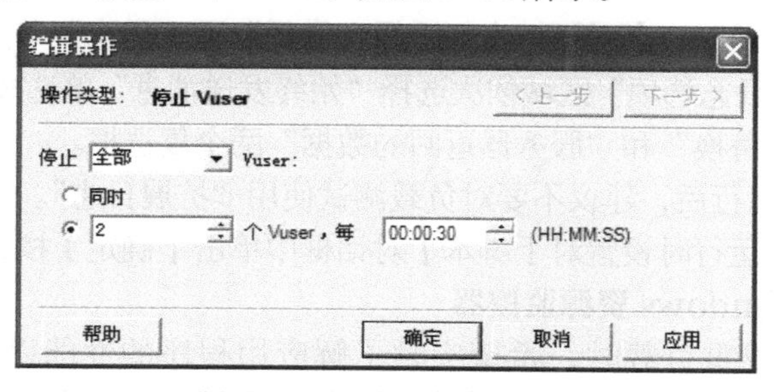

图 7-50 “停止 Vuser”操作的【编辑操作】对话框

6．设置 Vuser 在测试期间的行为方式

模拟真实用户时，需要考虑用户的实际行为，启用思考时间和日志记录。行为是指用户在操作之间暂停的时间、用户重复同一操作的次数等。可以通过运行时设置模拟各种用户活动和行为。

（1）打开运行时设置。

在“设计”选项卡的“场景组”窗格中，在“组名称”列选择脚本“测试 webtours”，并在工具栏中单击【运行时设置】按钮，打开【运行时设置对于脚本】对话框，如图 7-51 所示，在该对话框中可以设置运行逻辑、步、日志、思考时间等，还可以进行速度模拟、浏览器模拟、内容检查等方面的设置。

（2）启动思考时间。

在【运行时设置对于脚本】对话框中的左侧列表中【常规】下的【思考时间】节点，选择“重播思考时间”单选按钮，并选择“使用录制思考时间的随机百分比”单选按钮。然后设置最小值为 50%，最大值为 150%，如图 7-51 所示。

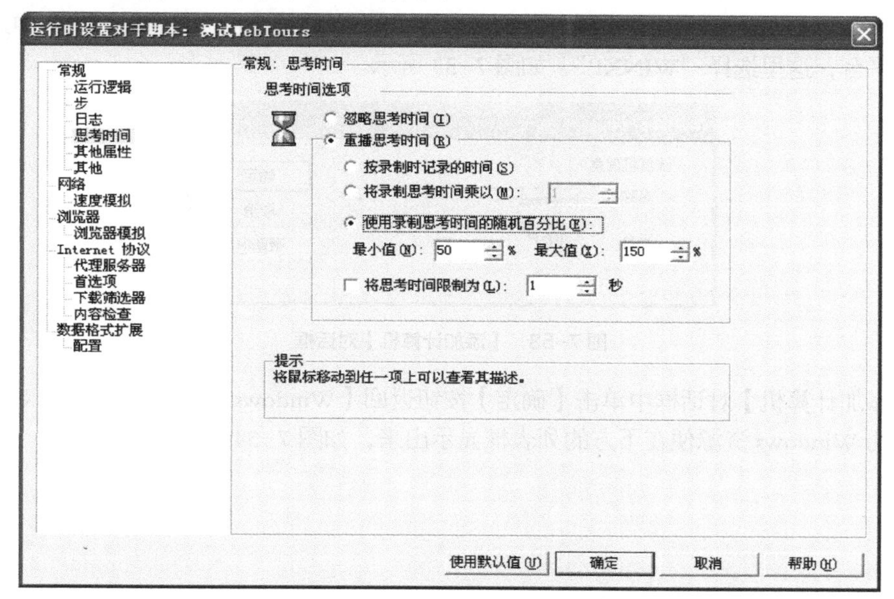

图 7-51 在【运行时设置对于脚本】对话框中启动思考时间

使用录制思考时间的随机百分比模拟熟练程度不同的用户。例如，如果选择航班的录制思考时间是 6s，则随机时间可以是 3 ~ 9s 之间的任意值（6 的 50%~150%）。

（3）启用日志记录。

在【运行时设置对于脚本】对话框左侧选择“常规”下“日志”节点，然后选择“启用日志记录”复选框，在“日志选项”区域依次选择“始终发送消息”单选按钮，选择“扩展日志”单选按钮，选中“参数替换”和“服务器返回的数据”两个复选框。

【注意】初次调试运行后，建议不要对负载测试使用“扩展日志”。

设置完成后，在【运行时设置对于脚本】对话框中单击【确定】按钮关闭该对话框。

7．添加和配置 Windows 资源监控器

在应用程序中生成重负载时，希望实时了解应用程序的性能以及潜在的瓶颈。使用 LoadRunner 的一套集成监控器可以评测负载测试期间系统每一层的性能以及服务器和组件的性能。LoadRunner 包含多种后端系统主要组件（如 Web 应用程序、数据库和 ERP/CRM 服务器）的监控器。可以使用该监控器确定负载对 CPU、磁盘和内存资源的影响。

在【HP LoadRunner 11.00】窗口切换到“运行”视图，“Windows 资源”图是显示在图查看区域的 4 个默认图之一，如图 7-52 所示。

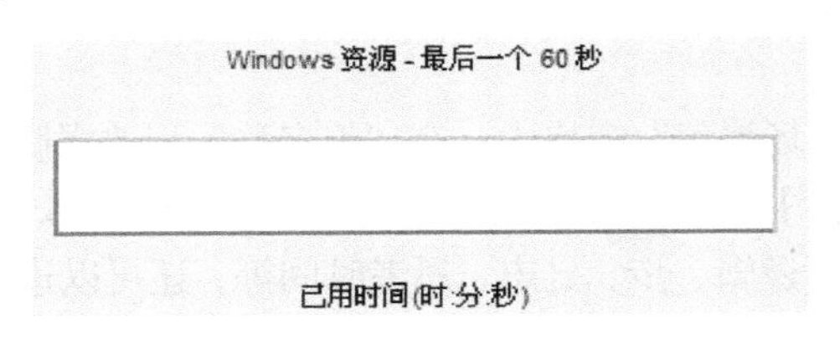

图 7-52 “Windows 资源”图

右键单击“Windows 资源”图并在弹出的快捷菜单中选择【添加度量】命令，打开【Windows 资源】对话框，在该对话框的“监控的服务器计算机”区域单击【添加】按钮，打开【添加计算机】对话框，在该对话框中“名称”列表框中输入“localhost”，如果 Load Generator 正在另一台机器上运行，则可以输入服务器名称或该计算机的 IP 地址。在“平台”列表框中选择计算机的运行平台，这里选择“WINXP”，如图 7-53 所示。

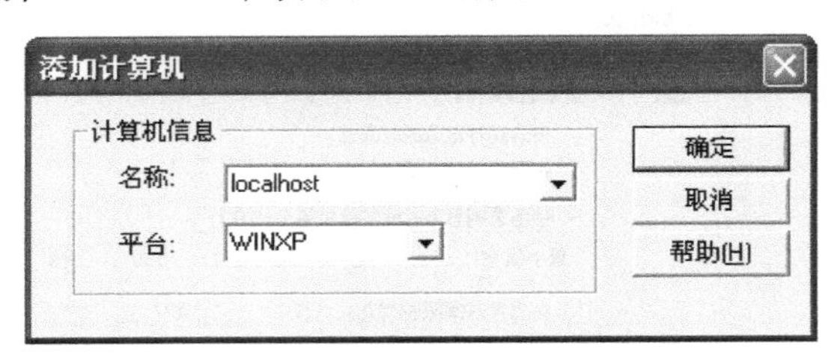

图 7-53 【添加计算机】对话框

在【添加计算机】对话框中单击【确定】按钮返回【Windows 资源】对话框，对应计算机或服务器的 Windows 资源便在下方的列表框显示出来，如图 7-54 所示。

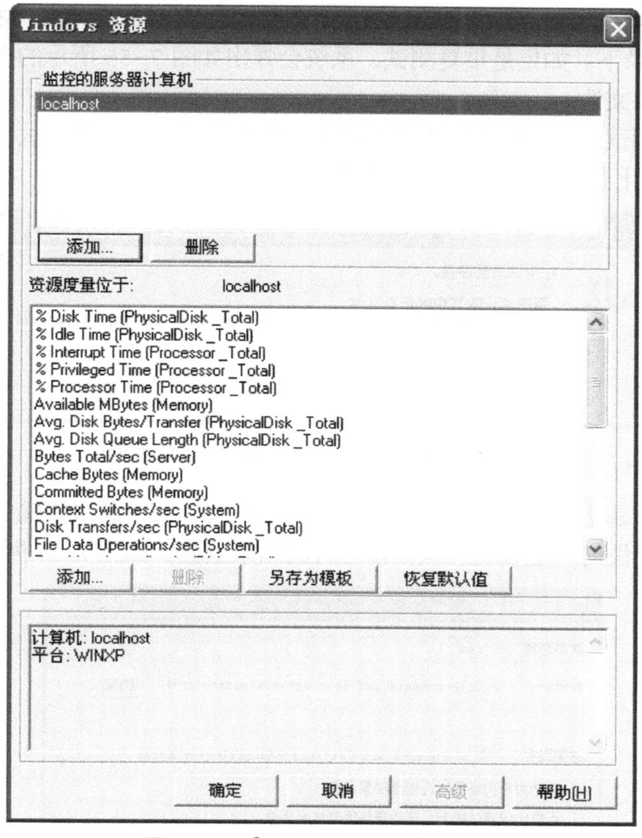

图 7-54 【Windows 资源】对话框

在【Windows 资源】对话框中单击【确定】按钮以激活监控器。

8．运行负载测试

运行测试时，LoadRunner 会对应用程序施加负载。然后可以使用 LoadRunner 的监控器和图来观察真实条件下应用程序的性能。

（1）切换【HP LoadRunner Controller】窗口的“运行”选项卡。

在【HP LoadRunner Controller】窗口底部单击【运行】按钮，切换到“运行”选项卡。

在【场景组】窗格的“关闭”列中有 10 个 Vuser，如图 7-55 所示，这些 Vuser 是在创建场景时创建的。

场景组

组名称	关闭	挂起	初始化	就绪	运行	集合点	通过	失败	错误	逐渐退出	退出	停止
1	10	0	0	0	0	0	0	0	0	0	0	0
测试WebTours	10											

图 7-55 【场景组】窗格

由于尚未运行场景，所有其他计数器均显示为零，并且图查看区域内的所有图（Windows 资源除外）都为空白。在开始运行场景之后，图和计数器将开始显示信息。

（2）开始场景。

单击【场景组】窗格与【场景状态】窗格之间【开始场景】按钮，或者在【场景】菜单中选择【启动】开始运行测试。

如果是第一次运行测试，Controller 将开始运行场景，并且结果文件将自动保存到 Load Generator 的临时目录下。如果是重复测试，系统会弹出如图 7-56 所示的提示信息对话框提示是否覆盖现有的结果文件。

由于首次负载测试的结果应该作为基准结果，用来与后面的负载测试结果进行比较，所以这里单击【否】，打开【设置结果目录】对话框。

图 7-56　“结果目录已存在”的提示信息对话框

在【设置结果目录】对话框指定新的结果目录，并且为每个结果集输入一个唯一且有意义的名称，因为在分析图时可能要将几次场景运行的结果重叠，如图 7-57 所示。

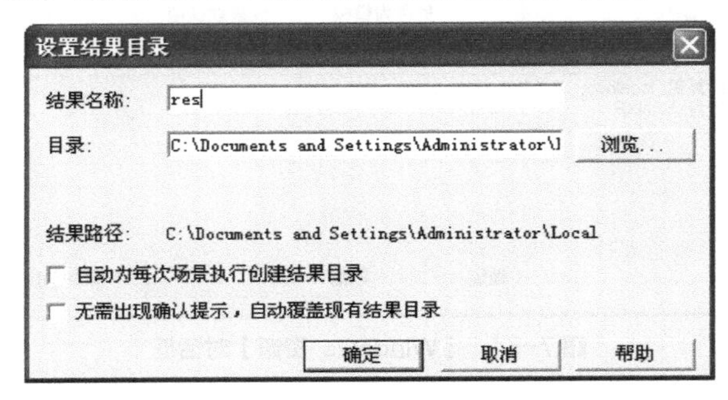

图 7-57　【设置结果目录】对话框

（3）监控负载下应用程序的运行情况。

“运行”选项卡默认显示 4 个联机图，如图 7-58 所示。

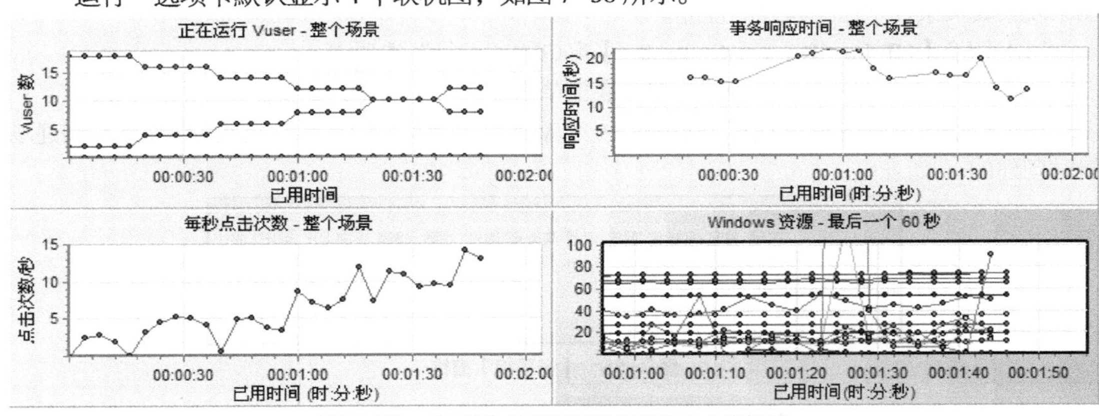

图 7-58　“运行”选项卡默认显示的 4 个联机图

① “正在运行 Vuser － 整个场景”图：用于显示在指定时间运行的 Vuser 数。

② “事务响应时间 － 整个场景”图：用于显示完成每个事务所用的时间。

③ “每秒点击次数 － 整个场景”图：用于显示场景运行期间 Vuser 每秒向 Web 服务器提

交的单击次数（HTTP 请求数）。

④ “Windows 资源”图：用于显示场景运行期间评测的 Windows 资源。

如果需要突出显示单个测量值，只需在图中双击即可将其放大，在放大的图中再次双击即可返回。

如果需要查看吞吐量信息，则可以使用“吞吐量”图。在“可用图”树中选择“吞吐量图”节点，将其拖曳到图查看区域。“吞吐量”图中的测量值便显示在画面窗口和图例中，如图 7-59 所示。

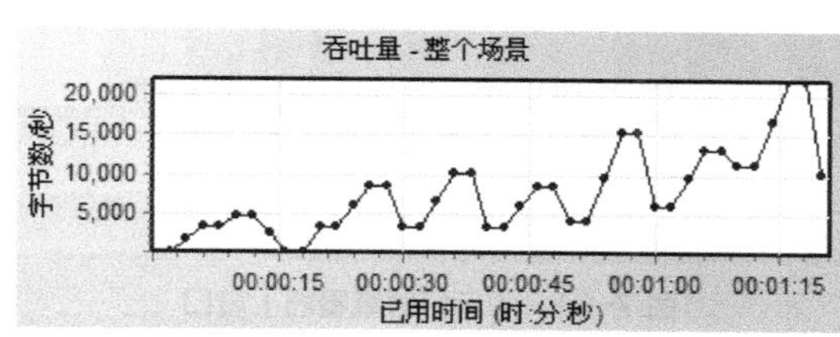

图 7-59 “吞吐量”图

“吞吐量”图显示 Vuser 每秒从服务器接收的数据总量（以字节为单位），可以将此图与“事务响应时间”图比较，查看吞吐量对事务性能的影响。如果随着时间的推移和 Vuser 数目的增加，吞吐量不断增加，说明带宽够用。如果随着 Vuser 数目的增加，吞吐量保持相对平稳，可以认为是带宽限制了数据流量。

（4）实时观察 Vuser 的运行情况。

模拟用户时，应该能够实时查看用户的操作，确保它们执行正确的步骤。通过 Controller，可以使用运行时查看器实时查看操作。

单击【场景组】窗格与【场景状态】窗格之间【Vuser】按钮，打开【Vuser】窗口，如图 7-60 所示。

Vuser (20)

测试webtours　所有 Vuser

ID	状态	脚本	Load Generator	已用时间
1	正在运行	测试WebTours	localhost	00:07:37
2	正在运行	测试WebTours	localhost	00:07:37
3	正在运行	测试WebTours	localhost	00:07:17
4	正在运行	测试WebTours	localhost	00:07:17
5	正在运行	测试WebTours	localhost	00:06:57
6	正在运行	测试WebTours	localhost	00:06:57
7	正在运行	测试WebTours	localhost	00:06:37
8	正在运行	测试WebTours	localhost	00:06:37
9	正在运行	测试WebTours	localhost	00:06:17
10	正在运行	测试WebTours	localhost	00:06:17
11	正在运行	测试WebTours	localhost	00:05:57
12	正在运行	测试WebTours	localhost	00:05:57

运行(R)
逐渐停止(G)
停止(S)
重置(E)
详细信息(D)...
添加 Vuser(A)...
帮助(H)
关闭(C)

图 7-60 【Vuser】窗口

在【Vuser】窗口的状态列显示每个 Vuser 的状态。随着场景的运行，将继续每隔 20s 向组中添加两个 Vuser。

在【Vuser】窗口从 Vuser 列表中选择一个正在运行的 Vuser，单击 Vuser 工具栏上的【显示选定的 Vuser】按钮，打开【运行时查看器】窗口并显示所选 Vuser 当前执行的操作，如图 7-61 所示。单击 Vuser 工具栏上的【隐藏选定的 Vuser】按钮，关闭【运行时查看器】窗口。

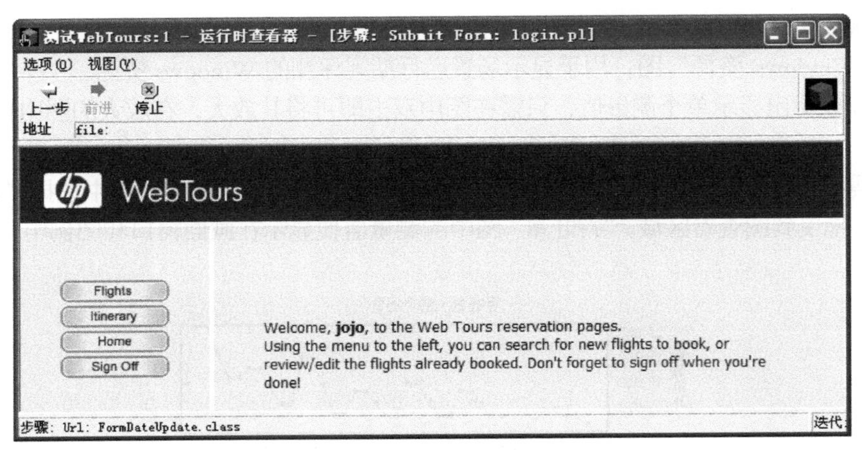

图 7-61 【运行时查看器】窗口

（5）查看用户操作的概要信息。

对于正在运行的测试，要检查测试期间各个 Vuser 的进度，可以查看包含 Vuser 操作文本概要信息的日志文件。

在打开的【Vuser】窗口中选择一个正在运行的 Vuser，单击 Vuser 工具栏【显示 Vuser 日志】按钮，打开“Vuser 日志”窗口，如图 7-62 所示。

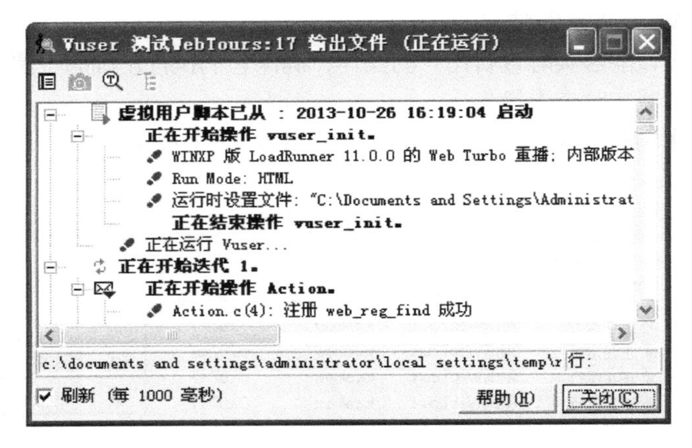

图 7-62 “Vuser 日志”窗口

Vuser 日志中包含与 Vuser 操作对应的消息。例如，在上面的窗口中，消息“虚拟用户脚本已从：2013-10-26 16:19:04 启动”说明场景已启动。滚动到日志底部，查看为所选 Vuser 执行的每个操作添加的新消息。

在【Vuser 日志】窗口中单击【关闭】按钮关闭【Vuser 日志】窗口，然后在【Vuser】窗口也单击【关闭】按钮关闭【Vuser】窗口。

（6）在测试期间增加负载。

可以通过手动方式添加更多 Vuser，从而在运行负载测试期间增加应用程序的负载。

在“运行”选项卡中单击【场景组】窗格与【场景状态】窗格之间的【运行/停止 Vuser】按钮，打开【运行/停止】对话框，显示当前分配到场景中运行的 Vuser 数。在“#”列中，输入要添加到组中额外的 Vuser 的数目，如图 7-63 所示。如果要运行两个额外的 Vuser，则将“#”列中的数字 10 替换为 2，然后单击【运行】以添加 Vuser 即可。

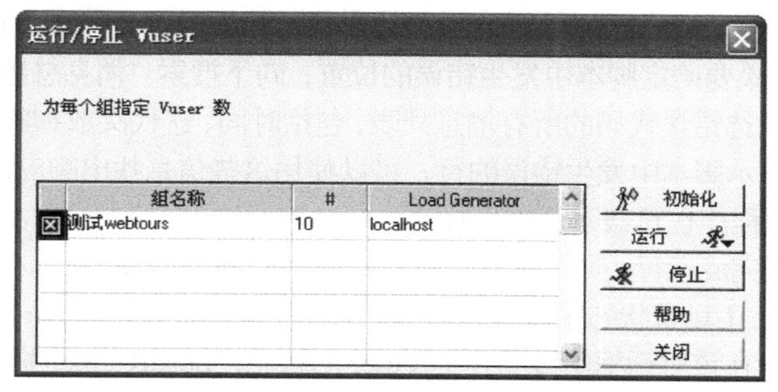

图 7-63 【运行/停止 Vuser】对话框

（7）查看应用程序在负载下的运行状态。

在【场景状态】窗格中查看正在运行的场景的概要，然后深入了解是哪些 Vuser 操作导致应用程序出现问题，过多的失败事务和错误说明应用程序在负载下的运行情况没有达到原来的期望。

在【场景状态】窗格中显示场景的整体状况，如图 7-64 所示。

场景状态	
运行 Vuser	10
已用时间	00:05:06 (hh:mm:ss)
每秒点击次数	10.49 (最后 60 秒)
通过的事务	83
失败的事务	0
错误	0

图 7-64 在【场景状态】窗格中显示场景的整体状况

在【场景状态】窗格中单击“通过的事务”，打开【事务】对话框，查看事务的详细信息，如图 7-65 所示。

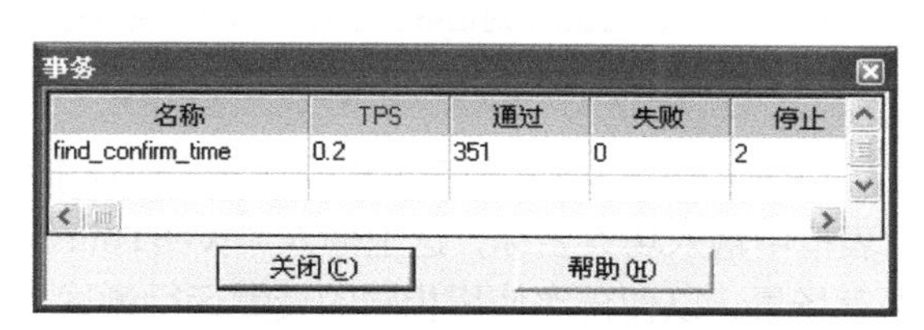

图 7-65 【事务】对话框

（8）查看应用程序运行期间发生的错误。

如果应用程序在重负载下启动失败，可能是因为出现了错误和失败的事务。Controller 将在【输出】窗口中显示错误消息。

在【视图】菜单选择【显示输出】命令，或者单击【场景状态】窗格中的“错误”，打开【输出】对话框，列出消息文本、生成的消息总数、发生错误的 Vuser 和 Load Generator 以及发生错误的脚本，如图 7-66 所示。

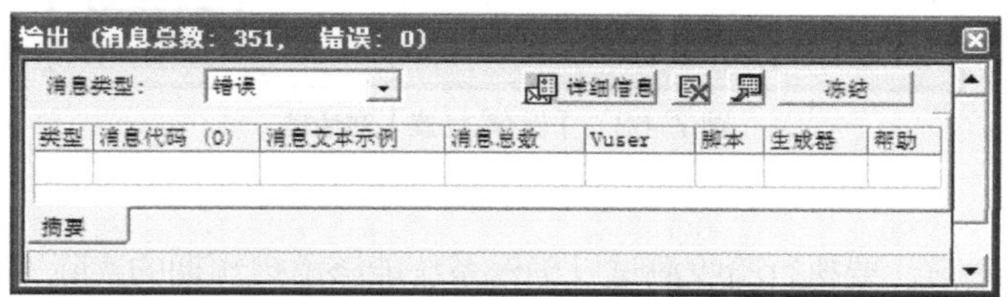

图 7-66 【输出】对话框

要查看消息的详细信息，选择该消息并单击【详细信息】按钮，打开【详细信息文本】对话框，显示完整的消息文本。

还可以单击相应列中的蓝色链接以查看与错误代码相关的每个消息、Vuser、脚本和 Load Generator。例如，如果要确定脚本中发生错误的位置，向下搜索“消息总数”列中的详细信息。【输出】窗口中显示所选错误代码的所有消息列表，包括时间、迭代次数和脚本中发生错误的行。

打开 VuGen，显示脚本中发生错误的行，可以使用这些信息找出响应速度比较慢的事务，正是它们导致了应用程序在负载下运行失败。

（9）判断测试已完成运行。

测试运行结束时，【场景状态】窗格将显示“关闭”状态，表示 Vuser 已停止运行。可以打开【Vuser】对话框，在该对话框中看到各个 Vuser 的状态，LoadRunner 将显示 Vuser 重复任务（迭代）的次数、成功迭代的次数以及已用时间，如图 7-67 所示。

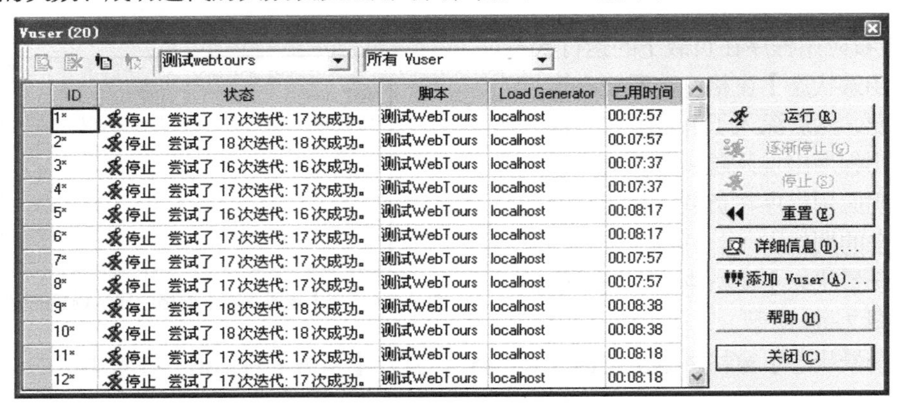

图 7-67 在【Vuser】对话框显示各个 Vuser 的状态

（10）保存场景。

在【文件】菜单中选择【保存】命令或者在工具栏中单击【保存】按钮，打开【保存 场景】对话框，在“文件名”列表框中输入场景名称，这里输入“WebToursScenario1”，如图 7-68 所示。单击【保存】按钮保存场景，以便再次使用相同的设置运行测试。

图 7-68 【保存 场景】对话框

【重要说明】

部署应用程序之前，要执行验收测试以确保系统能够承担预期的实际工作量。可以定义预期的服务器执行速度，如每秒单击次数或每秒事务数，该速度可由定义应用程序要求的业务分析员确定，也可以从实际使用的应用程序先前版本或者其他来源获得。可以为想要生成的每秒点击次数、每秒事务数或者事务响应时间设置目标，LoadRunner 将使用面向目标的场景自动生成所需的目标。当应用程序在固定负载下运行时，可以监控事务响应时间，了解应用程序提供给客户的服务水平。由于本书篇幅的限制，本单元不再介绍“面向目标的场景”的设置，请参考相关书籍。

【任务 7-3-3】分析负载测试场景与发布结果

【任务描述】

对负载测试场景进行分析，然后完成以下任务。

（1）将测试结果保存为 Analysis 会话文件，会话文件的名称为“WebToursAnalysis”。

（2）查看“概要报告”的场景总体统计信息和事务整体性能。

（3）以图形方式查看性能。

（4）分析服务器性能的稳定性。

（5）以 HTML 报告的形式发布分析结果。

【任务实施】

在 Analysis 会话过程中生成的图和报告提供了有关场景性能的重要信息。使用这些图和报告，可以找出并确定应用程序的性能瓶颈，同时确定需要对系统进行哪些改进以提高其性能。

Analysis 会话的目的是查找系统的性能问题，然后找出这些问题的根源，例如：

① 是否达到了预期的测试目标？在负载下，对用户终端的事务响应时间是多少？是符合服务水平协议（SLA）还是偏离了目标？事务的平均响应时间是多少？

② 系统的哪些部分导致了性能下降？网络和服务器的响应时间是多少？

③ 通过将事务时间与后端监控器矩阵表关联在一起，能否找出可能的原因？

1．将测试结果保存为 Analysis 会话文件

在【HP LoadRunner Controller】窗口的【结果】菜单中选择【分析结果】命令，打开【HP LoadRunner Analysis】窗口，且自动生成测试结果，在【HP LoadRunner Analysis】窗口的【文件】菜单中选择【保存】命令或在工具栏中单击【保存】按钮，打开【保存】对话框，在“文件名”文本框中输入合适的 Analysis 会话文件名称，这里输入“WebToursAnalysis”，如图 7-69 所示。然后单击【保存】按钮保存测试结果。

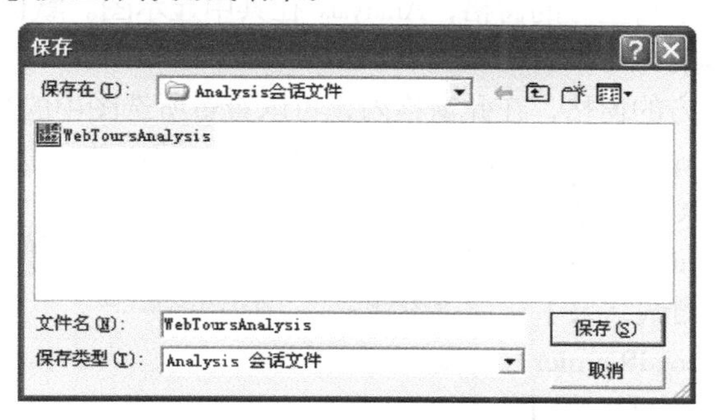

图 7-69 【保存】测试结果对话框

将测试结果保存为 Analysis 会话文件后，【HP LoadRunner Analysis】窗口的外观如图 7-70 所示。

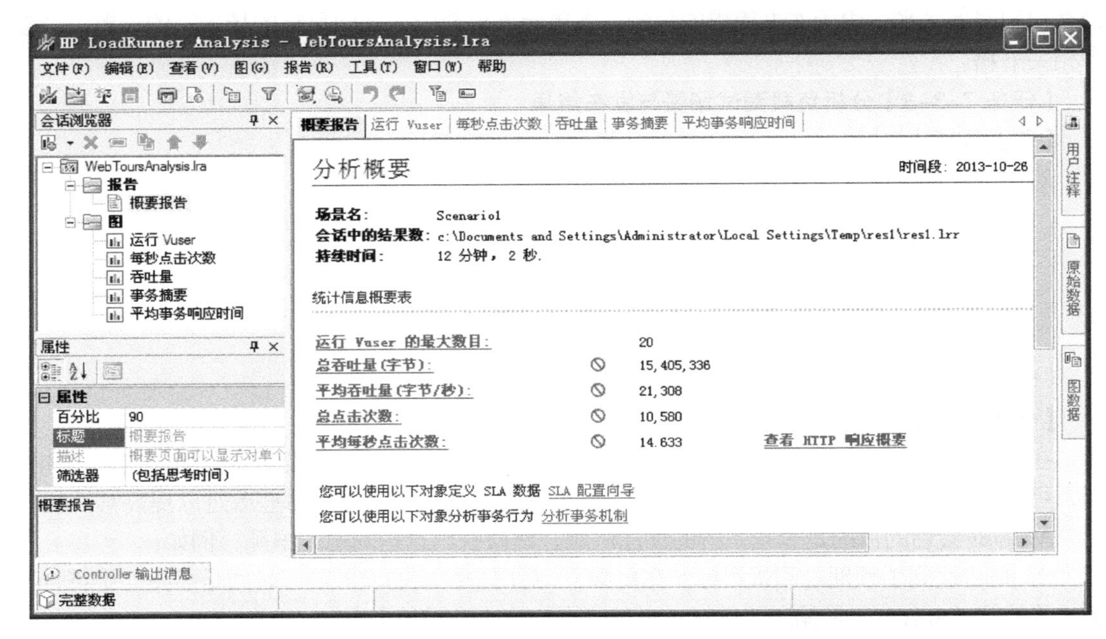

图 7-70 【HP LoadRunner Analysis】窗口的外观

【HP LoadRunner Analysis】窗口主要包含以下 4 个组成部分。

① “会话浏览器”窗格。位于左上方的窗格，Analysis 在其中显示已经打开可供查看的报告和图。用户可以在此处显示打开 Analysis 时未显示的新报告或图，或者删除自己不想再查看的报告或图。

② “属性”窗格。位于左下方的窗格，“属性”窗格中显示在会话浏览器中选择的图或报告的详细信息。

③ 图查看区域。位于右上方的窗格，Analysis 在其中显示图。默认情况下，打开会话时，概要报告将显示在此区域。

④ 图例。位于右下方的窗格，在此窗格内，可以查看所选图中的数据。

【说明】如果【HP LoadRunner Analysis】窗口被关闭，可以使用以下方法打开。

首先打开【HP LoadRunner】窗口，在该窗口的“LoadRunner 启动程序”区域单击【分析测试结果】超链接，打开【HP LoadRunner Analysis】窗口。在该窗口的【文件】菜单选择【打开】命令，打开【打开现有 Analysis 会话文件】对话框，在该对话框中选择 Analysis 会话文件“WebToursAnalysis”，如图 7-71 所示，单击【打开】按钮，即可打开现有 Analysis 会话文件，显示【HP LoadRunner Analysis】窗口。

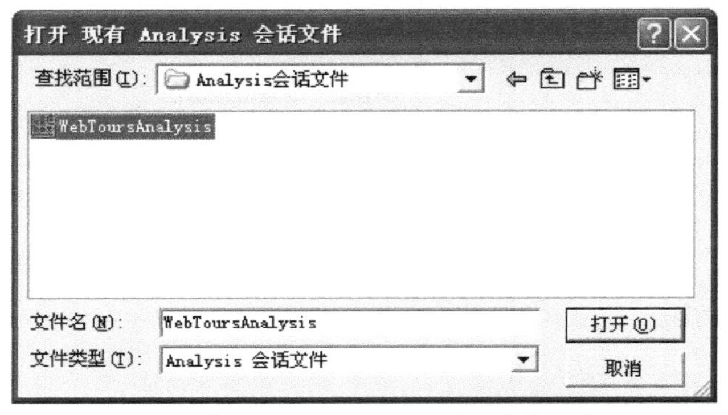

图 7-71 【打开现有 Analysis 会话文件】对话框

2．查看性能概要

“概要报告”选项卡显示关于场景运行情况的常规信息和统计信息，另外还提供所有相关的服务水平协议（SLA）信息。例如，按照所定义的 SLA，执行情况最差的事务是哪些，如何按照设定的时间间隔执行特定的事务以及整体 SLA 状态。概要报告可以从会话浏览器打开。

（1）查看“概要报告”的场景总体统计信息。

在“统计信息概要表”部分，可以看到这次测试最多运行了 20 个 Vuser。另外还记录了其他统计信息，如总吞吐量、平均吞吐量、总点击次数、平均点击次数，如图 7-72 所示。

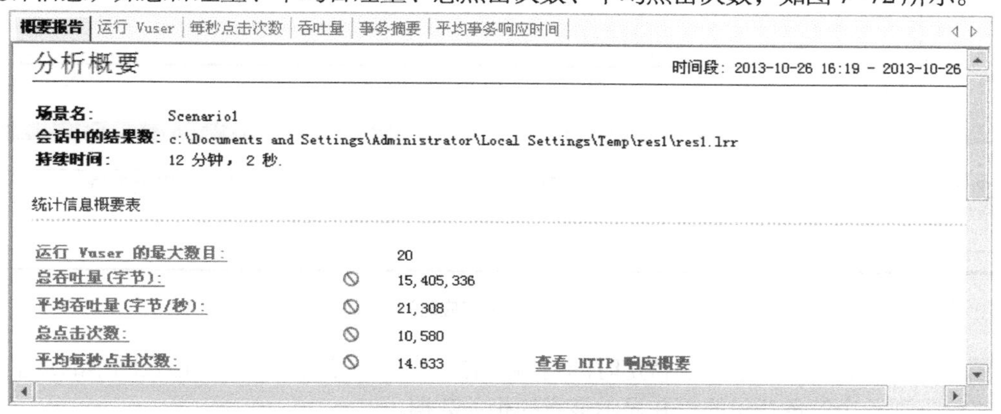

图 7-72　“概要报告”选项卡的“统计信息概要表”部分

（2）查看“概要报告”的事务整体性能。

“概要报告”选项卡的“事务摘要”部分列出了每个事务的概要情况，如图 7-73 所示。

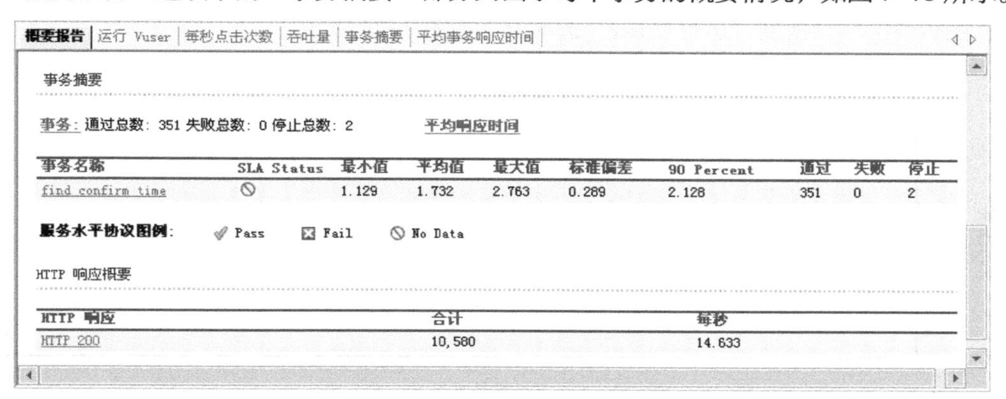

图 7-73　“概要报告”选项卡的“事务摘要”部分

值为 90%的列表示响应时间占事务执行时间的 90%，可以看到，在测试运行期间执行的 find_confirm_time 事务的 90%的响应时间为 2.128 秒，这是其平均响应时间 1.732 秒的 2 倍，这意味着此事务发生时响应时间较长。

3．以图形方式查看性能

在图查看区域切换到“平均事务响应时间”选项卡，“平均事务响应时间”图将在图查看区域显示，如图 7-74 所示。

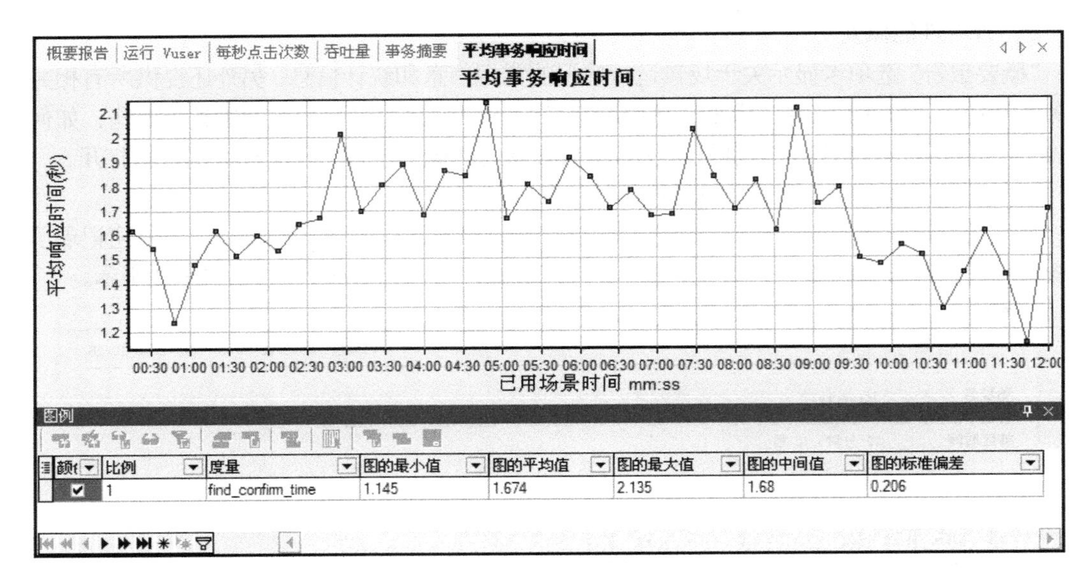

图 7–74 “平均事务响应时间”选项卡

图上的点代表在场景运行的特定时间内事务的平均响应时间，将光标停在图中的点上且单击，将会出现一个黄色背景的框并显示该点的相关数据。

find_confirm_time 事务的平均响应时间波动较大，在场景运行 4 分 48 秒后峰值达到 2.135s。在运行状况良好的服务器上，事务的平均响应时间会相对稳定。

4．分析服务器性能的稳定性

在图查看区域切换到“运行 Vuser”选项卡，如图 7–75 所示。

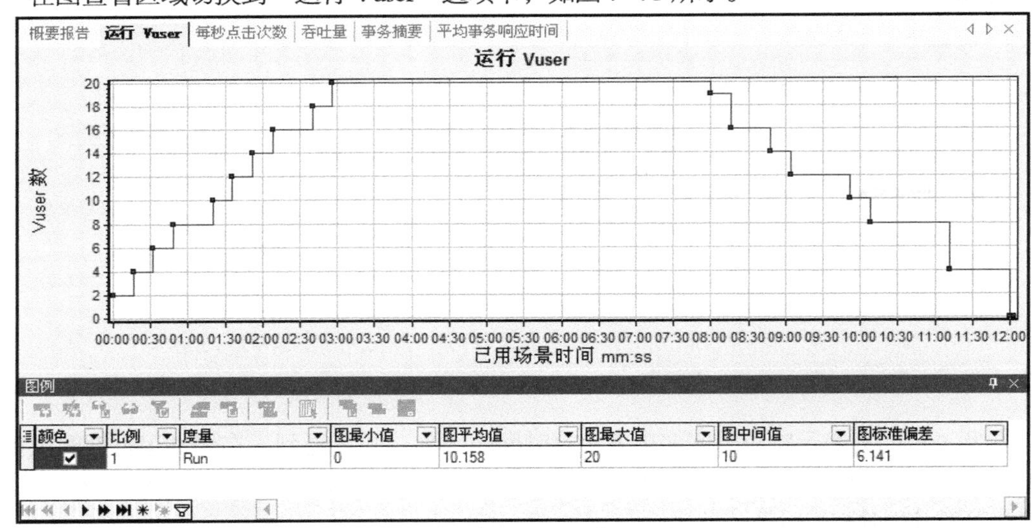

图 7–75 “运行 Vuser”选项卡

将在图查看区域打开运行 Vuser 图，可以看到在场景开始运行后，Vuser 逐渐开始运行，然后 10 个 Vuser 同时运行了 5min，接着 Vuser 又开始逐渐停止运行。

可以将多个场景的结果组合在一起来比较多个图，也可以使用自动关联工具，将所有包含可能对响应时间有影响的数据的图合并起来，准确地指出问题的原因。使用这些图和报告，可以轻松找出应用程序的性能瓶颈，同时确定需要对系统进行哪些改进以提高其性能。

5．发布分析结果

可以使用HTML报告或Microsoft Word报告发布分析结果，报告使用设计者模板创建，并且包括所提供图和数据的解释和图例。

这里以HTML报告的形式发布分析结果，HTML报告可以在任何浏览器中打开和查看。

在【HP LoadRunner Controller】窗口的【报告】菜单中选择【HTML Report】命令，打开【选择报告文件名和路径】对话框，在该对话框选择合适的保存位置，然后在"文件名"列表框中输入"WebToursReport"，如图7-76所示。单击【保存】按钮，弹出如图7-77所示的【创建HTML报告】对话框，开始创建HTML报告。

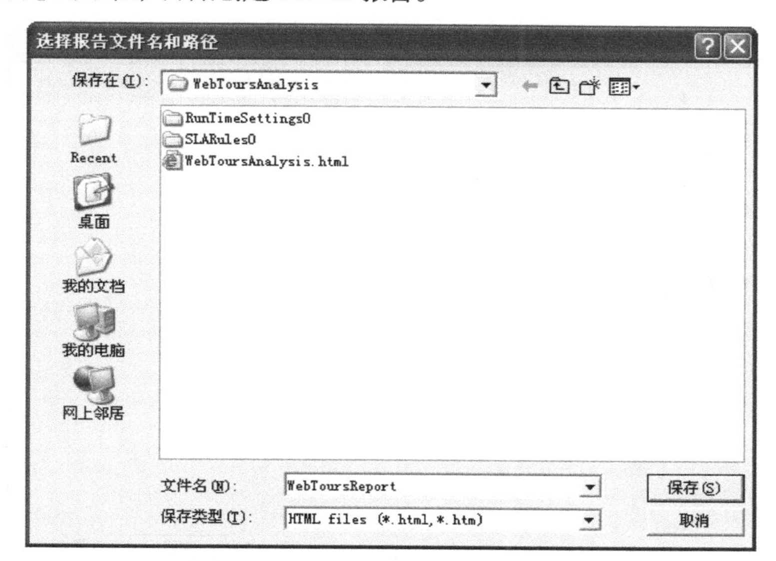

图7-76 【选择报告文件名和路径】对话框

图7-77 【创建 HTML 报告】对话框

Analysis将创建报告并将其显示在Web浏览器中，HTML报告的布局与Analysis会话的布局十分相似，可以单击左窗格中的链接来查看各个图，页面底部提供了关于每幅图的描述。

【探索测试】

【任务7-4】使用LoadRunner测试Foxmail发送邮件

【任务描述】

（1）下载并安装好最新版本的Foxmail。

（2）使用 Virtual User Generator（VuGen）录制使用 Foxmail 编写与发送邮件的脚本，在脚本中设置集合点、插入事务、将收件人参数化。

（3）在 LoadRunner Controller 中设计相应的场景并执行场景，分析各个性能指标是否达到预期目标。

要求测试用例自行进行设计，并使用表格形式列出。

【测试提示】

在【新建虚拟用户】对话框中，“类别”选择“邮件服务”，协议选择“Simple Mail Protocol（SMTP）”协议，如图 7-78 所示。

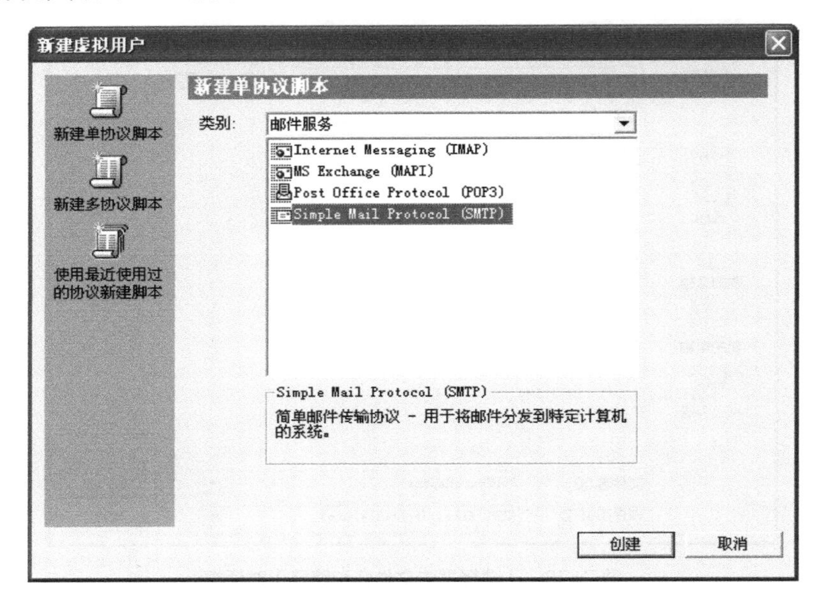

图 7-78　在【新建虚拟用户】对话框选择“Simple Mail Protocol（SMTP）”协议

与邮件发送相关的函数主要有以下几个。

（1）smtp_logon_ex()。

以特殊的会话登录到 SMTP 服务器。

（2）smtp_send_mail_ex。

以特殊的会话发送 SMTP 信息，该函数中指明发件人、收件人、主题信息等数据。

（3）smtp_logout_ex。

以特殊的会话退出 SMTP 服务器。

（4）smtp_free_ex。

释放 SMTP 服务器的会话。

【任务 7-5】使用 LoadRunner 再一次测试范例程序 HP Web Tours Application

【任务描述】

本次任务完成一个完整的网上订票系统的测试。利用 LoadRunner 自带的“HP Web Tours Application”录制订票业务，包含注册（Register）、登录（Login）、订头等舱（BookFirst）及付款（PayFirst）、订经济舱（BookCoach）及付费（PayCoach）、查看航班路线（FindItinerary）、注销（SighOff）等操作。具体要求如下。

（1）录制订票业务流程并将各项操作定义成事务。

（2）进行注册操作。

（3）模拟两位用户订购机票，两位用户的用户名/密码分别为“jojo/bean”和“joe/young”，参数化出发城市和目的地城市。

（4）模拟每个用户迭代5次，每次登录订购2张头等舱或3张经济舱，概率分别为20%和80%。

（5）在登录成功页校验用户名。

（6）在使用信用卡付费前设置一个集合点。

（7）在LoadRunner Controller中加载脚本并设置手动场景：按10个并发用户、每10s启动2个用户、持续5min加压、按每10s停止5个用户减压，思考时间为0。

（8）设置实时监控器，监视本机的系统资源。

（9）打开LoadRunner Analysis显示测试结果，合并运行Vuser图和事务响应时间图。

（10）生成Word形式的测试报告。

测试操作之前，要求对测试用例进行分析整理并使用表格形式列出。

【测试提示】

（1）【新建虚拟用户】对话框中选择“Web（HTTP/HTML）协议”。

（2）在【Virtual User Generator】的【操作】菜单中选择【新建操作】命令，打开如图7-79所示的【新建操作】对话框，在该对话框的“操作名”文本框中输入所需的操作名，然后单击【确定】按钮。使用这一方法相继将订票流程录制以下Action：Register、Login、BookFirst、PayFirst、BookCoach、PayCoach、FindItinerary、SighOff，如果有空的Action则需要删除。

图7-79 【新建操作】对话框

（3）修改运行时设置，设置迭代次数为“5”，在相应的位置插入1个块Block0和2个子块Block1、Block2，并在子块中分别插入订购头等舱的操作（BookFirst、PayFirst）和经济舱的操作（BookCoach、PayCoach）。

（4）修改块Block0的属性，在【Block0 属性】对话框中设置“运行逻辑”为“随机”，如图7-80所示。

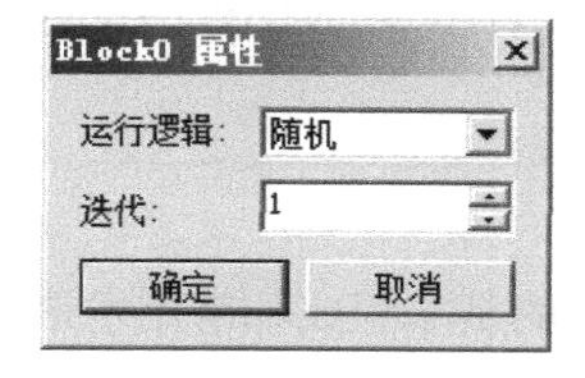

图7-80 【Block0 属性】对话框

（5）分别设置Block1和Block2的迭代次数为2和3，随机百分比分别为20%和80%，【Block1属性】对话框如图7-81所示。

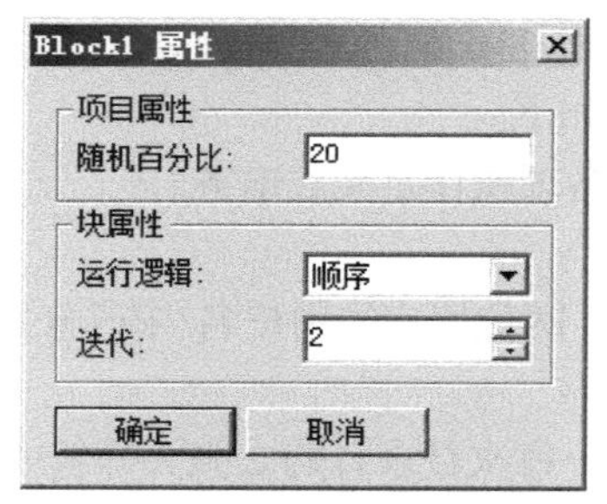

图 7-81 【Block1 属性】对话框

运行逻辑设置的结果如图 7-82 所示。

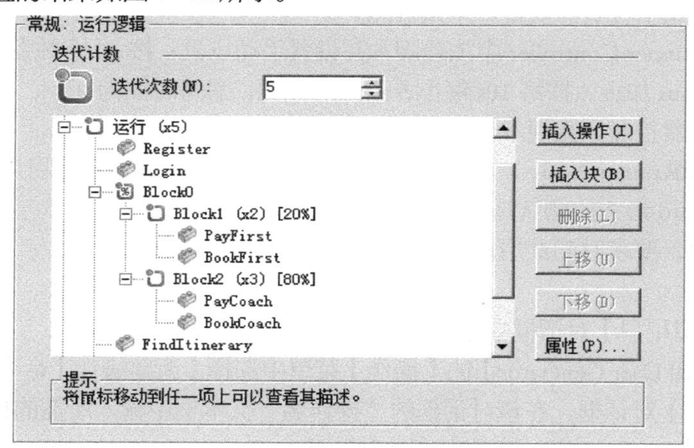

图 7-82 运行逻辑设置的结果

【测试拓展】

尝试使用以下自动化测试工具对 Web 应用程序进行测试。

（1）使用的测试工具 TestDirector 对 Web 应用程序进行测试。

TestDirector 是 Mercury Interactive 公司开发的基于 Web 的测试管理系统，它既可以用于对白盒测试进行管理，也可以用于对黑盒测试进行管理，还可以在公司内部或外部进行全球范围内测试的管理。通过在一个整体的应用系统中集成了测试管理的各个部分，包括需求管理、测试计划、测试执行以及错误跟踪等功能。TestDirector 极大地加速了测试过程，通过它，用户可以及时掌握软件的测试和完成情况，并对各个过程进行监督和管理，有利于对成本和时间进行有效的管理。

（2）使用测试工具 TestComplete 对 Web 应用程序进行测试。

【单元小结】

本单元主要介绍了 LoadRunner 的基本组成和常用术语、LoadRunner 进行负载测试的流程、LoadRunner 的常用函数、【HP Virtual User Generator】窗口中“运行”选项卡的作用与组成等内容，通过多个测试实例的执行使读者学会 Web 应用程序的性能测试与负载测试。

PART 8

单元8 软件系统的集成测试与系统测试

软件系统集成测试的执行是在单元测试完成并达到入口条件时开始，关注经过单元测试后的软件基本组成单位之间接口交互的正确性，集成测试是单元测试的逻辑扩展。集成测试采用基于消息集成的策略，通过遍历所有与系统功能设计与实现相关的消息路径，确定各个逻辑层之间的消息协作是否正确，是否满足软件设计要求。

软件系统系统测试是完成单元测试和集成测试之后进行的高级别的测试活动，是站在用户角度，验证系统是否满足用户需求的测试过程。系统测试通常采用黑盒测试方法，由不同于系统开发人员的测试人员承担。

【教学导航】

教学目标	（1）熟悉集成测试的基本概念、主要关注内容、主要过程以及执行等 （2）熟悉系统测试的基本概念、依据和承担人员、主要过程、入口准则和出口准则等 （3）学会图书管理系统的集成测试 （4）学会图书管理系统的系统测试
教学方法	分析讲授法、任务驱动法、探究学习法
课时建议	8课时
测试阶段	集成测试、系统测试
测试对象	软件系统
测试方法	黑盒测试法、场景法

【方法指导】

8.1 集成测试简介

单元是构成软件系统的最小单位，单元和单元之间需要成为更大粒度的系统或子系统以实现软件所应提供的功能。在这些较大粒度的系统或子系统中，单元和单元之间通过交互协作完成指定功能。正是因为有了单元之间的这种协作，使得通过单元测试的单元在组成子系统或系统时，并不能保证集成的子系统或系统功能的正常。集成测试的主要对象就是跨越单元之间的这种交互，其目的是确保按设计要求组合在一起的各个单元能够按照既定的意图协作。

1．集成测试的基本概念

集成测试又称为组装测试、联合测试，是介于单元测试和系统测试之间，将所有经过单元测试的软件构成单位按照设计要求组装成子系统或系统，然后进行测试的活动。集成测试对象的粒度要大于单元测试阶段的粒度，集成测试主要目的是检查单元模块之间是否能正确交互，主要关注各个单元模块之间的接口，以及各模块集成后所实现的功能，以确保各个单元模块组合在一起后，能够达到软件概要设计说明的要求，协调工作。虽然经过单元测试的软件单元其功能已经得以验证，但是这并不能保证单元和单元之间的协作不存在问题，如存在接口错误、业务流程不正确等。集成测试更多是站在测试人员的角度进行检测，以便发现更多的问题。

2．集成测试的主要关注内容

集成测试关注的是软件单元间的接口，如接口之间的数据传递关系以及单元组合后是否实现预计的功能，具体包括以下几个方面。

（1）在把各个模块连接起来的时候，穿越模块接口的数据是否会丢失。

（2）一个模块的功能是否会对另一个模块的功能产生不利的影响。

（3）各个子功能组合起来，能否达到预期要求的父功能。

（4）全局数据结构是否存在问题。

（5）单个模块的误差累积起来，是否会放大，以至于达到不能接受的程度。

3．系统集成的主要策略

集成策略是在对测试对象分析的基础上，描述软件单元集成（组装）的方式和方法。集成策略是集成测试过程中各种活动的基础，其后的各项活动都是以集成策略为依据的。集成策略有多种，本单元主要介绍基于功能分解的集成和基于 MM 路径的集成两种策略。

（1）基于功能分解的集成策略。

功能分解是一种基于系统功能和子功能系统分解为多个组件的模块分解方式。基于功能分解的集成包括：一次性组装、自顶向下集成、自底向上集成和混合集成等策略。一次性组装是一种非增值式策略，自顶向下、自底向上和混合集成属于增值式策略。

一次性组装也称为整体拼装，使用这种方式，在对所有单元进行过单元测试之后，一次性把所有单元组装成要求的软件系统，然后进行测试。这种方法的优点是简单，但是，如果集成后的系统中包含多个错误或系统规划较大，则难以对错误进行定位和纠正。

自顶向下集成是将模块按系统功能分解结构，从顶层模块开始，沿分解层自顶向下进行移动，从而逐渐将各个模块组装起来。

自底向上的集成是从最底层组件开始，按照分解树的结构，逐层向上集成，调用下层单元的上层单元以驱动形式出现。这种组装方式是从程序模块结构的最底层的模块开始组装和测试，其优点是可以利用已经测试过的模块作为下一次测试的支撑模块，减少编写测试代码和辅助模块的工作量，缺点是直到最后才测试到上层模块，由于主要的控制和判断点在最上层模块，这时发现错误后改动较大，往往会造成底层模块的变动，对以前的工作造成返工。

（2）基于 MM 路径的集成策略。

MM（Message-method）路径可以用于描述单元之间的控制转移。MM 路径是模块执行路径和消息的序列，是描述单元之间控制转移的模块执行路径序列。一条 MM 路径从一个消息开始，通过激活一个相应的方法和函数执行，到一个自身不产生任何消息的方法结束。在面向对象的系统中，MM 路径可以看成是一个由消息连接的方法执行序列。

4．集成测试的主要过程

集成测试的主要依据是《软件需求规格说明书》、《软件设计说明书》和代码等。集成测试过程是一系列相互关联的受控活动组成，主要包括集成测试计划、集成测试设计、集成测试实现、集成测试执行和集成测试报告5个阶段，当然也包含集成回归测试活动。

集成测试计划的主要任务是依据测试策略和相关文档确定集成测试目的、集成策略、识别集成测试需求、安排测试进度、规划测试资源、制订测试开始和结束准则等。集成测试设计的主要任务是确定集成测试方案，包括测试所依据的标准和文档，测试使用的方法，另外，如果需要编写测试代码或使用自动化测试工具，还需要准备测试代码与测试工具的设计描述。集成测试实现的主要任务是依据规范编写集成测试用例并确保满足测试需求，测试用例可以是手工测试用例，也可以是自动化测试脚本。集成测试执行的主要任务是搭建测试环境、运行测试用例以及发现被集成系统中的缺陷，当发现缺陷后提交缺陷报告单，并在缺陷修复后对缺陷的修正进行验证。集成测试报告的主要任务是对集成测试过程进行总结，提供相关测试数据说明和缺陷说明，评价被测对象并给出改进意见，输出《软件集成测试报告》。

集成测试基本上采用黑盒测试和白盒测试相结合的方法，可以由开发人员也可以由测试人员或者两者同时承担。

5．集成测试执行和报告

在集成测试执行阶段，集成测试人员将搭建测试环境，运行测试用例，查看实际运行结果并判断该结果是否与预期结果相吻合，以确定被测对象中是否存在缺陷。当满足以下条件时，集成测试正式进入执行阶段。

（1）单元测试结束。

（2）经过单元测试的代码完成基线。

（3）集成测试计划、测试用例经过评审，基线已形成。

（4）人员到位、测试环境准备就绪。

在执行测试用例的过程中，如果发现被测对象的缺陷，则类似于单元测试则需要进行缺陷跟踪处理。当所有测试用例执行完毕，达到覆盖要求，发现的缺陷数量呈收敛状态且所有提交的缺陷都被修改并且通过验证，集成测试执行则可以停止。接下来的任务就是编写集成测试报告，集成测试报告主要包含了每个集成测试中测试用例的执行结果，此次集成测试执行情况，包括统计测试用例执行的情况、缺陷发现的情况，达到测试停止准则的客观说明等。

8.2 系统测试简介

系统测试是软件测试过程中级别最高的一种测试活动，是站在用户角度进行的测试，主要根据需求规格说明书，采用黑盒测试方法，其核心是验证系统的实现是否满足用户各方面的需求。由于系统测试是在产品提交给用户之前，在公司内部进行的最后阶段测试，因此可以将系统测试看成是软件产品质量的最后一道防线。

1．系统测试的基本概念

系统测试是将已经集成好的软件系统，作为整个基于计算机系统的一个元素，与计算机硬件、某些支持软件、数据库和人员等其他系统元素结合在一起，在实际运用或使用环境中，对计算机系统进行一系列的组装测试和确认测试。系统测试的对象不局限于软件系统，还应包括软件系统所依赖的硬件、外部设备和各类接口，其目的在于通过与系统的需求定义做比较，发现软件与系统定义不相符的地方以及系统各个部分是否可以协调工作。

2．系统测试的依据与承担人员

系统测试需要依据包括各类开发文档、企业标准、行业标准等，其中《系统需求规格说明书》是系统测试的最主要依据。

与单元测试和集成测试不同，系统测试是站在用户角度进行的测试，通常采用黑盒测试方法，由不同于系统开发人员的测试人员承担以回避由开发人员设计实现系统时的思维模式和立场等原因而产生的不良结果。开发人员在系统测试阶段的主要职责是参与系统测试计划和方案的评审、跟踪解决测试人员发现的缺陷、评审系统测试报告。测试人员在系统测试阶段的主要职责包括制订系统测试计划和方案并组织评审、按照系统测试方案实现测试用例和测试代码、选用所需的测试工具、编写测试规程、执行系统测试用例、提交并跟踪缺陷、完成系统测试报告并组织评审、输出测试案例和总结等文档。另外系统测试过程中还可能涉及系统分析人员、配置管理人员和质量保证人员等。

3．系统测试的主要过程

系统测试过程通常包括系统测试计划、系统测试设计、系统测试实现、系统预测试、系统测试执行、回归测试和系统测试报告等活动。在系统执行期间可包含多轮回归测试。

系统测试过程中包含的各个活动并不一定是在集成测试完全结束后才开始的，遵循全流程的测试思想，系统测试的这些活动最好与开发活动并行。例如，在需求分析阶段进行系统测试计划，在设计阶段进行系统测试设计，在系统编码完成后开始测试用例的实现，系统测试的执行则需要在集成测试完成之后开始。

（1）系统测试计划。

系统测试计划指明了系统测试的过程，估计测试工作量，为其分配必要的人力物力资源及系统测试的顺利实施奠定了基础。在系统测试计划中需要明确测试方法、测试范围、测试交付件、测试过程准则、工作任务分布、测试进度、测试资源、测试用例结构、测试结论约定等内容。测试方法是根据测试内容指明在本次系统测试中所采用的发现缺陷的技术，系统测试通常综合运用各种黑盒测试方法。

（2）系统测试用例设计。

在系统测试用例设计活动中，测试人员根据系统测试计划中指出的各项测试需求，结合被测试系统本身特点，灵活综合地运用各种测试用例设计方法，主要是黑盒测试方法，开发系统测试用例。

（3）系统预测试。

在系统测试过程中，为了避免由于前期测试不充分，导致大量缺陷遗留到系统测试阶段而使其过程进入不可控的状况，最好在正式系统测试执行之前，安排一个简短的以验证系统是否可测为目的的活动，这就是系统预测试。其主要任务是检查被测系统的各个功能是否基本上达到了可以测试的程度，因此，其测试用例要求的是广度而非深度，即必须要覆盖到即将被测试的每个功能特点，但对每个点只进行基本而非彻底的测试。只有通过所有预测试项的系统才能按照系统测试计划和测试用例正式开始系统测试的执行，否则，测试人员应将系统返回给开发人员要求其进行相应的修改。

（4）系统测试执行。

在系统测试执行阶段，测试人员将搭建测试环境，运行测试用例，查看实际运行结果并判断该结果是否与预期结果相吻合，以确定被测系统中是否存在缺陷。与单元测试和集成测试不同，系统测试环境通常首选与用户部署环境一致的软、硬件配置，以期能够客观反映用户在实际使用时的情况。

系统测试可以手工执行，也可以借助自动化测试工具或者使用两者的结合。在执行过程中如果发现缺陷，需要提交缺陷报告单。

（5）回归测试。

回归测试是验证缺陷是否修改正确和是否引入了新问题的活动，回归测试并不是一个测试级别，却是各个测试级别必须包括的一个测试活动。回归测试可以小到仅运行一些测试用例，也可以大到重新进行测试需求分析、设计、开发、执行等一个完整的测试级别所包含的所有活动。

（6）系统测试报告。

系统测试报告是分析被测系统质量和系统测试过程质量的重要依据，它记录了系统测试过程中各个活动开展的实际情况。另外，在系统测试报告中还需要对被测系统进行评价，给出改进意见，包括对系统本身和系统研发过程的改进意见。

4．系统测试的入口准则和出口准则

系统测试的入口准则是可以开始进行系统测试的前提条件，通常描述为当某些活动完成并达到指定的质量标准，常用的入口准则如下。

（1）集成测试结束报告已提交并通过批准。

（2）集成测试后的代码完成基线。

（3）系统预测试项全部通过。

（4）系统测试计划和用例开发完成并通过评审。

系统测试的出口准则是指系统测试可以结束的标准，常用的出口准则如下。

（1）达到 100%的功能覆盖。

（2）缺陷呈收敛状态。

（3）缺陷修改完成并通过回归测试。

（4）系统测试报告提交，通过评审并获得批准。

【引导测试】

【任务 8-1】对图书管理系统进行集成测试

【任务描述】

图书管理系统 1.0 版已开发完成，前面已经过单元测试并达到入口条件，为了测试各基本组成单位之间的接口交互是否正确，拟进行集成测试。

本系统的集成测试采用基于消息集成的策略，通过遍历与“用户登录”和“图书借阅”相关的消息路径，确定各个逻辑层之间的消息协作是否正确，是否满足设计要求。

按照集成测试计划、集成测试设计、集成测试执行和集成测试报告的测试过程进行集成测试。

由于本书篇幅的限制，本任务只要求对“用户登录”和“借出图书”等主要功能进行测试。

【任务实施】

由于只对用户登录和借出图书等主要功能进行测试，以下测试过程只涉及了“用户登录”和“借出图书”这两项功能的相关内容。

【任务 8-1-1】“图书管理系统”集成测试计划

本集成测试计划用于指导和规范“图书管理系统”集成测试过程的实施，包括分析集成测试风险及其应对方法、说明集成测试完成之后的交付件、明确在集成测试中应遵循的过程准则、确定在集成测试阶段应被测试的接口交互及其优先级和方法、所需的人力资源、软硬件资源及其他测试资源、根据估计的测试工作量规划测试进行安排。

1．图书管理系统 1.0 及其“用户登录”和“图书借阅”模块的概述

（1）图书管理系统的三层架构。

图书管理系统采用 C/S 模式的三层架构（用户界面层、业务处理层、数据访问层），如图 8-1 所示，这样就可以将系统设计的 3 层部署在相应的层次中，即用户操作界面部署在客户端，业务逻辑处理类部署在业务服务器上，数据访问类则部署在数据库服务器。

客户端主要部署用户界面包，图书借阅员在此端完成“借书”、“还书”、“查询借阅信息”等操作。然后由连接组件将该操作请求发送到服务器端，再由在服务器端部署的业务逻辑组件进行业务处理，并将更新后的信息保存到数据库。

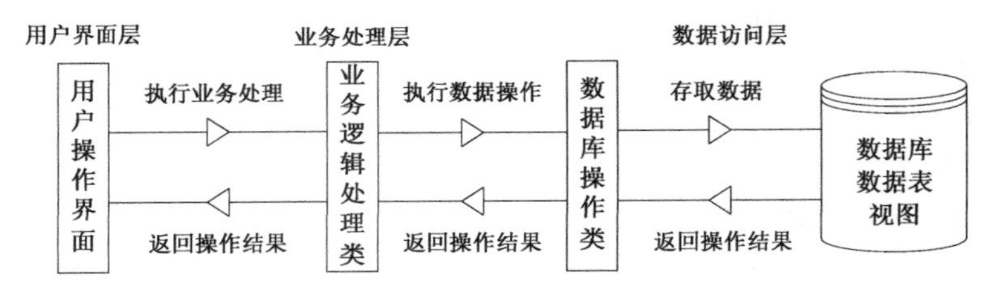

图 8-1　C/S 模式的三层架构

（2）图书管理系统的主要操作流程。

在图书管理系统中，每个用例都可以建立顺序图和活动图，将用例执行中各个参与的对象之间的消息传递过程表现出来，反映系统的操作流程。这里只分析图书管理系统的用户登录的流程和借出图书的流程。

① 用户登录的流程。

当用户进行登录时，首先打开【用户登录】界面，然后开始输入“用户名”和“密码”；输入完毕后提交到系统，系统开始检查判断“用户名”和“密码”是否正确。如果检查通过则成功登录，否则显示【错误提示信息】对话框。在【错误提示信息】对话框中选择需要进行何种操作，如果选择“重新输入”则返回【用户登录】界面再一次输入“用户名”和“密码”，如果选择取消则退出【用户登录】界面，此时表示登录失败。

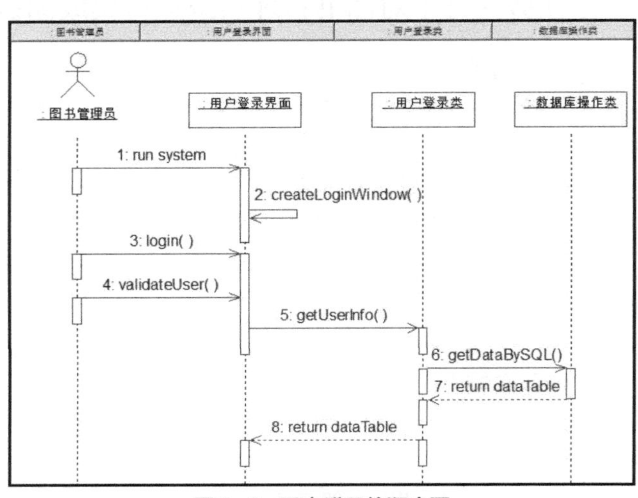

图 8-2　用户登录的顺序图

② 借出图书的流程。

借出图书的操作流程为：图书借阅员选择菜单命令【借阅管理】，打开【图书借阅】窗口，图书借阅员在该对话框中输入借阅者信息，然后由系统查询数据库，以验证该借阅者的合法性，若借阅者合法，则再由图书借阅员输入所要借阅的图书信息，并将借阅信息提交到系统，系统记录并保存该借阅信息。

（3）绘制“用户登录”操作的顺序图和活动图。

“用户登录”操作的顺序图如图 8-2 所示。

“用户登录”的活动图如图 8-3 所示。

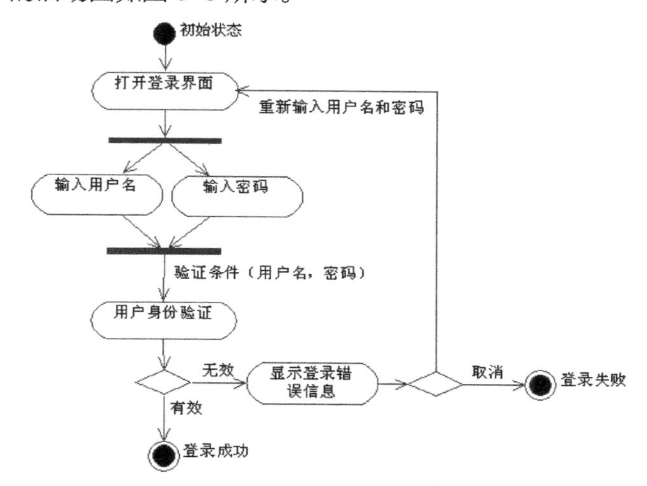

图 8-3 “用户登录”的活动图

（4）绘制“图书借阅”操作的顺序图和活动图。

“图书借阅”操作的顺序图如图 8-4 所示。

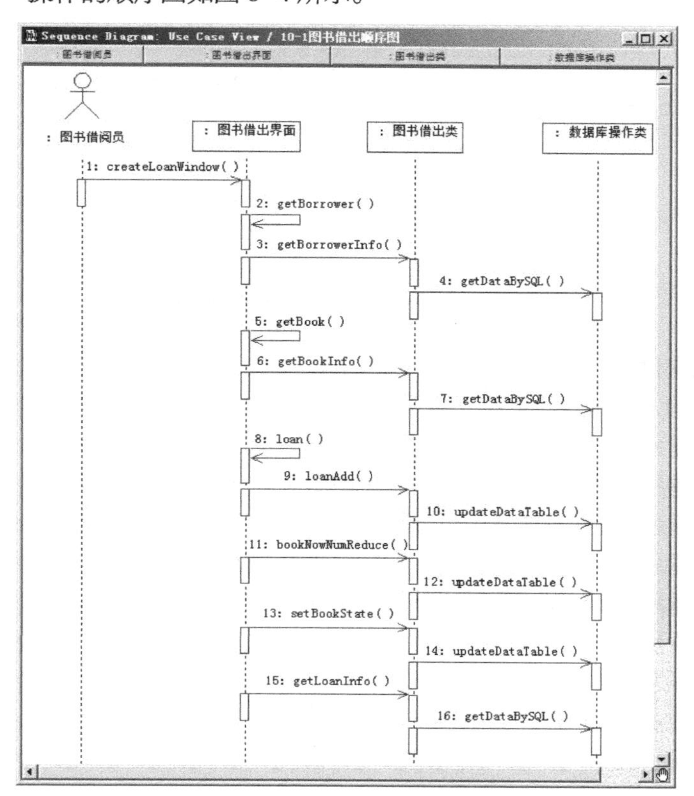

图 8-4 “图书借阅”操作的顺序图

“图书借阅”操作的活动图如图 8-5 所示。

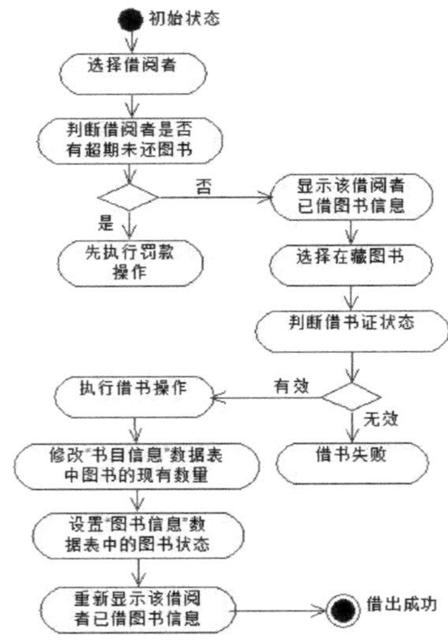

图 8-5 “图书借阅”操作的活动图

“图书借阅”操作的协作图如图 8-6 所示。

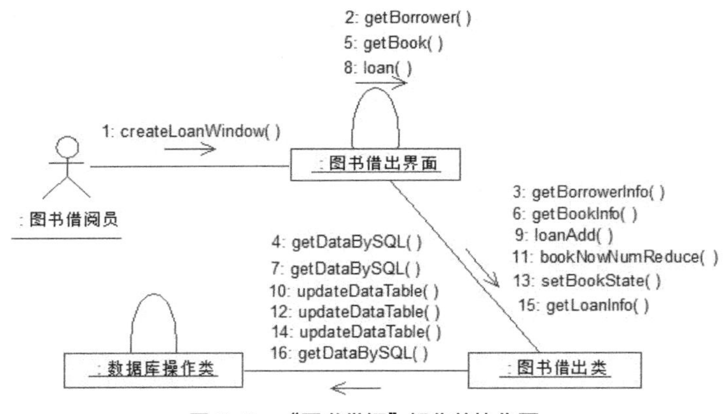

图 8-6 “图书借阅”操作的协作图

2．集成测试交付件

图书管理系统 1.0 集成测试需提供以下测试交付件。

(1)《图书管理系统 1.0 集成测试计划》;

(2)《图书管理系统 1.0 集成测试计划评审报告》;

(3)《图书管理系统 1.0 集成测试设计说明》;

(4)《图书管理系统 1.0 集成测试设计说明评审报告》;

(5)《图书管理系统 1.0 集成测试用例》;

(6)《图书管理系统 1.0 集成测试用例评审报告》;

(7)《图书管理系统 1.0 集成测试报告》;

(8)《图书管理系统 1.0 集成测试报告评审报告》;

(9)《图书管理系统 1.0 集成测试缺陷报告单》。

3．集成测试方法

图书管理系统 1.0 集成测试采用基于消息路径的集成策略，需要遍历所有与系统功能设计和实现相关的消息路径，这些消息的触发或直接源自用户的服务请求，如用户界面上相关信息的请求。

在集成测试时，需要考虑测试用例覆盖消息的触发源，消息路径内存在的不同分支，各个消息正确、错误、异常等情况并构造相应的测试代码以确定消息路径在不同情况下是否满足设计要求。如果，触发源从界面控件产生，那么在测试时使用相应的用户界面，可以通过代码注释的方法屏蔽不相关的代码以减少对测试驱动的开发。同时，根据实际的代码实现情况和各被测消息路径在代码中使用的先后顺序决定消息路径测试的先后关系，在后面测试的消息路径可以使用已测试过的消息路径，即在实际执行测试用例时还包括了消息路径之间的逻辑组合，这样可以减少测试代码的开发量。

4．被测接口

图书管理系统 1.0 集成测试阶段需测试的消息路径很多，这里只需列出与“用户登录”和“图书借阅”相关的消息路径。

5．集成测试准则

（1）入口准则。

当下列活动完成并达到指定质量标准时，可以开始进行集成测试。

① 单元测试结束且提交的报告已通过批准。

② 单元测试后的代码完成基线。

③ 集成测试计划和测试用例开发完成并通过评审。

④ 集成测试环境准备完成，人员到位。

（2）出口准则。

当下列活动完成并达到指定质量标准时，集成测试可以停止。

① 所有测试用例执行完成，所有消息路径和消息状态均被覆盖。

② 每 1 000 行代码发现缺陷数不超过 2。

③ 处于各种状态的缺陷呈收敛趋势。

④ 集成测试报告已提交并通过审批。

（3）受阻准则。

当发生下列情况，集成测试将被挂起，待问题妥善解决，集成测试活动才可继续。

① 被测对象发现过量的缺陷，导致无法进行正常的测试活动。

② 被测对象发现严重的缺陷，导致大量测试用例无法运行。

③ 测试环境严重损坏。

（4）恢复准则。

当上述导致集成测试活动被挂起的问题得以解决，测试活动就可以恢复。

6．集成测试的进度安排

根据软件项目开发计划对集成测试进度予以安排，进度安排主要包括测试活动、开始日期和结束日期的具体安排。

7．集成测试的资源安排

（1）人力资源。

图书管理系统 1.0 集成测试的人力资源安排主要包括角色、人员数量、相应职责和具体人员安排等情况。

（2）测试环境。

集成测试的测试环境主要包括操作系统、数据库管理系统、测试工具和硬件环境等。

8．风险列表

风险是项目中潜在的问题，对风险进行分析有助于制订合理有效的测试计划。集成测试期间可能遇到的风险如下。

（1）单元测试质量较差。

（2）集成测试用例质量不高。

（3）测试时间不足。

（4）测试环境被破坏。

（5）测试人员实战经验不足，测试水平相对较低，不熟悉被测系统。

（6）关键测试人员因故请假或离职。

【任务 8-1-2】“图书管理系统”集成测试设计

1．识别消息路径

消息是一种程序设计的机制，通过这种机制一个单元将控制转移给另一个单元，不同的程序设计语言消息的含义可能有所不同，可能是方法调用，也可能是消息接收。“用户登录”和“图书借书”主要涉及的方法如表 8-1 所示。

表 8-1 “用户登录”和“图书借书”主要涉及的方法

所属层次	实现“用户登录”涉及的方法		实现“图书借阅”涉及的方法			
	编号	方法或窗口名称	编号	方法或窗口名称		
程序入口（a）	a1	Main()	a3	mnuBookLoan_Click()		
	a2	ShowDialog()				
用户界面层（b）	b1	frmUserLogin	b6	frmBookLoanManage	b12	frmBookMain
	b2	frmUserLogin_Load()	b7	frmBookLoanManage_Load()	b13	mnuBookLoan_Click()
	b3	btnLogin_Click()	b8	btnSelectBorrowerId_Click()	b14	tsbBookLoan_Click()
	b4	btnCancel_Click()	b9	btnSelectBookBarCode_Click()	b15	btnBookLoan_Click()
	b5		b10	btnLoan_Click()	b16	PerformClick()
			b11	frmBookLoanManage		
业务处理层（c）	c1	getUserName()	c3	getBorrowerId()	c11	getBook()
	c2	getUserInfo()	c4	getBorrower()	c12	getBookInfo()
			c5	getBorrowerInfo()	c13	checkEmpty()
			c6	isOverdue()	c14	setLoanInfo()
			c7	getLoanBookNums()	c15	loanAdd()
			c8	getLoanInfo()	c16	setBookState()
			c9	bookNowNumReduce()	c17	getOverduInfo()
			c10	getBookId()		
数据访问层（d）	d1	getDataBySQL()	d3	updateDataTable()		
	d2	openConnection()	d4	closeConnection()		

实现“用户登录”与“图书借阅”功能所涉及业务处理方法的功能如表 8-2 所示。

表 8-2　　实现“用户登录”与“图书借阅”功能所涉及业务处理方法的功能

方法名称	功能说明
getBorrowerInfo	用于获取借阅者的信息，包含 1 个可选参数，用于传递借阅者编号
getBookInfo	用于获取待借出图书的信息，包含 1 个可选参数，用于传递图书条码
getLoanBookNums	用于获取指定借阅者已借出图书的总数量，包含 1 个参数，用于传递借阅者编号
getLoanInfo	用于获取借阅信息，包含 1 个可选参数，用于传递借阅者编号
isOverdue	用于检验指定借阅者是否存在超期未还的图书，包含 1 个参数，用于传递借阅者编号
loanAdd	用于新增借阅信息，包含 6 个参数，用于传递借阅者编号、图书条码、借出日期、应还日期、续借次数和图书借阅员等数据
bookNowNumReduce	用于更新“书目信息”数据表中图书的“现存数量”，包含 1 个参数，用于传递书目编号
setBookState	用于设置“图书信息”数据表中的图书状态，包含 2 个参数，用于传递图书条码和图书状态等数据

实现“用户登录”与“图书借阅”功能所涉及数据访问方法的功能如表 8-3 所示。

表 8-3　　实现“用户登录”与“图书借阅”功能所涉及数据访问方法的功能

方法名称	功能说明
openConnection	创建数据库连接对象，打开数据库连接
closeConnection	关闭数据库连接
getDataBySQL	根据传入的 SQL 语句生成相应的数据表，该方法的参数是 SQL 语句
updateDataTable	根据传入的 SQL 语句更新相应的数据表，更新包括数据表的增加、修改和删除

实现“用户登录”与“图书借阅”主要的消息路径如表 8-4 所示。

表 8-4　　实现“用户登录”与“图书借阅”主要的消息路径

序号	测试项标识	消息路径	说明
1	bookMis_M01_IP01	a1→a2→b1→b2→c1→d1→b3→c2→d1→b12	“用户登录”的消息路径
2	bookMis_M02_IP01	b12→b13→b11	使用菜单打开【图书借出】窗口
3	bookMis_M02_IP02	b12→b14→b16→b11	使用工具栏打开【图书借出】窗口
4	bookMis_M02_IP03	b12→b15→b16→b11	使用功能导航按钮打开【图书借出】窗口
5	bookMis_M02_IP04	a3→b6→b7→b8→c3→d1→c4→c5→d1→c6→c17→d1→c7→d1→c8→d1	“选择借阅者”的消息路径
6	bookMis_M02_IP05	b9→c10→d1→c11→c12→d1	“选择图书”的消息路径
7	bookMis_M02_IP06	b10→c13→c14→c15→d3→c9→d3→c16→d3→c8	“借出操作”的消息路径

【说明】表 8-4 中 d1 和 d3 方法中还需调用方法 d2 和 d4。

2．准备集成测试数据

测试“用户登录”需要使用表 8-5 所示的数据。

表 8-5　“用户信息”数据表中的数据

用户编号	用户名	密码	用户类型
1	admin	admin	系统管理员
2	王艳	123	图书借阅员
3	成欢	123	系统管理员

测试“图书借阅”需要使用表 8-6 所示的数据。

表 8-6　测试“图书借阅”需要使用的数据

借阅者编号	姓名	图书条码	图书名称	总藏书量	现存数量
201303020110	丁一	00050405	网页设计与制作案例教程	12	4
201303020108	杨乙	00050420	UML 基础与 Rose 建模案例	5	3
201303020121	何北	00050324	ERP 系统原理和实施	5	5

3．设计集成测试用例

由于本书篇幅的限制，这里只列出一个测试用例，为了进行全面集成测试，应该设计多个必要的测试用例。

“用户登录”的测试用例如表 8-7 所示。

表 8-7　“用户登录”的测试用例

测试项标识	bookMis_M01_IP01	
被测项说明	启动图书管理系统并进行登录操作，触发“用户登录”消息路径，首先显示【用户登录】界面，在该界面中输入登录信息，然后单击【登录】按钮，如果登录成功显示系统主界面，如果登录失败打开提示信息对话框显示相关信息	
预置条件	创建“用户信息”数据表，并在该数据表中输入必要的初始数据	
测试用例标识	测试输入与操作步骤	预期结果
bookMis_M01_IP01_TC01	（1）启动图书管理系统 （2）在弹出的【用户登录】界面选择“用户名”，并输入正确的密码 （3）单击【登录】按钮，弹出【提示信息】对话框 （4）在【提示信息】对话框中单击【确定】按钮，显示【图书管理信息系统】的主界面	（1）对于合法用户，会弹出【提示信息】对话框 （2）登录成功会弹出系统主界面

“图书借阅”的测试用例如表 8-8 所示。

表 8-8 "图书阅"消息路径的测试用例

测试项标识	bookMis_M02_IP01、bookMis_M02_IP04、bookMis_M02_IP05、bookMis_M02_IP06	
被测项说明	在"图书管理系统"主界面的【借阅管理】菜单中选择【图书借阅】命令，弹出【图书借出】窗口，在该窗口选择借阅者和图书，然后单击【借出】按钮完成图书借阅操作，分别触发"打开【图书借出】窗口"、"选择借阅者"、"选择图书"和"借出操作"消息路径	
预置条件	（1）创建了"借阅者"、"图书"、"图书借阅"数据表，且在这些数据表输入了必要的数据 （2）构造驱动代码打开"图书管理系统"主界面	
测试用例标识	测试输入与操作步骤	预期结果
bookMis_M02_IP01_TC01	在"图书管理系统"主界面的【借阅管理】菜单中选择【图书借阅】命令	弹出【图书借出】窗口
bookMis_M02_IP04_TC01	（1）在【图书借出】窗口单击"借阅者编号"文本框右侧的【…】按钮	显示【选择借阅者】窗口
	（2）在【选择借阅者】窗口双击选择编号为"201303020108"的借阅者	正常返回【图书借出】窗口，且正确显示借阅者信息
bookMis_M02_IP05_TC01	（1）在【图书借阅】窗口中，单击"图书条码"文本框右侧的【…】按钮	显示【选择图书】窗口
	（2）在【选择图书】窗口双击选择条码编号为"00050419"的图书	正常返回【图书借出】窗口，且正确显示图书信息
bookMis_M02_IP06_TC01	在【图书借阅】窗口中，单击【借出】按钮	显示【提示信息】对话框

【任务 8-1-3】"图书管理系统"集成测试执行

对集成测试用例进行评审、集成测试环境搭建完成后，集成测试执行正式开始。在测试过程如果发现缺陷，及时填写如表 8-9 所示缺陷报告单。

表 8-9 "图书管理系统"集成测试缺陷报告单

缺陷标识		报告人		报告日期	
被测系统标识		被测系统版本		缺陷严重程度	
缺陷发现阶段		缺陷发现活动		缺陷是否重现	
缺陷描述					
测试环境					
重现步骤					
估计原因					

1．"用户登录"的集成测试执行

（1）启动图书管理系统。

（2）在弹出的【用户登录】界面选择"用户名"，并输入正确的密码，如图 8-7 所示。

（3）单击【登录】按钮，对于合法用户，会弹出如图 8-8 所示的【提示信息】对话框。

（4）在【提示信息】对话框中单击【确定】按钮，如果登录成功会弹出如图 8-9 所示的【图书管理信息系统】的主界面。

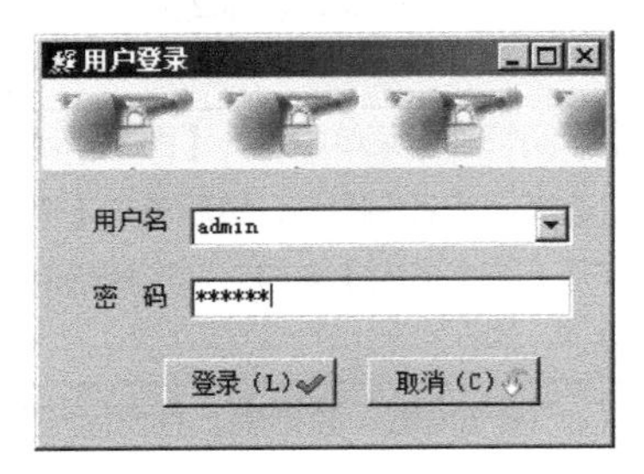

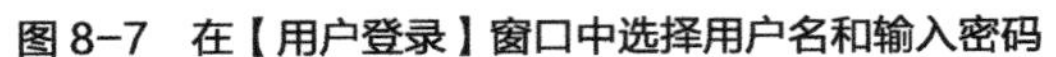
图 8-7　在【用户登录】窗口中选择用户名和输入密码

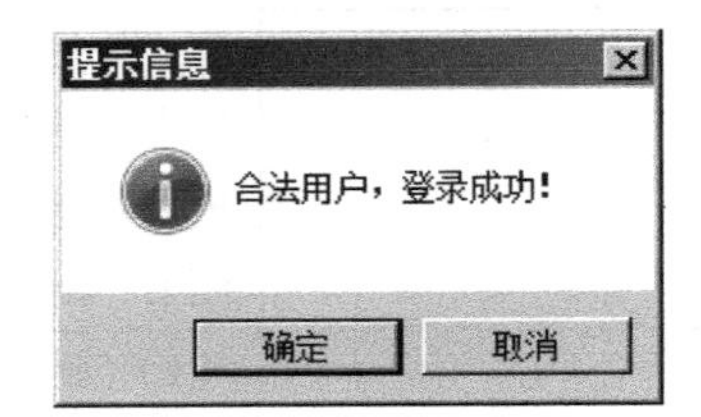

图 8-8　登录成功的【提示信息】对话框

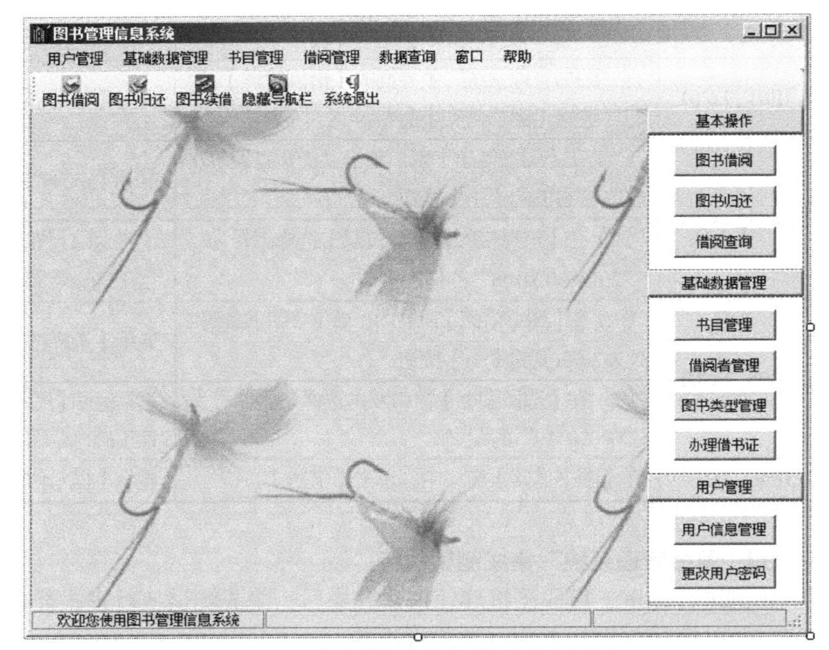

图 8-9　【图书管理信息系统】的主界面

2．“图书借阅”的集成测试执行

（1）在“图书管理系统”主界面的【借阅管理】菜单中选择【图书借阅】命令，弹出【图书借出】窗口。

（2）在【图书借出】窗口单击“借阅者编号”文本框右侧的【…】按钮，弹出【选择借阅者】窗口。

（3）在【选择借阅者】窗口双击选择编号为“201303020108”的借阅者，如图 8-10 所示，正常返回【图书借出】窗口，且正确显示借阅者信息，如图 8-11 所示。

（4）在【图书借阅】窗口中，单击“图书条码”文本框右侧的【…】按钮，弹出【选择图书】窗口。

（5）在【选择图书】窗口双击选择条码编号为“00050419”的图书，如图 8-12 所示，正常返回【图书借出】窗口，且正确显示图书信息，如图 8-11 所示。

（6）在【图书借出】窗口中，单击【借出】按钮，弹出如图 8-13 所示的【提示信息】对话框，表示图书借出操作成功。

	借阅者编号	姓名	借阅者类型	借书证状态
	100878	邓珊	特殊读者	有效
	100888	陈惠媛	特殊读者	有效
	201303020101	唐玉格	学生	有效
	201303020102	许磊	学生	有效
	201303020103	江西	学生	有效
	201303020104	邹采玲	学生	有效
	201303020105	刘兴星	学生	有效
	201303020107	李坚	学生	有效
▶	201303020108	杨乙	学生	有效
	201303020109	余玖高	学生	有效

图 8-10　在【选择借阅者】窗体中双击选择一位借阅者

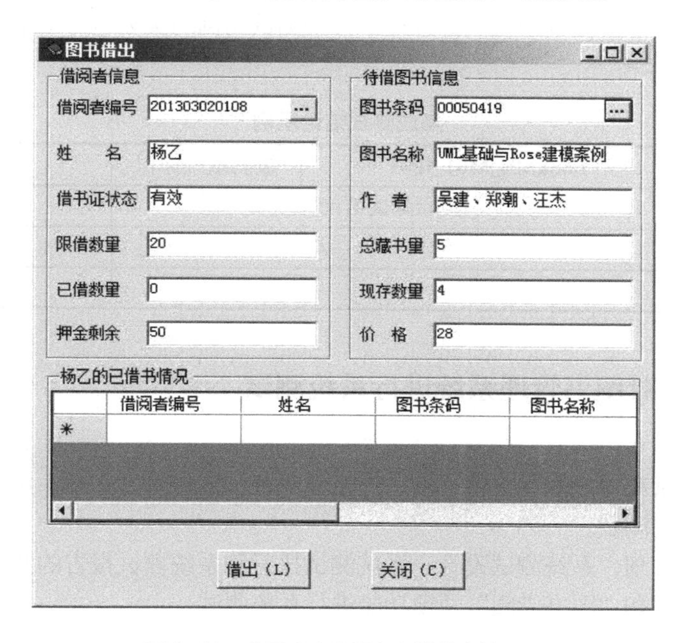

图 8-11　分别确定借阅者和待借出的图书

	图书条码	书目编号	图书名称	价格
	00050403	9787810496124	物业管理信息系统	17.5
	00050404	9787810496124	物业管理信息系统	17.5
	00050405	9787115158048	网页设计与制作案例教程	31
	00050406	9787115158048	网页设计与制作案例教程	31
	00050408	9787115158048	网页设计与制作案例教程	31
	00050413	9787115158048	网页设计与制作案例教程	31
	00050415	9787115158048	网页设计与制作案例教程	31
	00050417	9787115158918	UML基础与Rose建模案例	28
▶	00050419	9787115158918	UML基础与Rose建模案例	28
	00050420	9787115158918	UML基础与Rose建模案例	28

图 8-12　在【选择图书】窗体中双击选择一本图书

图 8-13　“借书成功”的【提示信息】对话框

【任务 8-1-4】“图书管理系统”集成测试报告

“图书管理系统”集成测试报告主要包括以下各项内容。

（1）概述。

集成测试报告的概述主要说明集成测试目的、被测对象描述、测试环境要求、测试活动说明等内容。

（2）集成测试结果统计。

集成测试结果统计主要统计集成测试用例、执行用例、删除用例、受阻用例、实测用例的数量，还要记录发现缺陷的情况，应具体描述缺陷的等级（致命、严重、一般、建议）。

（3）遗留问题统计。

遗留问题指是在测试过程中发现但因为多种原因并没有及时修改的缺陷，对于这些遗留问题应给予具体的描述。

（4）集成测试结论。

集成测试结论记录了测试用例执行过程中各个测试用例的实际运行结果，集成测试结论示例如表 8-10 所示。

表 8-10 集成测试结论示例

测试项标识	bookMis_M01_IP01	被测系统标识	bookMis1.0
测试用例	实际测试结论		缺陷报告单
TC01			
TC02			

【任务 8-2】对图书管理系统进行系统测试

【任务描述】

在完成单元测试和集成测试之后，将进行系统测试，系统测试是站在用户角度，验证系统是否满足用户需求的测试。

按照系统测试计划、系统测试设计、系统测试执行和系统测试报告的测试过程对图书管理系统的“用户登录”和“图书借阅”两项功能进行系统测试。

【任务实施】

【任务 8-2-1】“图书管理系统”系统测试计划

1．图书管理系统 1.0 概述

本系统测试计划指导和规范“图书管理系统”系统测试过程的实施，包括分析系统测试风险及其应对方法、说明系统测试完成之后的交付件、明确在系统测试中应遵循的过程准则、确定在系统测试阶段应被测试的软件构件及其优先级和方法、所需的人力资源、软硬件资源及其他测试资源、规划测试进度和在测试过程中必须达成统一共识的相关约定。

图书管理系统是对图书馆或图书室的图书以及借阅者进行统一管理的信息系统。本系统主要包括以下功能模块。

（1）图书管理模块。

① 图书分类管理功能：为了便于图书的存放和查找，需要对图书进行分类。可以实现添加、修改、删除、查询图书分类信息。

② 图书基本信息管理功能：登记新书，修改、查询、删除图书基本信息。

③ 图书编目功能：对登记的新书进行编码后存入图书信息表，图书信息表中记载了图书室每一本图书的信息。

④ 图书库存管理功能：图书入库管理、图书库存盘点、查询图书库存记录。

（2）借阅者管理模块。

① 借阅者类别管理功能：为不同类别的借阅者设置不同的限借数量、限借期限、有效期限。

② 借阅者信息管理功能：添加、修改、查询、注销借阅者信息。

③ 借书证管理功能：添加、修改、查询借书证信息，查询指定借书证的借书信息，借书证挂失功能。

（3）借书管理模块。

借书管理模块包括借书、还书、续借、图书挂失、催还，超期罚款、查询等管理功能。

（4）系统管理模块。

系统管理模块包括添加、修改、删除、查询系统用户名和口令，数据备份和数据恢复等。

图书管理系统的功能结构图如图 8-14 所示。

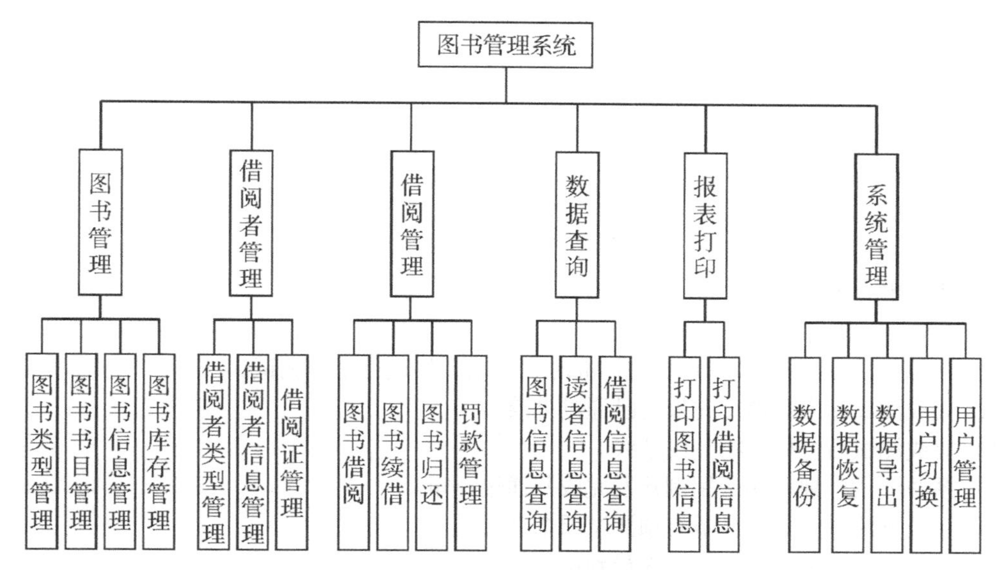

图 8-14　图书管理系统的功能结构图

2．系统测试交付件

图书管理系统 1.0 系统测试需提供以下测试交付件。

（1）《图书管理系统 1.0 系统测试计划》；

（2）《图书管理系统 1.0 系统测试计划评审报告》；

（3）《图书管理系统 1.0 系统测试设计说明》；

（4）《图书管理系统 1.0 系统测试设计说明评审报告》；

（5）《图书管理系统 1.0 系统测试用例》；

（6）《图书管理系统 1.0 系统测试用例评审报告》；

（7）《图书管理系统 1.0 系统测试报告》；

（8）《图书管理系统 1.0 系统测试报告评审报告》；

（9）《图书管理系统 1.0 系统测试缺陷报告单》。

3．系统测试方法

系统测试是站在用户角度，以《软件系统需求规格说明书》为主要依据，确定系统各部分是否可以协调工作并且是否满足用户需求的测试过程，其测试内容分为功能需求和非功能需求两个方面。

为了达到系统测试的目标，在“图书管理系统”的系统测试中采用通过用户界面与系统交互并检查系统输出是否符合用户需求的黑盒测试方法。测试环境遵循用户实际的部署情况，从核心单个功能测试开始，按照先进行单功能测试，其次进行基于典型用户场景的业务逻辑即功能之间的组合测试，最后在系统功能测试完成的基础上，进行性能测试、界面测试、文档测试等非功能测试的路线进行。单功能测试主要负责验证每个功能是否满足用户功能需要，功能组合主要验证用户对软件系统进行操作过程中使用频率较高的业务流程。

4．被测特性

由于“图书管理系统”涉及的功能有很多，本单元的系统测试主要涉及以下功能特性，其他功能特性，请学习者自行进行测试。

（1）系统启动。

（2）用户登录。

（3）借阅者信息查询。

（4）图书信息查询。

（5）新增借阅者。

（6）新增图书信息。

（7）图书借阅。

（8）图书借阅信息查询。

5．系统测试准则

（1）入口准则。

当下列活动完成并达到指定质量标准时，可以开始进行系统测试。

① 集成测试结束且提交的报告已通过批准。

② 集成测试后过程产物完成基线。

③ 系统测试计划和测试用例开发完成并通过评审。

④ 系统预测试完成并且所有预测试项全部通过。

⑤ 系统测试环境准备完成，人员到位。

（2）出口准则。

当下列活动完成并达到指定质量标准时，系统测试可以停止。

① 按照系统测试计划完成了系统测试的各项活动，达到了质量目标。

② 被测特性100%覆盖。

③ 缺陷呈收敛趋势。

④ 缺陷修改完成并通过回归测试。

⑤ 系统测试报告已提交，通过审批并获得批准。

（3）受阻准则。

当发生下列情况，系统测试将被挂起，待问题妥善解决，系统测试活动才可继续。

① 被测对象发现过量的缺陷，导致无法进行正常的测试活动。

② 被测对象发现严重的缺陷，导致大量测试用例无法运行。

③ 测试环境严重损坏，并且备份环境不可用。

（4）恢复准则。

当上述导致系统测试活动被挂起的问题得以解决，测试活动才可以恢复。

6．系统测试的进度安排

根据软件项目开发计划对系统测试进度予以安排，进度安排主要包括测试活动、开始日期和结束日期的具体安排。

7．系统测试的资源安排

（1）人力资源。

图书管理系统 1.0 系统测试的人力资源安排主要包括角色、人员数量、相应职责和具体人员安排等情况。

（2）测试环境。

系统测试的测试环境主要包括操作系统、数据库管理系统、测试工具和硬件环境等。

8．风险列表

风险是项目中潜在的问题，对风险进行分析有助于制订合理有效的测试计划。系统测试期间可能遇到的主要风险如下。

（1）前期测试不充分，系统质量较差，无法按时开始系统测试。

（2）系统测试用例质量不高。

（3）测试时间不足。

（4）测试环境被破坏。

（5）测试人员实战经验不足，测试水平相对较低，不熟悉被测系统。

（6）关键测试人员因故请假或离职。

【任务 8-2-2】"图书管理系统"系统测试设计

系统测试是站在用户使用系统的角度验证系统的功能是否满足用户需求进行的，在进行系统测试时，以系统行为为线索分析设计其测试用例，重点关注功能实际是否符合用户的业务逻辑要求。测试用例设计包括互相关联的两大内容：单功能测试用例和功能组合测试用例。

1．分析典型的用户使用场景

单功能测试主要针对被测特性中的单个特性进行测试，由于图书管理系统的需求规格说明是基于用例描述，对于这些单个功能特性测试用例的设计，可利用场景获得系统行为线索，使用等价类、边界值、错误猜测等在内的各种测试用例设计方法，选择最具代表性的测试数据。

基于用户使用场景进行的功能组合测试首先需要分析典型的用户使用场景，有多种方法可以获得用户的使用场景，如代表性用户的现场考察、类似软件产品比较、调查问卷等；其次基于获得的用户典型场景对系统行为进行分析，选取代表性的测试数据。

"用户登录"的基本流和备选流如表 8-11 所示。

表 8-11 "用户登录"的基本流和备选流

流的类型		流的描述
基本流		正常完成"用户登录"
备选流	备选流 1	在"用户登录"界面退出登录
	备选流 2	"用户名"有误重新输入"用户名"
	备选流 3	"密码"有误重新输入"密码"

"图书借阅"的基本流和备选流如表 8-12 所示。

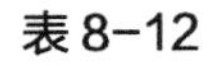

表 8-12　　　　“图书借阅”的基本流和备选流

流的类型		流的描述
基本流		正常完成图书借阅
备选流	备选流 4	退出借阅状态
	备选流 5	取消借阅操作
	备选流 6	新增借阅者
	备选流 7	进行扣款处理
	备选流 8	补足押金
	备选流 9	归还图书
	备选流 10	查询借阅者信息
	备选流 11	查询图书信息
	备选流 12	查询图书借阅信息

本任务以“图书借阅”这个典型的使用场景为例，说明系统测试用例的设计。实现“图书借阅”功能的关键场景包括“用户登录”、“图书借阅”两个，主要场景的列表说明如表 8-13 所示。

表 8-13　　　　“图书借阅”的主要场景列表说明

场景序号	场景说明	基本流和备选流
场景 1	正常完成“用户登录”	基本流 1
场景 2	在“用户登录”界面退出登录	基本流 1、备选流 1
场景 3	“用户名”有误重新输入“用户名”	基本流 1、备选流 2
场景 4	“密码”有误重新输入“密码”	基本流 1、备选流 3
场景 5	正常完成图书借阅	基本流 2
场景 6	退出借阅状态	基本流 2、备选流 4
场景 7	取消借阅操作	基本流 2、备选流 5
场景 8	新增借阅者	基本流 2、备选流 6
场景 9	进行扣款处理	基本流 2、备选流 7
场景 10	补足押金	基本流 2、备选流 8
场景 11	归还图书	基本流 2、备选流 9
场景 12	查询借阅者信息	基本流 2、备选流 10
场景 13	查询图书信息	基本流 2、备选流 11
场景 14	查询图书借阅信息	基本流 2、备选流 12
场景 15	借阅不成功：借书证失效	基本流 2、备选流 5
场景 16	借阅不成功：借阅者信息不存在	基本流 2、备选流 4、备选流 6、备选流 10
场景 17	借阅不成功：有超期未还图书	基本流 2、备选流 4、备选流 7
场景 18	借阅不成功：图书损坏或丢失	基本流 2、备选流 4、备选流 7
场景 19	借阅不成功：借阅数量超过限制数量	基本流 2、备选流 5、备选流 9、备选流 12
场景 20	借阅不成功：押金不足	基本流 2、备选流 4、备选流 8
场景 21	借阅不成功：选择的图书不存在	基本流 2、备选流 4、备选流 11

由于本书篇幅的限制，这里只列出一个测试用例，为了进行全面系统测试，应该设计多个必要的测试用例。

"用户登录"的测试用例如表 8-14 所示。

表 8-14　"用户登录"的测试用例

测试项标识	bookMis_M01_IP01	
测试用例标识	bookMis_M01_TC001	
测试用例说明	验证用户登录过程的测试用例	
预置条件	创建"用户信息"数据表，并在该数据表中输入必要的初始数据	
测试输入与操作步骤		预期结果
1	启动图书管理系统	弹出【用户登录】界面
2	在【用户登录】界面选择"用户名"，并输入正确的密码	验证用户名存在
3	在【用户登录】界面单击【登录】按钮	弹出【提示信息】对话框
4	在【提示信息】对话框中单击【确定】按钮	登录成功会弹出系统主界面

2．准备系统测试数据

系统测试数据与前面集成数据相似，如表 8-5 和表 8-6 所示。

3．设计系统测试用例

"图书借阅"的测试用例如表 8-15 所示。

表 8-15　"图书借阅"消息路径的测试用例

测试项标识	bookMis_M02_IP01、bookMis_M02_IP02、bookMis_M02_IP03、bookMis_M02_IP04、bookMis_M02_IP05、bookMis_M02_IP06	
测试用例标识	bookMis_M02_TC001	
测试用例说明	测试正常借阅情况	
预置条件	创建了"借阅者"、"图书"、"图书借阅"数据表，且在这些数据表输入了必要的数据	
序号	测试输入与操作步骤	预期结果
1	在"图书管理系统"主界面的【借阅管理】菜单中选择【图书借阅】命令	弹出【图书借出】窗口
2	在"图书管理系统"主界面的【数据查询】菜单中选择【借阅者信息查询】命令	显示【借阅者信息查询】对话框
3	在"图书管理系统"主界面的【数据查询】菜单中选择【书目信息查询】命令	显示【书目信息查询】对话框
4	在【图书借出】窗口单击"借阅者编号"文本框右侧的【…】按钮	显示【选择借阅者】窗口
5	在【选择借阅者】窗口双击选择编号为"201303020108"的借阅者	正常返回【图书借出】窗口，且正确显示借阅者信息
6	在【图书借阅】窗口中，单击"图书条码"文本框右侧的【…】按钮	显示【选择图书】窗口
7	在【选择图书】窗口双击选择条码编号为"00050419"的图书	正常返回【图书借出】窗口，且正确显示图书信息
8	在【图书借阅】窗口中，单击【借出】按钮	显示【提示信息】对话框
9	在"图书管理系统"主界面的【数据查询】菜单中选择【借阅信息查询】命令	显示【借阅信息查询】对话框

【任务 8-2-3】"图书管理系统"的系统预测试与系统测试执行

1. "图书管理系统"的系统预测试

在正式进行系统测试之前，为了确保系统达到可测的标准，保证系统测试计划可以顺利地进行，可以在评审通过的测试用例基础上构造系统预测试用例。系统预测试用例构造的思路是"注重宽度不追求深度"，即每个被测特性必须都被测试到，但只考虑其最主要的功能特性是否正常，根据系统测试计划中的要求，只有系统预测试用例全部通过，才能正式执行系统测试用例，否则系统测试将延后至相关缺陷修改完毕为止。

2. "图书管理系统"的系统测试执行

"图书管理系统"系统预测试通过后，测试人员搭建测试环境，正式开始执行系统测试，在测试过程如果发现缺陷，及时填写如表 8-16 所示缺陷报告单。

表 8-16　"图书管理系统"系统测试缺陷报告单

缺陷标识		报告人		报告日期	
被测系统标识		被测系统版本		缺陷严重程度	
缺陷发现阶段		缺陷发现活动		缺陷是否重现	
缺陷描述					
测试环境					
重现步骤					
估计原因					

【任务 8-2-4】"图书管理系统"系统测试报告。

"图书管理系统"系统测试报告主要包括以下各项内容。

（1）概述。

系统测试报告的概述主要说明系统测试目的、被测对象描述、测试环境要求、测试活动说明等内容。

（2）系统测试结果统计。

系统测试结果统计主要统计系统测试用例、执行用例、删除用例、受阻用例、实测用例的数量，还要记录发现缺陷的情况，应具体描述缺陷的等级（致命、严重、一般、建议）。

（3）系统测试结论。

系统测试结论记录了测试用例执行过程中各个测试用例的实际运行结果，集成测试结论示例如表 8-17 所示。

表 8-17　集成测试结论示例

测试用例标识	bookMis_M02_TC001	被测系统标识	bookMis1.0
测试用例	实际测试结论		缺陷报告单
TC001			
TC002			

【探索测试】

【任务 8-3】对蝴蝶 e 购网进行集成测试

【任务描述】

蝴蝶 e 购网 1.0 版已开发完成，前面已经过单元测试并达到入口条件，为了测试各基本组成单位之间的接口交互是否正确，拟进行集成测试。

本网站的集成测试采用基于消息集成的策略，通过遍历"用户注册"、"用户登录"、"商品展示"、"商品选购"相关的消息路径，确定各个逻辑层之间的消息协作是否正确，是否满足设计要求。

主要完成以下测试活动。

（1）明确集成测试方法。

（2）识别"用户注册"、"用户登录"、"商品展示"、"商品选购"相关的消息路径。

（3）准备用于集成测试的数据。

（4）设计集成测试用例。

（5）执行集成测试，记录测试过程。

（6）记录集成测试过程中发现的缺陷，编写集成测试报告。

要求测试用例自行进行设计，并使用表格形式列出。

【任务 8-4】对蝴蝶 e 购网进行系统测试

【任务描述】

在完成单元测试和集成测试之后，将进行系统测试，系统测试是站在用户角度，验证系统是否满足用户需求进行的测试。

按照系统测试计划、系统测试设计、系统测试执行和系统测试报告的测试过程对"用户登录"、"商品展示"和"商品选购"3 项功能进行系统测试。

主要完成以下测试活动。

（1）明确系统测试方法。

（2）明确被测特性。

（3）分析典型的用户使用场景，对主要场景进行列表说明。

（4）准备用于系统测试的数据。

（5）设计系统测试用例。

（6）执行系统测试，并记录测试过程。

（7）记录系统测试过程中发现的缺陷，编写系统测试报告。

要求测试用例自行进行设计，并使用表格形式列出。

【测试拓展】

系统测试完成后，还需要进行回归测试、确认测试、随机测试等。

1．回归测试

回归测试是验证缺陷是否修改正确和修改过程中是否会引入新问题的活动，回归测试并不是一个测试级别，却是各个测试阶段必须包括的一个测试活动。单元测试、集成测试和系统测试阶段都可能进行回归测试。

每当软件发生变化时，就必须进行回归测试，以便确定修改是否达到了预期目的，修改是否损害了原有的功能。同时，还需要增加新的测试用例来检测新的或被修改了的功能。回归测试用例包括以下 3 种不同类型的测试用例。

（1）能够测试软件所有功能的代表性测试用例。

（2）针对修改过的软件部分进行测试的测试用例。

（3）专门针对可能会影响被修改的功能进行测试的测试用例。

2．验收测试

验收测试是有用户参与的测试，使用黑盒测试方法来验证是否满足系统业务需求和操作需求，测试计划应由项目经理、测试经理和用户代表共同协商制订。验收测试时运行的测试脚本和测试用例通常是系统测试用例的一个代表性子集，一般由测试人员负责设计。

验收测试一般由用户代表在测试组的协助下执行。当执行验收测试时，测试执行人员协助用户代表执行测试脚本，最后需要提交验收测试报告。

尝试使用以下自动化测试工具对软件系统进行测试。

（1）使用自动黑盒测试工具 QACenter 对“图书管理系统”进行回归测试。

QACenter 是 Compuware 公司开发的自动化黑盒测试工具，可以帮助测试人员创建并自动管理一个快速、可重用的测试过程，快速分析和调试程序，包括针对单元测试、集成测试、负载测试、回归测试、强度测试和并发测试建立测试用例，自动执行测试和产生文档结果。

（2）使用软件测试工具 Robot 对“蝴蝶 e 购网”进行回归测试。

IBM Rational Robot 是 IBM Rational 公司开发的软件测试工具，是一种多功能的回归和配置测试工具，在该环境中，可以使用一种以上的 IDE 和（或）编程语言开发应用程序。它主要针对 Web 和 ERP 等进行自动化功能测试。使用 Robot 非常方便，可以让测试人员对.NET、Java、Web 和其他基于 GUI 的应用程序进行自动的功能性回归测试。

（3）使用 TestComplete 对“图书管理系统”的“用户登录”功能进行随机测试。

TestComplete 中的很多测试对象对于实现随机测试非常有用，可以充分利用这些测试对象来简化随机测试的实现过程。

【单元小结】

本单元主要介绍了以下主要内容。

（1）集成测试的基本概念、主要关注内容、主要过程以及执行等。

（2）系统测试的基本概念、依据和承担人员、主要过程、入口准则和出口准则等。通过多个测试实例的执行使读者学会软件系统的集成测试与系统测试。

APPENDIX A 附录A 岗位需求分析与课程教学设计

高等院校每开设一门课程首先应开展市场调研，进行职业岗位需求分析，了解市场对该课程的知识、技能、素质有哪些具体要求，课程定位是否准确，适应面是否广，课程内容是否过时或落后；其次应对课程教学进行系统化设计，对教学单元、教学流程、理论知识体系和操作训练任务进行规划和设计，以达到事半功倍的教学效果。

A.1 职业岗位需求分析

通过对前程无忧、智联招聘、中华英才等专业招聘网站的软件测试岗位的调查分析，我们对软件测试相关岗位的岗位职责和岗位需求有了深入的了解，从而对软件测试课程的知识、技能、素质要求有了全面的认识，这里我们列举多个典型岗位的真实需求。

职位名称：软件测试工程师	公司名称：杭州意法网络科技有限公司
岗位职责	需求描述
（1）负责Web产品前端的功能测试、性能测试、压力测试和自动化测试 （2）根据产品设计需求制订测试计划，设计测试数据和编写测试用例 （3）有效地执行测试用例，完整地记录测试结果，并提交测试报告等相关的技术文档 （4）准确地定位并跟踪问题，并推动问题及时合理地解决，提升测试的质量和效率 （5）设计和开发自动测试脚本	（1）具有Web相关测试经验，精通软件测试理论以及方法，掌握基本的性能测试工具、方法、性能指标等 （2）熟悉自动化测试工具：QTP、LoadRunner、Selenium其中一种，能够独立编写脚本者优先 （3）具有良好的心理素质及团队协作精神，并能够承受一定工作压力 （4）具有较强的学习能力，良好的沟通能力，善于团队合作 （5）工作积极主动，执行能力强，善于推进问题解决
职位名称：软件测试工程师	公司名称：深圳市泽宝网络科技有限公司
岗位职责	需求描述
（1）根据业务进行需求评审并补充合理的需求方案 （2）根据产品规范设计测试数据和测试用例 （3）负责完成对产品的集成测试、系统测试和回归测试，对产品的功能、性能、兼容性、接口及其他方面进行测试	（1）熟悉B/S软件系统的体系结构，有相关项目经验 （2）熟悉常用的软件测试方法，熟悉测试理论和软件工程知识 （3）熟练使用管理工具JIRA和Testlink，熟悉MySQL数据库、Windows操作系统和Unix操作系统 （4）熟练使用自动化测试工具QTP或loadrunner

续表

职位名称：软件测试工程师	公司名称：深圳市泽宝网络科技有限公司
岗位职责	需求描述
（4）执行测试，并对软件问题进行跟踪分析和报告 （5）协助软件开发并对 Bug 进行修复 （6）有针对性对系统提出进一步改进的方案 （7）定时提交测试报告	（5）热爱测试工作，工作严谨细心，有责任心 （6）具有较强的文字表达能力和需求理解能力 （7）具有较强的逻辑思维分析能力，较高的执行能力和时间观念，能够独立完成高质量的工作任务，具备一定的团队合作精神
职位名称：软件测试工程师	公司名称：领时科技（北京）有限公司
岗位职责	需求描述
（1）依据公司技术路线和开发规范进行产品测试工作。及时掌握测试进度，保证产品质量 （2）编制测试文档。包括功能和性能测试计划，设计测试用例，编写测试报告，编制用户手册、安装手册 （3）搭建 Windows 系列及 Linux、Unix 等操作系统下的测试环境。包括 Jboss 搭建、Oracle 安装与配置 （4）执行具体的功能测试工作 （5）执行性能测试和自动化测试工作 （6）参与软件开发过程文档的评审工作 （7）完成部门领导分配的其他工作 （8）学习研究新的测试技术和测试工具	（1）熟练搭建各种测试环境(Linux、Unix、Jboss、Oracle) （2）熟练使用 SQL 语句，熟悉 Oracle、MySQL 数据库 （3）熟悉多种测试工具，并精通一种测试工具原理与使用，如 QTP、LoadRunner、JMETER 等 （4）能单独搭建缺陷管理工具，如 Bugzilla、QC 等 （5）熟悉编程语言，如 Java、C#、Perl （6）能够熟练阅读工作相关英文资料 （7）了解网络技术相关协议 （8）具有质量管理、项目管理、PDM、MES 等相关信息系统测试经验者优先 （9）具有较强的分析和总结软件问题的能力，具备较强的学习能力和良好的沟通能力；具有强烈的责任心和一定的团队管理能力
职位名称：软件测试工程师	公司名称：广州拓谷信息科技有限公司
岗位职责	需求描述
（1）从事 IT 项目的系统测试工作 （2）根据需求说明书编写测试用例 （3）参与制订和执行测试计划 （4）进行集成测试、系统测试、压力测试等 （5）独立完成项目的功能测试和验收测试 （6）与开发团队配合工作 （7）向项目负责人和品质负责人汇报工作 （8）与需求方进行必要的沟通 （9）执行软件的测试，编写测试报告 （10）能适应出差，到客户现场完成工作	（1）熟悉规范测试流程，有.Net、C++编码经验者优先 （2）精通测试方案和压力测试脚本设计、系统性能测试方法 （3）精通主流测试工具，如 Load Runner、TestDirector、QTP、JUnit、JMeter 等 （4）能够独立编制测试报告和测试结果建议 （5）有较好的沟通技巧和积极主动的工作态度及团队合作精神，较强的责任感及进取精神 （6）熟悉软件安全测试（如 SQL 注入、样式表攻击），命令执行等测试方法及策略

续表

职位名称：软件测试工程师	公司名称：上海动量惠银信息技术有限公司
岗位职责	需求描述
（1）根据产品设计制定测试计划和测试方案，设计编写测试用例 （2）完成对产品的功能测试、UI测试等方面的系统测试工作，对产品的功能及其他方面的测试负责 （3）测试产品的兼容性、安全性、性能等方面 （4）对测试实施过程中发现的软件问题进行跟踪分析和报告，推动测试中发现的问题及时合理的解决 （5）根据测试结果编写测试报告，并能提出对产品有效的改进方案 （6）测试领域：网站前端、接口，系统后台、手机客户端	（1）具有B/S和手机端软件测试经验优先 （2）熟悉软件测试流程，能够搭建测试环境，编写测试脚本对产品进行功能及性能测试 （3）会使用性能测试工具，对自动化测试有一定了解 （4）熟悉缺陷管理流程，熟练使用缺陷管理工具，如Bugfree、QC等 （5）熟悉SQLServer，MySQL数据库的基本操作，会写简单的SQL语句，具备结合数据完成测试的能力 （6）良好的文档编写习惯和流程意识 （7）拥有出色的学习能力、解决问题能力和动手能力 （8）有较强的逻辑分析能力和学习能力 （9）能承受一定的工作压力，具有良好的团队精神和沟通能力

A.2 课程教学设计

1．教学单元设计

教学单元设计如下表所示。

单元序号	单元名称	建议课时	建议考核分值
单元1	软件测试的认知与体验	6	8
单元2	结构化应用程序的黑盒测试与白盒测试	8	10
单元3	.NET应用程序的单元测试与界面测试	8	10
单元4	Java应用程序的单元测试与功能测试	10	14
单元5	Windows Mobile应用程序的单元测试与功能测试	4	6
单元6	基于类的数据库应用程序的单元测试和性能测试	6	8
单元7	Web应用程序的性能测试与负载测试	10	14
单元8	软件系统的集成测试与系统测试	8	10
	综合考核	4	20
合计		64	100

2．教学流程设计

教学流程设计如下表所示。

教学环节序号	教学环节名称	说明
1	教学导航	明确教学目标、熟悉教学方法、了解建议课时，同时对本单元的测试阶段、测试对象、测试方法、测试工具有一个整体印象
2	方法指导	熟悉本单元测试任务所涉及的相关理论知识，为完成测试任务提供必要的方法指导
3	引导测试	一步一步详细阐述测试任务的实施过程和实施方法
4	探索测试	参照引导测试环节所介绍的测试步骤和方法，完成类似的测试任务
5	测试拓展	借助参考资料，尝试使用其他的测试工具进行测试扩展实践
6	归纳总结	对单元所学习的知识和训练的技能进行简要归纳总结

3．理论知识选取与序化

理论知识选取与序化如下表所示。

序号	理论知识的选取与序化	序号	理论知识的选取与序化
单元 1	1.1 软件测试概述 1.2 软件测试的地位和作用 1.3 软件测试的目的 1.4 软件测试的原则 1.5 软件测试的分类 1.6 软件测试的流程 1.7 软件测试人员的类型和要求 1.8 场景设计法 1.9 软件开发与软件测试的基线	单元 5	5.1 Windows Mobile SDK 的基本功能 5.2 Windows Mobile SDK 的安装方法 5.3 Windows Mobile SDK 的辅助测试工具简介
单元 2	2.1 测试用例设计 2.2. 黑盒测试方法 2.3 白盒测试方法	单元 6	6.1 面向对象程序的测试 6.2 自动化性能测试简介 6.3 LoadRunner 的简介
单元 3	3.1 单元测试简介 3.2 断言及相关类 3.3 用户界面测试的基本原则和常见规范	单元 7	7.1 LoadRunner 的基本组成 7.2 LoadRunner 的常用术语 7.3 LoadRunner 进行负载测试的流程 7.4 LoadRunner 的常用函数简介 7.5 【HP Virtual User Generator】窗口中“运行”选项卡的作用与组成
单元 4	4.1 JUnit 简介 4.2 QTP 的正确使用	单元 8	8.1 集成测试简介 8.2 系统测试简介

4．测试任务设计

测试任务设计如下表所示。

单元序号	测试任务
单元 1	【任务 1-1】对 Windows 操作系统自带的计算器的功能和界面进行测试 【任务 1-2】应用场景法对 ATM 机进行黑盒测试 【任务 1-3】应用场景法对 QQ 登录的功能和界面进行测试
单元 2	【任务 2-1】使用黑盒测试方法测试三角形问题 【任务 2-2】使用白盒测试方法测试三角形问题 【任务 2-3】测试计算下一天日期的函数 nextDate()
单元 3	【任务 3-1】在 Visual Studio 2008 集成开发环境中对个人所得税计算器进行单元测试 【任务 3-2】使用自动化测试工具对个人所得税计算器进行测试 【任务 3-3】对自制计算器进行界面测试 【任务 3-4】在 Visual Studio 2008 集成开发环境中对自制计算器进行单元测试
单元 4	【任务 4-1】使用 JUnit 对验证日期格式程序进行单元测试 【任务 4-2】使用 JUnit 对包含除法运算的数学类进行单元测试 【任务 4-3】使用 QuickTest Professional 对记事本程序进行功能测试 【任务 4-4】使用 QTP 对用户登录程序进行参数化测试 【任务 4-5】使用 JUnit 对商品数据类进行单元测试 【任务 4-6】使用 QTP 对"Flight"程序的登录功能进行测试
单元 5	【任务 5-1】在设备仿真器中对"五子棋游戏"程序进行单元测试和功能测试 【任务 5-2】在设备仿真器中对"连连看游戏"程序进行单元测试和功能测试
单元 6	【任务 6-1】使用 JUnit4 对"用户登录"Java 程序进行单元测试 【任务 6-2】使用 QTP 对"用户管理".NET 程序进行测试 【任务 6-3】使用 Excel 文件作为外部数据源进行参数化测试 【任务 6-4】使用 LoadRunner 的.NET 插件对"提取商品数据"程序进行测试 【任务 6-5】使用 JUnit4 对"用户注册"Java 程序进行单元测试 【任务 6-6】使用 QTP 对"浏览与更新商品数据".NET 程序进行测试 【任务 6-7】使用 LoadRunner 的.NET 插件对"提取用户数据"程序进行测试
单元 7	【任务 7-1】使用 QuickTest Professional 测试 Mercury Tours 范例网站 【任务 7-2】使用 LoadRunner 录制与运行打开百度网站首页的脚本 【任务 7-3】使用 LoadRunner 测试 HP Web Tours Application 范例程序 【任务 7-4】使用 LoadRunner 测试 Foxmail 发送邮件 【任务 7-5】使用 LoadRunner 再一次测试范例程序 HP Web Tours Application
单元 8	【任务 8-1】对图书管理系统进行集成测试 【任务 8-2】对图书管理系统进行系统测试 【任务 8-3】对蝴蝶 e 购网进行集成测试 【任务 8-4】对蝴蝶 e 购网进行系统测试
任务合计	34

5. 自动化软件测试工具使用索引

自动化软件测试工具使用索引如下表所示。

序号	自动化软件测试工具	涉及的教学单元
1	Quick Test Professional（QTP）	单元1、单元6、单元7
2	LoadRunner	单元1、单元6、单元7
3	JUnit	单元4、单元6
4	Microsoft Visual Studio 2008	单元3、单元5
5	TestComplete	单元3、单元5、单元7、单元8
6	TestDirector	单元7
7	StyleCop	单元3
8	FxCop	单元3
9	Nunit	单元3
10	NunitForms	单元3
11	DevPartner Studio Professional Edition	单元2、单元3
12	Framework for Integrated Test	单元3
13	Jtest	单元4
14	JCheck	单元4
15	Hopper	单元5
16	ERWin Examiner	单元6
17	TSQLUnit	单元6
18	QACenter	单元8
19	Robot	单元8

参考文献

[1] 陈承欢. 管理信息系统开发项目式教程（第3版）〔M〕. 北京：人民邮电出版社，2013.

[2] 陈承欢. Java程序设计任务驱动式教程〔M〕. 北京：高等教育出版社，2013.

[3] 孙海英. 软件测试方法与应用〔M〕. 北京：中国铁道出版社，2009.

[4] 赵瑞莲. 软件测试〔M〕. 北京：高等教育出版社，2009.

[5] 陈能技. 软件自动化测试成功之道：典型工具、脚本开发、测试框架和项目实战〔M〕. 北京：人民邮电出版社，2010.

[6] 于涌. 精通软件性能测试与LoadRunner实战〔M〕. 北京：人民邮电出版社，2010.

[7] 陈能技. .NET软件测试实战技术大全〔M〕. 北京：人民邮电出版社，2008.

[8] 李龙，李向涵，冯海宁，李向平. 软件测试实用技术与常用模板〔M〕. 北京：机械工业出版社，2012.

[9] 徐光侠，韦庆杰. 软件测试技术教程〔M〕. 北京：人民邮电出版社，2011.

[10] 魏琴，梅佳. 软件测试技术〔M〕. 北京：电子工业出版社，2011.

[11] 佟伟光. 软件测试技术（第2版）〔M〕. 北京：人民邮电出版社，2012.

[12] 于艳华，王素华. 软件测试项目实战〔M〕. 北京：电子工业出版社，2009.

[13] 刘文乐，田秋成. 软件测试技术〔M〕. 北京：机械工业出版社，2012.

[14] 窦万峰. 软件工程实验教程〔M〕. 北京：机械工业出版社，2013.

[15] 刘德宝. Web项目测试实战〔M〕. 北京：科学出版社，2009.

[16] Paul C.Jorgensen. 软件测试（第3版）〔M〕. 北京：人民邮电出版社，2012.